SHUIZHI JIANYAN

水质检验

主　编　董玉莲　黄天笑

副主编　潘铁军　李丽萍　陈丽芬
周　琴　刘韦宏　陈　诚

·广州·

图书在版编目(CIP)数据

水质检验/董玉莲,黄天笑主编.—广州：华南理工大学出版社，2014.10(2021.3 重印)

供水技术系列教材

ISBN 978-7-5623-4222-9

Ⅰ.①水… Ⅱ.①董… ②黄… Ⅲ.①水质分析—技术—教材 ②水质监测—技术—教材 Ⅳ.①TU991.21 ②X832

中国版本图书馆 CIP 数据核字(2014)第 089394 号

水质检验

董玉莲　黄天笑　主编

出 版 人：卢家明

出版发行：华南理工大学出版社

(广州五山华南理工大学 17 号楼，邮编 510640)

http://www.scutpress.com.cn　E-mail:scutc13@scut.edu.cn

营销部电话：020-87113487　87111048（传真）

策　　划：吴兆强　林起提

责任编辑：吴兆强

印 刷 者：广东虎彩云印刷有限公司

开　　本：787mm×1092mm　1/16　印张：18.25　彩图：3　字数：471 千

版　　次：2014 年 10 月第 1 版　2021 年 3 月第 4 次印刷

定　　价：42.00 元

《水质检验》编写组

主　编： 董玉莲　黄天笑

副主编： 潘铁军　李丽萍　陈丽芬　周　琴
刘韦宏　陈　诚

参　编： 陈雪茹　邓静仪　冯丽清　黄洁婷
何秀娟　廖冬阳　李　皓　卢靖华
梁苑斐　马琨瑜　王惠婷　邬美晴
向彩红　谢敬和　郑　筠　朱争亮

序

在一个城市里，给水系统是命脉，是保障人民生活和社会发展必不可少的物质基础，是城市建设的重要组成部分。近年来，我国已成为世界城市化发展进程最快的国家之一，今后一个时期，城市供水行业发展也将迎来新的机遇、面临更大的挑战，城市发展对供水行业提出了更高的要求，我们必需坚持以人为本，不断提高人员素质，培养一批优秀的专业技术人员以推动供水行业的进步，从而使整个供水行业能适应城市化发展的进程。

广州市自来水公司，作为国内为数不多的特大型百年供水企业，一直秉承“优质供水、诚信服务”的企业精神，同时坚持“以科技为先导，以人才为基础”的发展战略，通过各类型的职工专业技能培训，不断提高企业职工素质，以适应行业发展需求。

为了进一步提高供水行业职工素质和技能水平，从2011年起，广州市自来水公司组织相关专业技术人员，历经3年时间，根据《城市供水行业2010年技术进步发展规划及2020年远景目标》要求，针对我国城市供水行业现状、存在问题及发展趋势，以“保障安全供水、提高供水质量、优化供水成本、改善供水服务”为总体目标，结合广州市中心城区供水的具体特点，按照“理论适度、注重实操、切合实际”的编写原则，编制了本系列丛书，主要包括净水、泵站操作、自动化仪表、供水调度、水质检验、抄表收费核算、管道、营销服务、水表装修等九个专业。

本次编写的教材可以用于供水行业职工的岗前培训、职业技能素质提高培训，同时也可作为职业技能鉴定的参考资料。

王建平

2014年10月

前　言

《水质检验》是“供水技术系列教材”之一，适用于广大城镇集中式供水企业水质检验实验室人员培训。本教材力求在水质分析理论基础、实操技术、实验室管理方面给予供水企业水质检验一线员工更多更实际的帮助，以利于供水企业水质监测水平的进一步提高。

编写组在编著本教材时着重考虑了以下几个方面：

（1）比较全面地介绍了作为一名水质检验人员应该熟知和掌握的水质检验基础知识，包括基本实操技术。

（2）水质分析方法部分，以GB/T 5750—2006《生活饮用水标准检验方法》为依据编写，项目涵盖我国现行GB5749—2006《生活饮用水卫生标准》要求（放射性、卤代烃除外）。编写时对绝大部分检验项目在方法后都增加了检测过程注意事项，将广大技术人员多年的实践经验进行了总结提炼，以提示检测人员关注检测过程中的细节要求，保证检测结果的准确性。部分检验方法增加了对方法要点或难点的注释，以帮助检测人员更好地理解方法的原理和步骤要求。

（3）加强了过去比较薄弱的生物检测方面的内容，首次将藻类检测、摇蚊幼虫检测编入水质检验培训教材，增加了浮游生物介绍，并配以图片说明。

（4）净水剂质量检验方面，收编了在供水企业中应用较广的9个品种的质量检验内容，检验项目主要是以监控有效成分为主的常规项目，同时还对不同形态净水剂的抽样技术进行了介绍。滤料方面，编入了石英砂滤料基本项目的检测。

（5）将近年来在供水企业被广泛应用的应急检测技术纳入了教材中，内容包括样品检测步骤、仪器操作和日常维护、药剂的验收和保管要求、常见故障处理等，便于基层一线人员能快速查询使用。

（6）在水质分析质量控制和实验室管理部分，以简单易行为原则，介绍了常规使用的质量控制技术，提出了对基层化验室最基本的管理要求，以方便基层化验室管理者参考使用。

（7）应广大一线检测人员的要求，增加了实验室安全以及应急救护知识的介绍。

本教材的编写是在广州市自来水公司领导的直接关怀和支持下，在公司总工室的统筹组织安排下，在全公司20多位水质检验技术骨干人员的共同努力下完成的。本教材在制定目录大纲和初稿征求意见时收集到各基层水厂反馈的宝贵意见，编写组在此表示最真挚的感谢。

由于编者水平所限，书中还存在许多不足，恳请专家和读者批评指正，以便在下次修订时进行补充和完善。

《水质检验》编写组

2014年3月

目 录

第一章　水质分析基础

第一节　基础知识

一、化学试剂

（一）化学试剂的分类、等级

1. 试剂的分类

化学试剂数量繁多，种类复杂，通常根据用途分为一般试剂、基础试剂、高纯试剂、色谱试剂、生化试剂、光谱纯试剂和指示剂等。

2. 等级

不同杂质含量的化学试剂其质量规格不同，化学试剂的级别是以其中所含杂质多少来划分的，一般可按纯度分为四个等级。我国统一规定的化学试剂等级标志见表1－1。

表1－1　化学试剂的等级标志及适用范围

等级	纯度分类	英　文	简称	标签颜色	适用范围
一级	优级纯	Guaranteed reagent	G. R.	绿色	纯度很高，适用于精密的分析工作和科学研究工作，有的可作为基准物质
二级	分析纯	Analytial reagent	A. R.	红色	纯度较高，干扰杂质很低，适用于一般分析及研究工作
三级	化学纯	Chemical pure	C. P.	蓝色	纯度较高，存在干扰杂质，适用于化学实验和工业分析
四级	实验试剂	Laboratory reagent	L. R.	棕色	纯度较低，杂质含量不做选择，适用于实验辅助试剂

（二）化学试剂的选用原则

化学试剂的纯度越高，其价格越贵，因此应根据分析任务、分析方法和对分析结果准确度的要求等，选用不同等级的化学试剂。既不要超级别而造成成本高，也不要随意降低级别而影响分析结果的准确性。

比如，滴定分析应选用分析纯试剂，以防因试剂中的杂质金属离子过高而封闭指示剂；痕量分析应选用优级纯试剂，以降低空白值，避免杂质干扰；配制定量或定性分析的普通试液和清洁液则应选用三级试剂（化学纯）。

注：如果所用试剂虽然含有某些杂质，但对所进行的实验事实上没有妨碍，若没有特

别的约定，那就可以放心使用。

在水质分析中，一级品试剂可以用于配制标准溶液；二级品试剂可用于配制分析所用的普通试液，三级品试剂只适用于配制定量或定性分析所用的普通试液和清洁液等。

（三）化学试剂的保存

1. 影响化学试剂保存的因素

大部分化学试剂都具有一定的毒性，有的是易燃易爆的危险品。因此，必须了解化学试剂的性质，避开引起试剂变质的各种因素，以便妥善保存。

（1）空气的影响。无机试剂中大多数“亚”化合物、某些含低价离子的化合物、活泼的金属和非金属以及有机试剂中具有强还原性的化合物等，容易被空气中的氧化物所氧化；无机试剂中的强氧化剂则容易被空气中的还原物所还原。受到上述因素影响的试剂会降低甚至丧失其原有的氧化、还原能力。

强碱性试剂容易吸收空气中的二氧化碳而成为碳酸盐，如氢氧化钠（钾）及其水溶液吸收空气中二氧化碳变成碳酸盐，从而降低了氢氧化钠（钾）的碱度。

（2）温度的影响。温度对试剂的质量影响很大，储存试剂的适宜温度环境一般为 20 ～ 25℃。温度升高会使某些试剂挥发，使试剂损耗。例如，氯化亚铁溶液冬季室温 10 ～ 15℃能保存一周不致失效，但在炎热的夏季室温 30 ～ 35℃条件下 2 ～ 3 天即变质失效。盐酸的瓶子外面经常有一层薄白霜，即是挥发的缘故。温度越高挥发越快，这样会改变试剂和溶液原来的浓度，如氨水。夏季高温亦会加速试剂的不稳定性，如氯胺 T 的分解；丙酮如果存放的温度过高，会使存放丙酮的瓶子内压力过大，致使丙酮蒸气外泄，可能引起中毒等危险；温度高亦可使某些试剂及溶液生长霉菌而腐败变质，如淀粉溶液到了夏季易发生霉变。冬季低温会使冰醋酸冻结而胀破容器，温度较低也能使一些试剂、溶液发生沉淀、凝固而变质。

（3）光线的影响。日光中的紫外线能加速某些试剂（如银盐、汞盐、溴和碘的钾、钠、铵盐和某些酚类试剂）的化学反应而使其变质，碘化钾溶液在直射日光的作用下，被空气氧化的速度比无直射作用时大 10 倍。试剂受光作用时，可以发生分解反应、自氧化还原反应，以及在有空气存在的条件下发生氧化还原反应，如：常用的过氧化氢溶液，见光分解成水和氧气；氯仿在光的作用下，能被空气中的氧氧化生成氯化氢和有毒的光气。

这类试剂中要求一般遮光的，只要贮存于棕色试剂瓶中即可。而必须避光的试剂在棕色瓶外还要包一层黑纸。

（4）湿度的影响。空气中相对湿度在 40%～70% 为正常，在 75% 以上过于潮湿，而 40% 以下则过于干燥。湿度过高或过低都容易令试剂发生化学或物理变化，使试剂发生潮解、风化、稀释以及分解等变化。例如，空气中的湿度太大时，经过煅烧或脱水的试剂、干燥剂、硝酸盐、碳酸盐等容易吸湿潮解而变质。当空气过于干燥时，有的含结晶水的化合物易风化失去结晶水，使试剂变为干燥的粉末或不透明的块状结晶。

2. 化学试剂的仓库贮存

化学试剂的变质是导致分析误差的重要原因之一，因此必须妥善保存化学试剂。

较大量的化学试剂应放在试剂贮藏室内，专人保管；贮藏室应避免阳光直射；室内温度不能过高，一般应保持在 15 ～ 20℃之间，最高不要高于 25℃。室内保持一定的湿度，相对湿度最好为 40%～70%。室内通风良好，严禁明火。危险化学品应该按照国家公安部门的规定管理。

试剂的贮藏应根据其性质进行分类妥善保管：

(1)按照酸、碱、盐、单质、指示剂、溶剂、有毒试剂等分别存放。

(2)盐类试剂很多，可先按阳离子顺序排列，同一阳离子的盐类再按阴离子顺序排列。

(3)强酸、强碱、强氧化剂、易燃品、剧毒品、异臭和易挥发试剂应单独存放于阴凉、干燥、通风之处，特别是易燃品和剧毒品应放在危险品库或单独存放，试剂橱中更不得放置氨水和盐酸等挥发性药品，否则会使全橱试剂都遭污染。

3. 化学试剂日常使用与保管

这里所指的化学试剂，是指实验室配制直接用于实验的各种浓度的试剂。化学试剂使用不当或保管不当，很容易变质或玷污，从而导致分析结果引起误差甚至造成失败。因此，必须按要求使用和保管化学试剂。

(1)化学试剂容器上的标签应粘贴牢固，字迹清晰。为防止字迹受腐蚀而模糊，可用毛笔将融化的石蜡液涂在标签上面，或者用透明胶带将其覆盖。没有标签又无法鉴别确认的试剂不能使用，应及时作无害化处理。

(2)不同品种的试剂瓶在摆放时要有一定的间隔，同一层的试剂瓶，较高的要放在后面，较矮的放在前面。容积较大的试剂瓶要放在药品柜的下部，腐蚀性较强的试剂应放在搪瓷盘中并要放在柜的下部。

(3)试剂使用前要认清标签。取用时不能将瓶盖随意乱放，应将瓶盖反放在干净的地方，取完试剂后随手将瓶盖盖好。

(4)试剂瓶中的固体试剂应当用干净的试剂勺取出。液体试剂应当用干净的量筒或烧杯倒取，倒取时标签朝上。多余的试剂不准放回到试剂瓶中，以防污染。

(5)有毒的试剂如 KCN、NaCN、As_2O_3(砒霜)等的使用必须遵循“使用多少配制多少”的原则，即使剩余少量也应该送回危险品毒物贮藏室保管，或报请主管部门处理。

(6)见光易分解的试剂应装在棕色瓶中。其他试剂溶液要根据其性质装在带塞的试剂瓶中，碱类及盐类试剂溶液不能装在磨口试剂瓶中，应使用胶塞或木塞。需滴加的试剂及指示剂应装入滴瓶中，整齐地排列在试剂架上。

(7)配好的试剂应立即贴上标签，标明名称、浓度、配制日期，贴在试剂瓶的中上部。废旧试剂不要直接倒入下水道，特别是易挥发、有毒的有机化学试剂更不能直接倒入下水道，应倒在专用的废液瓶中，定期妥善处理。

4. 化学试剂的有效期

化学试剂在贮存、运输和销售过程中会受到温度、光照、空气和水分等外在因素的影响，容易发生潮解、发霉、变色、聚合、氧化、挥发、升华和分解等物理化学变化，使其失效而无法使用。因此要采用合理的包装，适当的贮存条件和运输方式，保证化学试剂在贮存、运输和销售过程中不变质。一些对贮存和运输有特殊要求的应按特殊要求办理。有些化学试剂有一定的保质期，使用时一定要注意。

化学试剂的有效期随着化学品的化学性质的改变，有着很大的区别。一般情况下，化学性质稳定的物质，保存有效期较长，保存条件也简单。初步判断一个物质的稳定性，可遵循以下几个原则：

无机化合物，只要妥善保管，包装完好无损，可以长期使用。但是，那些容易氧化、容易潮解的物质，在避光、阴凉、干燥的条件下，只能短时间(1～5年)内保存，具体要看包装和储存条件是否合乎规定。

有机化合物一般挥发性较强，包装的密闭性好，可以长时间保存。但容易氧化、受热分解、容易聚合，光敏性等物质，在避光、阴凉、干燥的条件下，只能短时间(1～5年)内保存，具体要看包装和储存条件是否合乎规定。

基准物质、标准物质和高纯物质，原则上要严格按照保存规定来保存，确保包装完好无损，避免受到化学环境的影响，而且保存时间不宜过长。一般情况下，基准物质必须在有效期内使用。

二、玻璃仪器

(一)常用玻璃仪器名称、规格、用途、等级

玻璃仪器按其是否能加热可简单分为如下类型：

(1)不能加热的玻璃仪器：量筒、量杯、容量瓶、比色管、过滤瓶、漏斗、滴瓶、表面皿、试剂瓶、离心管、比色管。

(2)能直接加热的玻璃仪器：试管、蒸发皿、坩埚。

(3)能间接加热的玻璃仪器：烧杯、烧瓶、锥形瓶。

一般实验室工作中，常根据玻璃仪器的用途将它们划分为容器类、量器类和其他类玻璃仪器。下面对这几类玻璃仪器的名称、规格、用途等分别进行介绍。

1. 容器类玻璃仪器

(1)烧杯。常用的烧杯有低型烧杯、高型烧杯和三角烧杯等三种。主要用于配制溶液，溶解固体物质，以及溶液的稀释、煮沸、蒸发、浓缩，进行化学反应以及少量物质的配制等。规格有25 mL至5000 mL不等，带有"容积近似刻度(图1－1)。

(2)烧瓶。常用的烧瓶有平底烧瓶、圆底烧瓶、三角烧瓶和定碘烧瓶(图1－2)。

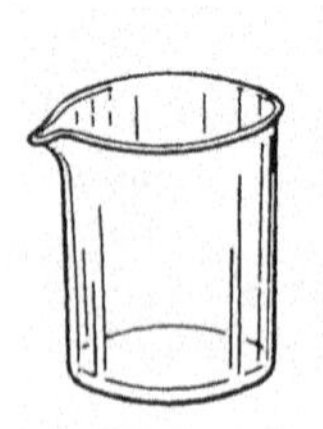

低型烧杯

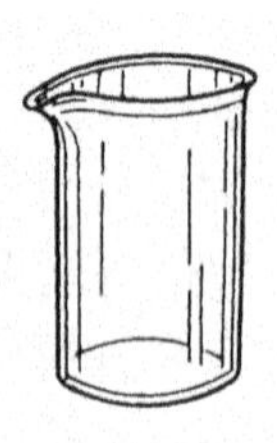

高型烧杯

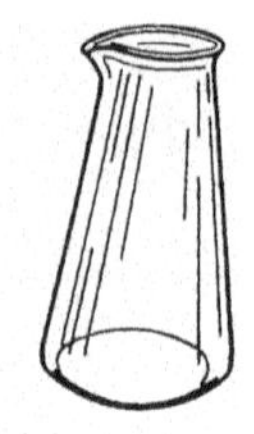

三角烧杯

图1－1 烧杯

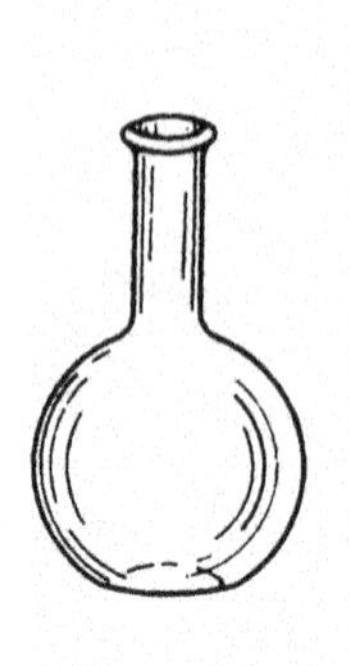

平底烧瓶

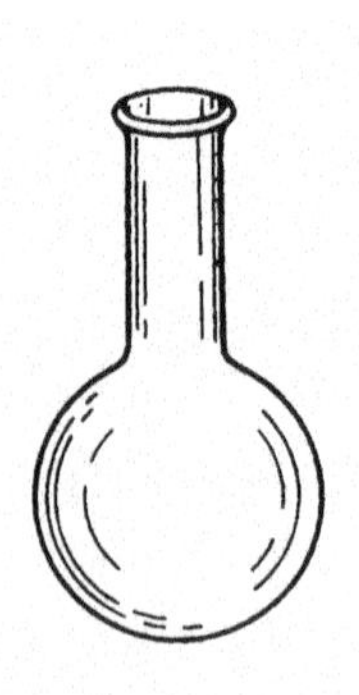

圆底烧瓶

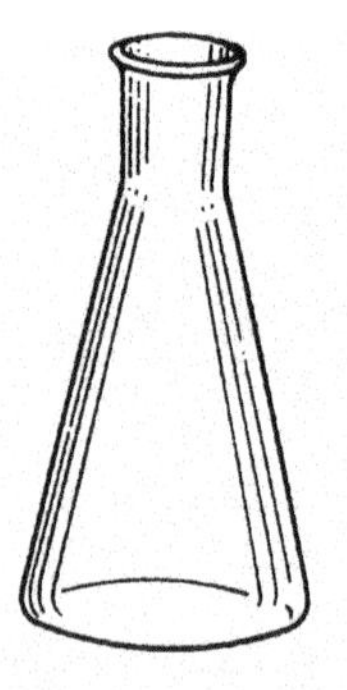

三角烧瓶

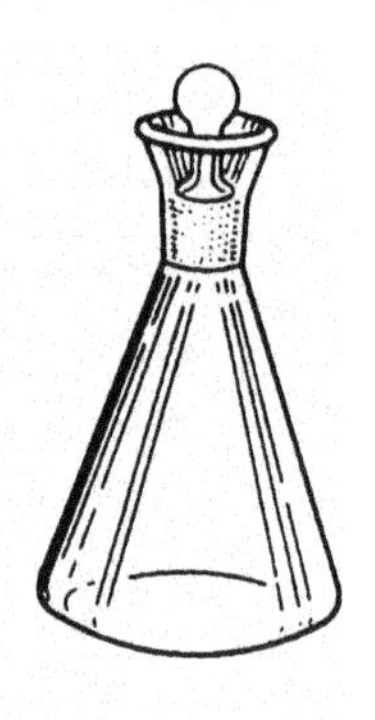

定碘烧瓶

图1－2 烧瓶

①平底烧瓶和圆底烧瓶：两者都不宜骤冷，其内容物不得超过容积的2/3。常用于加热煮沸以及物质之间有机合成和无机合成的化学反应。规格有50 mL至1000 mL不等。

②三角烧瓶：三角烧瓶也称锥形瓶，加热时可避免液体大量蒸发，反应时便于摇动，在滴定操作中经常用它作容器。

③定碘烧瓶：主要用于碘量法，容量滴定分析，加热处理样品及严防液体蒸发和固体升华的实验，加热时将瓶塞打开，以免塞子冲出或瓶子破碎，并应注意塞子保持原配。加热时应垫石棉网。规格有25 mL至1000 mL不等。

(3)试管、离心管和比色管(图1－3、图1－4)。

试管主要用作少量试剂的反应容器，便于操作和观察，常用于定性试验。加热后不能骤冷。试管内盛放的液体量，如不需要加热，不要超过1/2，如需要加热，不应超过1/3。加热试管内的固体物质时，管口应略向下倾斜，以防凝结水回流至试管底部而使试管破裂。加热时试管口切勿对着自己和他人。常用规格有10 mL、20 mL。

离心管常用于定性分析的沉淀分离(在离心机中)，可水浴加热，常用规格有5mL、10mL、15 mL；有带刻度和不带刻度。

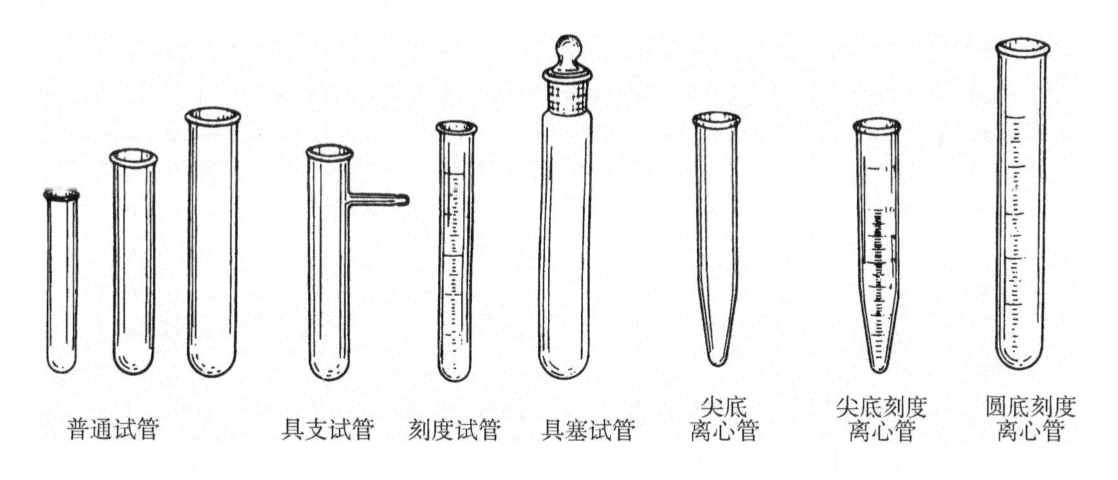

图1－3　试管和离心管

比色管主要用于比较溶液颜色的深浅，对元素含量较低的物质，用目视法做简易快速定量分析。比色管上有标明容量的刻度线，常见有开口和具塞两种，规格有10 mL至100 mL不等。

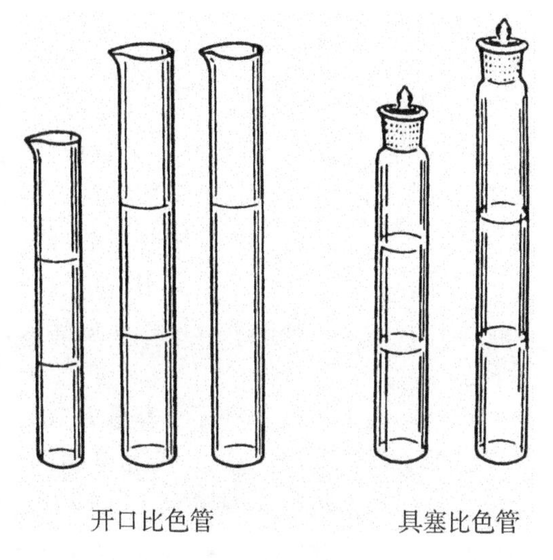

图1－4　比色管

(4)试剂瓶(图1－5)。试剂瓶用于盛装各种试剂。常见的有小口试剂瓶、大口试剂瓶和滴瓶。试剂瓶有无色和棕色之分，棕色瓶用于盛装应避光的试剂。小口试剂瓶和滴瓶常用于盛放液体药品，其中滴瓶主要用于盛装按滴消耗的溶液，大口试剂瓶常用于盛放固体药物。试剂瓶又有磨口和非磨口之分，一般非磨口试剂瓶用于盛装碱性溶液或浓盐溶液，使用橡皮或软木塞；磨口的试剂瓶盛装酸、非强碱性试剂或有机试剂。试剂瓶常用规格为 30 mL 至 1000 mL 不等。

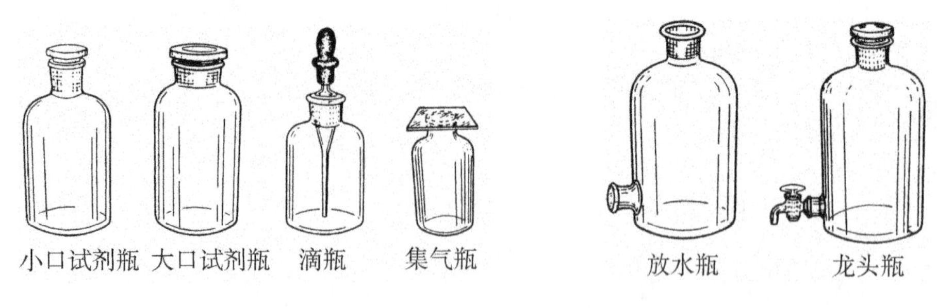

图 1－5 试剂瓶　　图 1－6 放水瓶

(5)放水瓶(图 1－6)。放水瓶用作存放蒸馏水用，常见的有具下口的放水瓶和具活塞及玻璃的龙头瓶等，通常使用的规格为 2500 mL 至 20000 mL 不等。

(6)称量瓶(图 1－7)。称量瓶主要用于使用分析天平称取一定质量的试样，也可用于烘干试样，烘烤时不许将磨口塞盖紧。称量瓶平时要洗干净、烘干，存放在干燥器内以备随时使用。常见的称量皿有高形和扁形两种，高形的瓶高 25 mm 至 70 mm 不等；扁形的瓶高 25 mm 至 35 mm 不等。

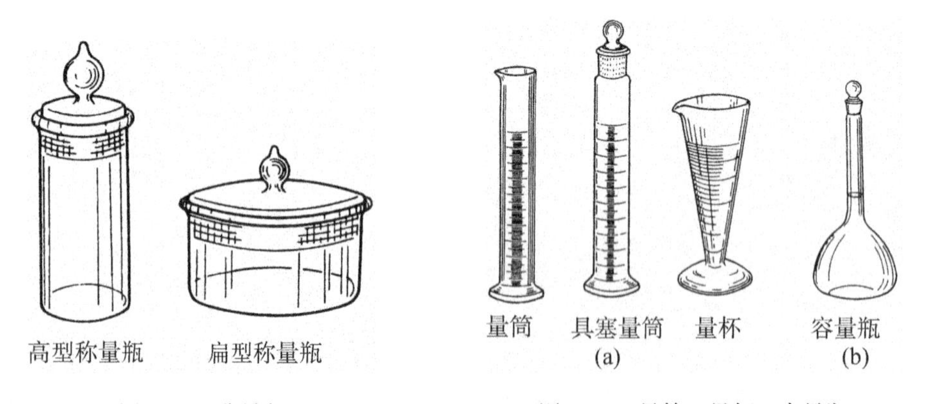

图 1－7 称量瓶　　图 1－8 量筒、量杯、容量瓶

2. 量器类玻璃仪器

(1)量筒和量杯(图 1－8a)。量筒和量杯主要用于量取一定体积的液体，在对体积要求不是很精确时，常用它来量取溶液。读数时，视线要与量筒(或量杯)内液体凹面最低处保持水平。使用中必须选用合适的规格，认清分度值和起始分度。不要用大量筒计量小体积的液体，也不要用小量筒多次量取大体积的液体。具有磨口塞的量筒适用于量取易挥发的液体。因为量杯的读数误差比量筒大，所以在化验工作中，经常使用量筒而较少使用量杯。

通常使用的量筒和量杯的容量为 10 mL 至 1000 mL 不等。

(2)容量瓶(图 1－8b)。容量瓶也叫量瓶，它的容积比较准确，用于配制体积要求准确的溶液或作溶液的定量稀释。在滴定分析中常用到它。瓶颈有标线，表示某一温度下(通常是 20℃)的容积。磨口瓶塞是配套出厂，不能互换，以防漏水。容量瓶有无色和棕色之分，棕色的用于配制需要避光的溶液或作这些溶液的定量稀释。常用的容积为 10 mL 至 1000 mL 不等。

(3)滴定管。滴定管是滴定分析时使用的较精密的仪器，用来测量自管内流出溶液的体积，有常量和微量滴定管之分(图 1－9)。常量滴定管分酸式和碱式两种，酸式滴定管用来盛酸、氧化物、还原剂等溶液；碱式滴定管用来盛碱溶液，常见的碱式滴定管又叫皮头滴定管、无阀滴定管，酸式滴定管又叫具塞滴定管或具三路活塞滴定管。

滴定管有无色和棕色之分，棕色用于盛需避光的溶液，无色的滴定管又分为带蓝色线和不带蓝色线两种。其常用规格为容量 10 mL 至 100 mL。

微量滴定管的容量小至 2 mL，以 0.01 mL 增量来标度，读数可精确估计到 0.001 mL。

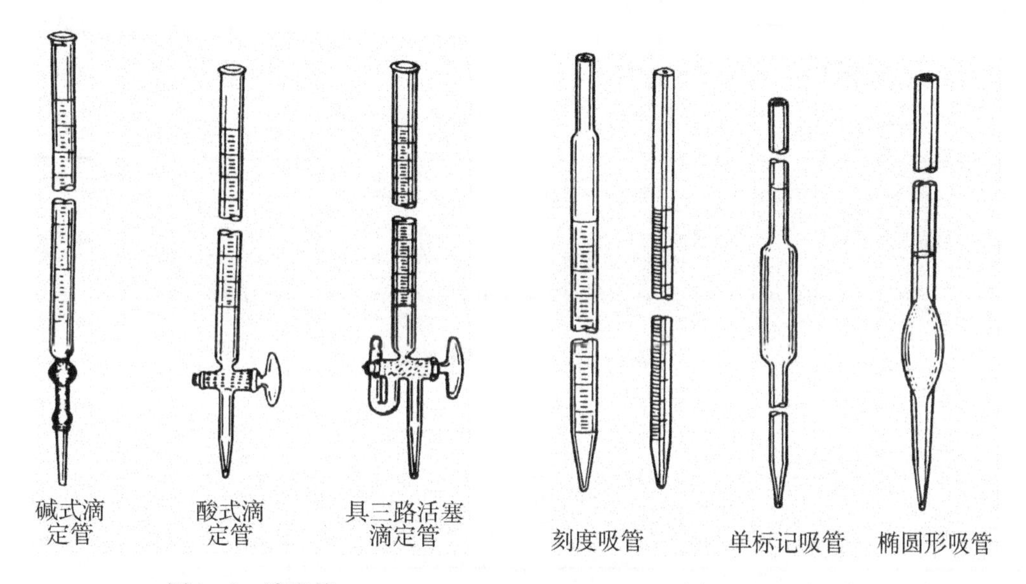

图 1－9　滴定管

图 1－10　移液管

(4)移液管。移液管用于准确转移一定体积的液体。有刻度吸管、单标记吸管和椭圆形吸管(图 1－10)。刻度吸管的刻度到尖头，常见规格为容量 0.1 mL 到 10 mL，其中有 1 mL、2 mL、5 mL、10 mL 四种规格，有快流速和慢流速之分；单标记吸管的常用规格为容量 5 mL 至 100 mL；椭圆形吸管也叫奥氏吸管，容量为 10 mL 以下。

以上量器按其用途不同分为量入式(In)和量出式(Ex)两种，按其准确度不同分为 A 级和 B 级，有准确度等级而未标注的玻璃量器，按 B 等级处理，其中量筒和量杯不分级。表 1－2 至表 1－5 是以上介绍的各种量器类玻璃仪器的相关信息(引自文献：JJG20—2001《标准玻璃量器》；JJG196—2006《常用玻璃量器》)，请参考并正确使用。

表 1－2　玻璃量器的分类、用法、准确度等级及标称容量

量器的分类		用法	准确度等级	标称总容量/mL 或 cm^3
滴定管	无塞、具塞、三通活塞自动定零位滴定管	量出	A、B 级	5，10，25，50，100
	座式滴定管			1，2，5，10

续表 1－2

量器的分类		用法	准确度等级	标称总容量/mL 或 cm^3
分度吸管	流出式	量出	A、B 级	1，2，5，10，25，50
	吹出式		A、B 级	0.1，0.2，0.25，0.5，1，2，5，10
单标线吸管		量出	A、B 级	1，2，3，5，10，15，20，25，50，100
单标线容量瓶		量入	A、B 级	1，2，5，10，25，50，100，200 250，500，1000，2000
量筒	具塞	量入	—	5，10，25，50，100，200，250 500，1000，2000
	不具塞	量出		
		量入		
量杯		量出	—	5，10，20，50，100，250，500，1000，2000

注：(1)量入式量器是指标称体积为向内转移液体体积的量器，如容量瓶。量出式量器是指标称体积为向外转移液体体积的量器，如移液管。

(2)分度吸管又称分度吸量管，单标线吸管又称单标线吸量管，单标线容量瓶简称容量瓶。

(3)表中未列的特种量器，其标称总容量和等级必须得到当地计量部门的批准和检定。

表 1－3　滴定管容量允差

标称容量/mL		1	2	5	10	25	50	100
分度值/mL		0.01		0.02	0.05	0.1	0.1	0.2
容量允差/mL	A	±0.010		±0.010	±0.025	±0.04	±0.05	±0.10
	B	±0.010		±0.020	±0.050	±0.08	±0.10	±0.10

表 1－4　单标线吸量管容量允差

标称容量/mL		1	2	3	5	10	15	20	25	50	100
容量允差/mL	A	±0.007	±0.010	±0.015		±0.020	±0.025	±0.030		±0.05	±0.08
	B	±0.015	±0.020	±0.030		±0.040	±0.050	±0.060		±0.10	±0.16

表 1－5　分度吸量管容量允差

标称容量/mL	分度值/mL	容量允差/mL			
		流出式		吹出式	
		A	B	A	B
0.1	0.001 0.005			±0.002	±0.004
0.2	0.002 0.01			±0.003	±0.006
0.25	0.002 0.01			±0.004	±0.008

续表 1－5

标称容量/mL	分度值/mL	容量允差/mL			
		流出式		吹出式	
		A	B	A	B
0.5	0.005 0.01 0.02			±0.005	±0.010
1	0.01	±0.008	±0.015	±0.008	±0.015
2	0.02	±0.012	±0.025	±0.012	±0.025
5	0.05	±0.025	±0.050	±0.025	±0.050
10	0.1	±0.05	±0.10	±0.05	±0.10
25	0.2	±0.10	±0.20		
50	0.2	±0.10	±0.20		

3. 其他常用玻璃仪器

(1)漏斗。漏斗主要用于过滤操作和向小口容器倾倒液体。常见的有60°角短管标准漏斗、60°角长管标准漏斗、筋纹漏斗和圆筒形漏斗。选择过滤用漏斗的大小要以沉淀量的多少为依据，短管用于一般过滤，长管用于定量分析过滤。漏斗分普通漏斗与安全漏斗(图1－11)。

分液漏斗主要用于两种不相容的液体的分层和分离，以及向反应容器中加入试液，有无刻度和有刻度两种(图1－12)。球形分液漏斗适用于萃取分离操作；梨形分液漏斗除用于分离互不相容的液体外，在合成反应中常用来随时加入反应试液；有刻度的梨形和筒形分液漏斗常用于控制加液速度。

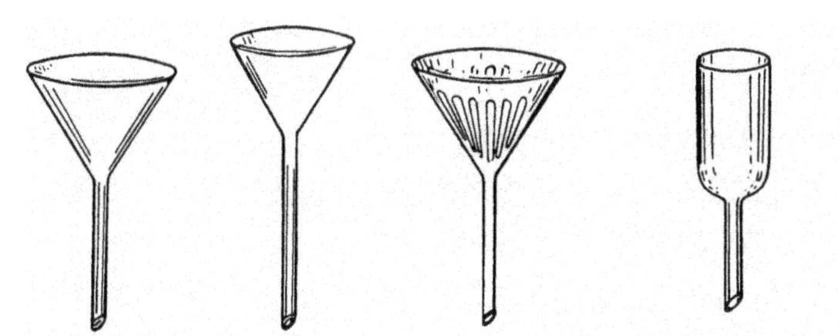

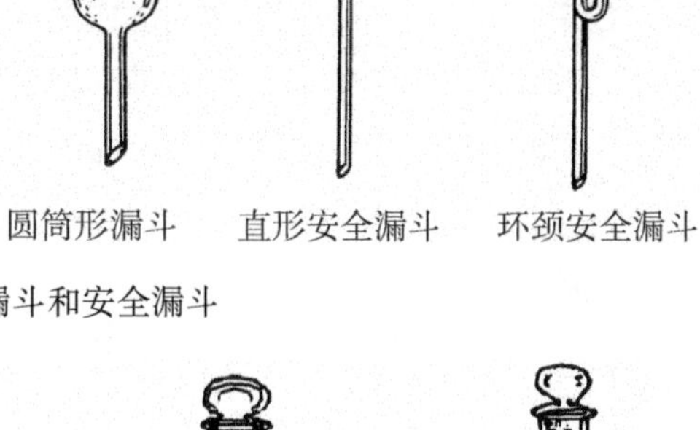

图1－11　普通漏斗和安全漏斗

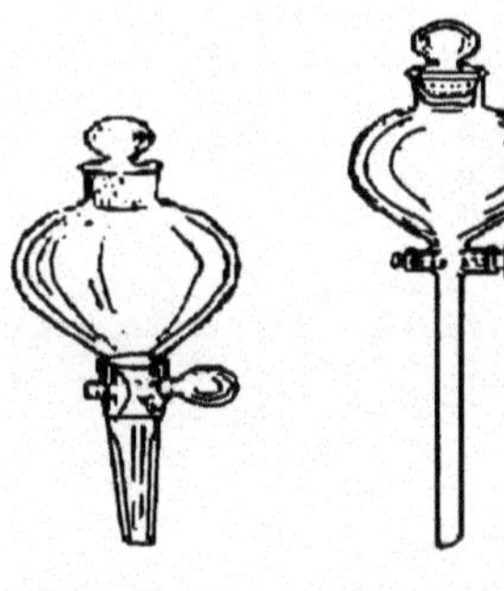

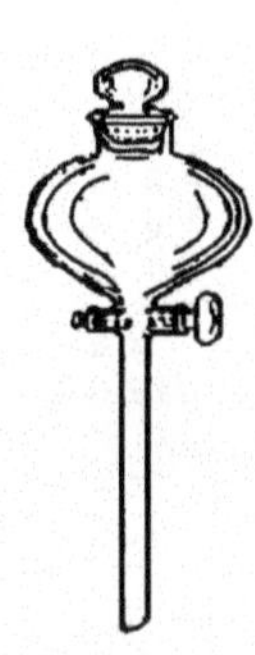

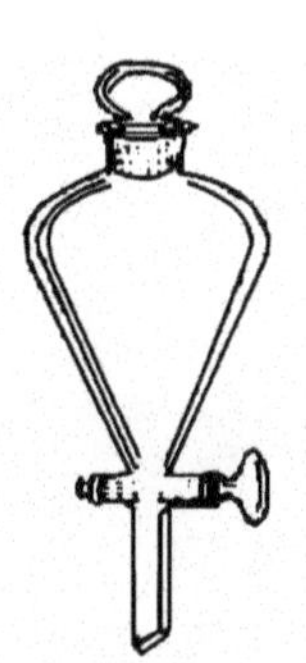

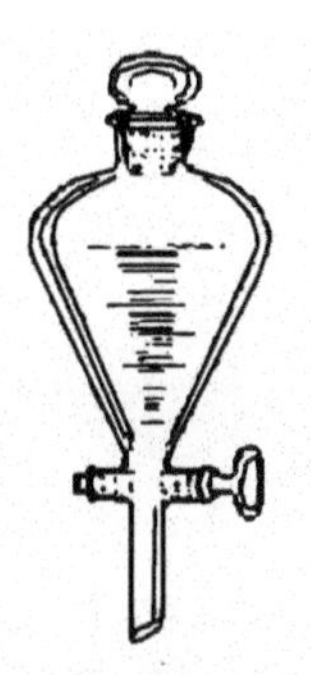

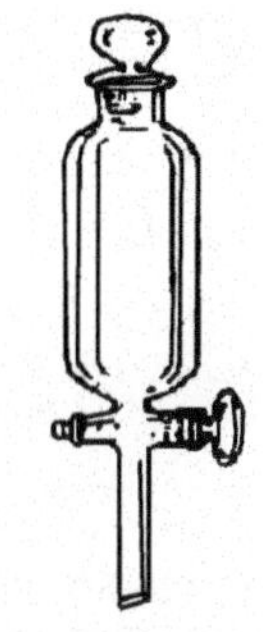

图1－12　分液漏斗

(2)过滤瓶。过滤瓶也称吸滤瓶、抽滤瓶，主要供晶体或沉淀进行减压过滤时承接溶液用(图 1－13)。常见的过滤瓶有具上嘴和具上下嘴两种，一般规格为 100 mL至 1000 mL 不等。2500 mL 以上的过滤瓶常用硬质玻璃制造。

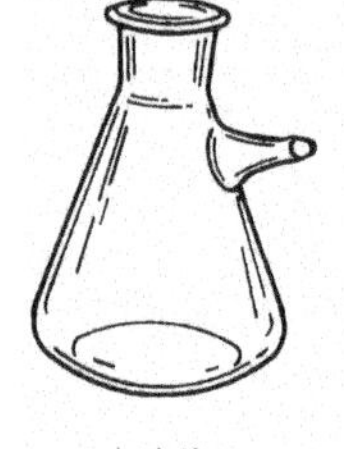

过滤瓶

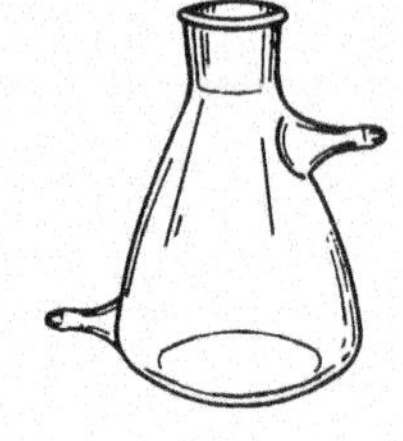

具上、下嘴过滤瓶

图 1－13　过滤瓶

(3)干燥器。干燥器主要用来保持固态、液态物品的干燥，也常用来存放防潮的小型贵重仪器和已经烘干的称量瓶、坩埚等(图 1－14)。干燥器有无色和棕色之分，棕色的用以保存、干燥需避光的物品。带有磨口活塞的真空干燥器可供需在真空中干燥的样品用，减压范围为 13 ～ 1300Pa。常用干燥器的上口直径为 160 mm 至 300 mm 不等。

使用时应沿边口涂抹一薄层凡士林旋转盖子至透明以免漏气；开启时应使顶盖向水平方向缓缓移开；热的物品须冷却到略高于室温时再移入干燥器；久存的干燥器或室温低时常打不开顶盖，可用热毛巾或暖风吹化开启。

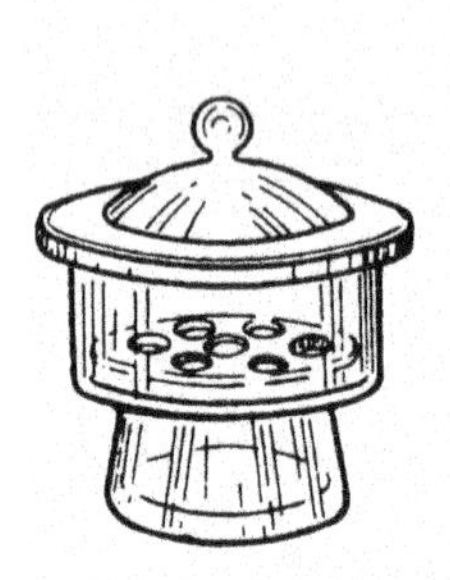

干燥器

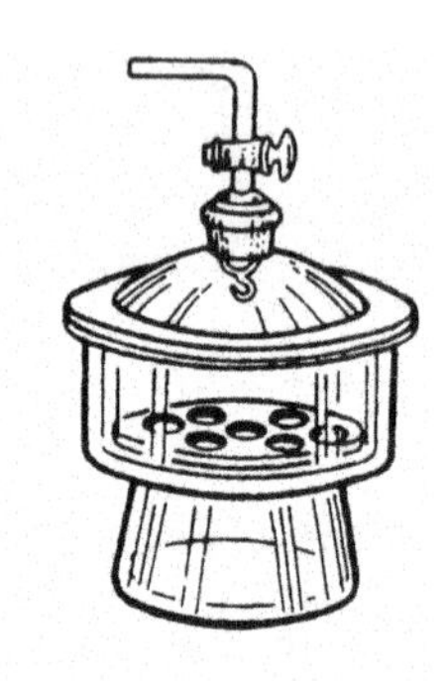

真空干燥器

图 1－14　干燥器

(4)表面皿。表面皿主要用作小杯的盖，防止灰尘落入和加热时液体迸溅等，也可以作为气室或点滴反应板(图 1－15)。表面皿的规格以其直径计，常用的有 45mm、60mm、80mm、100mm、150mm 等。微表面皿的直径为 20mm。

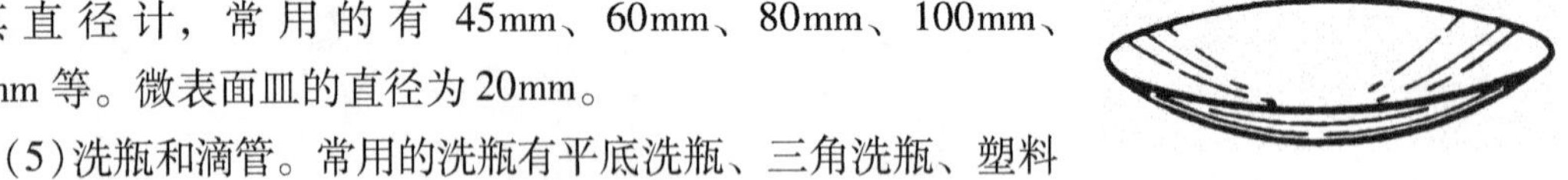

图 1－15　表面皿

(5)洗瓶和滴管。常用的洗瓶有平底洗瓶、三角洗瓶、塑料洗瓶等(图 1－16)。洗瓶内盛放纯水(或洗涤沉淀用的洗涤液)时可用吹嘴使液体从尖嘴吹出，洗瓶的主要容量为 250 mL 和 500 mL。也可用锥形瓶、平底烧瓶自制，现使用有塑料洗瓶，应用时更方便和卫生。

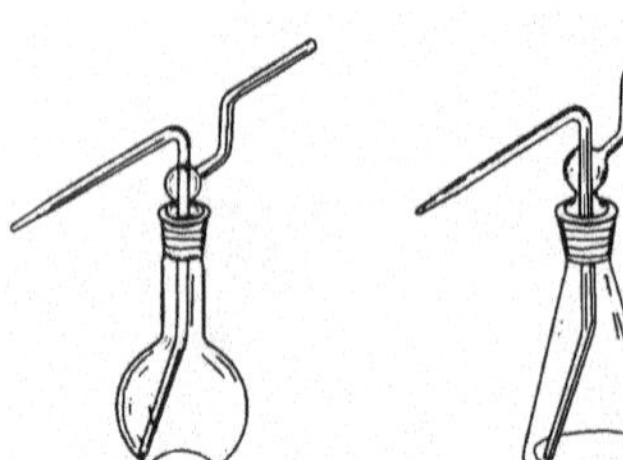

平底洗瓶

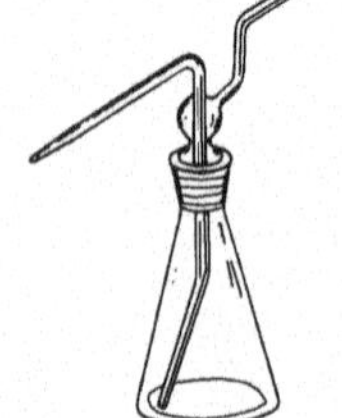

三角形洗瓶

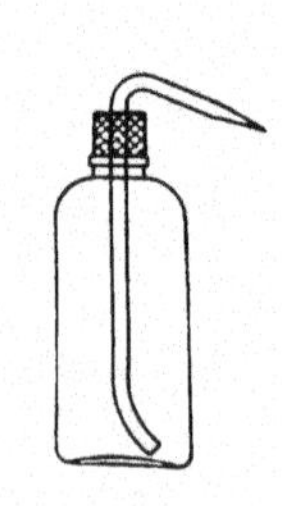

塑料洗瓶

图 1－16　洗瓶

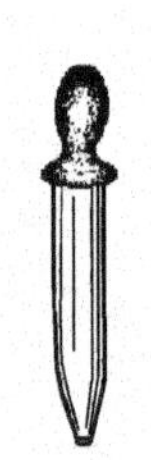

直形滴管

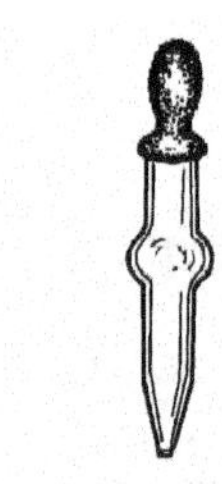

直形一球滴管

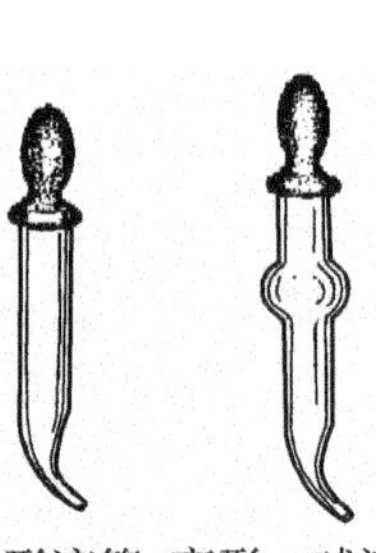

弯形滴管　弯形一球滴管

图 1－17　滴管

常见的滴管(又称点滴管)有直形、直形一球、弯形和弯形一球等，一般长 90 ～ 100 mm，管外径为 7 ～8mm(图 1－17)。

使用滴管时应用手指紧捏滴管上部的胶头，赶出滴管中的空气，然后把滴管伸入试剂瓶的试液中，放开手指，吸入试液，再提出滴管，将试液滴入试管、烧杯等容器中。滴管从试剂瓶中取出试液后，不可平放或斜放，以防玻璃管中的试液流入胶头，腐蚀胶头、沾污试剂；用滴管将试剂滴入试管中时，必须将它悬空地放在靠近试管口的上方，绝对禁止将滴管尖端伸入试管中，以防管端碰到试管壁而粘附其他物质。

（二）玻璃仪器洗涤

玻璃仪器必须彻底清洗干净后才可使用。玻璃仪器洗涤干净的标准是用水淋洗，倾去水时，容器内壁形成均匀水膜，不挂水珠，量器液面下降或上升时与器壁接触处形成正常弯月面。洗涤的方法如下：

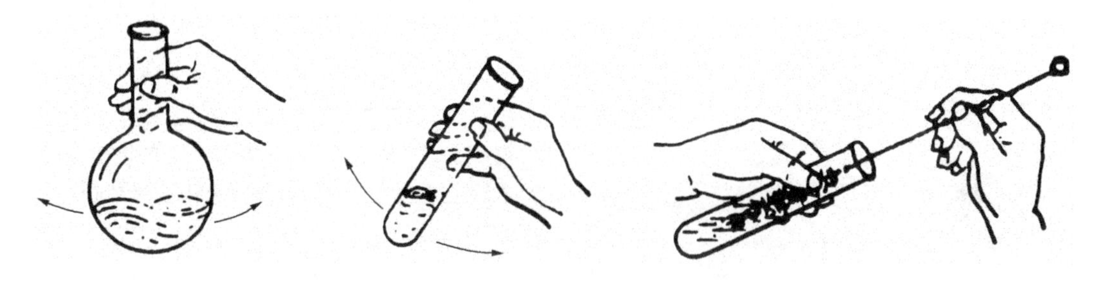

图1－18　玻璃仪器的洗涤

（1）冲洗。首先用自来水反复冲洗几次。

（2）刷洗。若器皿内壁附着有不易冲洗掉的物质，可用试管刷刷洗，选用粗细合适的试管刷反复刷洗器皿内壁直至刷净，注意不能使用前端无毛的试管刷；刷洗时用力适度，以免捅破器皿。

（3）根据污物性质洗涤。根据污物性质不同，可选择不同洗涤方法。比如可加入少量洗衣粉，以除去玻璃器皿内的油污；加入少量稀盐酸（必要时加入少量盐酸羟胺溶液），除去某些附着的金属氧化物、难溶氢氧化物或难溶的盐。

对未经使用的新玻璃仪器，在生产过程中可能粘附含有金属的灰尘，应洗刷后经硝酸浸泡24 h，水洗净后使用。

常用洗液的配制方法及应用见表1－6。

经过以上方法洗涤后的玻璃仪器，要用自来水冲干净，然后用纯水再冲洗3次，将纯水沿壁冲洗并充分震荡。已经洗好的仪器不要用毛巾、布、纸或其他东西去擦拭，以免再沾污仪器。洗净的试管应整齐地倒扣在试管架上，洗净的其他器皿也应按检验项目不同而分开、整齐有序地摆放好。

表1-6　常用洗液的配制方法及应用

洗液名称	洗液的配制	使用及注意事项
铬酸洗液	将20 g $K_2Cr_2O_7$ 溶于20 g水中，为加热使其溶解，稍冷后在搅动下缓慢加入浓硫酸，开始加入硫酸时有沉淀析出，加浓硫酸至沉淀刚溶完为止。(此时如再继续加硫酸，则又析出沉淀，不能再溶解)	(1)主要用于洗除被有机物质和油污沾污的玻璃器皿； (2)不适用于测铬的玻璃仪器的洗涤； (3)具有强腐蚀性，防止烧伤皮肤、衣物； (4)将要洗涤的玻璃器皿内的水分沥干； (5)用毕回收，可反复使用。若洗液变成墨绿色则失效，可加浓硫酸将 Cr^{3+} 氧化后继续使用
盐酸	(1)浓盐酸(密度1.19 g/mL)； (2)1∶1盐酸：将100 mL浓盐酸慢慢加入100 mL水中，并搅拌	可洗去水垢或某些无机盐沉淀，也可以去除碱性物质
草酸或盐酸羟胺溶液	(1)溶解1 g草酸固体于100 mL水中； (2)溶解1 g盐酸羟胺固体于100 mL水中	(1)可洗去高锰酸钾残留在玻璃器皿上的痕迹； (2)衣服上沾有高锰酸钾污斑，可用盐酸羟胺洗去后马上用水冲干净
磷酸三钠或洗衣粉	(1)溶解5～10 g磷酸钠($Na_3PO_4 \cdot 12H_2O$)于100 mL水中； (2)固体洗衣粉	(1)可清洗玻璃器皿内的油污或其他有机物质 (2)浸泡后刷洗
硝酸溶液	常用的浓度有1+9(即1份浓硝酸溶于9份水中，体积比；下同)或1+1	(1)适用于测定金属的玻璃仪器的浸泡、洗涤； (2)测定痕量金属的玻璃仪器，一般在使用后即用自来水洗净并浸泡在硝酸(1+1)中，浸泡后不能用自来水淋洗，避免新的吸附，只能直接用纯水淋洗
乙二铵四乙酸二钠(EDTA)溶液	溶解5～10 g乙二铵四乙酸二钠于100 mL水中	加热煮沸可洗去玻璃器皿内壁的白色沉淀物
硫代硫酸钠洗液	溶解10 g硫代硫酸钠于100 mL水中	(1)清洗衣物上之碘斑； (2)浸泡后刷洗
酒精与浓硝酸混合液	不可以先混合	(1)最适合于洗净滴定管，在滴定管中加入2 mL酒精，然后沿管壁慢慢加入8mL浓硝酸，盖住滴定管管口，留有空隙，静止即发生剧烈反应，利用所产生的二氧化氮洗净滴定管； (2)洗涤液可多次使用，若玻璃仪器上有凡士林，应先用软纸擦去，再用乙醇擦净，进行洗涤； (3)操作必须在通风橱进行
碘-碘化钾洗液	1 g碘和2g碘化钾溶于水中，用水稀释至100 mL	洗涤液用硝酸银滴定后留下黑褐色污物

(三)玻璃仪器干燥

玻璃仪器洗净后需要控干备用。常用的干燥方法有以下几种：

(1)倒置控干：把洗净后的玻璃仪器倒置，自然风干。

(2)烘干：洗净的仪器控出水分后，放入烘箱，在105～110℃烘1h左右，也可放入红外干燥箱内烘干。

注：量器不可在烘箱中烘干。

(3)热(冷)风吹干：急于干燥的仪器或不适合烘干的仪器，如量器、较大的仪器等，可用吹干的办法。方法是先把少量乙醇倒入已控出水分的仪器中，摇洗一次，倒出，用电吹风吹，开始用冷风吹1～2 min，使大部分有机溶剂挥发后，再用热风吹干。

注：此法要求在通风橱进行，不要接触明火，以防有机溶剂蒸气着火爆炸。

三、实验室用水

(一)质量要求

不同实验对纯水的要求不同，一般无机实验(如痕量金属监测、原子吸收光谱、离子质谱、普通化学实验、水质分析等)用纯水，电阻率大于18MΩ·cm的超纯水即可满足，而有机实验(如总有机炭分析、电泳、电生理学等)通常需要去除原水中的有机物，对超纯水的总有机炭(TOC)指标要求较高(10^{-9}级)。如果是生物方面的实验项目，还要求去除原水中的细菌(或热源)。因此，按照使用的要求选用不同质量要求的水。

1. 外观与等级

实验室用纯水应无色透明，其中不得有肉眼可辨的颜色及纤絮杂质。

实验室用纯水分三个等级，最好在独立的制水间制备(表1－7)。

(1)一级水。不含有溶解杂质或胶态质有机物。它可用二级水经进一步处理制得。例如，可将二级水经过再蒸馏、离子交换混合床、0.2 μm滤膜过滤等方法处理，或用石英蒸馏装置做进一步蒸馏制得。

一级水用于制备标准水样或超痕量物质的分析，如液相色谱检测(LC－MS、HPLC、HPLC－MS/MS)、气相色谱检测(GC、GC－MS)、ICP、ICP－MS等。

(2)二级水。常含有微量的无机、有机或胶态杂质。可用蒸馏、电渗析或离子交换法制得的水进行再蒸馏的方法制备。用于精确分析和研究工作，如原子吸收光谱检测等。

(3)三级水。适用于一般实验工作。可用蒸馏、电渗析或离子交换等方法制备。

用于常量定性、定量实验。

2. 质量指标

纯水的纯度指标中主要控制无机离子、还原性物质、尘埃粒子的含量，便可满足水质分析的要求。分析实验室用水应符合相关国家标准的规定。表1－7中用水规格数据引自：GB/T 6682—2008《分析实验室用水规格和试验方法》。

表 1－7　分析实验室用水规格

名　称	一级	二级	三级
pH 范围(25℃)	—	—	5.0～7.5
电导率(25℃，mS/m)≤	0.01	0.10	0.50
可氧化物质(以 O 计，mg/L)≤	—	0.08	0.4
吸光度(254nm，1cm 光程)≤	0.001	0.01	—
蒸发残渣(105℃ ±2℃)mg/L≤	—	1.0	2.0
可溶性硅(以 SiO_2 计)mg/L <	0.01	0.02	—

说明：由于在一级和二级水的纯度下难以测定其真实的 pH。因此，对一级和二级水的 pH 范围不做规定。

3. 影响纯水质量的因素

影响纯水质量的主要因素有三个：空气、容器、管路。

实验室制备纯水，不难达到纯度指标。但一经放置，特别是接触空气，吸收空气中的二氧化碳等，其电导率会迅速上升。

在容器方面，玻璃容器盛装纯水可溶出某些金属及硅酸盐，有机物较少。聚乙烯容器盛装纯水溶出的无机物较少，但溶出有机物比玻璃容器略多。

纯水导出管，在瓶内部分可用玻璃管，瓶外导管可用聚乙烯管，在最下端接一段乳胶管，以便配用弹簧夹。

检测氨时纯水空白值较高，主要来自空气和容器的污染。

(二)纯水制备

制备纯水的方法很多，通常用的有蒸馏法、离子交换法、亚沸蒸馏法和电渗析法等。

随着科技的发展，实验室纯水机及超纯水机已得到了广泛的应用。本章节重点介绍当前纯水机的应用原理及日常维护等常识。市售纯水，若经过检测能满足实验纯水质量指标也能作为实验纯水使用。

1. 纯水机应用原理

纯水机是依据反渗透原理研制而成，一般由三级预处理、RO 反渗透膜、储水罐等组成。应用 RO 反渗透膜分离技术，通过对水施加一定的压力，使水分子和离子态的矿物质元素通过反渗透膜，而溶解在水中的绝大部分无机盐(包括重金属)，有机物以及细菌、病毒等无法透过反渗透膜，从而使渗透过的纯净水和无法渗透过的浓缩水严格地分开；反渗透膜的孔径只有 0.0001 μm，而病毒的直径一般有 0.02～0.4 μm，普通细菌的直径有 0.4～1 μm。超纯水机是在反渗透技术的基础上，添加了离子交换和终端处理技术。有些还有深度离子除盐、超滤和 UV 光氧化作用设备，其出水水质优于国标 GB/T 6682—2008 实验室一级用水的水质要求。

以自来水为纯水机进水的实验室超纯水机通常都配备有两个取水口，一个取水口取用纯水(三级水)，一个取水口取用超纯水(一级水，或比一级水水质更优的超纯水。)

2. 纯水机的选择

(1)厂家品牌选择

目前在国内销售的实验室超纯水机有国产的也有进口的，机型一般有台式和落地式，产水质量都能满足实验室用水要求。进口实验室超纯水机售价较高(一般为国产实验室超纯水机的2～4倍)，一次性投入成本和后续维护成本相对较高，但质量相对稳定。

(2)型号参数选择

产水量：一般台式超纯水机产水量在每小时5～30 L，落地式超纯水机产水量则可达到每小时上百升。正常情况下，实验室超纯水机每天制水2～4 h，无论是对机器电气元件(水泵、电磁阀等)的保护，还是耗材更换都有好处。一般来说，实验室超纯水机产水量越大，购买成本也越高。

产水水质：一般纯水机的出水质量常以电阻率表示，对应国家标准中三个级别的水质，其电阻率分别为：三级水>0.2MΩ·cm、二级水>1MΩ·cm、一级水>10MΩ·cm。而超纯水机制备的超纯水，其电阻率一般达到大于18MΩ·cm的水平，可以满足实验室检测工作要求。

3. 纯水机的日常维护

纯水机中的精密滤芯、活性炭滤芯、反渗透膜、纯化柱都是具有相对寿命的材料，精密滤芯和活性炭滤芯实际上是对反渗透膜的保护，如果它们失效，那么反渗透膜的负荷就加重，寿命减短；如果继续开机的话，那产生的纯水水质就下降，随之加重了纯化柱的负担，则纯化柱的寿命就会缩短。最终结果是加大了纯水机的使用成本。所以，在超纯水机的使用中，有以下方面的事情需要注意。

(1)精密滤芯又称过滤滤芯，分线绕滤芯和PP熔喷滤芯，主要过滤原水中的泥沙等大的颗粒物，其过滤精度有5 μm、1 μm等。新的滤芯为白色，如果时间长了表面会淤积泥沙等，呈现褐色，这就表示该滤芯不能用了，用自来水冲洗掉表面淤泥后，可以勉强继续使用1～2周，但不能长期使用。从经验数据统计来看，精密滤芯的寿命一般为3～6月。

(2)活性炭滤芯主要通过吸附作用，去除水中的异味、有机物等。自来水中有余氯，对反渗透膜有很大的氧化作用，所以必须经由活性炭去除。活性炭滤芯从表面上看没有直观的变化，根据经验来看，一般在一年左右就达到饱和吸附，需要更换。

(3)反渗透膜是超纯水机中十分重要的部件，其孔径非常小，所以在使用过程中常常有细菌等微观物质淤积在其表面，一般的纯水机都有反冲洗功能。如果长时间(如1个月以上)不用，需要将其取出浸泡在消毒液里，避免细菌的滋生，不过该过程比较麻烦，建议即使不用水，都应经常开机。反渗透膜的寿命在2～3年，主要由用水量来决定，所以在选购的时候一定要选择所匹配的规格。

(4)纯化柱根据客户的水质需求有时也叫超纯化柱，它是通过离子交换的方式对反渗透纯水进行深度脱盐，最终达到一级水或超纯水水平。纯化柱的寿命可以通过在线电阻率来判断，低于某个特定的电阻率值即表示纯化柱过期，比较直观。其寿命除了视用水量以外，尤其重要的是离子交换树脂的填充量和本身质量。

(5)经反渗透出来的水是三级水，存放在水箱里，而一级水是即用即取，不存放。三级水没有通过纯化柱，一级水通过了纯化柱，一级水的成本高于三级水。所以在日常应用的时候，应根据水质需求分质取水，能用三级水时尽量不用一级水，避免使用成本的上升。

（三）特殊用水制备

1. 不含氯的水

加入亚硫酸钠等还原剂将自来水中的余氯还原为氯离子，用附有缓冲球的全玻璃蒸馏器（以下各项中的蒸馏均同此）进行蒸馏制取。

取实验用水 10 mL 于试管中，加入 2～3 滴(1+1)硝酸、2～3 滴 0.1 mol/L 硝酸银溶液，混匀，不得有白色混浊出现。

2. 不含氨的水

(1)向水中加入硫酸至 $pH<2$，使水中各种形态的氨或胺最终都转变成不挥发的盐类，收集馏出液即得。

注：避免实验室内空气中含有氨而重新污染，应在无氨气的实验室进行蒸馏。

(2)向蒸馏制得的纯水中加入数毫升再生好的阳离子交换树脂，振摇数分钟，即可除氨，或者通过交换树脂柱也能除氨。

3. 不含二氧化碳的水

(1)煮沸法：将蒸馏水或去离子水煮沸至少 10 min，或使水量蒸发 10% 以上，加盖放冷即可。

(2)曝气法：将惰性气体（如高纯氮）通入蒸馏水或去离子水至饱和即可。

制得的无二氧化碳水应贮存在一个附有碱石灰管的橡皮塞盖严的瓶中。

四、水质分析中常用的法定计量单位及常用浓度表示方法及计算

（一）法定计量单位

按照《国务院关于在我国统一实行法定计量单位的命令》和《全面推行我国法定计量单位的意见》规定，我国从 1991 年 1 月起，除个别特殊领域外，不允许再使用非法定计量单位。我国的法定计量单位是以国际单位制为基础适当地加一些非国际单位制单位组成，包括下列几方面：

(1)国际单位制的基本单位；

(2)国际单位制的辅助单位；

(3)国际单位制中具有专门名称的导出单位；

(4)国家选定的非国际单位制单位；

(5)由以上单位构成的组合形式的单位；

(6)由词头和以上单位所构成的十进倍数和分数单位。

以下介绍水质分析中常用的国际单位制的基本单位——物质的量。

1. 物质的量的定义

物质 B 的物质的量 $n(B)$，是从粒子数 $N(B)$ 这一角度出发，用以反映物质系统基本单元多少的物理量。或者说物质的量 $n(B)$ 指的是一个系统中所含的基本单元数与 0.012 kg ^{12}C 的原子数目相等。

公式：

$$n(B)=(1/L)N(B)$$

式中 L——阿伏伽德罗(Avogadro)常数；

$N(B)$——粒子数；

n(B)单位为摩尔，符号 mol。

使用摩尔时，应予注明基本单元。基本单元可以是原子、分子、离子、电子、光子及其粒子或是这些粒子的特定组合。

【例】 $n(\mathrm{H}) = 1\ \mathrm{mol}$，具有质量 1.00794 g；

$n(\mathrm{H_2}) = 1\ \mathrm{mol}$，具有质量 2.01588 g；

在 1mol $KClO_3$ 中，$n(\mathrm{K^+}) = 1\ \mathrm{mol}$；$n(\mathrm{ClO_3^-}) = 1\ \mathrm{mol}$。

2. 摩尔质量

定义：单位物质的量的物质所具有的质量，称为摩尔质量。

公式：

$$M = m/n$$

式中　m——物质的质量；

n——物质的量；

M——摩尔质量。

摩尔质量单位是 kg/mol，在分析化学中常用的单位有 g/mol，mg/mol。

摩尔质量 M 是物质的量 n 的一个导出量，因此，在具体用到摩尔质量 M 时，同样要指明基本单元。

【例】 硫酸的摩尔质量为 98.08 g/mol，应表示为 $M(\mathrm{H_2SO_4}) = 98.08\ \mathrm{g/mol}$

（二）水质分析中常用浓度表示方法

1. 物质 B 的物质的量浓度

定义：物质 B 的物质的量 n(B)除以混合物的体积 V，其国际符号为 c(B)。

公式：

$$c(\mathrm{B}) = n(\mathrm{B})/V$$

式中　n(B)——物质 B 的量；

V——溶液的体积；

c(B)——物质 B 的物质的量浓度。

物质 B 的浓度单位为摩尔每立方米，其符号为 $\mathrm{mol/m^3}$。在分析化学中，体积单位习惯用“L(升)”，故 c(B)的常用单位有 mol/L、mmol/L、μmol/L 等。

物质的量浓度 c(B)是物质的量的一个导出量，因此，在说明浓度时也必须将基本单元指明。例如，$c(\mathrm{NaOH}) = 1\ \mathrm{mol/L}$。

2. 物质 B 的质量浓度

定义：GB 3102.8—1993 规定：物质 B 的质量除以混合物质的体积，其国际符号为ρ(B)。

公式：

$$\rho(\mathrm{B}) = m(\mathrm{B})/V$$

式中　ρ(B)——物质 B 的质量浓度；

m(B)——物质 B 的质量；

V——混合物的体积。

物质 B 的质量浓度的单位名称是千克每立方米，符号为 $\mathrm{kg/m^3}$，水质分析中常用的单位是 g/L、mg/L、μg/L。

注1：过去习惯用质量体积百分浓度来表示溶质为固体的一般溶液，这是不对的。质量与体积相比，它是量纲上不同两个量的单位相比，其结果得出的应是组合单位，如 g/L、mg/L、μg/L 等，因此它所表示的实际是质量浓度。所以应该用物质 B 的质量浓度代替质量体积百分浓度。例如，过去表示的 15% 的 NaCl 溶液，它指的是 100 mL NaCl 溶液中含有 15 g NaCl，应表示为“0. 15 g/mL 的 NaCl 溶液”，或“ρ(NaCl) = 0. 15 g/mL”。

注2：过去在分析化学中常用“ppm”和“ppb”作为浓度单位来表示相当于“mg/L”和“μg/L”，现已是废弃单位，不再使用。“ppm”和“ppb”不是计量单位，“ppm”是百万分之一的英文缩写，“ppb”是十亿分之一的英文缩写。而且用“ppm”、“ppb”符号是表示质量的值还是体积比值也无法区分。

3. 质量分数及体积分数

(1)物质 B 的质量分数

定义：GB3102. 8—1993 规定，物质 B 的质量与混合物的质量之比，符号为 W(B)。

公式：
$$w(\mathrm{B}) = m(\mathrm{B})/m$$

式中 m(B)——物质 B 的质量；

M——混合物的质量；

w(B)——物质 B 的质量分数。

从上式可知，构成比值的分子和分母都是质量，单位不论用 μg 或 mg、g、kg 或 t，最终计算结果都为纯数，故此量为无量纲，其 SI 单位为“1”。因此，在计算所得数值(比值)之后不应再加任何其他单位或符号，而应该用纯数表示，或表示为某一数值乘上 10^{-2}、10^{-3}、10^{-6}、10^{-9}等形式。

由于国际标准化组织不推荐使用“‰”符号，国家标准没有将“‰”符号列入，故不应再使用“‰”符号。

有了质量分数，就可以用来代替过去固体物质中某种化学成分的含量。

【例】 “某市售的浓 HCl 的密度 ρ 为 1. 185g/mL，其含量为 37. 27%”，应改为“某市售的浓 HCl 的密度 ρ 为 1. 185g/mL，其质量分数 w(HCl) = 37. 27%”。

(2)物质 B 的体积分数

定义：GB3102. 8—1993 规定，物质 B 的体积和混合物的体积之比，其国际符号为φ(B)。

公式：
$$\varphi(\mathrm{B}) = V(\mathrm{B})/V$$

式中 V(B)——物质 B 的体积；

V——混合物的体积；

φ(B)——物质 B 的体积分数。

从上式可见，它与质量分数相类似，故此量为无量纲，其 SI 单位为“1”。因此，在计算所得数值(比值)之后不应再加任何其他单位或符号，而应该用纯数表示，或表示为某一数值乘上 10^{-2}、10^{-3}、10^{-6}、10^{-9}等形式。

【例】 65% 乙醇溶液，表示 100 mL 65% 的醇溶液中含纯乙醇 65mL(注意：并不表示其中含纯水 35mL)。

4. 比例浓度

水质分析中还经常用到比例浓度，由 A 体积溶质与 B 体积溶剂混合而成，用 $A+B$ 表示。

【例】 1 体积浓盐酸和 2 体积纯水的混合物，表达为“HCl(1+2)”(注意 1 体积浓盐酸和 2 体积纯水混合不等于 3 体积溶液)。

(三)水质分析中常用浓度计算

1. 物质的量浓度溶液的计算和配制

【例 1】 配制 $c(\text{NaOH})=0.5\ \text{mol/L}$ 溶液 500 mL，如何配制？

解：$$m(\text{NaOH})=c(\text{NaOH})\times V\times\frac{M(\text{NaOH})}{1000}$$
$$=0.5\times500\times\frac{40}{1000}$$
$$=10.0(\text{g})$$

配制：称取 NaOH 10.0 g 溶于水中，并用水稀释，定容至 500 mL，混匀。

【例 2】 已知 36% 的浓盐酸，相对密度为 1.18，问该溶液的浓度是多少？

解：$$c(\text{HCl})=\frac{m(\text{HCl})}{M(\text{HCl})\cdot V}=\frac{\rho\cdot w\times1000}{M(\text{HCl})\cdot V}=\frac{1.18\times36\%\times1000}{36.45\times1}=11.65(\text{mol/L})$$

2. 与溶液稀释有关的计算

与溶液稀释有关的计算依据：溶液稀释前后溶质的质量或物质的量不变。

$$M_1V_1=M_2V_2$$

式中 M_1——稀释前溶液浓度；

M_2——稀释后溶液浓度；

V_1——稀释前溶液体积；

V_2——稀释后溶液体积。

计算时必须注意：M_1、M_2 和 V_1、V_2 单位要统一。

【例 1】 要配制 25% 的 NaOH 溶液 1000 mL，需要 35% 的 NaOH 溶液多少毫升？

解：根据：$M_1V_1=M_2V_2$

$$V_1=\frac{M_2\cdot V_2}{M_1}=\frac{25\%\times1000}{35\%}=714(\text{mL})$$

配制：量取 35% 的 NaOH 溶液 714 mL，用纯水稀释至 1000 mL，混匀。

3. 化学反应的计算

【例 1】 30 g NaOH 可与多少克 H_2SO_4 发生反应？

解：设参与反应的 H_2SO_4 为 x(g)。反应式如下：

$$2NaOH+H_2SO_4=\!=\!=Na_2SO_4+2H_2O$$

2×40　　98

30 g　　x g

则：$80:98=30:x$

$$x=\frac{98\times30}{80}=36.75(\text{g})$$

【例2】 1.616 g 苯二甲酸氢钾刚好与18.55 mL 的 NaOH 完全反应，问此 NaOH 的浓度是多少?

解：苯二甲酸氢钾的相对分子质量为204.23。

NaOH 的相对分子质量为40。

苯二甲酸氢钾与 NaOH 完全反应的摩尔比为1∶1。

则 NaOH 的浓度为：

$$c(\text{NaOH})=\frac{1.616/204.23}{18.55}\times 1000=0.4266(\text{mol/L})$$

第二节 水质分析基本操作技术

一、水样采集、保存、运输

水样的采集、保存以及将样品运输到检测实验室的过程是水质分析的重要环节之一。一旦这个环节出现问题，后续的分析检测工作无论多严密、准确无误，其结果也是毫无意义的。因此，水样采集和保存的方法必须规范、统一，各个环节都不能有疏漏。

《生活饮用水标准检验方法——水样的采集和保存》(GB/T 5750.2—2006)对水质样品的采集和保存提出了规范性要求。

样品采集和保存的主要原则是：必须具有代表性；不能受到任何污染。采集样品的代表性是指水样中各种组分的含量必须能够反映采样水体的真实情况，监测数据能够真实代表某种组分在该水体中的存在状态和水质状况。为了得到具有代表性的水样就必须在具有代表性的时间、地点，并按照规定的采样方法收集有效的样品。

(一)水样采集

1. 采样前准备

(1)制订采样计划。为了能采集有代表性的样品，必须收集有关资料，制订周密的采样计划。根据采样目的确定检验指标、采样时间、采样地点、采样方法、采样频率、采样数量、采样容器与清洗方法、采样体积、样品保存方法、样品标签、现场测定项目、采样质量控制、运输工具和条件等。

(2)采样器。采样器应该有足够强度，且使用灵活、方便可靠，与水样接触部分应采用惰性材料，如不锈钢、聚乙烯等制成。采样器在使用前应用洗涤剂洗去油污，用自来水冲干净，再用10%盐酸(或硝酸)浸泡，再用自来水冲洗3次，并用蒸馏水淋洗干净备用。

(3)样品容器的选择。样品容器应适合保存被分析的组分，必须可密封，有足够的体积，容易洗涤，不易破碎，便于运输。选择容器原则：

①容器不能是新的污染源，化学稳定性应好，不会溶出待测组分。例如，从塑料可溶出增塑剂、未聚合的单体等；由玻璃可溶出硼、硅、钙、镁等。

②容器壁不应吸附某些待测组分。例如，聚乙烯瓶可吸附有机物，玻璃瓶可吸附金属。

③容器不应与待测组分发生物理化学反应。例如：氟化物与玻璃。

④用于微生物检测的器皿应能耐受高温灭菌。

研究表明，材质的稳定性顺序为：聚四氟乙烯 > 聚乙烯 > 石英玻璃 > 硼硅玻璃。

通常，塑料容器常用作测定金属、放射性元素和其他无机物的水样容器；硬质玻璃常用作测定有机物和生物类等的水样容器；测定溶解氧和生化需氧量（BOD_5）应使用专用贮样容器。更详细的资料请查阅《生活饮用水标准检验方法　水样的采集和保存》（GB/T 5750.2—2006）8.3 中相应规定。

（4）样品容器洗涤。样品容器在使用前应根据检测项目和分析方法的要求，采用相应的洗涤方法（表 1－8）。样品容器的洗涤要求在《生活饮用水标准检验方法　水样的采集和保存》（GB/T 5750.2—2006）5 中有相应的规定。

表 1－8　水样容器洗涤方法

测定指标	容　器	清洗方法
一般理化指标、钙、镁、砷	聚乙烯瓶	淋洗： 自来水洗 3 次，10% 硝酸浸泡 8h，再用自来水洗 3 次，最后用纯水洗 3 次
氨氮、硝酸盐氮、亚硝酸盐氮、总有机碳、总氮	聚乙烯瓶	淋洗： 自来水洗 3 次，铬酸浸洗 1 次，再用自来水洗 3 次，最后用纯水洗 3 次
总磷	玻璃瓶	
金属	聚乙烯瓶	淋洗： 自来水洗 3 次，铬酸浸洗 1 次，再用自来水洗 3 次，硝酸（1＋1）1 次，最后用超纯蒸馏水洗 3 次
银	聚乙烯瓶（棕色）	
汞	玻璃瓶	
农药、有机物指标	棕色玻璃瓶衬聚氟乙烯盖	铬酸浸洗 24 h，自来水冲洗干净，蒸馏水洗 3 次，180 ℃烘 4 h，冷却后用己烷、石油醚冲洗
微生物指标	玻璃瓶	洗涤：用自来水和洗涤剂洗干净，再用自来水彻底清洗后用 10% 盐酸浸泡过夜，再依次用自来水、纯水洗净。 灭菌：灭菌前向瓶中加入 1 滴 4g/L 硫代硫酸钠溶液（按 250 mL 容量计算），用纸或纱布包扎瓶口，置电热烘箱中 160 ～ 180 ℃灭菌维持1 ～ 2 h。灭菌后的消毒采样瓶应在 2 周内使用

附　微生物采样瓶质量监控方法：

（1）抽样要求：每批次进行抽样。在烘箱不同层面随机抽取 2 个采样瓶。

（2）检测方法：向每个采样瓶加入 5mL 无菌水涮洗瓶内壁后，吸取 1mL 进行菌落总数培养。36 ℃培养 48 h 后，菌落总数不得检出。

2. 水样采集方法

(1)水源水采集。地表水源水一般在汲水处取水。可将用绳子系着的水桶或带有坠子的采样瓶投进水中汲水。注意不可搅动水底的沉积物，不能混入漂浮在水面上的漂浮物。采样前要用水样冲洗采样器2～3次，洗涤废水不能直接倒回水体中，以免搅起水中悬浮物；对于具有一定深度的河流等水体采样时，使用深水采样器，慢慢放入水中采样，并控制好采样深度。采集的水样如含有可沉降性固体(如泥沙等)，应分离除去沉积物。分离的方法为：将所采水样均匀后，倒入筒形玻璃容器(如量筒)，静置30 min，将已不含沉降性固体但含悬浮性固体的水样移入采样容器并加入保存剂。

(2)管网水采集。用水量少的取水点，管道内的水滞留时间长，易释放出一些沉淀物或溶解出一些金属。因此采样时应注意进行适当的排放，一般先将水龙头完全打开，排放3～5 min至出水外观无明显变化且前后2次检测浑浊度相差不超过0.10 NTU(浑浊度至少检测2次)，再进行采水。

(3)微生物检测水样的采集。微生物检测水样采集时需要特别注意：

(a)微生物检测水样与其他指标检测水样同时采集时，应先采集供微生物学指标检验的水样。

(b)如使用采样器采样，采样前应对采样器进行消毒。

地表水或敞开式水体可用绳子系着的水桶或带有坠子的采样器采样。塑胶的采样容器可用75%的酒精棉擦拭消毒，金属材质的采样容器可灼烧消毒。

针对管网龙头采样的消毒操作规范详见后附。

(c)不得用水样荡洗已消毒过的采样瓶。

(d)避免手指和其他物品对瓶口的沾污。

(e)采集水样过程中禁止与他人交谈。

注：如徒手采集地表水微生物检测水样，应采取如下方式：握住消毒瓶下部，瓶口向下浸入水面下25～40cm处，缓缓倾斜瓶子，瓶口向上，向与手相反的水平方向移动采集水样以防止污染。如果水体是流动的，将瓶口逆向水流采集。取出采样瓶后，倾去部分水样，所采得水量为瓶容量的80%左右，以便在检验时可充分摇动水样。

[**附**]

微生物样品采样消毒作业指导书

1　器材

1.1　长柄镊子、酒精含量为75%的酒精棉、打火机(或火柴)。

2　消毒前准备工作

2.1　对采样管消毒前应视水质情况进行排水(长流水可免)，排至出水外观无明显变化且前后2次检测浑浊度相差不超过0.10 NTU(浑浊度至少检测2次)为止。

2.2　对卫生环境较差的采样点，应将采样管及其周围清理干净以便消毒。

3　消毒

对金属材质的采样点应尽量采取灼烧消毒方式，对塑料等不耐高温的部件采用冷消毒方式进行。

3.1 灼烧消毒

3.1.1 关闭采样龙头，用镊子夹取一个酒精棉，将采样管(可烧部分)擦洗一遍。

3.1.2 点燃酒精棉，置于采样管下方，慢慢移动将采样管烧一烧，然后将酒精棉固定在采样管出水口下方(利用外焰灼烧管口位置)至少烧1 min(有的采样管较细，烧一会后管中留存的水会喷出，则烧至管中不再有水喷出为止)。

3.1.3 移开酒精棉，用消毒过的镊子旋开水龙头放水约30 s。

3.1.4 用镊子另夹取一个酒精棉，将双手擦洗一遍，然后采集水样。

3.2 冷消毒

3.2.1 关闭采样龙头，用镊子夹取一个酒精棉，将采样管(可烧部分)擦洗一遍。

3.2.2 移开酒精棉，打开水龙头放水约30 s。

3.2.3 用镊子另夹取一个酒精棉，将双手擦洗一遍，然后采集水样。

(4)采样注意事项。

(a)测定油类指标的水样采集时，要避开水面上的浮油，在水面下30 cm处采集水样，全部用于测定，不能用采集的水样冲洗采样器(瓶)。

(b)采集测定溶解氧、生化需氧量和有机污染物的水样时应注满容器，上部不留空间，并采用水封。

(c)测定油类、BOD_5、硫化物、微生物、放射性等项目要单独采集。

(5)采样量。采集的水样量应满足分析的需要，根据测试指标、测试方法，并应该考虑平行样检测所需的水样量和留作备份测试的水样量。

(二)样品保存

样品从采集到送达实验室检测需要一定的时间。在这段时间内，由于物理、化学、生物的作用，会发生不同程度的变化，原则上应尽快测定。以下因素有可能引起水样发生变化：

(1)生物作用：微生物的新陈代谢会消耗水样中的某些组分，也能改变一些组分的性质。如细菌可还原硝酸盐为氨、还原硫酸盐为硫化物。

(2)化学作用：测定组分可能被氧化或还原。如六价铬在低pH下易被还原为三价铬，低价态铁可氧化成高价态铁。二氧化碳含量的改变会引起水样pH－总碱度组成体系发生变化。某些聚合物可能解聚。由于铁、锰价态的改变使沉淀与溶解形态发生改变，导致测定结果与水样实际情况不符。

(3)物理作用：光照、温度、静置或振动、敞露或密封这些条件及容器材料不同都会影响水样的性质。如温度高或剧烈振动会使一些物质挥发，如二氧化碳、汞和挥发性有机物。长期静置会使某些组分沉淀析出，容器内壁不可逆地吸收一些有机物或金属化合物。

如果在采样现场采取一些适当的保护性措施，水样能够保存一段时间。允许保存的时间与水样的性质、分析指标、溶液的酸度、保存容器和存放温度等多种因素有关。适当的保护措施虽然能降低待测组分的变化程度或减缓变化的速度，但并不能完全抑制这种变化。水样保存的基本要求只能是尽量减少其中各种待测组分的变化，减慢生物化学作用，减慢化合物或络合物的氧化－还原作用，避免水解、分解、沉淀，减少挥发与容器吸附损失。

水样的主要保护性措施如下：

(1)选择合适的保存容器。不同材质的容器对水样的影响不同，一般可能存在吸附待测组分或自身杂质溶出污染水样的情况，因此应该选择性质稳定、杂质含量低的容器。

(2)将水样充满容器至溢流并密封。为避免样品在运输途中的振荡以及空气中的氧气、二氧化碳对容器内样品组分和待测项目的干扰，对酸碱度、BOD、DO 等产生影响，应使水样充满容器至溢流并密封保存。

(3)冷藏。水样采集后放在4℃保存。这样可阻止微生物的活动，减慢物理和化学作用的速率，这种保存方法对以后的测定无影响。

(4)加入保存剂。加入某些保存剂以稳定水样中的一些待测组分。保存剂可以事先加入空瓶里，也可以在采样后立即加入水样中。易变质的保存剂不能预先添加。保存剂不能干扰待测物的测定，不能影响待测物的浓度。一般加入的保存剂体积很小，纯度和等级都应达到分析要求，其影响可以忽略，必要时可通过体积校准和扣减空白消除其影响。

采样前，应根据样品的性质、组成和环境条件来选择适宜的保存方法和保存剂。《生活饮用水标准检验方法　水样的采集和保存》(GB/T 5750. 2—2006)10 中提供了常用的水样保存方法。

(三)样品运输

除现场测定的样品外，大部分的水样都需要运回实验室进行分析。在水样的运输过程中要确保其性质稳定、完整、不受沾污、损坏和丢失。

水样采集后应立即送回实验室，根据采样点的位置及各项目检测水样最长的保存时间来选用适当的运输方式，在现场采样前就应安排好运输工作，以免延误。

样品运输前应逐一核对样品数量、检查封口是否严密，需要冷藏的配备好移动冰箱(或在样品箱中放置冰块)。为防止运输过程中的震动、碰撞导致样品损坏，应对样品进行分类装箱，并用泡沫塑料等进行防护处理。样品箱应有“切勿倒置”和“易碎物品”的明显标志。

二、样品处理

环境水样所含组分复杂，并且多数污染组分含量低，存在形态各异，所以在分析测定之前，往往需要进行预处理，以得到欲测组分适合测定方法要求的形态、浓度和消除共存组分干扰的试样体系。下面介绍常用的预处理方法。

(一)离心

离心指的是利用物质的密度等方面的差异，用旋转所产生背向旋转轴方向的离心运动力使颗粒或溶质发生沉降而将其分离、浓缩、提纯和鉴定的一种方法。物质的沉淀与离心力大小相关，而离心力取决于离心速度和旋转半径。一般按旋转速度分低速离心、高速离心和超速离心。具体操作根据各型号离心机操作指南及检验方法需要来进行。

(二)过滤

过滤是利用物质的溶解性差异，将液体和不溶于液体的固体分离开来的一种方法。如水样浑浊度较高或带有明显的颜色，就会影响分析结果，可采用澄清、离心、过滤等措施来分离不可滤残渣，尤其用适当孔径的过滤器可有效地除去细菌和藻类。一般采用 0. 45 μm 滤膜过滤，通过 0. 45 μm 滤膜部分为可过滤态水样，通不过的称为不可过滤态水样。

用滤膜、离心、滤纸或砂芯漏斗等方式处理样品，它们阻留不可过滤残渣的能力大小顺序是：滤膜 > 离心 > 滤纸 > 砂芯漏斗。

用滤纸过滤的操作：

（1）制作过滤器。取一张圆形滤纸，先对折成半圆，再对折成扇形，然后展开成锥形，放入漏斗中试一试，看是否和漏斗角度一样，如果不一样就要调整滤纸角度直到和漏斗角度完全一样，再用滴管取少量蒸馏水将滤纸湿润，使滤纸紧贴于漏斗内壁，中间不能有气泡，以免减缓过滤速度。同时还要注意：放入漏斗后的滤纸边缘，要比漏斗口边缘低 5 ～ 10 mm，若过大则要用剪刀剪去多余的部分(图 1 – 19)。

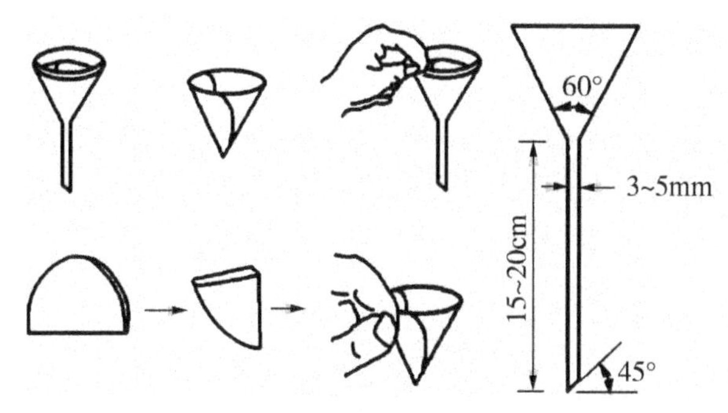

图 1 – 19　过滤器的制作

（2）过滤操作。①将制作好的过滤器放在铁架台的铁圈上，调整高度，使漏斗的最下端与烧杯内壁紧密接触，这样可以使滤液沿着烧杯内壁流下来，不致迸溅出来(图 1 – 20)。②过滤时，往漏斗中倾注液体必须用玻璃棒引流，使液体沿着玻璃棒缓缓流入过滤器内，玻璃棒的下端要轻轻接触有三层滤纸的一面，注入液体的液面要低于滤纸的边缘，防止滤液从漏斗和滤纸之间流下去，影响过滤质量。

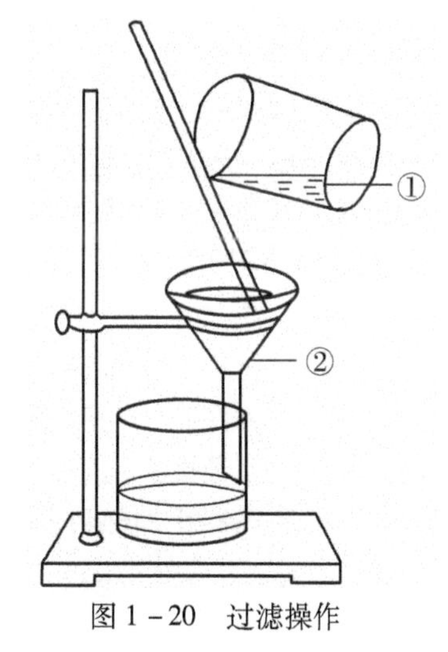

图 1 – 20　过滤操作

综上所述，我们可以把过滤的要点总结为“一贴、二低、三靠”。

一贴：使滤纸润湿，紧贴漏斗内壁，不残留气泡。

二低：滤纸边缘略低于漏斗边缘，液面低于滤纸边缘。

三靠：倾倒时盛装过滤液的烧杯杯口紧靠玻璃棒，玻璃棒下端抵靠在三层滤纸处，漏斗下端长的那侧管口紧靠烧杯内壁。

（三）加热

根据热能的获得，可分为直接热源加热和间接热源加热两类。

直接热源加热是将热能直接加于物料，包括隔石棉网加热和不隔石棉网加热。适用于对温度无准确要求且需快速升温的实验。直接加热造成受热不均匀或温度难以控制时，可采用间接加热。

间接热源加热是将直接热源的热能加于一中间载热体，然后由中间载热体将热能再传给物料，如蒸汽加热、热水加热等。间接加热包括水浴、油浴和沙浴加热等。如水浴加热，既易于控制温度，又能使被加热物料受热均匀。

液体加热注意事项如下：

（1）试管：液体不超过试管容积的 1/3，试管与桌面成 45°角，试管要预热。

（2）烧杯、烧瓶：液体占烧杯容积的 1/3 ～ 2/3，加热时垫石棉网。

（3）蒸发皿：加热时要不断搅拌，当蒸发皿析出较多固体时应减小火焰或停止加热，利用余热把剩余固体蒸干，以防止晶体外溅。

（四）冷却

将样品放在容器中，其热能经过器壁向周围介质自然散热。被冷却物料如果是液体或气体，可在间壁冷却器中进行。夹套、蛇管、套管、列管等式的热交换器都适用。冷却剂一般是冷水和空气，或根据生产实际情况来确定。

（五）干燥

干燥，常指借热能使物料中水分（或溶剂）汽化，并由惰性气体带走所生成的蒸气的过程。例如干燥固体时，水分（或溶剂）从固体内部扩散到表面再从固体表面汽化。干燥可分自然干燥和人工干燥两种。

（六）烘烤

部分项目（如溶解性总固体）检测过程中需要进行烘干处理，一般选用电恒温干燥箱进行烘烤干燥。烘烤温度依照检验方法进行，要求恒重处理的需要进行两次以上灼烧或烘烤，烘烤后于干燥器冷却后称重。连续两次灼烧或烘烤后的重量差异在一定限度内，除溶解性总固体外，一般应不大于 0.2 mg。

（七）蒸馏

蒸馏是一种热力学的分离工艺，它利用混合液体或液－固体系中各组分沸点不同，使低沸点组分蒸发，再冷凝以分离整个组分的单元操作过程，是蒸发和冷凝两种单元操作的联合（图 1－21）。

例如，在测定水中酚类化合物、氟化物、氰化物时，在适合条件下可通过蒸馏将酚类化合物、氟化物、氰化物蒸出后测定，共存干扰物质残留在蒸馏液中，而消除干扰。

蒸馏时要注意：先通水后加热，冷却水要由下向上不断流动，通过调整电炉加热温度，调节蒸馏速度，通常以每秒 1～2 滴为宜。蒸馏时务必使冷凝管下端插入吸收液中，蒸馏结束要先停止加热后停水。

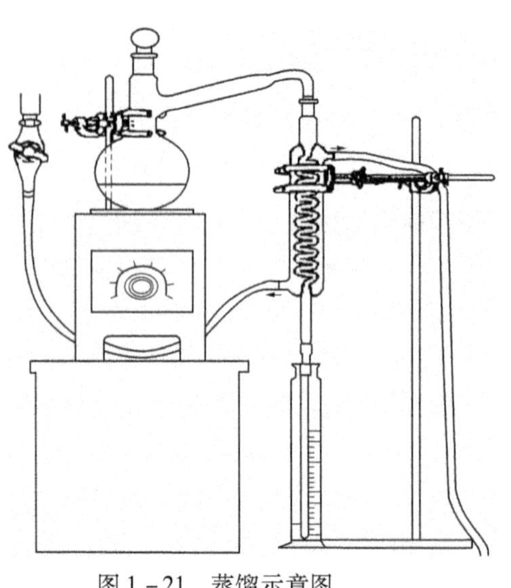

图 1－21　蒸馏示意图

图 1－22　萃取

（八）萃取

利用化合物在两种互不相溶（或微溶）的溶剂中溶解度或分配系数的不同，使化合物从一种溶剂内转移到另外一种溶剂中。经过反复多次萃取，将绝大部分的化合物提取出来（图1－22）。用于水样预处理的萃取方法有液－液萃取法、固相萃取法和超临界流体萃取法。下面介绍前两种。

1. 液－液萃取法

液－液萃取法工作原理：利用物质在互不相溶的两种液态溶剂中分配系数不同进行组分的分离和富集。水相中的有机污染物质，可根据“相似相溶”原则，选择适宜的有机溶剂直接进行萃取。例如，用4－氨基安替比林分光光度法测定水样中的挥发酚时，如果酚含量低于0.05 mg/L，则经蒸馏分离后，需再用三氯甲烷萃取；用气相色谱法测定六六六、DDT时，需先用石油醚萃取；用红外分光光度法测定水样中的石油类和动植物油时，需要用四氯化碳萃取等。

为获得满意的萃取效果，必须根据不同的萃取体系选择适宜的萃取条件，如选择效果好的萃取剂和有机溶剂，控制溶液的酸度，采取消除干扰的措施等。

萃取操作步骤：

（1）选择容积较液体体积大一倍以上的分液漏斗，把活塞擦干，在活塞上均匀涂上一层润滑脂（切勿涂得太厚或使润滑脂进入活塞孔中，以免污染萃取液），塞好后再把活塞旋转几圈，使润滑脂均匀分布，看上去透明即可。

（2）检查分液漏斗的顶塞与活塞处是否渗漏（用水检验），确认不漏水时方可使用，将其放置在合适的并固定在铁架上的铁圈中，关好活塞。

（3）将被萃取液和萃取剂依次从上口倒入漏斗中，塞紧顶塞（顶塞不能涂润滑脂）。

（4）取下分液漏斗，用右手手掌顶住漏斗顶塞并握住漏斗颈，左手握住漏斗活塞处，大拇指压紧活塞，把分液漏斗口略朝下倾斜并前后振荡。开始振荡要慢，振荡后，使漏斗口仍保持原倾斜状态，下部支管口指向无人处，左手仍握在活塞支管处，用拇指和食指旋开活塞，释放出漏斗内的蒸气或产生的气体，使内外压力平衡，此操作也称“放气”。如此重复至放气时只有很小压力后，再剧烈振荡2～3 min，然后再将漏斗放回铁圈中静置（上口塞子的小槽对准漏斗口颈上的通气孔）。

（5）待两层液体完全分开后，打开顶塞，再将活塞缓缓旋开，下层液体自活塞放出至接收瓶。

（6）若萃取剂的密度小于被萃取液的密度，下层液体应尽可能放干净，有时两相间可能出现一些絮状物，也应同时放去，然后将上层液体从分液漏斗的上口倒入三角瓶中，切不可从活塞放出，以免被残留的被萃取液污染。再将下层液体倒回分液漏斗中，用新的萃取剂萃取，重复上述操作，萃取次数一般为3～5次。

2. 固相萃取法（SPE）

固相萃取法的萃取剂是固体，其工作原理基于：水样中欲测组分与共存干扰组分在固相萃取剂上作用力强弱不同，使它们彼此分离。固相萃取剂是含C_{18}或C_8、腈基、氨基等基团的特殊填料。例如，C_{18}键合硅胶是通过在硅胶表面做硅烷化处理而制得的一种颗粒物，将其装载在聚丙烯塑料、玻璃或不锈钢的短管中，即为柱型固相萃取剂。如果将C_{18}键合硅胶颗粒进一步加工制成以四氟乙烯为网络的膜片，即为膜片型固相萃取剂。

膜片安装在砂芯漏斗中，在真空抽气条件下，从漏斗加入水样，使其流过膜片，则被测组分保留在膜片上，溶剂和其他不易保留的组分流入承接瓶中，再加入适宜的溶剂，洗去膜片上不需要的已被吸附的组分，最后用洗脱液将保留在膜片上的被测组分淋洗下来，供分析测定。这种方法已逐渐被广泛应用于组分复杂水样的前处理，如对测定有机氯(磷)农药、邻苯二甲酸酯、多氯联苯等污染物水样的前处理。还可以将这种装置装配在流动注射分析(FIA)仪上进行连续自动测定。

(九)混凝沉淀

用分光光度法进行测定时，水中悬浮物会影响测定，通常样品要进行混凝沉淀以去除悬浮物。如氨氮检测时，若色度、浑浊度较高和干扰物质较多的水样，需往水样中加入硫酸锌，经过混凝沉淀等预处理步骤。

三、称量操作

称量是水质分析工作中最基本的一项操作，除了重量分析法，实验中的样品准备、试剂配制过程都需要进行称量，称量的准确性将直接影响到测量结果的准确性。

称量过程需要使用天平。

(一)天平

天平是一种根据杠杆原理制成的精密称量仪器，根据天平的构造原理可划分为机械天平和电子天平两大类。

电子天平由于利用现代电子控制技术加快了天平称量过程与称量准确性和稳定性，因此被得到广泛应用。其称量依据是电磁力平衡原理，具有以下特点：

(1)结构简单，性能稳定；

(2)称量操作简单，快捷；

(3)功能齐全，大部分具有自动校正、累计称量、自动去皮等功能；

(4)称量范围和读数精度可变。

市面上电子天平品牌、型号很多，实验室应根据实际的使用需求，比如称量范围、精度要求等，购置适合的电子天平。

(二)电子天平的使用规则

天平的具体操作应严格按照操作说明书进行。但无论是哪种型号规格，使用过程中都应注意以下事项：

(1)天平室的环境温、湿度一般建议保持室温在15～30℃、湿度在55%～75%之间，注意避免阳光直射，注意清洁防尘，并防止腐蚀性气体侵蚀。

(2)天平应安放在固定台面上，避免震动、气流。

(3)天平内应保持洁净、干燥，并应定期检查和更换干燥剂(变色硅胶)，如在天平内洒落药品应立即清理干净，以免腐蚀天平。

(4)使用前，按说明书要求预热半小时到一小时，并检查天平是否水平，可通过旋转天平底角螺丝来调节，水平仪气泡至中间位置，天平即处于水平。

(5)被称物品一定要放在适当的容器内(如称量瓶、烧杯等)，一般不得直接放在天平盘上进行称重；不可称量热的物品；称量潮湿或带有腐蚀性、挥发性的样物品时，应放在加盖密闭的容器中进行。

(6)被称物品应轻放在天平盘中央，关闭天平门，待读数稳定后记录读数。

(7)绝不可使天平的称重超过其最大称量限度，以免损坏天平。

(8)如果电子天平出现故障应及时检修，不可带“病”工作。

(三)称量方法

1. 直接称量法

适用于在空气中性质比较稳定的试样。

称量方法：先称取容器的质量，再把试样放进容器中称量，两次称量之差即为试样的质量。

2. 减量称量法

适用于称量一般易吸湿、易氧化、易与二氧化碳反应的试样。

称量方法：在干燥洁净的称量瓶中装入一定量的试样，盖好瓶盖，放在天平盘上称其质量，记录准确读数。然后取下称量瓶，打开盖子，使称量瓶倾斜，用瓶盖轻轻敲击瓶口上沿，使样品慢慢倾出于洗净之烧杯中。估计已够时，慢慢竖起称量瓶，再轻轻敲瓶口上部几下，使瓶口不留一点试样，再盖好瓶盖，放回天平盘上称量。两次称量之差即为试样质量。

注：如一次倒出的试样不够，可按以上方法再倒、再称，但次数不能太多。如称出的试样超出要求值，只能弃去重称，不可将试样再放回称量瓶中。称量时必须戴称量手套或用纸条夹拿称量瓶。注意不要把试样洒在容器外面。

四、移液定容操作

溶液的配制及稀释的过程经常需要进行移液、定容的操作(图1－23)。移液、定容操作的正确与否直接影响到配制溶液浓度的准确性，从而最终影响测定结果的准确性。

(一)移液

1. 移液管的使用

(1)移取溶液前，将溶液倒入干燥洁净的小烧杯中，吸取该溶液并涮洗管内壁2～3次。

(2)移取溶液时，移液管应插入液面下2～3 cm处，浅了易吸空，深了粘附溶液较多。

(3)吸液一般吸至移液管刻度线上方约5 mm处，移去洗耳球，用右手食指堵住管口，将管提出离开液面后，管尖粘附的少量溶液要用滤纸擦干。

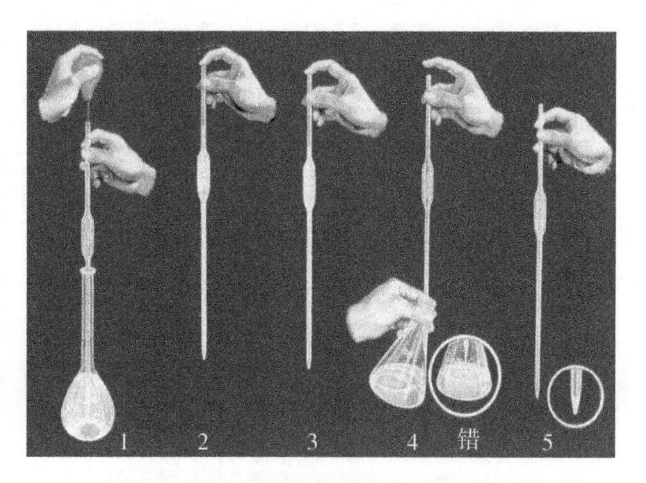

图1－23　溶液移取操作示意图

(4)轻轻松动食指，拇指与中指轻轻转动管身，调节液面至刻线，此时注意管尖不能出气泡。调整液面流出的废液要用小烧杯盛接，不能往地上流放或往瓶壁上靠。

(5)放液时，承接溶液的锥形瓶倾斜，移液管垂直，管尖靠壁，松开食指让溶液自然流出，不得用嘴或洗耳球吹出。

(6)液体流尽后，保持原来操作方式等候15s，以统一液体空出量。

2. 移液器(移液枪)的使用与维护方法

(1)样品准备：样品提前从冰箱拿出，室温放置，使温度与室温平衡。

(2)量程的调节：在调节量程时，用拇指和食指旋转取液器上部的旋钮，如果要从大体积调为小体积，则按照正常的调节方法，逆时针旋转旋钮即可；但如果要从小体积调为大体积时，则可先顺时针旋转刻度旋钮至超过量程的刻度，再回调至设定体积，这样可以保证量取的最高精确度。在该过程中，千万不要将按钮旋出量程，否则会卡住内部机械装置而损坏移液枪。

(3)枪头(吸液嘴)的装配：在将枪头套上移液枪时，很多人会使劲地在枪头盒子上敲几下，这是错误的做法，因为这样会导致移液枪的内部配件(如弹簧)因敲击产生的瞬时撞击力而变得松散，甚至会导致刻度调节旋钮卡住。正确的方法是将移液枪(器)垂直插入枪头中，稍微用力左右微微转动即可使其紧密结合。如果是多道(如8道或12道)移液枪，则可以将移液枪的第一道对准第一个枪头，然后倾斜地插入，往前后方向摇动即可卡紧。枪头卡紧的标志是略为超过O形环，并可以看到连接部分形成清晰的密封圈。

(4)移液的方法：移液之前，要保证移液器、枪头和液体处于相同温度。吸取液体时，四指并拢握住移液器上部，用拇指按住柱塞杆顶端的按钮，移液器保持竖直状态，将枪头插入液面下2～3mm，缓慢松开按钮，吸上液体，并停留1～2s(粘性大的溶液可加长停留时间)，将吸头沿器壁滑出容器，排液时吸头接触倾斜的器壁。在吸液之前，可以先吸放几次液体以润湿吸液嘴(尤其是要吸取粘稠或密度与水不同的液体时)。最后按下除吸头推杆，将吸头推入废物缸。

两种移液方法：

(a)前进移液法。适用于一般液体。用大拇指将按钮按下至第一停点，然后慢慢松开按钮回到原点。接着将按钮按至第一停点排出液体，稍停片刻继续按按钮至第二停点吹出残余的液体。最后松开按钮。

(b)反向移液法。一般用于转移高粘液体、生物活性液体、易起泡液体或极微量的液体。先吸入多于设置量程的液体，转移液体的时候不用吹出残余的液体。先按下按钮至第二停点，慢慢松开按钮至原点。接着将按钮按至第一停点排出设置好量程的液体，继续保持按住按钮位于第一停点(千万别再往下按)，取下有残留液体的枪头，弃之。

(5)移液器的正确放置：使用完毕，将移液器竖直挂在移液枪架上。当移液器枪头里有液体时，切勿将移液器水平放置或倒置，以免液体倒流腐蚀活塞弹簧。

(6)移液器使用注意事项：

(a)吸取液体时一定要缓慢平稳地松开拇指，绝不允许突然松开，以防将溶液吸入过快而冲入取液器内腐蚀柱塞而造成漏气。

(b)为获得较高的精度，吸头需预先吸取一次样品溶液，然后再正式移液，因为吸取高粘液体或有机溶剂时，吸头内壁会残留一层“液膜”，造成排液量偏小而产生误差。

(c)浓度和黏度大的液体，会产生误差，为消除其误差的补偿量，可由试验确定，补偿量可用调节旋钮改变读数窗的读数来进行设定。

(d)必要时对移液器进行校正。

(e)移液器反复撞击吸头来上紧的方法是非常不可取的，长期操作会使内部零件松散而损坏移液器。

(f)移液器未装吸头时，切莫移液。

(g)在设置量程时，请注意所设量程，在移液器量程范围内不要将按钮旋出量程，否则会卡住机械装置，损坏移液器。

(h)严禁使用移液器吹打、混匀液体。

(i)不要用大量程的移液器移取小体积的液体，以免影响准确度。同时，如果需要移取量程范围以外较大量的液体，请使用移液管进行操作。

(j)如不使用，要把移液枪的量程调至最大值的刻度，使弹簧处于松弛状态，以保护弹簧。

(k)最好定期清洗移液枪，可以用肥皂水或60%的异丙醇清洗，再用蒸馏水清洗，自然晾干。

使用时要检查是否有漏液现象。方法是吸取液体后悬空垂直放置几秒钟，看看液面是否下降。如果漏液，大致可从以下几方面查原因：枪头是否匹配；弹簧活塞是否正常；如果是易挥发的液体(许多有机溶剂都如此)，则可能是饱和蒸汽压的问题。可以先吸放几次液体，然后再移液。

(二)定容

(1)容量瓶必须经检定合格，一般常量分析中均应使用A级容量瓶；选择容量瓶的刻线应在颈部的适中位置；检查容量瓶的容积应与要求一致。

(2)新使用的容量瓶要试漏，加水至刻度线附近，盖好瓶塞，一手顶着瓶塞，另一手的指尖顶住瓶底四沿，倒置两分钟，观测有无水渗漏，再将瓶塞转动180°，再试一次，确认不漏后，将瓶塞与瓶口用皮筋等系好；需要干燥的容量瓶，可用冷风吹干或自然晾干。

(3)用容量瓶操作时，要转移的溶液必须冷却到室温。

(4)将溶液全部转移到容量瓶中的正确操作应该是：将烧杯嘴紧靠伸入容量瓶中的玻璃棒，玻璃棒下端靠瓶壁，但不能用力(以防容量瓶摔倒)，让溶液沿玻璃棒流入瓶中，溶液流入后，将烧杯沿玻璃棒向上移动后立直，玻璃棒再沿瓶壁向上移动，取出放回烧杯内，用洗瓶冲洗玻璃棒和烧杯，洗涤时防止玻璃棒晃动，先洗玻璃棒，再沿烧杯四周冲洗。用同样方法将溶液转移到容量瓶中，重复两到三次，直至将溶质全部冲洗到容量瓶中。

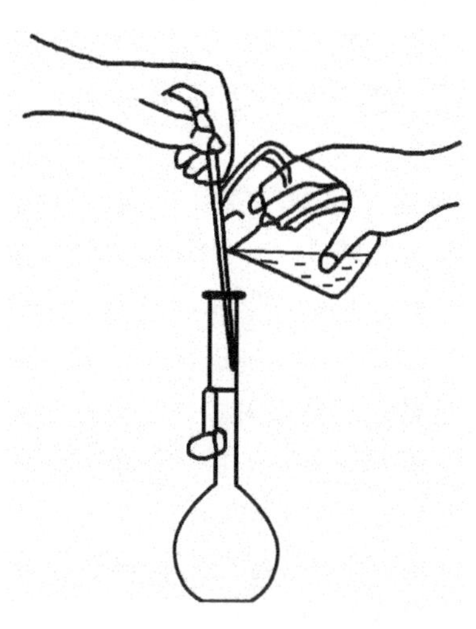

图1-24 将溶液移至容量瓶中

(5)稀释定容时，先用水或溶剂稀释到总容积的3/4，摇匀一次；再加水到刻线下1 cm处，放置0.5～1min后稀释到刻度，视线一定要平视直到弯月面下边缘与刻线相切；摇匀稀释后的溶液时，应用一只手顶住瓶塞，另一手的指尖顶住瓶底四沿，倒置，让气泡上升，摇匀，再直立起来，如此重复(图1－24)。

五、溶液的配制

水质检验中常常需要配制各种各样的溶液。常用溶液的配制是检验员所必须掌握的基本技能。正确配制溶液包括：选择适合的试剂和溶剂、选择适合量器、计算正确、配制过程操作正确等。

实验室使用的溶液可分为一般溶液和标准溶液。

(一)一般溶液的配制

一般溶液也称辅助试剂溶液。它在水质检验中常作为样品处理、调节pH、分离或掩饰离子、显色等使用。配制一般溶液精度要求不高，只需保持1～2位有效数字。试剂的质量由天平称量，体积用量筒量取即可(图1－25)。

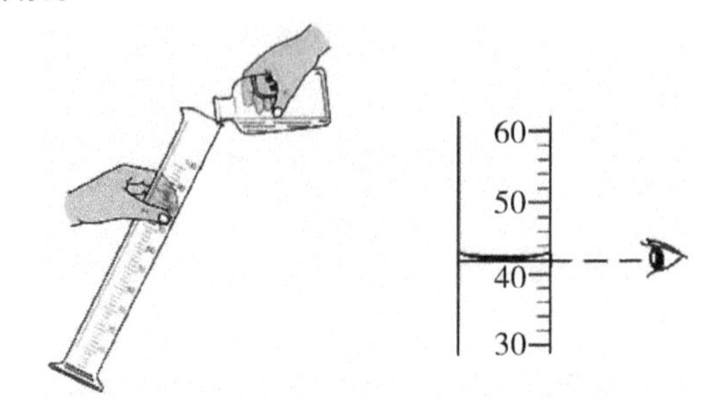

图1－25　用量筒量取溶液

比如配制0.1mol/L $Na_2S_2O_3$溶液需在天平上称25g固体试剂，就不必在分析天平上称取。

一般来说，使用量大的溶液，可先配制浓度约大10倍的储备液，使用时取储备液稀释10倍即可。

溶液配制的一般操作步骤如下(图1－26)：

(1)计算：计算配制所需固体溶质的质量或液体浓溶液的体积。

(2)称量：用天平称量固体质量、用量筒(或移液管)量(移)取液体体积。

(3)溶解：在烧杯中溶解或稀释溶质，冷却至室温(如不能完全溶解可适当加热)。

(4)转移：将烧杯内冷却后的溶液沿玻璃棒小心转入一定体积的容量瓶中。

(5)洗涤：用蒸馏水洗涤烧杯和玻璃棒2～3次，并将洗涤液转入容器中，振荡，使溶液混合均匀。

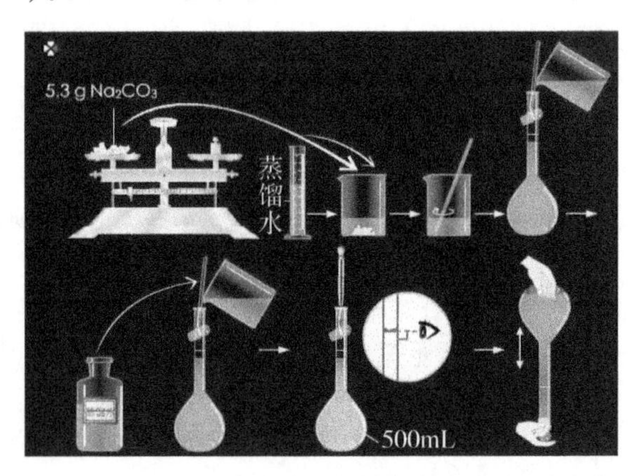

图1－26　配制溶液过程示意图

(6)定容：向容量瓶中加水至刻度线以下1～2cm处时，改用胶头滴管加水，使溶液凹面恰好与刻度线相切。

(7)摇匀：盖好瓶塞，用食指顶住瓶塞，另一只手的手指托住瓶底，反复上下颠倒，使溶液混合均匀。

(8)最后将配制好的溶液倒入试剂瓶中，贴好标签。

注：配制硫酸溶液时，一定要在搅拌状态下将硫酸沿玻棒慢慢倒入水中，严禁将水直接倒入硫酸中，以免造成危险。

（二）标准溶液的配制

水质检验常用的标准溶液有如下3种：

（1）滴定分析用标准溶液，也称为标准滴定溶液。主要用于测定试样中的主体成分或常量成分。其浓度要求准确到4位有效数字，常用的浓度表示方法是物质的量浓度和滴定度。

（2）杂质测定用标准溶液。包括元素标准溶液、标准比对溶液（如标准比色溶液、标准比浊溶液等）。主要用于对样品中微量成分（元素、分子、离子等）进行定量、半定量或限量分析。其浓度通常以质量浓度来表示，常用的单位是mg/L、μg/L等。

（3）pH测量用标准缓冲液。具有准确的pH数值，由pH基准试剂进行配制。用于对pH计的校准，亦称定位。

1. 滴定分析用标准溶液的制备

（1）一般规定

标准溶液的浓度准确程度直接影响分析结果的准确度。因此，制备标准溶液在方法、使用仪器、量具和试剂等方面都有严格的要求。国家标准GB/T 601—2002《标准溶液的制备》中对上述各个方面的要求做了一般规定，即在制备滴定分析（容量分析）用标准溶液时，应达到下列要求：

①所用试剂纯度应在分析纯以上。配制标准溶液用水，所用制剂及制品，应按GB/T 603—2002的规定制备，实验用水应符合GB/T 6682—1992中三级水的规格。

②制备标准溶液的浓度系指20℃时的浓度，在标定、直接制备和使用时，如温度有差异，应按标准进行补正。所用分析天平及砝码、滴定管、容量瓶及单标线吸管均需定期校正。

③在标定和使用标准滴定溶液时，滴定速度一般保持在6～8 mL/min。

④称量工作基准试剂的质量的数值小于等于0.5 g时，按精确至0.01 mg称量；数值大于等于0.5 g时，按精确至0.1 mg称量。

⑤制备标准滴定溶液的浓度值应在规定浓度值的±5%范围内。

⑥标定标准溶液时，平行试验不得少于8次，两人各作4次平行测定，检测结果在按规定的方法进行数据的取舍后取平均值，在运算过程保留5位有效数字，浓度值取4位有效数字。

⑦标准滴定溶液浓度平均值的扩展不确定度一般不应大于0.2%。

注：扩展不确定度是确定测量结果区间的量，合理赋予被测量之值分布的大部分可望含于此区间。其计算方法此处不详细介绍。

⑧配制浓度等于或低于0.02 mol/L的标准溶液时，应于临用前将浓度高的标准溶液，用煮沸并冷却的纯水稀释，必要时重新标定。

（2）配制和标定方法

标准溶液的制备有直接配制法和标定法两种。

①直接配制法。在分析天平上准确称取一定量的已干燥的基准物（基准试剂），溶于纯水后，转入已校正的容量瓶中，用纯水稀释至刻度，摇匀即可。

②标定法。很多试剂并不符合基准物的条件，例如市售的浓盐酸中 HCl 很易挥发，固体氢氧化钠很易吸收空气中的水分和 CO_2，高锰酸钾不易提纯而易分解等。因此它们都不能直接配制标准溶液。一般是先将这些物质配成近似所需浓度的溶液，再用基准物测定其准确浓度。这一操作称为标定。标准溶液有两种标定方法。

(a)直接标定法。准确称取一定量的基准物，溶于纯水后用待标定溶液滴定，至反应完全，根据所消耗待标定溶液的体积和基准物的质量，计算出待标定溶液的基准浓度。如用基准物无水碳酸钠标定盐酸或硫酸溶液，就属于这种标定方法。

【例】 用直接标定法标定氢氧化钠标准滴定溶液。

配制：称取 110 g 氢氧化钠，溶于 100 mL 无二氧化碳的水中，摇匀，注入聚乙烯容器中，密闭放置至溶液清亮。用塑料管量取上清液，用无二氧化碳水稀释至 1000 mL，摇匀。

标定：称取规定量(精确至 0.0001 g)于 105 ～ 110℃ 烘至恒量的工作基准试剂邻苯二甲酸氢钾，溶于 80 mL 无二氧化碳的水中，加入 2 滴酚酞指示剂($\rho = 10$ g/L)，用配制好的氢氧化钠溶液滴定至溶液呈粉红色，并保持 30s。同时做空白试验。

计算：其准确浓度由下式计算：

$$c(\mathrm{NaOH}) = \frac{m \times 1000}{(V_1 - V_2)M}$$

式中 $c(\mathrm{NaOH})$——标准溶液物质的量浓度，mol/L；

m——邻苯二甲酸氢钾的质量，g；

V_1——标定试验消耗标准溶液的体积，mL；

V_2——空白试验消耗标准溶液的体积，mL；

M——邻苯二甲酸氢钾($C_6H_4CO_2HCO_2K$)的摩尔质量，g/mol。

(b)间接标定法。有一部分标准溶液没有合适的用以标定的基准试剂，只能用另一已知浓度的标准溶液来标定。间接标定的系统误差比直接标定的要大些。如用氢氧化钠标准溶液标定乙酸溶液、用草酸钠标准溶液标定高锰酸钾溶液等都属于这种标定方法。

2. 杂质测定用标准溶液的制备

为了确保杂质标准溶液的准确度，国家标准对其制备和使用也有严格要求，GB/T 602—2002 对杂质测定用标准溶液制备和使用做了一般规定。

(1)所用试剂纯度应在分析纯以上。配制标准溶液用水，所用制剂及制品，应按 GB/T 603—2002 的规定制备，实验用水应符合 GB/T 6682—1992 中三级水的规格。

(2)杂质测定用标准溶液的量取：

①杂质测定用标准溶液应使用分度吸管量取。每次量取时，以不超过所量取杂质测定用标准溶液体积的 3 倍量选用分度吸管。

②杂质测定用标准溶液的量取应在 0.05 ～ 2.00 mL 之间。当量取体积少于 0.05 mL 时，应将杂质测定用标准溶液按比例稀释，稀释的比例以稀释后的溶液在应用时的量取体积不少于 0.05 mL 为准；当量取体积大于 2.00 mL 时，应在杂质测定用标准溶液制备方法的基础上，按比例增加所用制剂和试剂的加入量，增加比例以制备后溶液在应用时的量取体积不大于 2.00 mL 为准。

(3)一般浓度低于 0.1 g/L 的标准溶液，应在临用前用较浓的标准溶液(标准储备液)

于容量瓶中稀释而成。

（三）溶液的保存

溶液保存需要注意以下几点：

（1）溶液配制后要用带塞的试剂瓶盛装。

（2）每瓶试剂溶液必须有标明名称、浓度、配制日期、配制人等信息的标签，标准溶液的标签还应标明标定日期、标定者。

（3）挥发性试剂，见空气易变质及放出腐蚀性气体的溶液，瓶塞要严密。

（4）易腐蚀玻璃的溶液不能盛放在玻璃瓶内，如含氟的盐类（如 NaF、NH_4F、NH_4HF_2）。浓碱液应用塑料瓶装，如装在玻璃瓶中，要用橡皮塞塞紧，不能用玻璃磨口塞。

（5）易挥发、易分解的试剂及溶液，如 I_2、$KMnO_4$、H_2O_2、$AgNO_3$、$H_2C_2O_4$、$Na_2S_2O_3$、氨水、溴水、CCl_4、$CHCl_3$、丙酮、乙醚、乙醇等溶液及有机溶剂等均应存放在棕色瓶中，密封好放在暗处阴凉地方，避免光的照射。

（6）溶液必须在有效期内使用。

国标《标准溶液的制备》（GB/T 601—2002）和《化学试剂　杂质测定用标准溶液制备》（GB/T 602—2002）中规定，标准溶液在常温（15～25℃）下，保存时间一般不得超过两个月，当溶液出现浑浊、沉淀、颜色变化等现象时，应重新制备。外购有证标准溶液遵循证书规定的有效期，开封后有效期仍为两个月，但不能超过证书规定的有效期。

国标《化学试剂　试验方法中所用制剂及制品的制备》（GB/T 603—2002）中，除个别不稳定试剂规定了有效期外，无明确规定有效期，但指明当溶液出现浑浊、沉淀、颜色变化等现象时，应重新制备。对于无有效期限的试剂，视不同情况而定，推荐规定 6 个月。

（7）贮存标准滴定溶液的器皿，其材料不应与溶液起理化作用，壁厚最薄处不小于 0.5 mm。

（四）溶液标签书写格式

为保证检测结果的可溯源性，溶液的配制、标定、稀释等过程都应有详细记录，其重要性和要求不亚于测定过程原始记录。溶液的盛装容器应粘贴书写内容齐全、字迹清晰、符号准确的标签。

溶液标签书写内容包括：溶液名称、浓度类型、浓度值、介质、配制日期、有效期（或校核周期）和配制人。以下列举几种书写格式供参考。

重铬酸钾标准溶液
$c(1/6K_2Cr_2O_7) = 0.060\ 21$ mol/L
配制人：×××
有效期（校核周期）：两个月
配制日期：2011. 9. 30

锌标准溶液
$\rho(Zn) = 2\ \mu g/mL$
（5% HNO_3 介质）
配制人：×××
有效期（校核周期）：两个月
配制日期：2011. 9. 30

HAc－NaAc 缓冲溶液 pH＝6 配制人：××× 有效期(校核周期)：两个月 配制日期：2011.9.30

氯化亚锡溶液 $w(SnCl_2)=20\%$ (20% HCl 介质) 配制人：××× 有效期(校核周期)：两个月 配制日期：2011.9.30

六、玻璃量器自校准(简介)

量器是化验室用来测量液体体积的器皿的简称。在化验室里用得最多的量器是滴定管、移液管和容量瓶。然而，由于温度的变化、试剂的侵蚀以及量器自身的质量等原因，其实际容积可能与它所标示的容积并非完全一致，有时其误差甚至可能超出分析所允许的误差范围。因此，准确度要求较高的分析工作，或量器的误差超出了允许的误差范围时，就必须进行校正。表1－9是几种玻璃量器允许的误差范围。

表1－9　几种玻璃量器允许的误差范围

容量瓶		滴定管		移液管	
容积/mL	允许的误差/mL	容积/mL	允许的误差/mL	容积/mL	允许的误差/mL
50	±0.05	5	±0.01	2	±0.006
100	±0.08	10	±0.02	5	±0.01
250	±0.10	25	±0.025	10	±0.02
500	±0.15	50	±0.05	25	±0.025
1000	±0.30	100	±0.10	50	±0.05
2000	±0.50			100	±0.08

国际上规定玻璃容量器皿的标准温度为20℃。即在校准时都将玻璃容量器皿的容积校准到20℃时的实际容积。容量器皿常采用两种校准方法。

1. 相对校准

要求两种容器体积之间有一定的比例关系时，常采用相对校准的方法。

例如，25 mL移液管量取液体的体积应等于250 mL容量瓶量取体积的10%。

2. 绝对校准

绝对校准是测定容量器皿的实际容积。常用的校准方法为衡量法，又叫称量法。即用天平称得容量器皿容纳或放出纯水的质量，然后根据水的密度，计算出该容量器皿在标准温度20℃时的实际体积。由质量换算成容积时，需考虑三个方面的影响：

(1)水的密度随温度的变化。

(2)温度对玻璃器皿容积胀缩的影响。

(3)在空气中称量时，空气浮力的影响。

为了方便计算，将上述三种因素综合考虑，得到一个总校准值。经总校准的纯水密度列于表1－10。

表 1 - 10　不同温度下纯水的密度

（空气密度为 0.0012 g/cm³，钙钠玻璃体膨胀系数为 2.6×10^{-5}/℃）

温度/℃	密度/(g・mL⁻¹)	温度/℃	密度/(g・mL⁻¹)
10	0.9984	21	0.9970
11	0.9983	22	0.9968
12	0.9982	23	0.9966
13	0.9981	24	0.9964
14	0.9980	25	0.9961
15	0.9979	26	0.9959
16	0.9978	27	0.9956
17	0.9976	28	0.9954
18	0.9975	29	0.9951
19	0.9973	30	0.9948
20	0.9972		

实际应用时，只要称出被校准的容量器皿容纳和放出纯水的质量，再除以该温度时纯水的密度值，便是该容量器皿在 20℃时的实际容积。

【例】　在 18℃，某一 50 mL 容量瓶容纳纯水质量为 49.87 g，计算出该容量瓶在 20℃时的实际容积。

解：查表得 18℃时水的密度为 0.9975 g/mL，所以 20℃时容量瓶的实际容积 V_{20} 为：

$$V_{20}=49.87\div0.9975=49.99(\text{mL})$$

3. 溶液体积对温度的校正

容量器皿是以 20℃为标准来校准的，使用时则不一定在 20℃，因此，容量器皿的容积以及溶液的体积会发生改变。由于玻璃的膨胀系数很小，在温度相差不太大时，容量器皿的容积改变可以忽略。稀溶液的密度一般可相应用水的密度来代替。

【例】　在 10℃时滴定用去 25.00 mL 0.1 mol/L 标准溶液，问 20℃时其体积应为多少?

解：0.1 mol/L 稀溶液的密度可用纯水密度代替，查表得：纯水在 10℃时密度为 0.9984 g/mL，20℃时密度为 0.9972 g/mL，故 20℃时溶液的体积为：

$$V_{20}=25.00\times0.9984\div0.9972=25.03(\text{mL})$$

4. 酸式滴定管校准实例(绝对校准法)

(1)清洗 50 mL 酸式滴定管 1 支；

(2)掌握用凡士林涂酸式滴定管活塞的方法和除去滴定管气泡方法；

(3)正确使用滴定管和控制液滴大小的方法；

(4)酸式滴定管的校准。

先将干净并且外部干燥的 50 mL 容量瓶，在台秤上粗称其质量，然后在分析天平上称量，准确称至小数点后第二位(0.01 g)。将纯水装满欲校准的酸式滴定管，调节液面至 0.00 刻度处，记录水温，然后按每分钟约 10 mL 的流速，放出 10 mL(要求在 10 mL ± 0.1 mL 范围内)水于已称过质量的容量瓶中，盖上瓶塞，再称出它的质量，两次质量之差即为放出水的质量。

用同样的方法称量滴定管中从 10 mL 到 20 mL，20 mL 到 30 mL……刻度间水的质量。用实验温度时的密度除以每次得到的水的质量，即可得到滴定管各部分的实际容积。

将 25℃时校准滴定管的实验数据填入记录表 1－11 中。

表 1－11　滴定管校准记录表

（水的温度为 25℃，水的密度为 0.9961 g/mL）

滴定管读数	容积/mL	瓶与水的质量/g	水质量/g	实际容积/mL	校准值	累积校准值/mL
0.03		29.20（空瓶）	10.08	10.12	+0.02	
10.13	10.10	39.28	9.91	9.95	－0.02	+0.02
20.10	9.97	49.19	9.99	10.03	+0.06	0.00
30.08	9.97	59.18	9.93	9.97	+0.02	+0.06
40.03	9.95	69.13	9.88	9.92	－0.02	+0.08
49.97	9.94	79.01				+0.06

【例】 25℃时由滴定管放出 10.10 mL 水，其质量为 10.80 g，算出这一段滴定管的实际体积为：

$$V_{20} = 10.08 \div 0.9961 = 10.12(\text{mL})$$

故滴定管这段容积的校准值为：

$$10.12 - 10.10 = +0.02(\text{mL})$$

5. 移液管校准实例（绝对校准法）

将 25 mL 移液管洗净，吸取纯水调节至刻度，放入已称重的容量瓶中，再称重，根据纯水的质量计算在此温度时的实际容积。两支移液管各校准 2 次，对同一支移液管两次称量差，不得超过 20 mg，否则重做校准。

测量数据按表 1－12 记录和计算。

表 1－12　移液管校准记录表

（水的温度＝　　℃，密度＝　　g/mL）

移液管编号	移液管容积/g	容量瓶质量/g	水质量/g	实际容积/mL	校准值/mL
Ⅰ					
Ⅱ					

6. 校正量器的注意事项

（1）所用纯水至少须在室内放置 1h 以上。

（2）校正的仪器，应仔细洗净（常用清洁液洗涤），洗至内壁完全不挂水珠。

（3）滴定管和移液管不必干燥，容量瓶必须干燥后才能校正。

（4）在开始放水前，滴定管或移液管尖端与外面的水必须除去。

（5）如室温仍有变化，须在每次放下纯水时记录水的温度。

上述容量器是以 20℃时为标准来校正的，严格来讲在 20℃时使用才是正确，但实际使用不是在20℃时，则容量器的容积以及溶液的体积都发生改变，由于玻璃的膨胀系数很小，在温度相差不太大时容量器的容积改变可以忽略。

七、微生物检验基本操作

本节介绍微生物检验中接种、革兰氏染色、消毒和灭菌等几项基本操作。

将微生物的培养物或含有微生物的样品移植到培养基上的操作技术称之为接种。接种是微生物实验中的一项最基本的操作技术。微生物的分离、培养、纯化或鉴定以及有关微生物的形态观察及生理研究都必须进行接种。接种的关键是要严格地进行无菌操作，如操作不慎引起污染，则实验结果就不可靠，影响下一步工作的进行。以下简单介绍一般水质实验室常规实验中有所应用的几种接种技术。

（一）接种

1. 液体接种——由固体培养基接入液体培养基

此法用于观察细菌的生长特性和生化反应的测定。基层水质实验室中主要应用于验证滤膜法检出的特征菌落是否目标菌落，如将总大肠菌群特征菌落接入乳糖蛋白胨培养液中。具体操作方法：

（1）在酒精灯火焰上灼烧接种环，待自然冷却。

（2）左手握琼脂平板，稍抬起皿盖，同时靠近火焰周围，右手持接种环伸入皿内，先将环接触一下内壁或未长菌苔的培养基上，使其冷却，以免烫死菌体，取一接种环带菌培养物，并将接种环慢慢地抽出。

（3）左手取待接试管，拔开管塞，将试管口在火焰上灼烧消毒，管口斜向上以免液体流出。

（4）迅速将沾有菌种的接种环伸入待接试管，轻轻抖动接种环。接入菌体后，使接种环（图1－27）和管内壁摩擦几下，以利洗下环上菌体。

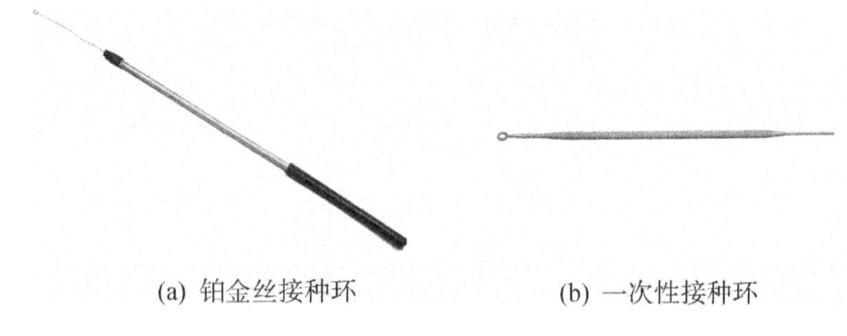

(a) 铂金丝接种环　　(b) 一次性接种环

图1－27　接种环

（5）抽出接种环灼烧管口，塞上棉塞。然后让试管口缓缓过火灭菌（切勿烧过烫）。

（6）将接种环烧红灭菌。将试管在手掌中轻轻敲打，使菌体充分分散。

2. 液体接种——由液体培养基接入液体培养基

基层水质实验室中主要应用于验证耐热大肠菌群（粪大肠菌群），将乳糖蛋白胨培养液阳性管中的样品接入EC培养液中。具体操作方法如下（图1－28）：

（1）在酒精灯火焰上灼烧接种环，再自然冷却。

（2）左手同时握阳性试管和待接试管，右手拔开管塞，将试管口在火焰上灼烧消毒，管口斜向上以免液体流出。同时靠近火焰周围，右手持接种环伸入阳性试管内，先将环接触一下内壁，使其冷却，以免烫死菌体，取一接种环带菌培养液，并将接种环慢慢地抽出。

(3)迅速将沾有菌种的接种环伸入待接试管，轻轻抖动接种环。接入菌体后，使接种环和管内壁摩擦几下，以利洗下环上菌体。

(4)抽出接种环灼烧管口，塞上管塞。然后让试管口缓缓过火灭菌(切勿烧过烫)。

(5)将接种环烧红灭菌。将试管在手掌中轻轻敲打，使菌体充分分散。

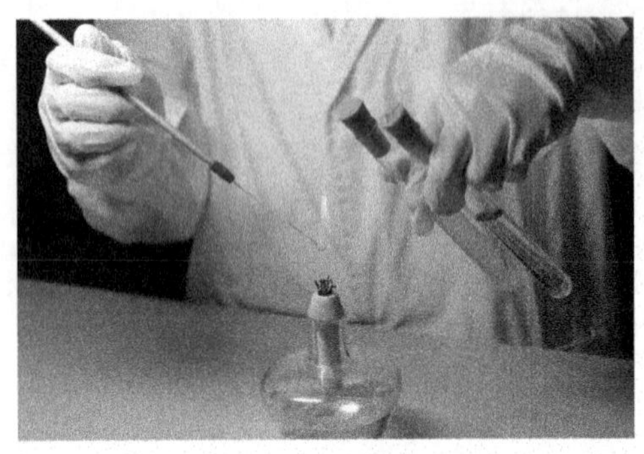

(a) 发酵管接种-1

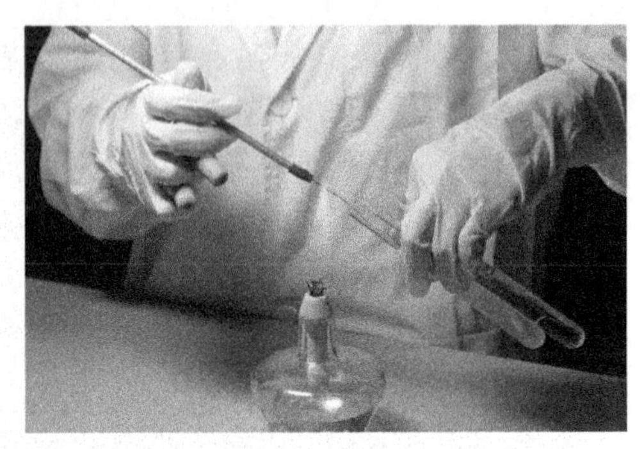

(b) 发酵管接种-2

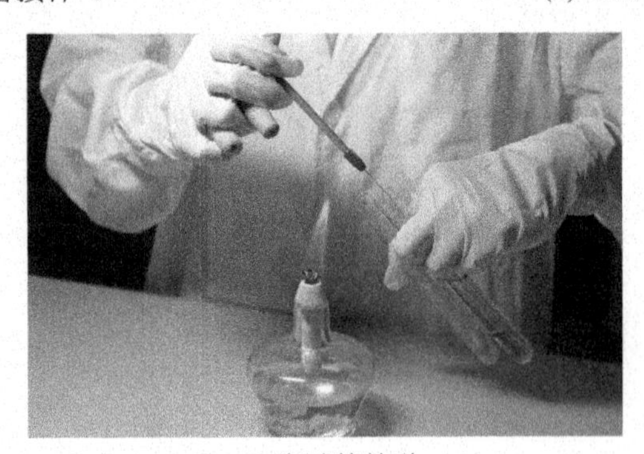

(c) 发酵管接种-3

图1-28　发酵管接种全过程

3. 平板涂布

平板涂布是平板计数的一种方法，主要用于检验热敏感菌和好氧菌，也可用于菌株分离、纯化。具体操作方法：

(1)溶化培养基倒琼脂平板，水平静置待凝。

(2)将涂布棒(图1-29)在酒精中浸泡一下，然后用酒精灯火焰点燃并灼烧，取出冷却一会。也可使用一次性涂布棒。

(3)用无菌移液管吸取待检菌液加在琼脂平板上，待检菌液如果浓度高，可用生理盐水稀释。

(4)再用无菌涂布棒将菌液在平板上涂抹均匀(图1-30)，然后将平板倒转，在培养箱内培养。

(5)菌落长出后统计数量(图1-31)。

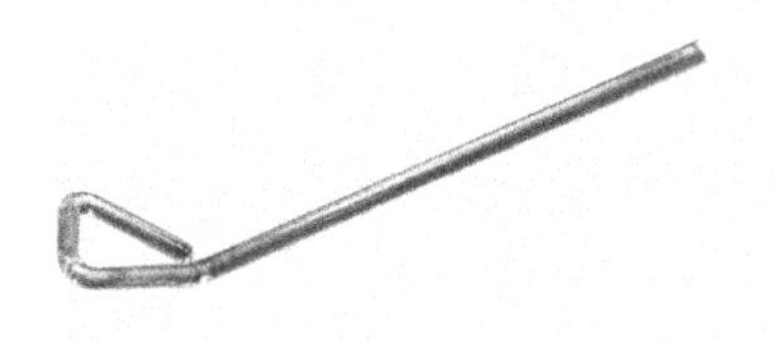

(a) 玻璃涂布棒

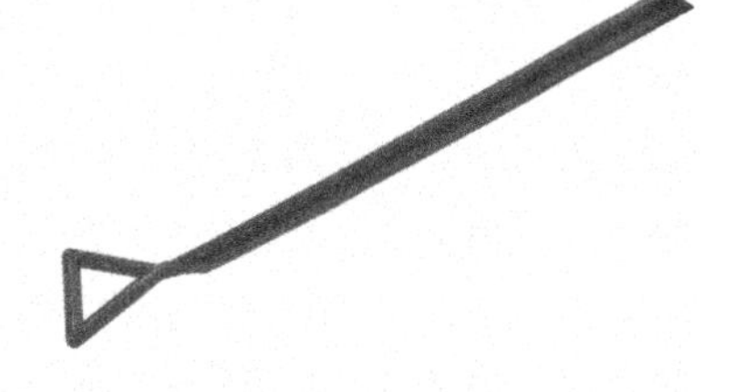

(b) 可高压灭菌塑胶涂布棒

图 1－29　涂布棒

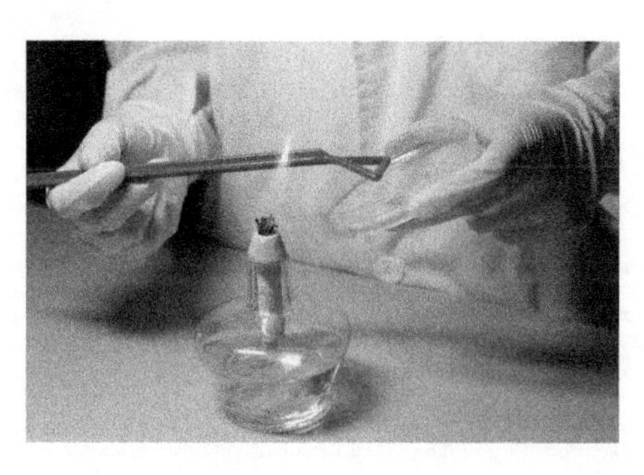

图 1－30　平板涂布

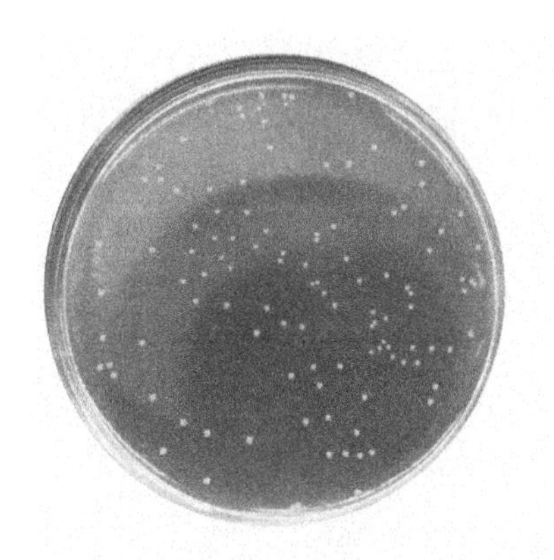

(a) 螺旋菌涂布皿

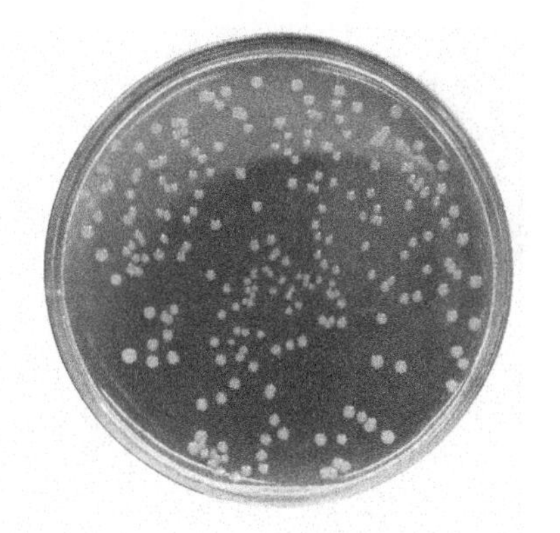

(b) 荧光假单胞菌涂布皿

图 1－31　平板涂布皿

4. 平行划线

平行划线分离法是接种环在平板培养基表面通过分区划线而达到分离微生物的一种方法。其原理是将微生物样品在固体培养基表面多次作“由点到线”稀释而达到分离目的。操作时，由接种环以无菌操作沾取少许待分离的样品，在无菌平板表面进行平行划线或其他形式的连续划线，微生物细胞数量将随着划线次数的增加而减少，并逐步分散开来。如果划线适宜的话，微生物能一一分散，经培养后，可在平板表面得到单菌落。

连续划线法适用于液体样品，平行划线法适用于分离纯化固体培养基上的培养物。

水质分析实验室中常用连续划线法，应用于验证多管发酵法中产酸产气的发酵管是否阳性，如将总大肠菌群发酵管的培养液用接种环取一滴滴在伊红美蓝琼脂平板上，进行划线，培养后观察是否有特征菌落。

连续划线法具体操作方法：

(1)溶化培养基倒平板，水平静置待凝。

(2)在酒精灯火焰上灼烧接种环，待冷，取一接种环带菌培养液点加在平板一侧。

(3)左手握平板，稍抬起皿盖，同时靠近火焰周围，右手持接种环伸入皿内，在平板上一个区域做“之”形划线，划线时接种环与平板表面成30°～40°轻轻接触，以腕力在表面做轻快的滑动，勿使平板表面划破或嵌进培养基内。

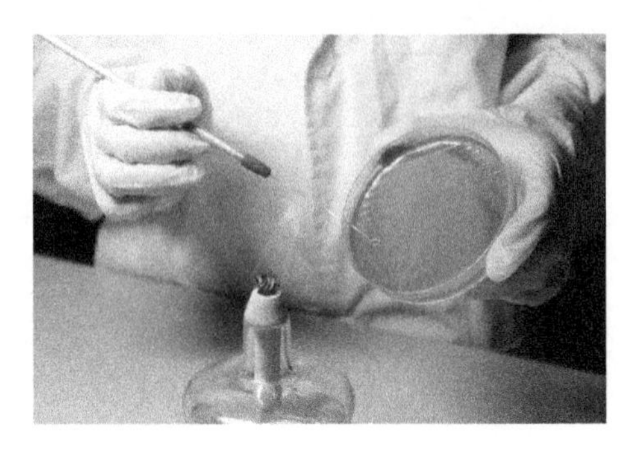

图1－32　连续划线法示例

（彩图见书后）

(4)灼烧接种环，以杀灭接种环上尚残余的菌液，待冷却后，再将接种环伸入皿内，在第一区域划过线的地方稍接触一下后，转动90°，在第二区域继续划线。

(5)划毕后再灼烧接种环，冷却后用同样方法在其他区域划线。

(a) 菌液连续划线生长效果(品红亚硫酸钠琼脂)

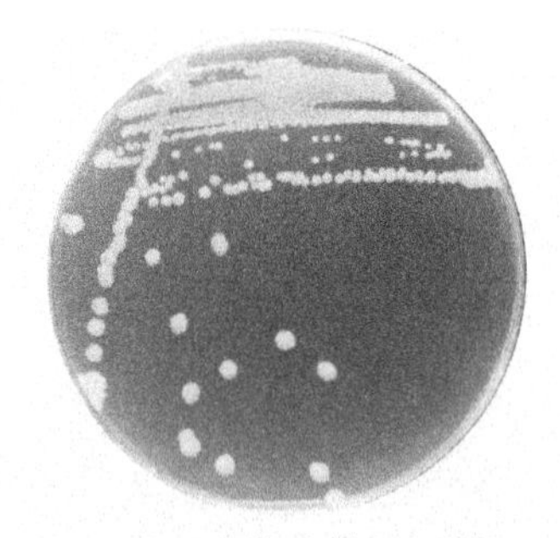

(b) 划线后菌落分散生长效果(R2A琼脂)

图1－33　连续划线法平皿效果图(彩图见书后)

(二)革兰氏染色

革兰氏染色法是1884年由丹麦病理学家C. Gram创立的。革兰氏染色法可将所有的细菌区分为革兰氏阳性菌(G＋)和革兰氏阴性菌(G－)两大类，是细菌学上最常用的鉴别染色法。在水质分析实验室中主要应用于总大肠菌群特征菌落的验证。

该染色法之所以能将细菌分为G＋菌和G－菌，是由这两类菌的细胞壁结构和成分的不同所决定的。G－菌的细胞壁中含有较多易被乙醇溶解的类脂质，而且肽聚糖层较薄、交联度低，故用乙醇或丙酮脱色时溶解了类脂质，增加了细胞壁的通透性，使初染的结晶紫和碘的复合物易于渗出，结果细菌就被脱色，再经蕃红或沙黄等染料复染后就成红色。G＋菌细胞壁中肽聚糖层厚且交联度高，类脂质含量少，经脱色剂处理后反而使肽聚糖层的孔径缩小，通透性降低，因此细菌仍保留初染时的紫色。总大肠菌群是革兰氏阴性无芽孢杆菌(G－)。

革兰氏染色法包括初染、媒染、脱色、复染等四个步骤(图1－34)，具体操作方法如下：

(1)将待检样品涂在载玻片上，注意要涂薄一些，以免一大团细菌聚集在一起影响观察，然后用酒精灯火焰慢慢烤干水分，烤干过程要控制温度，否则会破坏细菌结构。

(2)向烤干固定的样品涂面滴加草酸铵结晶紫染液，静置1min左右。

(3)用纯水冲洗至样品没有结晶紫染色液流出。

(4)加革兰氏碘液于样品涂面上，静置1min左右。

(5)用纯水冲洗至样品涂面没有碘液流出，用滤纸吸去载玻片水分，静置数分钟，等样品涂面稍干。

(6)小心向样品涂面滴加95%酒精，让酒精溶解染色液，轻轻震动载玻片，30s后用纯水冲洗干净样品涂面酒精，静置数分钟，等样品涂面稍干。

(7)向样品涂面滴加沙黄染色液，静置1min左右，用纯水冲洗干净染料，自然晾干，然后镜检。革兰氏染色阳性菌呈紫色，阴性菌呈红色(图1－35)。

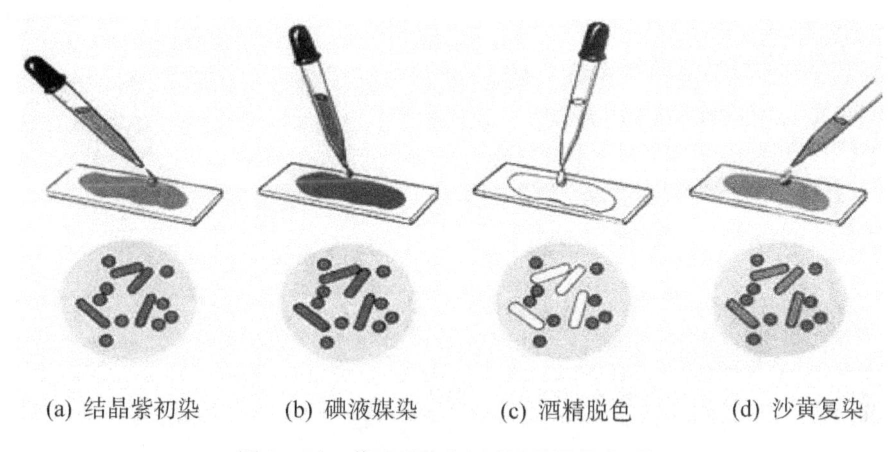

(a) 结晶紫初染　(b) 碘液媒染　(c) 酒精脱色　(d) 沙黄复染

图1－34　革兰氏染色过程(彩图见书后)

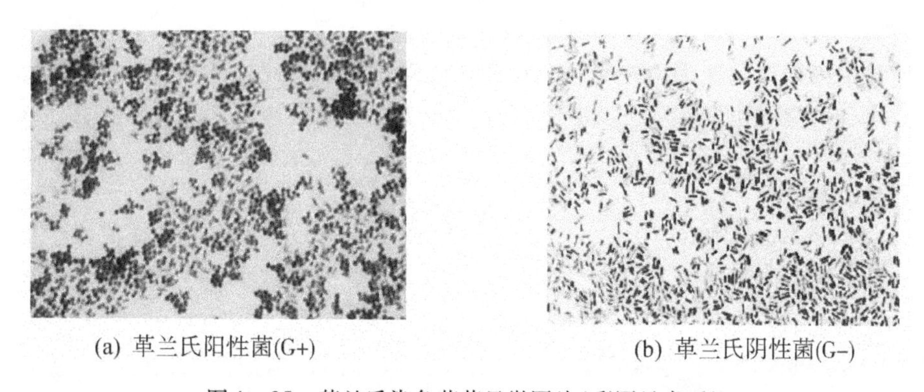

(a) 革兰氏阳性菌(G+)　(b) 革兰氏阴性菌(G－)

图1－35　革兰氏染色菌落显微图片(彩图见书后)

注意事项：

(1)革兰氏染色成败的关键是酒精脱色。如果脱色过度，革兰氏阳性菌也可被脱色而染成阴性菌；如果脱色时间过短，革兰氏阴性菌也会被染成革兰氏阳性菌。脱色时间的长短还受涂片厚薄及乙醇用量多少等因素的影响，难以严格规定。

(2)染色过程中勿使染色液干涸。用水冲洗后，应吸去玻片上的残水，以免染色液被稀释而影响染色效果。

(3)选用幼龄的细菌。G+菌培养12～16h，E. coli 培养24 h。若菌龄太老，由于菌体死亡或自溶常使革兰氏阳性菌转呈阴性反应。

(4)革兰氏染色所用的载玻片要清洗干净，清洗方法如下：用棉花或纱布沾洗衣粉清洗干净载玻片，再用自来水冲洗干净，然后放入铬酸洗液浸泡过夜，取出用自来水和纯水清洗干净，最后放在室内自然晾干备用。

(三)消毒和灭菌

消毒是指应用消毒剂等杀灭物体表面和内部的病原菌营养体的方法，而灭菌是指用物理和化学方法杀死物体表面和内部的所有微生物，使之呈无菌状态。

消毒和灭菌主要利用温度、辐射、过滤化学药剂等几种因素对微生物的去除。日常实验中常用到灼烧灭菌(灼烧不锈钢漏斗、接种环)、干热空气灭菌(消毒采样瓶)、煮沸灭菌(培养基配制、器皿消毒等)、高压蒸汽灭菌(培养基配制、器皿消毒等)、消毒液进行表面消毒(75%酒精)等方法。

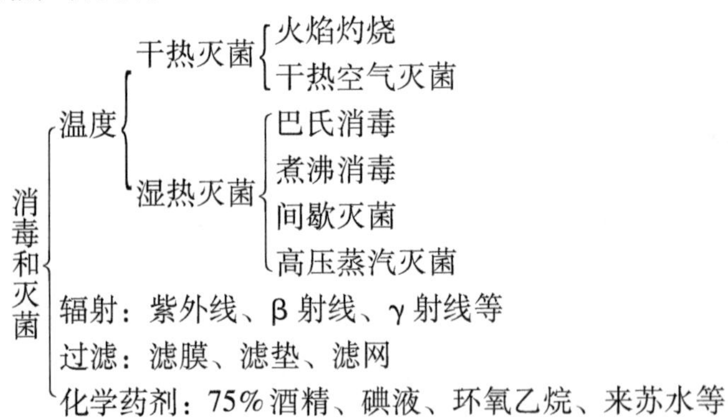

1. 物理方法

(1)温度

利用温度进行灭菌、消毒或防腐，是最常用而又方便有效的方法。高温可使微生物细胞的蛋白质和酶类发生变性而失活，从而起灭菌作用，低温通常起抑制微生物生长繁殖的作用。

①干热灭菌法

(a)灼烧灭菌法：利用火焰直接把微生物烧死。此法彻底可靠，灭菌迅速，但易焚毁物品，所以使用范围有限，只适合于接种针、环、试管口等可高温灼烧的物品及不能用的污染物品或实验动物的尸体等的灭菌。

(b)干热空气灭菌法：这是实验室中常用的一种方法，即把待灭菌的物品均匀地放入烘箱中，升温至160～180℃，恒温1～2h即可。此法适用于玻璃器皿、金属用具等的灭菌。

②湿热灭菌法

在同样温度下，湿热灭菌的效果比干热灭菌好，这是因为一方面细胞内蛋白质含水量高，容易变性。另一方面高温水蒸气对蛋白质有高度的穿透力，从而加速蛋白质变性而迅速死亡。

(a)巴氏消毒法：该法一般将样品在70～75℃保持30 min可达到消毒目的。此法为法国微生物学家巴斯德首创，故名为巴氏消毒法。一些微生物检测项目如粪性链球菌、可同化有机碳等都要求在前处理阶段将水样巴氏消毒。

(b)煮沸消毒法：直接将要消毒的物品放入清水中，煮沸15min，即可杀死细菌的全部营养和部分芽孢。若在清水中加入1%碳酸钠或2%的石炭酸，则效果更好。此法适用于注射器、毛巾及解剖用具的消毒。

(c)间歇灭菌法：上述两种方法在常压下，只能起到消毒作用，而很难做到完全无菌。若采用间歇灭菌的方法，就能杀灭物品中所有的微生物。具体做法是：将待灭菌的物品加热至100℃，保持15～30 min，可杀死其中的营养体。然后冷却，放入37℃恒温箱中过夜，让残留的芽孢萌发成营养体。第2天再重复上述步骤，3次左右，就可达到灭菌的目的。此法不需加压灭菌锅，适于推广，但操作麻烦，所需时间长。

(d)高压蒸汽灭菌法：这是发酵工业、医疗保健、食品检测和微生物学实验室中最常用的一种灭菌方法。它适用于各种耐热、体积大的培养基的灭菌，也适用于玻璃器皿、工作服等物品的灭菌。

高压蒸汽灭菌是把待灭菌的物品放在一个可密闭的加压蒸汽灭菌器中进行的，大量蒸汽使灭菌器中压力升高，水的沸点也随之提高。在蒸汽压达到1.055kg/cm^{2}时，加压蒸汽灭菌器内的温度可达到121℃。在这种情况下，微生物(包括芽孢)在15～20 min便会被杀死，而达到灭菌目的。如灭菌的对象是砂土、石蜡油等面积大、含菌多、传热差的物品，则应适当延长灭菌时间。

在高压蒸汽灭菌中，要引起注意的一个问题是，在恒压之前，一定要排尽灭菌器中的冷空气，否则表上的蒸汽压与蒸汽温度之间不具对应关系，这样会大大降低灭菌效果。

③影响灭菌的因素

(a)不同的微生物或同种微生物的不同菌龄对高温的敏感性不同。多数微生物的营养体和病毒在加热至50～65℃，10 min就会被杀死；但各种孢子、特别是芽孢最能抗热，其中抗热性较强的是嗜热脂肪芽孢杆菌，要在121℃，12 min才被杀死。对同种微生物来讲，幼龄菌比老龄菌对热更敏感。

(b)微生物的数量多少显然会影响灭菌的效果，数量越多，热死时间越长。

(c)培养基的成分与组成也会影响灭菌效果。一般地讲，蛋白质、糖或脂肪存在，则提高抗热性，pH在7附近，抗热性最强，偏向两极，则抗热能力下降，而不同的盐类可能对灭菌产生不同的影响；固体培养基要比液体培养基灭菌时间长。

④灭菌对培养基成分的影响

(a)pH值普遍下降。

(b)产生浑浊或沉淀，这主要是由于一些离子发生化学反应而产生浑浊或沉淀。例如Ca^{2+}与PO_4^{3-}反应结合，就会产生磷酸钙沉淀。

(c)不少培养基颜色加深。

(d)体积和浓度有所变化。

(e)营养成分有时受到破坏。

(2)辐射

利用辐射进行灭菌消毒，可以避免高温灭菌或化学药剂消毒的缺点，所以应用越来越广，目前主要应用在以下几个方面：

①无菌实验室、手术室、食品、药物包装室常应用紫外线杀菌。消毒使用的紫外线是C波紫外线，其波长范围是200～275 nm，杀菌作用最强的波段是250～270 nm。紫外线可以杀灭各种微生物，包括细菌繁殖体、芽孢、分枝杆菌、病毒、真菌、立克次体和支原体等，凡被上述微生物污染的表面、水和空气均可采用紫外线消毒。紫外线辐照能量低，穿透力弱，仅能杀灭直接照射到的微生物，因此消毒时必须使消毒部位充分暴露于紫外线。

②应用β射线作食品表面杀菌，γ射线用于食品内部杀菌。经辐射后的食品，因大量微生物被杀灭，再用冷冻保藏，可使保存期延长。

(3)过滤

过滤是一种比较特殊的灭菌方式，一般适用于特定的物品、环境，如下例：

①采用滤孔比细菌还小的滤膜，做成各种过滤器，通过过滤把各种微生物菌体留在滤膜上，从而达到除菌的目的。这种灭菌方法适用于一些对热不稳定的、体积小的液体培养基的灭菌以及气体的灭菌。它的最大优点是不破坏培养基中各种物质的化学成分。但是比细菌还小的病毒仍然能留在液体培养基内，有时会给实验带来一定的麻烦。

②无菌洁净室的空气通过过滤达到无菌的效果。空气进入无菌室前经过初效过滤网和高效过滤网的过滤，分别滤去大颗粒的灰尘和小颗粒的细菌、真菌等。

2. 化学方法

日常实验中常使用消毒剂来进行表面消毒。能迅速杀灭病原微生物的药物，称为消毒剂。能抑制或阻止微生物生长繁殖的药物，称为防腐剂。一般化学药剂无法杀死所有的微生物，而只能杀死其中的病原微生物，所以是起消毒剂的作用，而不是灭菌剂。但是一种化学药物是杀菌还是抑菌，常不易严格区分。

由于消毒防腐剂没有选择性，因此对一切活细胞都有毒性，不仅能杀死或抑制病原微生物，而且对人体组织细胞也有损伤作用，所以只能用于体表、器械、排泄物和周围环境的消毒。常用的化学消毒剂有：碘酒、乙醇、环氧乙烷等。

参考文献

[1] 王秀萍，刘世纯．实用分析化验工读本[M]．第3版．北京：化学工业出版社，2011.
[2] 周德庆．微生物学教程[M]．北京：高等教育出版社，1995.
[3] 黄秀梨．微生物学[M]．北京：高等教育出版社，1998.
[4] 朱佳珍，王超碧，梁惠芳．食品微生物学[M]．北京：中国轻工业出版社，1992.
[5] 王恩德．环境资源中的微生物技术[M]．北京：冶金工业出版社，1997.
[6] 雷质文．食品微生物实验室质量管理手册[M]．北京：中国标准出版社，2006.
[7] 中华人民共和国卫生部(GB15981—1995)．消毒与灭菌效果的评价与标准[S].

第二章　水质分析方法

第一节　一般理化性质

（一）色度

清洁水无色透明，深层时为浅蓝色。天然水中含有泥土、有机质、无机矿物质、浮游生物等，往往呈现一定的颜色。水中腐殖质过多时呈棕黄色，黏土使水呈黄色，铁的氧化物使水呈黄褐色。水中藻类大量生长时可呈现不同颜色，如水球藻使水呈绿色，硅藻使水呈棕绿色，蓝绿藻使水呈绿宝石色。水体受工业废水污染时，可呈现该废水的特有颜色。有颜色的水减弱水的透光性，影响水生生物生长和观赏的价值，而且还含有有危害性的化学物质。水处理可以去除带色物质和悬浮颗粒，而使水色明显变浅。

色度是水质的外观指标，水的颜色分为表色和真色。真色是指去除悬浮物后水的颜色，没有去除悬浮物的水具有的颜色称表色。对于清洁的或浑浊度很低的水，真色和表色相近，对于着色深的工业废水和污水，真色和表色差别较大，水的色度是指水的真色。

水的色度是评价感官质量的一个重要指标。一般来讲，水的色度在卫生意义上不是很大。饮用水卫生标准规定色度不应大于15度，主要是考虑到不应引起感官上的不快。多数洁净的江河水色度常在15～25度之间，如果原水色度不超过75度，经过自来水厂的混凝、沉淀和过滤等常规处理后，出水色度可以降到15度以下。但如果水的颜色是由有毒物质所引起的，不论色度大小如何，只要此物质在水中的浓度超过其容许浓度，均不能用作饮用水。

GB 5749—2006《生活饮用水卫生标准》规定饮用水中色度限值为15度。

天然水和饮用水的色度采用铂－钴标准比色法测定。

铂－钴标准比色法

1. 适用范围

水样不经稀释，本法最低检测色度为5度，测定范围为5～50度。

2. 测定原理

用氯铂酸钾和氯化钴配制成与天然水黄色色调相似的标准色列，用于水样目视比色测定。规定1 mg/L铂[以（$PtCl_6$）$^{2-}$形式存在]所具有的颜色作为1个色度单位，称为1度。即使轻微的浑浊度也干扰测定，浑浊水样测定时需先离心使之清澈。

3. 仪器和试剂

（1）成套高型无色具塞比色管：50 mL。

（2）离心机。

（3）铂－钴标准液：称取1.246 g氯铂酸钾（K_2PtCl_6）和1.000 g干燥的氯化钴（$CoCl_2 \cdot 6H_2O$），溶于100 mL纯水中，加入100 mL盐酸（ρ_{20} = 1.19 g/mL），用纯水定容至1000 mL。此标准溶液的色度为500度。

4. 分析步骤

(1)取50 mL透明的水样于比色管中。如水样色度过高，可取少量水样，加纯水稀释后比色，将结果乘以稀释倍数。

(2)另取比色管11支，分别加入铂-钴标准液0mL、0.50 mL、1.00 mL、1.50 mL、2.00 mL、2.50 mL、3.00 mL、3.50 mL、4.00 mL、4.50 mL和5.00 mL，加纯水至刻度，摇匀，配制成色度为0度、5度、10度、15度、20度、25度、30度、35度、40度、45度、50度的标准色列，可长期使用。

(3)将水样与铂-钴标准色列比较。如水样与标准色列的色调不一致，即为异色，可用文字描述。

方法注释：

(1)水样应放置数小时后吸取上层澄清液加以测定。如水样中所含的悬浮物不易沉淀，可用离心机分离或用孔径为0.45 μm的滤膜过滤，以去除悬浮物，但不能用滤纸过滤，以免滤纸吸附部分溶于水中的真色。

(2)该法所配成的标准色列，性质稳定，可较长时间存放。

(3)本法只适用于较清洁且带有黄色色调的饮用水及天然水样的测定。对于受到污染的水，可用文字描述颜色类型和深浅程度。

(4)水中色度与pH值关系很大，一般来说，pH值越高色度越深，故应同时报告水的pH。

(二)浑浊度

浑浊度是水体物理性状指标之一。它表征水中悬浮物质等阻碍光线透过的程度。

一般来说，水中的不溶解物质越多，浑浊度也越高，但二者之间没有直接的定量关系。浑浊度是由于水中存在颗粒物质如黏土、污泥、胶体颗粒、浮游生物及其他微生物而形成，用以表示水的清澈或浑浊程度，是衡量水质良好程度的重要指标之一。

浑浊度和色度都是水的光学性质，但它们是有区别的。色度是由于水中的溶解物质引起的，而浑浊度则是由不溶物质引起的，因此有的水体色度很高但并不浑浊，反之亦然。

GB 5749—2006《生活饮用水卫生标准》规定饮用水浑浊度限值为1NTU，水源与净水技术条件限制时为3NTU。

常用的浑浊度测定方法是散射法。

国际标准规定采用90°散射光测定。

Ⅰ　散射法——福尔马肼标准

1. 适用范围

本法规定了以福尔马肼为标准，用散射法测定生活饮用水及水源水浑浊度。

该方法可以检测到的最低检测浑浊度(NTU)与浑浊度仪的型号有关。

2. 测定原理

在相同条件下用福尔马肼标准混悬液散射光的强度和水样散射光的强度进行比较，散射光的强度越大，表示浑浊度越高。

3. 仪器与试剂

(1)散射式浑浊度仪。

(2)纯水：取蒸馏水经0.2 μm膜滤器过滤。

(3)浑浊度标准液：一般可以从标准物质研制单位直接采购得到400 NTU的标准悬浊液。也可以自己配制，详细配制方法请参考GB/T 5750.4—2006《生活饮用水标准检验方法》“2　浑浊度”。

4. 分析步骤

按仪器使用说明书进行操作，直接读数。浑浊度超过规定量程时，可用纯水稀释后测定，结果根据仪器测定时所显示的浑浊度读数乘以稀释倍数计算。

Ⅱ　目视比浊法

1. 适用范围

本法规定了以福尔马肼为标准，用目视比色法测定生活饮用水及水源水浑浊度。

最低检测浑浊度为1 NTU。

2. 测定原理

硫酸肼与环六亚甲基四胺在一定温度下可聚合生成一种白色的高分子化合物，可用作浑浊度标准，用目视比浊法测定水样的浑浊度。

3. 仪器与试剂

(1)成套高型无色具塞比色管：50 mL，玻璃质量及直径均须一致。

(2)纯水：取蒸馏水经0.2 μm膜滤器过滤。

(3)浑浊度标准液：同散射法浑浊度标准液。

4. 分析步骤

(1)将400 NTU的标准混悬液摇匀，取0.00 mL、0.25 mL、0.50 mL、0.75 mL、1.00 mL、1.25 mL、2.50 mL、3.75 mL和5.00 mL分别置于成套的50 mL比色管内，加纯水至刻度。摇匀后即得浑浊度为0 NTU、2 NTU、4 NTU、6 NTU、8 NTU、10 NTU、20 NTU、30 NTU及40 NTU的标准混悬液系列。

(2)取50 mL摇匀的水样，置于同样规格的比色管内，与(1)的浑浊度标准混悬液系列同时震摇均匀后，由管的侧面观察进行比较。水样的浑浊度超过40 NTU时可用纯水稀释后测定，直接比较读数后乘以稀释倍数报结果。

注意事项：

(1)若自己配制浑浊度标准混悬液，注意硫酸肼具有致癌毒性，避免吸入、摄入和与皮肤接触。

(2)在测量浑浊度时，与样品接触的玻璃器皿都应在清洁的条件下保存。可用盐酸或表面活性剂清洗后，以纯水洗净、沥干。

(3)用带有瓶塞的玻璃瓶采样。采样后因一些悬浮微粒在放置时可沉淀、凝聚，老化后不能还原，微生物也可破坏固体物的性质，因此要尽快测定。如果必须储存，应避免与空气接触，并应放在冷的暗室中，但不得超过24 h。如样品存放在冷处，测定前要恢复到室温。

(三)臭和味

纯净的水是无臭无味的，饮用水中的异臭、异味是由原水、水处理或输水过程中微生物污染和化学污染引起的。

天然水中臭和味的主要来源有：水生动植物或微生物的繁殖和衰亡；有机物的腐败分解；溶解的气体如硫化氢；溶解的矿物盐或混入的泥土等。水中有大量水藻繁殖或有机物较多时会有鱼腥味及霉烂气，水中含有硫化氢时水呈臭鸡蛋味，铁盐过多时有涩味。受生活污水、工业废水污染时可呈现出特殊的臭和味。

臭是检验原水与处理水的水质必测项目之一。检验臭也是评价水处理效果和追踪污染源的一种手段。

无臭无味的水虽然不能保证是安全的，但有利于饮用者对水质的信任。

GB 5749—2006《生活饮用水卫生标准》规定饮用水必须是无异臭、无异味。

臭和味最简单的检测方法是嗅气和尝味法。

嗅气和尝味法

1. 适用范围

适用于生活饮用水及其水源水中臭和味的测定。

2. 分析仪器

锥形瓶：250 mL。

3. 分析步骤

(1)原水样的臭和味

①取100 mL水样，置于250 mL锥形瓶中，振摇后从瓶口嗅水的气味，用适当文字描述，并按六级记录其强度。

②与此同时，取少量水样放入口中(此水样应对人体无害)，不要咽下，品尝水的味道，予以描述并按六级记录强度。

(2)原水煮沸后的臭和味

将上述锥形瓶内水样加热至开始沸腾，立即取下锥形瓶，稍冷却后按上法嗅气和尝味，用适当文字加以描述，并按六级记录其强度(表2－1)。

表2－1　臭和味的强度等级

等　级	强　度	说　明
0	无	无任何臭和味
1	微弱	一般饮用者甚难察觉，但臭、味敏感者可以发觉
2	弱	一般饮用者刚能察觉
3	明显	已能明显察觉
4	强	已有很显著的臭味
5	很强	有强烈的恶臭或异味
必要时可用活性炭处理过的纯水作为无臭对照水		

注意事项：

(1)尝味的方法只限于确认该水经口接触时安全的水样。任何可能受细菌、病毒等以及有毒物质污染的水样，或外观不良的样品，都不能进行尝味实验。

(2)本法是粗略的检臭法。由于各人的嗅觉感受不同，所得的结果会略有不同。

(3)每个人睡眠状态、是否感冒等身体状况会对结果有影响，应尽力避免。

(四)肉眼可见物

为了说明水样的一般外观，以“肉眼可见物”来粗略描述其可察觉的特征。

水源水中的肉眼可见物包括各种可能的杂质，如果自来水含有这些物质则可能引起用户不满。常见的肉眼可见物有：悬浮固体、水面漂浮物、沉积物、微生物和微型生物等。

肉眼可见物与水质危害没有必然联系，并不会直接影响人体健康，然而是对水中带有污染物的一种警告，因此必须查明肉眼可见物的来源方可以放心使用。

世界各国在该项指标的要求上是一致的：即水中无任何肉眼可见物。肉眼可见物对于感官性状影响严重，因此 GB 5749—2006《生活饮用水卫生标准》中规定水中不得含有任何肉眼可见物。

测定方法就是直接观察法。

具体方法：选取有代表性的水样，置于无色透明的玻璃瓶中在光线充足之处仔细观察，用文字描述所见情况。宜在现场进行。方法带有一定的主观性。

（五）pH

饮用水中的 pH 值表示水中酸碱的强度，它是最常用和最重要的水质指标之一，反映了溶液中各种溶解性化合物达到的酸碱平衡状态，主要是二氧化碳、碳酸氢盐、碳酸盐的平衡。

水的 pH 值是表示水中氢离子活度 $\alpha(H^+)$ 的负对数值，表示为：$pH = -\lg\alpha(H^+)$

由于氢离子活度的数值往往很小，在应用上很不方便，所以就用 pH 值这一概念来作为水溶液酸性、碱性的判断指标。它能够表示出酸性、碱性的变化幅度的数量级的大小，应用起来就十分方便，并由此得到：

（1）中性水溶液，$pH = -\lg\alpha(H^+) = -\lg 10^{-7} = 7$；

（2）酸性水溶液，$pH < 7$，pH 值越小，表示酸性越强；

（3）碱性水溶液，$pH > 7$，pH 值越大，表示碱性越强。

天然水的 pH 值多在 6～9 之间，pH 值在 6.5～9.5 范围内一般不影响饮用，但水的 pH 值可通过影响其他水质指标及水处理效果而间接影响健康。pH 值过低会腐蚀水管，过高会使溶解盐析出，降低氯化消毒作用。

我国 GB 5749—2006《生活饮用水卫生标准》中规定饮用水的 pH 值在 6.5～8.5 之间。GB 3838—2002《地表水环境质量标准》中规定地表水的 pH 值在 6～9 之间。

水中 pH 值的测定方法有玻璃电极法和比色法。比色法比较简单，但受色度、浑浊度、胶体物质、氧化剂、还原剂及盐度等干扰。电极法基本上不受以上因素影响，但在仪器使用、电极日常维护等方面对使用人员有一定要求。本章节将对比色法的过程进行较为详细的介绍，电极法的内容请见本教材第四章第三节。

比色法

1. 适用范围

适用于色度和浑浊度较低的生活饮用水及其水源水的 pH 值检测。

最低检测限为 0.1 pH 单位。

2. 测定原理

根据各种酸碱指示剂在不同 pH 值的水溶液中所产生的不同颜色来测定。通常是将一系列已知 pH 的缓冲溶液加入适当的指示剂制成标准色液装在成套比色管中，封口。测定时在水样中加入相同的指示剂与标准色列进行目视比色，从而确定水样的 pH 值。

3. 仪器

(1)具塞成套比色管：25 mL。

(2)pH 比色架：见图 2 - 1。

(3)玛瑙乳钵或瓷乳钵。

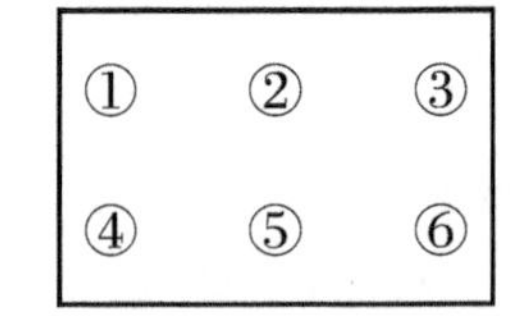

图 2 - 1　比色管放置图

4. 试剂

(1)氢氧化钠溶液[c (NaOH) = 0. 1000 mol/L]：称取 30 g 氢氧化钠(NaOH)，溶于 50 mL 纯水中，倾入 150 mL 锥形瓶内，冷却后用橡皮塞塞紧，静置 4 天以上，使碳酸钠沉淀。小心吸取上清液约 10 mL，用纯水定容至 1000 mL，此溶液浓度约为 c (NaOH) = 0. 1 mol/L，其准确浓度可用苯二甲酸氢钾标定，方法如下：

将苯二甲酸氢钾($KHC_8H_4O_4$)置于 105 ℃ 烘箱内烘至恒重，准确称取 0. 5 g，精确到 0. 1 mg，共称 3 份，分别置于 250 mL 锥形瓶内，加入 100 mL 纯水，使苯二甲酸氢钾完全溶解，然后加入 4 滴酚酞指示剂(试剂(6))，用氢氧化钠溶液(试剂(1))滴定至淡红色 30s 内不褪为止。滴定时应不断振摇，但滴定时间不宜太久，以免空气中二氧化碳进入溶液而引起误差。标定时需同时滴定一份空白溶液，并从滴定苯二甲酸氢钾所用的氢氧化钠溶液毫升数中减去此数值，按式(2 - 1)求出氢氧化钠溶液的准确浓度。

$$c_1(\mathrm{NaOH}) = \frac{m}{(V - V_0) \times 204.23} \tag{2-1}$$

式中　c_1(NaOH)——氢氧化钠溶液浓度，mol/L；

m——苯二甲酸氢钾质量，g；

V——滴定苯二甲酸氢钾所用氢氧化钠溶液体积，mL；

V_0——滴定空白溶液所用氢氧化钠溶液体积，mL；

204. 23——苯二甲酸氢钾相对分子质量，g。

根据求得的氢氧化钠溶液浓度(mol/L)，按照式(2 - 2)算出配制 0. 1000 mol/L 氢氧化钠溶液所需原液体积，并用纯水定容至所需体积。

$$V_1 = \frac{V_2 \times 0.1000}{c_1(\mathrm{NaOH})} \tag{2-2}$$

式中　c_1(NaOH)——原液浓度，mol/L；

V_1——原液体积，mL；

V_2——稀释后体积，mL。

(2)磷酸二氢钾溶液[c (KH_2PO_4) = 0. 10 mol/L]：将磷酸二氢钾(KH_2PO_4)置于 105℃ 烘箱内干燥 2 h，放在硅胶干燥器内冷却 30 min，称取 13. 61 g 溶于纯水中，并定容 1000 mL，静置 4 天后，倾出上层澄清液，装于清洁瓶中。所配成的溶液应对甲基红指示剂呈显著红色，对溴酚蓝指示剂呈显著紫蓝色。

(3)硼酸 - 氯化钾混合溶液[c (H_3BO_3) = 0. 10 mol/L，c (KCl) = 0. 10 mol/L]：将硼酸(H_3BO_3)用乳钵研碎，放入硅胶干燥器中，24 h 后取出，称取 6. 20 g；另外称取 7. 456 g 干燥的氯化钾(KCl)，一并溶解于纯水中，并定容至 1000 mL。

(4)溴百里酚蓝指示剂：称取 100 mg 溴百里酚蓝($C_{27}H_{28}Br_2O_5S$，又称麝香草酚蓝)，置于玛瑙乳钵中，加入 16. 0 mL 氢氧化钠溶液，研磨至完全溶解后，用纯水定容至 250 mL，此时指示剂溶液应呈蓝绿色。如指示剂溶液呈绿色，则滴加氢氧化钠溶液至呈蓝绿色；如指示剂溶液呈蓝色，则滴加盐酸溶液至呈蓝绿色。此指示剂使用的 pH 范围为 6.2～7.6。

（5）酚红指示剂：称取 100 mg 酚红（$C_{19}H_{14}O_5S$），置于玛瑙乳钵中，加入 28.2 mL 氢氧化钠溶液（试剂（1）），研磨至完全溶解后，用纯水定容至 250 mL，此指示剂适用的 pH 范围为 6.8～8.4。

（6）酚酞指示剂：称取 50 mg 酚酞（$C_{20}H_{14}O_4$），溶于 50 mL 乙醇[$\varphi(C_2H_5OH)=95\%$]中，再加入 50 mL 纯水，滴加氢氧化钠溶液（试剂（1））至溶液刚呈现微红色（表 2-2）。

表 2-2　常用酸碱指示剂及其变色范围

指示剂	pH 值范围	颜色变化	指示剂	pH 值范围	颜色变化
麝蓝（酸性范围）	1.2～2.8	红～黄	溴麝蓝	6.0～7.6	黄～蓝
溴酚蓝	2.8～4.6	黄～蓝紫	酚红	6.8～8.4	黄～红
甲基橙	3.1～4.4	橙红～黄	甲基红	7.2～8.8	黄～红
溴甲酚氯	3.6～5.2	黄～蓝	麝蓝（碱性范围）	8.0～9.6	黄～蓝
氯酚红	4.8～6.4	黄～红	酚酞	8.3～10.0	无色～红
溴甲酚紫	5.2～6.8	黄～紫	百里酚酞	9.3～10.5	无色～红

5. 标准色列制备

取 25.0 mL 配成的各种标准缓冲溶液（表 2-3、表 2-4），分别置于内径一致的试管中，向 pH 6.0～7.6 的标准缓冲溶液中各加 1.0 mL 溴百里酚蓝指示剂（试剂（4））；向 pH 7.0～8.4 的标准缓冲溶液中各加 1.0 mL 酚红指示剂（试剂（5）），立即盖好，然后放入铁丝筐中，将铁丝筐放在沸水浴内消毒 30 min，取出用蜡封口。pH 小于 10 的标准缓冲溶液色列有效期建议为 3 个月，注意避光保存。若出现颜色变化、浑浊、沉淀等现象，应重新配制。

表 2-3　pH6.0～8.0 标准缓冲溶液的配制

pH 值	磷酸二氢钾溶液体积/mL	氢氧化钠体积/mL	纯水定容至总体积/mL
6.0	50	5.6	100
6.2	50	8.1	100
6.4	50	11.6	100
6.6	50	16.4	100
6.8	50	22.4	100
7.0	50	29.1	100
7.2	50	34.7	100
7.4	50	39.1	100
7.6	50	42.4	100
7.8	50	44.5	100
8.0	50	46.1	100

表 2-4　pH8.0～9.6 标准缓冲溶液的配制

pH 值	硼酸-氯化钾混合溶液体积/mL	氢氧化钠体积/mL	纯水定容至总体积/mL
8.0	50	3.9	100
8.2	50	6.0	100
8.4	50	8.6	100
8.6	50	11.8	100
8.8	50	15.8	100
9.0	50	20.8	100
9.2	50	26.4	100
9.4	50	32.1	100
9.6	50	36.9	100

6. 水样测定

吸取 25.0 mL 澄清水样，置于与标准色列同型的试管中，加入 1.0 mL 指示剂(指示剂种类与标准色列相同)，混匀后放入比色架(图 2-1)中的 5 号孔内。另取 2 支试管，各加入 25.0 mL 水样，插入 1 号与 3 号孔内。再取标准管 2 支，插入 4 号及 6 号孔内。在 2 号孔内放入 1 支纯水管。从比色架前面迎光观察，记录与水样相近似的标准管的 pH 值。

注：1、2、3 号管的作用是去除样品色度、浑浊度的干扰，在确定样品色度、浑浊度对测定无干扰的时候，可省去。

注意事项：

(1)水样接触空气，水中的二氧化碳可增高或降低，因而影响 pH 的变化；水中颗粒物沉淀及老化，生物体的生长与呼吸，均可使 pH 改变，所以采样后应即时进行测量。

(2)配制缓冲溶液所需的纯水应为新煮沸并放冷的蒸馏水。

(六)电导率

电导率是以数字表示水溶液传导电流的能力。水中各种溶解盐都是以离子状态存在，它们都具有导电能力。水中溶解的盐类越多，离子也越多，水的电导就越大。电导率常用于检测水中溶解性盐类物质浓度的变化和间接推测水中离子化合物的数量。

水溶液的电导率取决于离子的性质和浓度、溶液的温度和黏度等。水中多数无机盐是以离子状态存在的，是电的良好导体，但是有机化合物分子难以离解，基本不具备电导性，因此电导率又可以间接表示水中溶解性总固体的含量和含盐量。严格来说，水中溶解固体并不全都是电解质盐类，一些有机物(如苯、蔗糖等)也能溶于水但并不离解。即使对于电解质，当其浓度过高时，也会因离子间引力而降低离子的活动能力，从而影响导电能力。天然水可视为电解质的稀溶液，在这个前提下，电解质浓度的增加不会影响它的离解度，因此离子的数目按浓度增加的比例增加，即电导率和电解质浓度成线性关系。

电导率还与测定时的温度有关。接近常温时，温度每升高 1℃，电导率增加约 2%，因此水样应在 25℃下测定电导率，否则需要做温度校正，并按 25℃报告所测结果。

电导率的测定方法是电导率仪法。

电导率仪法

1. 测定原理

在电解质的溶液里，离子在电场的作用下，由于离子移动具有导电作用。在相同温度下测定水样的电导(G)，它与水样的电阻(R)呈倒数关系：

$$G = \frac{1}{R}$$

在一定条件下，水样的电导随着离子含量的增加而增高，而电阻则降低。因此，电导率 γ 就是电流通过单位面积(A)为 1 cm^2，距离(L)为 1 cm 的两铂墨电极的电导能力。

$$\gamma = G \times \frac{L}{A}$$

即电导率 γ 为给定的电导池常数(C)与水样电阻 R_s 的比值，

$$\gamma = C \times G_s = \frac{C}{R_s} \times 10^6$$

只要测定出水样的 R_s(Ω)或水样的 G_s(μS)，γ 即可得出，表示单位为 μS/cm。

2. 仪器

电导仪。

3. 分析步骤

操作步骤详细按照各种型号电导率仪的操作说明。

注意事项：

(1)水样采集后应尽快分析，如果不能在采样后 24 h 内进行测定，则应将水样保存于聚乙烯瓶中，充满密封，于 4℃冷藏保存。

(2)测定一系列水样时温度变化 <0.2℃，仪器不必再次校正。但在不同批(日)测量时，应重做仪器校正。

(3)每测定一个水样后，要用被测水样充分冲洗电导电极和电导池。

(七)溶解氧(电化学探头法)

溶解氧是指溶解在水中的分子态氧，通常记作 DO，用每升水中氧的毫克数或饱和百分率表示。溶解氧的饱和含量与空气中氧的分压、大气压、水的温度和盐度有密切的关系。溶解氧是水质重要指标之一，也是水体净化的重要因素之一，溶解氧高有利于水中各类污染物的降解，从而使水体较快得以净化；反之，溶解氧低，水中污染物降解得较慢。

我国 GB 3838—2002《地表水环境质量标准》中规定地表水Ⅱ类水的溶解氧不小于6 mg/L。

溶解氧的测定有电化学探头法、碘量法。本节介绍电化学探头法，碘量法在本章第三节容量分析法中介绍。

电化学探头法

1. 适用范围

本方法适用于地表水、地下水、生活污水、工业废水和盐水中溶解氧的测定。

本方法可测定水中饱和率为 0%～100% 的溶解氧，还可测量高于 100% (20 mg/L)的过饱和溶解氧。

2. 测定原理

溶解氧电化学探头是一个用选择性薄膜封闭的小室，室内有两个金属电极并充有电解质。氧和一定数量的其他气体及亲液物质可透过这层薄膜，但水和可溶性物质的离子几乎不能透过这层膜。将探头浸入水中进行溶解氧的测定时，由于电池作用或外加电压在两个电极间产生电位差，使金属离子在阳极进入溶液，同时氧气通过薄膜扩散在阴极获得电子被还原，产生的电流与穿过薄膜和电解质层的氧的传递速度成正比，即在一定的温度下该电流与水中氧的分压(或浓度)成正比。

温度会影响薄膜对气体的渗透性，可在电路中安装热敏元件对温度变化进行自动补偿，也可采用数学方法对温度进行校正(具体方法见 HJ 506—2009)。

压力也会影响薄膜的使用，可在电路中安装压力传感器对压力进行自动补偿，当测定样品的气压与校准仪器时的气压不同时，应按 HJ 506—2009 的规定进行校正。

若测定海水、港湾水等含盐量高的水，应根据含盐量对测量值进行校正。

目前所使用的溶氧仪有部分型号具有温度、压力、盐度等校正功能 ，具体见该仪器的使用说明。

3. 试剂和材料

除非另有说明，本标准所用试剂均使用符合国家标准的分析纯化学试剂，实验用水为新制备的去离子水或蒸馏水。

(1)无水亚硫酸钠(Na_2SO_3)或七水合亚硫酸钠($Na_2SO_3 \cdot 7H_2O$)。

(2)二价钴盐，例如六水合氯化钴(Ⅱ)($CoCl_2 \cdot 6H_2O$)。

(3)零点检查溶液：称取 0.25 g 亚硫酸钠(试剂和材料(1))和约 0.25 mg 钴(Ⅱ)盐(试剂和材料(2))，溶解于 250 mL 蒸馏水中。临用时现配。

(4)氮气：99.9%。

4. 仪器和设备

本标准除非另有说明，分析时均使用符合国家 A 级标准的玻璃量器。

(1)溶解氧测量仪：使用测量仪器时，应严格遵照仪器说明书的规定。

(2)磁力搅拌器。

(3)电导率仪：测量范围 2～100 mS/cm 。

(4)温度计：最小分度为 0.5℃。

(5)气压表：最小分度为 10 Pa。

(6)溶解氧瓶。

(7)实验室常用玻璃仪器。

5. 校准和测定

(1)零点检查和调整

当测量的溶解氧质量浓度水平低于 1mg/L(或 10% 饱和度)时，或者当更换溶解氧膜罩或内部的填充电解液时，需要进行零点检查和调整。

零点调整：将探头浸入零点检查溶液(试剂和材料(3))中，待反应稳定后读数，调整仪器到零点。若仪器具有零点补偿功能，则不必调整零点。

(2)接近饱和值的校准

在一定的温度下，向蒸馏水中曝气，使水中氧的含量达到饱和或接近饱和。在这个温度下保持 15 min，采用 GB 7489 碘量法测定溶解氧的浓度。

将探头浸没在瓶内，瓶中完全充满按上述步骤制备并测定的样品，让探头在搅拌的溶液中稳定 2～3 min 以后，调节仪器读数至样品按 GB 7489 碘量法测得的已知溶解氧浓度。

当仪器不能再校准如出现故障，或仪器响应变得不稳定或较低时，及时更换电解质或(和)膜。

注：①如果以往的经验已给出空气饱和样品需要的曝气时间和空气流速，可以查 HJ 506—2009 附表 A. 1－1 或附表 A. 2 来代替碘量法的测定。

②有些仪器能够在水饱和空气中校准。

(3)测定

将探头浸入样品，不能有空气泡截留在膜上，停留足够的时间，待探头温度与水温达到平衡，且数字显示稳定时读数。必要时，根据所用仪器的型号及对测量结果的要求，检验水温、气压或含盐量，并对测量结果进行校正。

6. 结果表示

(1)以质量浓度表示：以每升水中氧的毫克数表示，单位为 mg/L。目前一般结果报告均采用质量浓度。

(2)以饱和百分率表示(%)。

7. 溶氧仪使用

不同型号的溶氧仪操作使用请遵照说明书指引。

以下介绍广州市自来水公司各基层单位普遍使用的 YSI 550A 型便携式溶氧仪的操作步骤和要求。

(1)水饱和空气校准

①确保仪器校准室内的海绵用纯水润湿，海绵湿润状态下可为探头创造 100% 水饱和空气环境。把探头插入校准室。

②按⊙打开仪器，等待 15～20 min，让仪器预热及读数稳定。

③同时按下并释放上箭头和下箭头，进入校准菜单。

④按下 Mode 键直至“%”作为氧气单位出现在屏幕右侧，然后按下↵键。

⑤显示屏左下角显示“CAL”，右上角显示“ALT × 100ft”，用箭头调整显示数值为“0”，按下↵键。此步骤为压力校正，本地所处海拔基本可设为 0。

⑥显示屏左下角显示“CAL”，右下角显示校准值 100，中间为当前溶解氧读数，一旦当前溶解氧读数稳定，按下↵键。此步骤为近似饱和值的校准。

⑦显示屏左下角显示“CAL”，右上角显示“SAL ppt”，用箭头键调整显示为“0”，然后按下↵键。此步骤为盐度校正。

⑧仪器返回至“%”测量状态，再按一下 Mode 键，仪器回到 mg/L 测量状态。

(2)测量

①校准完毕后，将电极浸入被测水样中，同时确保温度感应部分也浸入到水样中，持续搅拌或在水样中晃动探头，等待温度和溶解氧读数稳定。

②记录读数。

③使用完毕后，按⊙关机，用纯水冲洗探头，洗净后将探头插入校准室。

注意事项：

(1)若仪器具有零点补偿功能，则不必调整零点。

(2)有些仪器能在水饱和空气中校准。如 YSI 550A 和 YSI 5000。具体参照该仪器的使用说明。

(3)探头的膜接触样品时，样品要保持一定的流速，防止与膜接触的瞬间将该部位样品中的溶解氧耗尽，使读数发生波动。测定流动河水的溶解氧时，若水流速低于 0.3 m/s 需在水样中往复移动探头，或者取分散样品进行测定。

(4)对于分散样品：容器应能密封以隔绝空气并带有搅拌器。将样品充满容器至溢出，密闭后进行测量。调整搅拌速度，使读数达到平衡后保持稳定，并不得夹带空气。

(5)在每次测量过程中，电极和被测水样之间必须达到热平衡，这个过程需要一定的时间，环境与样品的温差越大，需要的时间越长。

(6)干扰：水中存在的一些气体和蒸汽，如氯、二氧化硫、硫化氢、胺、氨、二氧化碳、溴和碘等物质，通过膜扩散影响被测电流而干扰测定。水样中的其他物质如酸、碱、溶剂、油类、硫化物、碳酸盐和藻类等物质可能堵塞薄膜，引起薄膜损坏和电极腐蚀，影响被测电流而干扰测定。

(7)如电极膜松弛、有皱纹或者被好氧菌(如细菌)、产气菌(如藻类)生物附着，电解质池有大的(直径超过 1/8 英寸)气泡，均可引起读数不稳。如读数不稳定或薄膜有损坏，应同时更换盖膜及电解液。

(8)当检测处于曝气形态的水体时，应使探头向上，以防止曝气气泡冲击探头，否则既影响检测结果，又有可能造成探头损坏。

(9)电极的维护 ：探头应保存在内有湿润海绵的保存室中；任何时候都不得用手触摸膜的活性表面。

电极和膜片的清洗：若膜片和电极上有污染物，会引起测量误差，一般 1 ～2 周清洗一次。清洗时要小心，将电极和膜片用无绒布及医用酒精轻柔擦拭，注意不要损坏膜片。建议 2 个月更换一次填充电解液。

经常使用的电极建议存放在存有蒸馏水的容器中，以保持膜片的湿润。干燥的膜片在使用前应该用蒸馏水湿润活化。

(10)电极的再生：电极的再生包括更换溶解氧膜罩、电解液和清洗电极。

每隔一定时间或当膜被损坏和污染时，需要更换溶解氧膜罩并补充新的填充电解液。如果膜未被损坏和污染，建议 2 个月更换一次填充电解液。

更换电解质和膜之后，或当膜干燥时，都要使膜湿润，只有在读数稳定后，才能进行校准，仪器达到稳定所需要的时间取决于电解质中溶解氧消耗所需要的时间。

第二节　重量分析法

一、方法概述

重量分析法是通过被测量组分的质量来确定被测组分百分含量的分析方法。重量分析法又可分为：

沉淀法——利用沉淀反应；

挥发法——利用物质的挥发性；

萃取法——利用物质在两相中溶解度不同。

重量分析法的特点是：常量分析准确度较高，但是操作复杂，对低含量组分的测定误差较大。

重量分析法需要使用的设备是电子天平。在本教材第一章第二节的基本操作技术中已对电子天平及其使用方法等进行了详细介绍。

二、检测项目

溶解性总固体

溶解性总固体(TDS)可以反映被测水样中无机离子和部分有机物的含量。

不同地理区域由于矿物可溶性不同，溶解性固体可在较大的范围内变化。水中含有多溶解性总固体，TDS 水平大于 1000 mg/L 时，饮用水的口感发生明显变化，会有苦咸的味觉并感受到胃肠的刺激。高水平的 TDS 也会在配水管道、热水器、锅炉和家庭用具上结出很多水垢，其他离子如铜、硝酸盐、砷、铝、铅等有毒物质的含量也可能升高。

我国《生活饮用水卫生标准》(GB 5749—2006)中规定饮用水中溶解性总固体的标准限值为 1000 mg/L。

水中溶解性总固体的测定方法如下：

称量法

1. 测定原理

水样经过滤后，在一定温度下烘干，所得的固体残渣称为溶解性总固体，包括不易挥发的可溶性盐类、有机物及能通过滤器的不溶性微粒等。

烘干温度一般采用(105 ±3)℃，但 105℃烘干温度不能彻底除去高矿化水中盐类所含的结晶水。采用(180 ±3)℃的烘干温度，能得到较为准确的结果。

当水样中的溶解性总固体含有多量的氯化钙、硝酸钙、氯化镁、硝酸镁时，由于这些化合物具有强烈的吸湿性使称量不能恒定质量，此时可在水样中加入适量碳酸钠溶液得以改进。

2. 仪器

(1)分析天平：感重 0.1 mg。

(2)水浴锅。

(3)电恒温干燥箱。

(4)瓷蒸发皿：100 mL。

(5)干燥器：用硅胶作干燥剂。

(6)中速定量滤纸或滤膜(孔径 0.45 μm)及相应滤器。

3. 试剂

碳酸钠溶液(10 g/L)：称取 10 g 无水碳酸钠(Na_2CO_3)，溶于纯水中，稀释至 1000 mL。

4. 分析步骤

(1)溶解性总固体[在(105 ±3)℃温度烘干]

①将蒸发皿洗净，放在(105±3)℃烘箱内30 min。取出，于干燥器内冷却30 min。

②在分析天平上称重，再次烘烤、称重，直至恒定质量(两次称重相差不超过0.0004 g)。

③将水样上清液用滤器过滤。用无分度吸管吸取过滤水样100 mL于蒸发皿中，如水样的溶解性总固体过少时可增加水样体积。

④将蒸发皿置于水浴上蒸干(水浴液面不要接触皿底)。将蒸发皿移入(105±3)℃烘箱内，1 h后取出。干燥器内冷却30 min，称重。

⑤将称过质量的蒸发皿再放入(105±3)℃烘箱内30 min，干燥器内冷却30 min，称重，直至恒定质量。

(2)溶解性总固体在[(180±3)℃温度烘干]

①按上述(1)①步骤将蒸发皿在(180±3)℃烘干并称重至恒定质量。

②吸取100 mL水样于蒸发皿中，精确加入25.0 mL碳酸钠溶液(10 g/L)于蒸发皿内，混匀。同时做一个只加25.0 mL碳酸钠溶液(10 g/L)的空白。计算水样结果时应减去碳酸钠空白的质量。

5. 计算

$$\rho(\mathrm{TDS}) = \frac{(m_1 - m_0) \times 1000 \times 1000}{V} \tag{2-3}$$

式中 $\rho(\mathrm{TDS})$—— 水样中溶解性总固体的质量浓度，mg/L；

m_0—— 蒸发皿的质量，g；

m_1—— 蒸发皿和溶解性总固体的质量，g；

V——水样体积，mL。

注意事项：

(1)注意水浴锅的使用：水浴锅应放在固定的平台上，电源电压必须与产品要求的电压相符，电源插座应采用三孔安全插座，并安装接地线。使用前应先将水加入箱内，水位必须高于隔板，切勿无水或水位低于隔热板加热，以防损坏加热管。注水时不可将水放得太满，以免水沸腾时流入隔层和控制箱内发生触电事故。

(2)该项目要特别注意恒重的要求，严格按“2个30 min”操作，两次称量相差不超过0.0004g才是达到恒重。

第三节 容量分析法

一、方法概述

容量分析法是用一种已知准确浓度的标准溶液，滴定一定体积的待测溶液，直到化学反应按计量关系作用完全为止，然后根据标准溶液的体积和浓度计算待测物质含量的检测方法。这种方法也称为滴定分析法。

(一)基本概念

(1)标准滴定溶液：滴定分析过程中，已知准确浓度的试剂溶液称为标准滴定溶液(又称滴定剂)。

(2)滴定：将标准滴定溶液装在滴定管中，通过滴定管逐滴加入到盛有一定量被测物溶液的锥形瓶(或烧杯)中进行测定，这一操作过程称为“滴定”。

(3)化学计量点：当加入的标准滴定溶液的量与被测物的量恰好符合化学反应式所表示的化学计量关系量时，称反应到达“化学计量点”。

(4)滴定终点：滴定时，指示剂改变颜色的那一点称为“滴定终点”。

(5)滴定误差：滴定终点和化学计量点的差值称为“终点误差”。

(二)对滴定反应的要求

(1)反应必须定量进行——反应要按一定的化学方程式进行，有确定的化学计量关系；

(2)反应必须定量完成——反应接近完全(>99.9%)；

(3)反应速度要快——有时可通过加热或加入催化剂的方法来加快反应速度；

(4)必须有适当的方法确定滴定终点——有合适的指示剂；

(5)共存物质不干扰反应——干扰应可通过控制实验条件或加掩蔽剂消除。

(三)滴定分析法分类

1. 酸碱滴定法

利用酸和碱的中和反应的一种滴定分析法。如常见的酸、碱标准溶液的标定等。其基本反应为：

$$H^+ + OH^- = H_2O$$

2. 配位滴定法(络合滴定分析)

利用配位反应进行的一种滴定分析法。常用于金属离子的测定。如EDTA测定总硬度，其反应为：

$$Ca^{2+} + Y^{4-} \longrightarrow CaY^{2-}$$

式中，Y^{4-}表示EDTA的阴离子。

3. 氧化还原滴定法

以氧化还原反应为基础的一种滴定分析法，可用于对具有氧化还原性质的物质或某些不具有氧化还原性质的物质进行测定，如耗氧量(高锰酸盐指数)测定中，草酸钠和高锰酸钾在酸性条件下的反应如下：

$$5C_2O_4^{2-} + 2MnO_4^- + 16H^+ = 10CO_2 + 2Mn^{2+} + 8H_2O$$

4. 沉淀滴定法

以沉淀生成反应为基础的一种滴定分析法，可用于对Ag^+、CN^-、SCN^-及类卤素等离子进行测定，如银量法氯化物的测定。其反应如下：

$$Ag^+ + Cl^- = AgCl\downarrow$$

(四)滴定方式

(1)直接滴定法：凡能完全满足滴定分析要求的反应，都可用标准滴定溶液直接滴定被测物质。例如用NaOH标准滴定溶液直接滴定HCl、H_2SO_4等。

(2)反滴定法：又称回滴法，是在待测试液中准确加入适当过量的标准溶液，待反应完全后，再用另一种标准溶液返滴剩余的第一种标准溶液，从而测定待测组分的含量。这种滴定方式主要用于滴定反应速度较慢或无合适的指示剂的滴定反应。例如，耗氧量(高锰酸盐指数)测定中，加入过量的高锰酸钾溶液在酸性条件下将还原性物质氧化，过量的高锰酸钾用草酸标准溶液还原。

(3)置换滴定法：是先加入适当的试剂与待测组分定量反应，生成另一种可滴定的物质，再利用标准溶液滴定反应产物，然后由滴定剂的消耗量，反应生成的物质与待测组分等物质的量的关系计算出待测组分的含量。这种滴定方式主要用于因滴定反应没有定量关系或伴有副反应而无法直接滴定的测定。例如，次氯酸钠中有效氯含量的测定，次氯酸根与碘化钾反应，析出碘，以淀粉为指示剂，用硫代硫酸钠标准滴定析出的碘，进而求出有效氯的含量。

(4)间接滴定法：某些待测组分不能直接与滴定剂反应，但可通过其他的化学反应，间接测定其含量。例如，溶液中 Ca^{2+} 几乎不发生氧化还原的反应，但利用它与 $C_2O_4^{2-}$ 作用形成 CaC_2O_4 沉淀，过滤洗净后，加入 H_2SO_4 使其溶解，用 $KMnO_4$ 标准滴定溶液滴定 $C_2O_4^{2-}$，就可间接测定 Ca^{2+} 含量。

(五)滴定分析的计算

滴定分析是一种基于化学反应的定量分析方法。

设滴定剂 B 与被测物质 A 发生如下化学反应：

$$aA + bB = cC + dD$$

它表示 A 与 B 是按物质的量之比 $a:b$ 的关系反应的，反应完全时，A 与 B 物质的量 n_A 和 n_B 满足：

$$n_A : n_B = a : b$$

这就是滴定分析定量计算的基础。

1. 求待测溶液 A 物质的量浓度 c_A

滴定分析中，若已知待测溶液的体积 V_A、标准溶液 B 物质的量浓度 c_B 和消耗的标准溶液体积 V_B，求待测溶液 A 物质的量浓度 c_A，则：

$$n_A = \frac{a}{b} \cdot n_B$$

得

$$c_A \cdot V_A = \frac{a}{b} \cdot c_B \cdot V_B$$

则

$$c_A = \frac{a}{b} \cdot \frac{V_B}{V_A} \cdot c_B$$

2. 求待测组分 A 的质量浓度 ρ_A

若已知待测溶液的体积 V、标准溶液 B 物质的量浓度 c_B 和消耗的标准溶液体积 V_B，组分 A 的摩尔质量 M_A，求待测溶液 A 的质量浓度 ρ_A，则由

$$n_A = \frac{a}{b} \cdot n_B$$

得

$$\frac{m_A}{M_A} = \frac{a}{b} \cdot c_B \cdot V_B$$

$$m_A = \frac{a}{b} \cdot c_B \cdot V_B \cdot M_A$$

所以

$$\rho_A = \frac{m_A}{V} = \frac{\frac{a}{b} \cdot c_B \cdot V_B \cdot M_A}{V}$$

（六）滴定分析的原理

Ⅰ　酸碱滴定法

1. 酸碱指示剂的作用原理

酸碱滴定法一般都需要用指示剂来确定反应的终点。这种指示剂通常称为酸碱指示剂。酸碱指示剂一般是弱有机酸或弱有机碱，它们在酸碱滴定中也参与质子转移反应，它们的酸式或碱式因结构不同而呈不同的颜色。因此当溶液的 pH 值改变到一定的数值时，就会发生明显的颜色变化。所以酸碱指示剂可指示溶液的 pH 值。例如，甲基橙是一种常用的酸碱双色指示剂，它在酸性溶液中以红色的醌式结构形式存在，在碱性溶液中以黄色的偶氮式结构形式存在。

酸碱指示剂的酸式（HIn）和碱式（In^-）有如下的离解平衡：

$$HIn \longleftrightarrow H^+ + In^-$$

达到平衡时，$K_{HIn} = \frac{[H^+][In^-]}{[HIn]}$

式中，K_{HIn}是指示剂的离解常数。上式还可改写为$\frac{[In^-]}{[HIn]} = \frac{K_{HIn}}{[H^+]}$。

由上式可知，比值$\frac{[In^-]}{[HIn]}$是溶液中 H^+ 浓度的函数，随着溶液氢离子浓度 $[H^+]$ 的改变，指示剂的酸式和碱式的比例也不断变化，$[H^+]$越高，酸式所占比例越大；$[H^+]$越低，酸式所占比例越小，碱式越多。

当$\frac{[In^-]}{[HIn]} = 1$时，$pH = pK_{HIn}$，表示指示剂酸式体与碱式体浓度相等，溶液呈其酸式色和碱式色的中间色。因此，称此时的 pH 值为酸碱指示剂的理论变色点。

当$\frac{[In^-]}{[HIn]} \geqslant 10$时，$pH = pK_{HIn} + 1$，表示指示剂在溶液中主要以碱式体存在，溶液呈碱式色。

当$\frac{[In^-]}{[HIn]} \leqslant \frac{1}{10}$时，$pH = pK_{HIn} - 1$，表示指示剂在溶液中主要以酸式体存在，溶液呈酸式色。

溶液的 pH 值由 $pK_{HIn} - 1$ 变化到 $pK_c + 1$ 时，此时人眼能明显地看出指示剂由酸式色变为碱式色。所以，$pH = pK_{HIn} \pm 1$ 称为指示剂的理论变色 pH 范围。由于人眼对各种颜色的敏感程度不同，致使指示剂的实际变色范围与其理论变色范围不尽相同。例如，甲基橙的 pK_{HIn}为 3.4，其理论变色范围就为 pH = 2.4 ～ 4.4。但由于肉眼对黄色的敏感度较低，因此，红色中略带黄色时，不易辨认出黄色，只有当黄色比重较大时，才能观察出来。因此，甲基橙变色范围在 pH 值小的一边就短些，因而其实际变色范围为 pH = 3.1 ～ 4.4。下表列举了一些常用指示剂的实际变色范围（表 2－5）。

表 2－5　常用酸碱指示剂的变色范围

指示剂	变色范围 pH	颜色变化	pK_c
百里酚蓝	1.2 ～ 2.8	红 ～ 黄	1.7
	8.0 ～ 9.6	黄 ～ 蓝	8.9

续表 2-5

指示剂	变色范围 pH	颜色变化	pK_c
甲基黄	2.9～4.0	红～黄	3.3
甲基橙	3.1～4.4	红～黄	3.4
溴酚蓝	3.0～4.6	黄～紫	4.1
溴甲酚绿	4.0～5.6	黄～蓝	4.9
甲基红	4.4～6.2	红～黄	5.0
溴百里酚蓝	6.2～7.6	黄～蓝	7.3
中性红	6.8～8.0	红～橙黄	7.4
酚酞	8.0～10.0	无色～红	9.1
百里酚酞	9.4～10.6	无色～蓝	10.0

由于指示剂的离解常数受溶液温度、离子强度以及介质的影响，因此这些因素也都将影响指示剂的变色范围，此外，指示剂的用量及滴加顺序也会影响它的变色。

2. 酸碱滴定的基本原理

酸碱滴定是以酸碱反应为基础的化学分析方法。滴定过程中，溶液的 pH 随着滴定剂的加入不断变化，如何选择适当的指示剂判断终点，并使终点充分接近化学计量点，对取得准确的定量分析结果是十分重要的。下面以强碱滴定强酸为例，了解滴定过程 pH 的变化规律。

例如，以 0.1000mol/L 的 NaOH 溶液滴定 20.00mL 相同浓度的 HCl，不同滴定阶段时溶液的 pH 值计算如下：

①滴定前，溶液的酸度等于 HCl 溶液的原始浓度：

$[H^+]=c(HCl)=0.1000mol/L$，$pH=1.0$

②滴定开始至化学计量点前，溶液酸度取决于溶液中剩余的 HCl 浓度。设加入的 NaOH 溶液体积为 $V(NaOH)$，则

$$[H^+]=c(HCl)\times\frac{20.00-V(NaOH)}{20.00+V(NaOH)}$$

例如，加入 18.00mLNaOH 溶液时，90% 的 HCl 溶液被中和，

$$[H^+]=0.1000\times\frac{20.00-18.00}{20.00+18.00}=5.3\times10^{-3}(mol/L),\ pH=2.28$$

加入 19.98mLNaOH 溶液时，99.9% 的 HCl 溶液被中和，

$$[H^+]=0.1000\times\frac{20.00-19.98}{20.00+19.98}=5.0\times10^{-5}(mol/L),\ pH=4.30$$

③化学计量点时，加入的 NaOH 恰与 HCl 完全中和，溶液呈中性，pH=7.00。

④化学计量点后，加入的 NaOH 已过量，溶液的碱度取决于过量 NaOH 的量。

$$c(OH^-)=c(NaOH)\times\frac{V(NaOH)-20.00}{V(NaOH)+20.00}$$

例如，加入 20.02 mLNaOH 溶液时，NaOH 过量 0.02 mL，此时，

$$[OH^-]=0.1000\times\frac{20.02-20.00}{20.02+20.00}=5.0\times10^{-5}(mol/L),\ pH=9.70$$

用上述方法可逐一计算滴定过程中溶液的 pH 值，将部分结果列于表 2 - 6 中，并绘制滴定曲线如图 2 - 2 所示。

表 2 - 6 用 0.1000mol/L 的 NaOH 溶液滴定 20.00mL 同浓度 HCl 时溶液的 pH 值

加入 NaOH 溶液的体积 V(NaOH)/mL	剩余 HCl 溶液的体积 V(HCl)/mL	过量 NaOH 溶液的体积 V(NaOH)/mL	pH 值
0.00	20.00		1.00
18.00	2.00		2.28
19.80	0.20		3.30
19.98	0.02		4.30 突
20.00	0.00		7.00 跃
20.02		0.02	9.70 区
20.20		0.20	10.70
22.00		2.00	11.70
40.00		20.00	12.50

由表 2 - 6 及图 2 - 2 可知，在滴定开始时曲线比较平坦，这是因为滴定开始时，溶液中的盐酸量大，加入 18.00mL 氢氧化钠，pH 才改变 1.28 个单位。随着滴定的进行，再加入 1.80mL 碱，pH 就改变 1.02 个单位，所以曲线逐渐向上倾斜。在化学计量点前后时，一滴碱就会使溶液酸度发生很大变化，当溶液中只剩下 0.1%（0.02 mL）的盐酸时，溶液的 pH 值为 4.30，这时再加入 1 滴氢氧化钠（0.04 mL），不仅将剩下的 0.02 mL 盐酸中和了，而且还过量了 0.02 mL 氢氧化钠，溶液的 pH 值由 4.30 急剧地增加到 9.70，此时滴定曲线呈现为近似垂直的一段。这种 pH 值的突然改变称为滴定突跃，突跃所在的 pH 范围称滴定突跃范围。此后再加入氢氧化钠，溶液的 pH 变化逐渐减小，曲线又变得比较平坦。

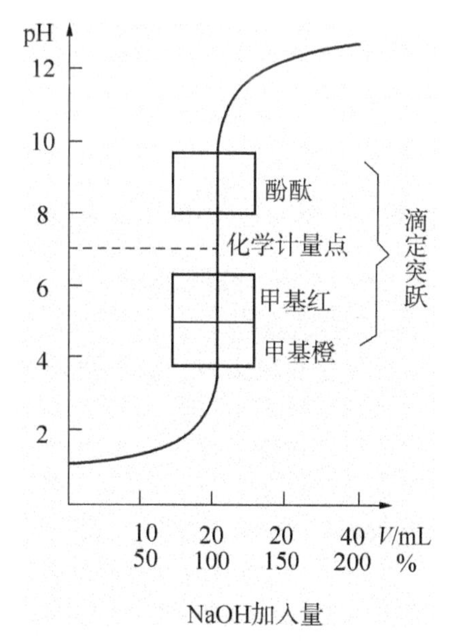

图 2 - 2 0.1000mol/L 的 NaOH 滴定 20.00mL 0.1000mol/L 的 HCl 溶液

滴定突跃有重要的实际意义，它是选择指示剂的依据，凡变色点 pH 值处于滴定突跃范围内的指示剂均可选用。此例中，酚酞、甲基红、甲基橙均适用。用指示剂确定的滴定终点与化学计量点不一定完全吻合，此例中如用甲基橙作指示剂，滴定终点在化学计量点之前，而用酚酞作指示剂，滴定终点在化学计量点之后。

滴定突跃的大小与溶液的浓度有关，图 2 - 3 表示了不同浓度时的滴定曲线。酸碱浓度越大，滴定时 pH 值突跃范围也越大，适合于指示终点的指示剂就较多。此外，强酸滴定弱碱或强碱滴定弱酸的突跃范围就没那么大，曲线的垂直部分就没那么直，在此不细述。

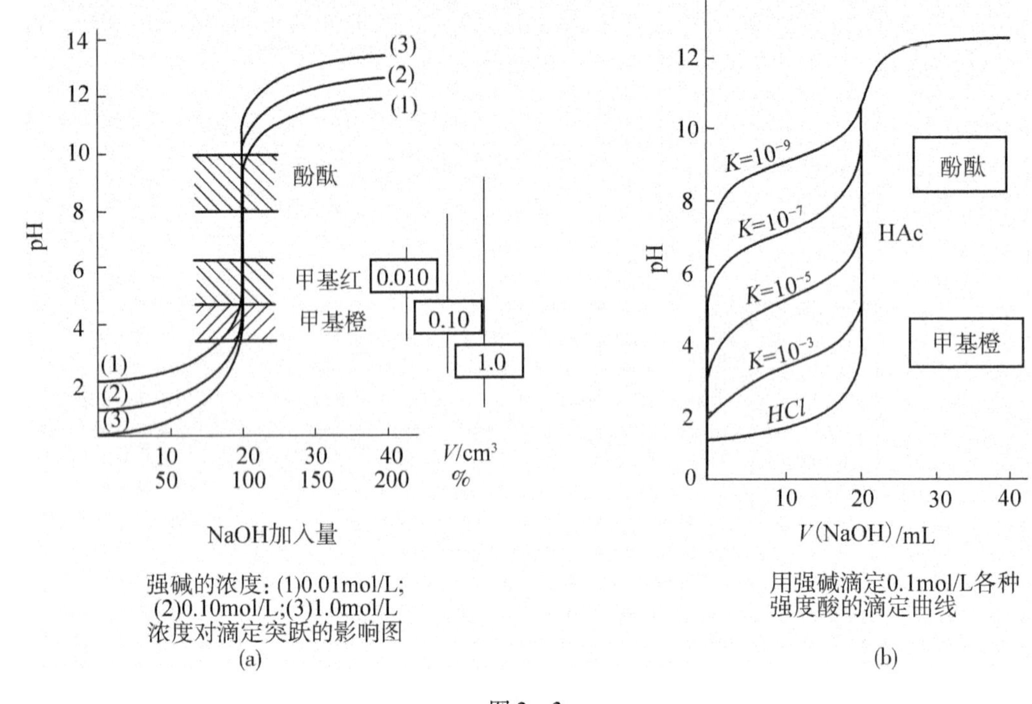

强碱的浓度：(1)0.01mol/L；(2)0.10mol/L；(3)1.0mol/L 浓度对滴定突跃的影响图

(a)

用强碱滴定0.1mol/L各种强度酸的滴定曲线

(b)

图 2－3

Ⅱ　配位滴定法

1. 配位反应

金属离子与配位剂作用生成难电离可溶性配位化合物的反应称为配位反应。如：

$$Ca^{2+} + Y^{4-} \longrightarrow CaY^{2-}$$

式中，Y^{4-}表示 EDTA 的阴离子。

2. 配位滴定

配位滴定反应必须满足下列条件：形成的配位化合物必须很稳定；在一定反应条件下，络合数必须固定(即只形成一种配位数的络合物)；配位反应速度要快；要有适当的方法确定滴定的计量点。

下面介绍水质分析中常用的氨羧配位滴定法。

氨羧配位剂是以氨基二乙酸［—N(CH_2)—N(CH_2COOH)$_2$］为基础的衍生物，其通式为［R—N(CH_2)—N(CH_2COOH)$_2$］。水质分析中常用的氨羧配位剂为乙二胺四乙酸二钠盐，简式 $Na_2H_2Y \cdot 2H_2O$，简称 EDTA。

除碱金属外，EDTA 与多数金属离子都能形成 1∶1 的螯合物，反应通式为：

$$M^{n+} + H_2Y^{-2} \longrightarrow MY^{(n-4)} + 2H^+$$

由于 EDTA 是一个四元酸，所以酸度对 EDTA 配位化合物的稳定性有很大影响。设金属离子与 EDTA 的配位化合物为 HY^{2-}，它在溶液中的平衡可用下式表示：

$$MY^{2-} \rightleftharpoons M^{2+} + Y^{4-}$$

③　　②‖ $+H^+$

HY^{3-}

①‖ $+H^+$

H_2Y^{2-}

当酸度提高时，是平衡①、②向下移、平衡③向右移动，配位化合物解离。所以溶液的 pH 值对 EDTA 金属配位化合物的稳定性有很大影响，pH 值是影响配位滴定的重要因素。

EDTA 的选择性很差，能与大多数的金属离子形成配位化合物。由于 EDTA 与不同金属离子形成的配位化合物的稳定常数不同，当几种金属离子共存时，通过控制 pH 值进行选择滴定。如果几种金属离子形成的配位化合物的稳定常数相近，无法通过控制 pH 消除干扰，可选用适当的掩蔽剂使干扰离子形成更稳定的配位化合物以除干扰。

配位滴定常用金属指示剂指示滴定终点，如络黑 T 指示剂。

络黑 T 指示剂是一种酸性有机化合物，也是一种配位剂，能与金属离子生成配位化合物，而配位化合物的颜色与指示剂原来的颜色不同。

例如，在 pH = 10 时，用 EDTA 滴定 Mg^{2+}，以络黑 T($HInd^{2-}$)为指示剂。在化学计量点前，络黑 T 与 Mg^{2+} 生成红色的配位化合物($K_{不稳} = 10.0 \times 10^{-8}$)，

$$Mg^{2+} + HInd^{2-} \Longleftarrow\Longrightarrow MgInd^{-} + H^{+}$$

（蓝色）　　（红色）

此时过量的 Mg^{2+} 仍为游离状态。开始滴入 EDTA(H_2Y^{2-})后，EDTA 与 Mg^{2+} 形成无色的配位化合物($K_{不稳} = 2.0 \times 10^{-9}$)，

$$Mg^{2+} + H_2Y^{2-} \Longleftarrow\Longrightarrow MgY^{2-} + 2H^{+}$$

（无色）

由于配位化合物 $MgInd^{-}$ 的稳定性小于配位化合物 MgY^{2-}，接近化学计量点时，配位化合物 $MgInd^{-}$ 中的 Mg^{2+} 逐步被 EDTA 夺取，溶液开始出现游离络黑 T 的蓝色。

$$MgInd^{-} + H_2Y^{2-} \Longleftarrow\Longrightarrow MgY^{2-} + HInd^{2-}$$

（红色）　（无色）　　（无色）（蓝色）

络黑 T 与金属离子的反应，最敏锐的变色在 pH 值为 10 ～ 11 之间，反应极灵敏。

络黑 T 与许多金属离子配位，在 pH = 10 的溶液中可直接滴定 Mg^{2+}、Zn^{2+}、Ca^{2+}、Pb^{2+}、Hg^{+} 等，颜色变化迅速而且可逆。应用于测定钙时，由于钙与指示剂的配位化合物不够稳定，故终点不够明显。若加入少量镁盐，可得良好结果(做空白试验)。

Ⅲ　氧化还原滴定法

1. 氧化还原反应

氧化还原反应是一种电子由还原剂转移到氧化剂的反应。反应速度慢；常伴有副反应发生是氧化还原反应常见的两个特性。

影响氧化还原反应速度的因素：氧化剂和还原剂的性质；反应物的浓度；溶液的温度；催化剂的作用。

2. 氧化还原滴定指示剂

氧化还原滴定常用指示剂有：

①自身指示剂。标准溶液本身就是指示剂。常用于高锰酸钾法。因为高锰酸根离子颜色很深，而还原后的 Mn^{2+} 离子在稀溶液为无色，滴定时无需另加入指示剂，只要高锰酸钾稍微过量一点溶液呈淡粉红色，即可显示滴定终点。

②特殊指示剂。利用溶液本身不具有氧化还原性，但能与氧化剂或还原剂作用产生特殊的颜色，出现或消失指示滴定终点。例如淀粉指示剂。

③氧化还原指示剂。它本身是一种弱氧化剂或弱还原剂，它的氧化型或还原型具有明

显不同的颜色。

3. 氧化还原滴定法的分类

氧化还原滴定法按滴定剂(氧化剂)的不同分为：碘量法、高锰酸钾法、重铬酸钾法、溴量法、铈量法等。这里介绍水质分析中常用的高锰酸钾法。

高锰酸钾是一种强氧化剂，在酸性、中性或碱性溶液中都能发生氧化作用。

在强酸性溶液中，发生下列反应：

$$MnO_4^- + 8H^+ + 5e = Mn^{2+} + 4H_2O$$

$$E_0 = +1.51\ V$$

在中性、微酸性或中等强度的碱性溶液中发生下列反应：

$$MnO_4^- + 4H^+ + 3e = MnO_2 \downarrow + 2H_2O$$

$$E_0 = +1.695V$$

$$MnO_4^- + 2H_2O + 3e = MnO_2 \downarrow + 4OH^-$$

$$E_0 = +0.51V$$

在中性、微酸性、碱性溶液中，反应产生物是褐色二氧化锰沉淀，影响终点的观察，因此很少应用。

在高锰酸钾滴定中，所用的酸应该是不含还原性物质的硫酸，而不能用硝酸和浓盐酸。因为硝酸本身是强氧化剂，它可能氧化某些被滴定的物质；浓盐酸能被高锰酸钾氧化，所以都不适用。

高锰酸钾法通常用 $KMnO_4$ 作为自身指示剂指示终点。

高锰酸钾不能用直接法配制标准溶液，蒸馏水中常含有少量有机杂质，能还原 $KMnO_4$ 使其水溶液浓度在配制初期有较大变化。配制时常将溶液煮沸以使其浓度迅速达到稳定；或者使用新煮沸放冷的蒸馏水配制，并将酿成的溶液盛在棕色玻璃瓶中放置在冷暗处一段时间(通常为 2 周)后，用玻璃砂芯漏斗过滤，除去二氧化锰，标定滤液，暗处储存。

Ⅳ 沉淀滴定法

沉淀滴定法对沉淀反应的要求是：沉淀生成的速度要快、沉淀的溶解度必须很小，并且反应能定量进行、终点检测方便。

沉淀滴定法实际应用较多的是银量法。利用生成难溶性银盐的沉淀滴定法称为银量法。根据所用的标准溶液和指示剂的不同，银量法又分为莫尔法、佛尔哈德法和法扬斯法，都可用于测定 Cl^-、Br^-、I^- 和 SCN^-。这里只介绍水质分析中常用的莫尔法。

1. 莫尔法原理

以铬酸钾(K_2CrO_4)为指示剂，用硝酸银作标准溶液测定卤化物(Cl^-、Br^-、I^-)的方法称为莫尔法。例如硝酸银滴定氯化物。

$$Ag^+ + Cl^- \longrightarrow AgCl \downarrow \text{(白色)}$$

$$2Ag^+ + CrO_4^{2-} \longrightarrow Ag_2CrO_4 \downarrow \text{(砖红色)}$$

由于铬酸银(Ag_2CrO_4)的溶解度比氯化银($AgCl$)的溶解度大，当用 $AgNO_3$ 标液滴定时，首先生成氯化银($AgCl$)的白色沉淀，滴定达到化学计量点时，由于 Ag^+ 离子浓度迅速增加，立即出现砖红色铬酸银沉淀，指示滴定终点。

2. 滴定条件

①K_2CrO_4 的用量。指示剂的用量愈多，终点的反应愈灵敏。但指示剂要消耗硝酸银标准溶液，因此，指示剂的用量将会影响滴定的准确度。指示剂的用量过多，终点提前，使结果偏低；指示剂的用量过少，则多消耗 Ag^+，使结果偏高。实验表明铬酸银浓度约为 5×10^{-3}mol/L 比较合适。

②滴定应控制的酸度。滴定时溶液的酸度必须在 pH 6.5～10.5 之间。若 pH 过低，会生成红色重铬酸根离子($Cr_2O_7^{2-}$)，使终点不明显：

$$2CrO_4^{2-} + 2H^+ \Longrightarrow Cr_2O_7^{2-} + H_2O$$

pH 过高时，溶液又会生成黑褐色的氧化银：

$$2Ag^+ + 2OH^- \Longrightarrow Ag_2O\downarrow + H_2O$$

③滴定时须剧烈摇动，以减小沉淀对被滴定剂的吸附，使终点提前。

二、设备器材

滴定管是进行容量分析的重要设备，能否正确使用滴定管，直接影响到检测结果是否准确，因此，对滴定管使用过程中的许多细节要求需要提醒注意。

滴定管是滴定操作时准确测量标准溶液体积的一种量器。滴定管的管壁上有刻度线和数值，“0”刻度在上，自上而下数值由小到大。

(一)酸式滴定管的使用方法

(1)洗涤。通常滴定管可用自来水或管刷蘸洗涤剂(不能用去污粉)洗刷，而后用自来水冲洗干净，去离子水润洗 3 次。有油污的滴定管要用铬酸洗液洗涤。

(2)给旋塞涂凡士林(起密封和润滑的作用)(图 2－4)。将管中的水倒掉，平放在台上，把旋塞取出，用滤纸将旋塞和塞槽内的水吸干。用手指蘸少许凡士林，在旋塞芯两头薄薄地涂上一层(导管处不涂凡士林)，然后把旋塞插入塞槽内，旋转几次，使油膜在旋塞内均匀透明，且旋塞转动灵活。

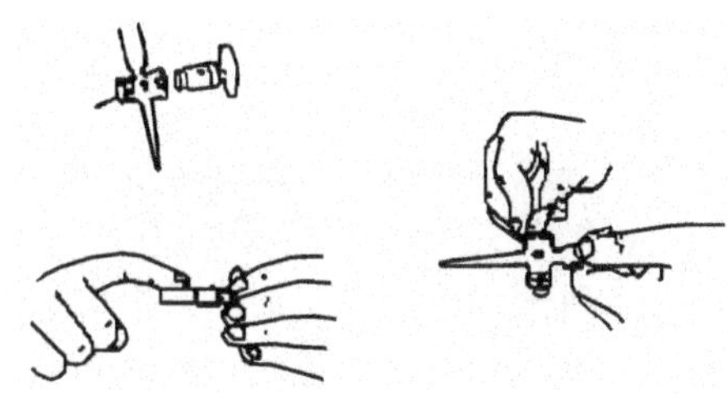

图 2－4　给旋塞涂凡士林示意图

(3)试漏。将旋塞关闭，滴定管里注满水，把它固定在滴定管架上，放置 10 min，观察滴定管口及旋塞两端是否有水渗出，旋塞不渗水才可使用。若不漏，将活塞旋转 180°，静置 5min，再观察一次，无漏水现象即可使用。检查发现漏液的滴定管，必须重新装配，直至不漏才能使用。

(4)润洗。应先用标准液(5～6mL)润洗滴定管 3 次，洗去管内壁的水膜，以确保标准溶液浓度不变。方法是两手平端滴定管同时慢慢转动使标准溶液接触整个内壁，并使溶液从滴定管下端流出。装液时要将标准溶液摇匀，然后不借助任何器皿直接注入滴定管内。

(5)排气泡。滴定管内装入标准溶液后要检查尖嘴内是否有气泡。如有气泡，将影响溶液体积的准确测量。排除气泡的方法是：用右手拿住滴定管无刻度部分使其倾斜约 30°角，左手迅速打开旋塞，使溶液快速冲出，将气泡带走。

(6)排尽气泡后，加入溶液使之在“0”刻度以上，打开旋塞调液面到0刻度上约0.5 cm处，静止0.5～1 min，再调节液面在0.00刻度处即为初读数；备用。

(7)进行滴定操作时，应将滴定管夹在滴定管架上。左手控制旋塞，大拇指在管前，食指和中指在后，三指轻拿旋塞柄，手指略微弯曲，向内扣住旋塞，避免产生使旋塞拉出的力(图2－5)。向里旋转旋塞使溶液滴出。滴定管应插入锥形瓶口1～2 cm，右手持瓶，使瓶内溶液顺时针不断旋转。掌握好滴定速度(连续滴加，逐滴滴加，半滴滴加)，滴定过程中眼睛应看着锥形瓶中颜色的变化，而不能看滴定管。终点前用洗瓶冲洗瓶壁，再继续滴定至终点。

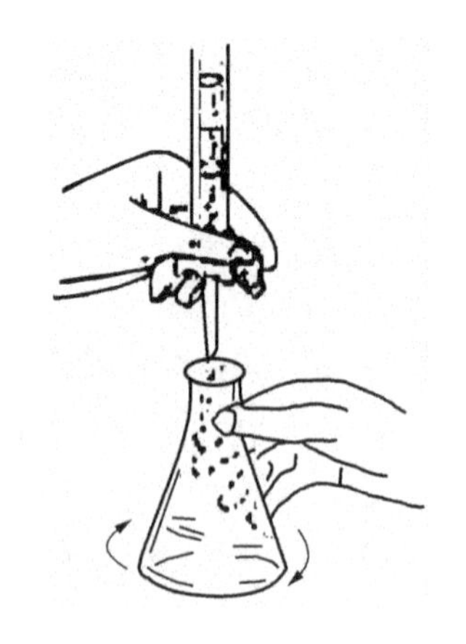

图2－5　滴定操作示意图

(8)读数方法：滴定开始前和滴定终了都要读取数值。读数时须将滴定管从管夹上取下，用右手拇指和食指捏住滴定管上部无刻度处，使管自然下垂。读数时，使弯液面的最低点与分度线上边缘的水平面相切，视线与分度线上边缘在同一水平面上，以防止视差(图2－6)。颜色太深的溶液，如高锰酸钾、碘化物溶液等，弯液面很难看清楚，可读取液面两侧的最高点，此时视线应与该点成水平。读数须准确至0.01 mL。

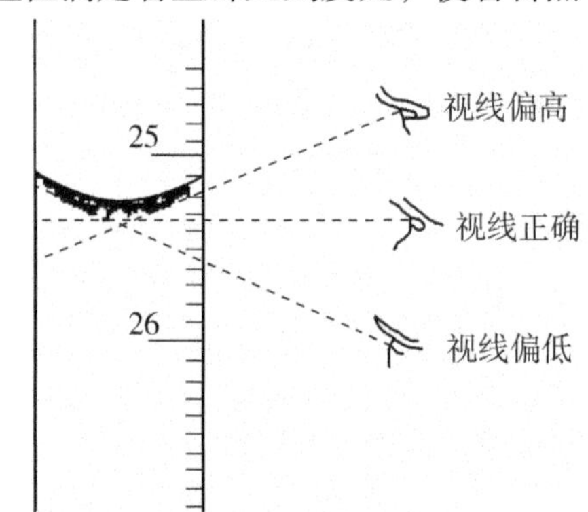

图2－6　读数方法示意图

(9)滴定前，滴定管尖嘴部分不能留有气泡，尖嘴外不能挂有液滴；滴定终点时，滴定管尖嘴外若挂有液滴，其体积应从滴定液(通常为标准液)中扣除，标准的酸式滴定管，1滴为0.05 mL。

(10)滴定管使用完后，弃去滴定管内剩余的溶液，不得倒回原瓶，然后把滴定管洗净，打开旋塞倒置于滴定管架上。

(二)碱式滴定管的使用方法

(1)试漏。给碱式滴定管装满水后夹在滴定管架上静置5min。若有漏水应更换橡皮管或管内玻璃珠，直至不漏水且能灵活控制液滴为止。

(2)滴定管内装入标准溶液后，要将尖嘴内的气泡排出。方法是：把橡皮管向上弯曲，出口上斜，挤捏玻璃珠，使溶液从尖嘴快速喷出，气泡即可随之排掉(图2－7)。

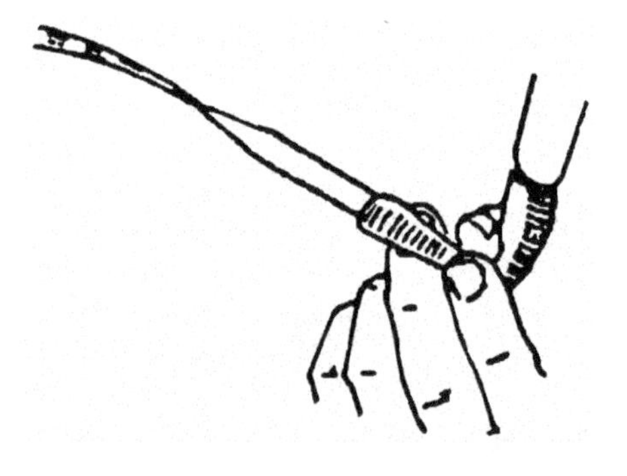

图2－7　排气泡操作示意图

(3)进行滴定操作时，用左手的拇指和食指捏住玻璃珠中部靠上部位的橡皮管外侧，向手心方向捏挤橡皮管，使其与玻璃珠之间形成一条缝隙，溶液即可流出。注意不要捏玻璃珠下方的胶管，否则易使空气进入而形成气泡。

(4)其他操作同酸式滴定管。

三、检测项目

在水质分析日常检测中，容量分析法的项目有总硬度、总碱度、耗氧量(高锰酸盐指数)、氯化物、碘量法测定溶解氧等。

(一)总硬度

传统水的硬度是以水与肥皂反应的能力来衡量的。硬水需要更多的肥皂才能产生泡沫，事实上，水的硬度是由多种溶解性多价金属阳离子作用的，这些离子能与肥皂生成沉淀，并与部分阴离子形成水垢，硬度过高会引起胃肠功能性紊乱及肾等组织结石。

我国《生活饮用水卫生标准》GB 5749—2006 中规定饮用水中总硬度的限值为450 mg/L。

总硬度检测方法如下：

乙二胺四乙酸二钠滴定法

1. 应用范围

本法最低检测质量 0.05 mg，若取 50 mL 水样，最低检测质量浓度为 1.0 mg/L。

2. 测定原理

水样中的钙、镁离子与铬黑 T 指示剂形成紫红色螯合物，这些螯合物的不稳定常数大于乙二胺四乙酸二钠钙和镁螯合物的不稳定常数。当 pH = 10 时，乙二胺四乙酸二钠先与钙离子，再与镁离子形成螯合物，滴定至终点时，溶液呈现出铬黑 T 指示剂的纯蓝色。

3. 仪器

(1)酸式滴定管：25 mL 或 50 mL。

(2)锥形瓶：250 mL。

4. 试剂

(1)缓冲溶液(pH = 10)。

①称取 16.9 g 氯化铵，溶于 143 mL 氨水(ρ_{20} = 0.88 g/mL)中。

②称取 0.780 g 硫酸镁及 1.178 g 乙二胺四乙酸二钠，溶于 50 mL 纯水中，加入 2 mL 氯化铵 - 氢氧化铵溶液(①)和 5 滴铬黑 T 指示剂(此时溶液应呈紫红色。若为纯蓝色，应再加极少量硫酸镁使呈紫红色)，用乙二胺四乙酸二钠标准溶液(试剂(2))滴定至溶液由紫红色变为纯蓝色。合并上述两种溶液，并用纯水稀释至 250 mL。合并后如果溶液又变为紫红色，在计算结果时应扣除试剂空白。

(2)乙二胺四乙酸二钠标准溶液[$c(Na_2EDTA)$ = 0.01mol/L]：称取 3.72 g 乙二胺四乙酸二钠溶解于 1000 mL 纯水中，用锌标准溶液标定。

标定：吸取 25.00 mL 锌标准溶液(试剂(3))于锥形瓶中，加入 25 mL 纯水，加入几滴氨水调节溶液至近中性，再加 5mL 缓冲溶液(试剂(1))和 5 滴铬黑 T 指示剂，在不断振荡下，用 Na_2EDTA 标准溶液滴定至不变的纯蓝色，计算 Na_2EDTA 标准溶液的浓度：

$$c(Na_2EDTA) = \frac{c(Zn) \times V_2}{V_1} \qquad (2-4)$$

式中　$c(Na_2EDTA)$——Na_2EDTA 标准溶液的浓度，mol/L；

$c(Zn)$——锌标准溶液的浓度，mol/L；

V_1——消耗 Na_2EDTA 溶液的体积，mL；

V_2——所取锌标准溶液的体积，mL。

(3)锌标准溶液：称取 0.6～0.7 g 纯锌粒，溶于盐酸溶液(1+1)中，置于水浴上温热至完全溶解，移入容量瓶中，定容至 1000 mL。用于标定乙二胺四乙酸二钠溶液。

(4)铬黑 T 指示剂：称取 0.5 g 铬黑 T 用乙醇(95%)溶解，并稀释至 100 mL。放置于冰箱中保存，可稳定一个月。

5. 分析步骤

(1)量取 50.0 mL 水样，置于三角瓶。

(2)加入 1～2 mL 缓冲液，5 滴铬黑 T 指示剂，摇匀后，立即用 Na_2EDTA 标准溶液滴定，边滴边摇匀，至溶液由紫红色变为纯蓝色，即为终点。记录用量。

(3)同时做空白试验。

6. 计算

总硬度以下式计算：

$$\rho(CaCO_3) = \frac{(V_1 - V_0) \times c \times 100.09 \times 1000}{V} \qquad (2-5)$$

式中 $\rho(CaCO_3)$——总硬度(以 $CaCO_3$ 计)，mg/L；

V_0——空白滴定所消耗 Na_2EDTA 标准溶液的体积，mL；

V_1——所消耗 Na_2EDTA 标准溶液的体积，mL；

c——Na_2EDTA 标准溶液的浓度，mol/L；

V——水样体积，mL。

100.09——与 1.00 mL 乙二胺四乙酸二钠标准溶液[$c(Na_2EDTA) = 1.000$ mol/L]相当的以毫克表示的总硬度(以 $CaCO_3$ 计)。

注意事项：

(1)水温气温较低时，反应较慢，颜色变化不灵敏，故应逐滴加入并不断摇匀，如滴入过快，终点延迟，造成结果偏高。

(2)加缓冲液后，立即滴定，否则水中钙、镁可产生沉淀，使结果偏低。

(3)铬黑 T 指示剂配成溶液后较易失效，存放时间不宜过长，应放在冰箱内保存(4℃)，否则颜色变化不灵敏。如果在滴定时终点不敏锐，而且加入掩蔽剂后仍不能改善，则应重新配制指示剂。

(4)水样过酸或过碱时，应先用碱或酸调节样品 pH 至 10 左右，再按步骤进行测定。

(5)当水中存在有干扰离子时，于水样中加入 1～5 mL 硫化钠溶液(5 g $Na_2S \cdot 9H_2O$ 溶于 100 mL 水中)。此液可消除铝、钴、铜、镉、铅、锰、镍、锌，或加入 1～3 mL 氨基三乙醇消除铁、锰、铝干扰。

(6)为防止碳酸钙及氢氧化镁在碱性溶液中沉淀，滴定时水样中的钙、镁离子含量不能过多，若取 50 mL 水样，所消耗的 0.01 mol/L Na_2EDTA 溶液体积应少于 15 mL。总硬度大时，应稀释样品进行检测。

（二）总碱度

水中的碱度是指水中所能与强酸定量作用的物质总量，这类物质包括强碱、弱碱、强碱弱酸盐等。天然水中的碱度主要是由重碳酸盐、碳酸盐和氢氧化物引起的，其中重碳酸盐是水中碱度的主要形式。碱度指标常用于评价水体的缓冲能力及金属在其中的溶解性，是对水和废水处理过程控制的判断性指标。

总碱度的检测方法如下：

酸碱指示剂滴定法

1. 测定原理

水样用标准酸溶液（本方法使用盐酸溶液）滴定至规定的 pH 值，其终点可由加入的酸碱指示剂在该 pH 值时颜色的变化来判断。

2. 仪器

（1）酸式滴定管：25 mL 或 50 mL。

（2）锥形瓶：250 mL。

3. 试剂

（1）无二氧化碳水：用于制备标准溶液及稀释用的纯水，临用前煮沸 15min，冷却至室温。pH 值应大于 6.0，电导率小于 2μS/cm。

（2）甲基橙指示剂：称取 0.05 g 甲基橙溶于 100 mL 纯水中。

（3）碳酸钠标准溶液（$c=0.0250$ mol/L）：称取 1.3249 g（于 250℃烘干 4 h）的基准试剂无水碳酸钠，溶于少量无二氧化碳水中，定容 1000 mL。储存在聚乙烯瓶中，保存时间不超过一周。

（4）盐酸标准溶液（0.0250 mol/L）：吸取 2.1 mL 浓盐酸（$\rho=1.19$ g/mL），并用纯水稀释至 1000 mL，标定：

吸取 25.00 mL 碳酸钠标准溶液于 250 mL 锥形瓶中，加无二氧化碳水稀释至 50 mL，加入 3 滴甲基橙指示剂，用盐酸标准溶液滴定由桔黄色刚变成桔红色，记录盐酸标准溶液用量。

$$c=\frac{25.00\times 0.0250}{V} \tag{2-6}$$

式中　c——盐酸标准溶液浓度，mol/L；

V——消耗盐酸标准溶液体积，mL。

4. 分析步骤

（1）量取 50.0 mL 水样，置于三角瓶。

（2）加入 3 滴甲基橙指示剂，摇匀后，用盐酸标准溶液滴定，边滴边摇匀，至溶液由桔黄色刚变成桔红色，即为终点。

5. 计算

总碱度计算公式：

$$\rho(CaCO_3)=\frac{c\times V\times\frac{100.09}{2}\times 1000}{V_1} \tag{2-7}$$

式中　$\rho(CaCO_3)$——总碱度(以 $CaCO_3$ 计)，mg/L；

c——盐酸标准溶液浓度，mol/L；

V——消耗盐酸标准溶液体积，mL。

V_1——水样体积，mL。

100.09 ——与 1.00mol 盐酸标准溶液相当的以毫克表示的碱度(以 $CaCO_3$ 计)。

注意事项：

(1)总氯较高时，使指示剂褪色，影响终点的掌握，用 $Na_2S_2O_3$ 脱氯后检测。

(2)浑浊度高时，可离心后取上清液进行检测。

(三)耗氧量(高锰酸盐指数)

耗氧量也称高锰酸盐指数。在水源水分析中，尤其是在水质较差的水源中，要具体测定有某些有机物质较为困难，因此我们通过判断水中还原物质多少来反映水质优劣(包括有机物，无机物)，通过加入氧化剂高锰酸钾去氧化水中还原性物质，求出耗氧量，间接地反映出水质受污染状况。

我国《生活饮用水卫生标准》(GB 5749—2006)中规定饮用水中耗氧量的限值为 3 mg/L (COD_{Mn}法，以 O_2 计)，若受水源限制，原水耗氧量大于 6 mg/L 时，指标限值放宽到 5mg/L。《地表水环境质量标准》(GB 3838—2002)中Ⅱ类水的高锰酸盐指数限值规定为4 mg/L。

容量法检测有酸性高锰酸钾滴定法和碱性高锰酸钾滴定法两种。前者适用于氯化物质量浓度低于 300 mg/L 的水样，后者适用于氯化物质量浓度高于 300 mg/L 的水样。本教材介绍一般情况下使用较多的酸性法。

酸性高锰酸钾滴定法

1. 适用范围

取 100 mL 水样时，本法最低检测质量浓度为 0.05 mg/L。

最高可测定耗氧量为 5.0 mg/L。若水样耗氧量较高，应先稀释再进行测定。

本法适用于氯离子含量不超过 300 mg/L 的水样。

2. 测定原理

高锰酸钾在酸性溶液中将还原性物质氧化，过量的高锰酸钾用草酸还原。根据高锰酸钾消耗量表示耗氧量(以 O_2 计)。

3. 仪器

(1)酸式滴定管：25 mL 或 50 mL。

(2)锥形瓶：250 mL。

(3)水浴装置。

4. 试剂

(1)硫酸溶液(1+3)：将 1 体积硫酸(ρ_{20} = 1.84 g/mL)溶液在水浴冷却下缓缓加入到 3 体积纯水中，煮沸，滴加高锰酸钾溶液至溶液保持微红色。

(2)草酸钠标准储备溶液[$c(1/2Na_2C_2O_4)$ = 0.1000 mol/L]：称取 6.701 g 草酸钠，溶于少量纯水中，并于 1000 mL 容量瓶中用纯水定容。储存于棕色瓶中，置暗处保存。

(3)高锰酸钾溶液[$c(1/5KMnO_4)$ = 0.1000 mol/L]：称取 3.3 g 高锰酸钾，溶于少量纯水中，并稀释至 1000mL。煮沸 15min，静置 2 周。吸取上清液，标定。储存于棕色瓶中。

标定：吸取25.00 mL草酸钠溶液(试剂(2))于250 mL锥形瓶中，加入75 mL新煮沸放冷的纯水及2.5 mL硫酸($\rho_{20}=1.84$ g/mL)。迅速自滴定管中加入约24 mL高锰酸钾溶液，待褪色后加热至65℃，再继续滴定呈微红色并保持30 s不褪。滴定终了时，溶液温度不低于55℃，记录高锰酸钾溶液用量。

高锰酸钾溶液的浓度计算：

$$c\left(\frac{1}{5}KMnO_4\right)=\frac{0.1000\times25.00}{V} \qquad (2-8)$$

式中　$c(1/5KMnO_4)$——高锰酸钾溶液的浓度，mol/L；

V——高锰酸钾溶液的用量，mL。

校正高锰酸钾溶液的浓度[$c(1/5KMnO_4)$]为0.1000 mol/L。

(4)高锰酸钾标准溶液[$c(1/5KMnO_4)=0.01000$ mol/L]：将高锰酸钾溶液(试剂(3))准确稀释10倍。

(5)草酸钠标准使用溶液[$c(1/2Na_2C_2O_4)=0.0100$ mol/L]：将草酸钠标准储备溶液(试剂(2))准确稀释10倍。

5. 分析步骤

(1)取100 mL充分混匀的水样于锥形瓶中。

(2)加入硫酸溶液(1+3)5 mL，用滴定管准确加入10.00 mL $KMnO_4$标准溶液(试剂(4))，摇匀，将锥形瓶放在沸腾水内水浴，准确放置30 min。如加热过程中红色明显减退，须将水样稀释重做。

(3)取出锥形瓶，趁热加入10.00 mL草酸钠(试剂(5))，充分摇匀，使红色褪尽。

(4)用$KMnO_4$标准溶液(试剂(4))滴定到微红色为终点(保持微红色30s不褪色)，记录用量V_1(mL)。

(5)向滴定至终点的水样中，趁热(70～80℃)加入10.00 mL草酸钠标准使用溶液(试剂(5))。立即用$KMnO_4$标准溶液(试剂(4))滴定至微红色，记录用量V_2(mL)。求出校正系数

$$K=\frac{10}{V_2} \qquad (2-9)$$

(6)如水样用纯水稀释，则另取100 mL纯水，同上述步骤滴定，记录$KMnO_4$标准溶液消耗量V_0(mL)。

6. 计算

$$\text{耗氧量}(O_2,\ mg/L)=\frac{[(10+V_1)K-10]\times c\times8\times1000}{100} \qquad (2-10)$$

如水样用纯水稀释，则采用以下公式计算：

$$\text{耗氧量}(O_2,\ mg/L)=\frac{\{[(10+V_1)K-10]-[(10+V_0)K-10]R\}\times c\times8\times1000}{V_3} \qquad (2-11)$$

式中　R——稀释水样时，纯水在100 mL体积内所占的比例，例如，25 mL水样用纯水稀

释至 100 mL，则 $R=\frac{100-25}{100}=0.75$。

c——高锰酸钾标准溶液的浓度[$c(1/5KMnO_4)$ = 0.0100 mol/L]；

8——与 1.00mL 高锰酸钾标准溶液[$c(1/5KMnO_4)$ = 1.000 mol/L]相当的以毫克(mg)表示氧的质量。

V_3——水样体积，mL。

K——校正系数。

注意事项：

(1)在加热过程中，若红色明显褪去，需稀释样品重新再做。

(2)水浴过程应保持沸腾，水浴时间严格控制为 30 min。

(3)水浴液面应高于锥形瓶内样品液面高度。

(4)滴定过程中应保持温度为 70～80℃，温度低则反应慢，温度过高可使草酸钠分解，使结果不准确。

(5)高锰酸钾溶液很不稳定，应保存在棕色瓶中，每次使用前进行标定。

(6)当样品中氯离子 >300 mg/L 时，应采用碱性法测定高锰酸盐指数，在碱性条件下，高锰酸钾不能氧化水中的氯离子，可解决对测试的干扰，确保结果准确。其测定步骤与酸性法基本一样，只不过在加热反应之前将溶液用 NaOH 溶液调至碱性，在加热反应结束之后先将水样加入硫酸酸化，随后的测试步骤和计算方法与酸性法完全相同。

(四)氯化物

氯化物是水中一种常见的无机阴离子。在人类的生存活动中，氯化物有很重要的生理作用及工业用途。若饮水中氯离子含量达到 250 mg/L，相应的阳离子为钠时，会感觉到咸味，影响口感。

我国《生活饮用水卫生标准》GB 5749—2006 中规定饮用水中氯化物的限值为 250 mg/L。《地表水环境质量标准》GB 3838—2002 中地表水Ⅱ类水的氯化物的限值为 250 mg/L。

GB/T 5750.5—2006 中测定氯化物的方法有硝酸银容量法、离子色谱法、硝酸汞容量法。其中在基层应用最普遍的是硝酸银容量法，硝酸汞容量法由于使用的汞盐剧毒，不做推荐。

硝酸银容量法

1. 适用范围

本法最低检测质量为 0.05 mg，若取 50 mL 水样，最低检测质量浓度为 1.0 mg/L。

2. 测定原理

硝酸银与氯化物生成氯化银沉淀，过量的硝酸银与铬酸钾指示剂反应生成红色铬酸银沉淀，指示反应达到终点。

3. 仪器

(1)棕色酸式滴定管：25 mL。

(2)锥形瓶：250 mL。

4. 试剂

(1)氯化钠标准溶液(ρ = 0.5 mg/mL)：称取经 700℃烧灼 1 h 的氯化钠 8.2420 g，溶于纯水中并稀释至 1000 mL。吸取 10.0 mL，用纯水稀释至 100.0 mL。

(2)硝酸银标准溶液($c=0.01400\ mol/L$)：称取2.4 g硝酸银溶于纯水，并定容至1000 mL。储存于棕色试剂瓶内，用氯化钠标准溶液(试剂(1))标定。

标定：吸取25.00 mL氯化钠标准溶液(试剂(1))，置于锥形瓶，加纯水25 mL。另取一锥形瓶加50 mL纯水作为空白，各加1 mL铬酸钾溶液(试剂(3))，用硝酸银标准溶液滴定，直至产生淡桔黄色为止。

计算硝酸银标准溶液浓度：

$$m=\frac{25\times 0.50}{V_1-V_0} \tag{2-12}$$

式中　m——1.00 mL硝酸银标准溶液相当于氯化物(Cl^-)的质量，mg；

V_0——滴定空白的硝酸银标准溶液用量，mL；

V_1——滴定氯化钠标准溶液的硝酸银标准溶液用量，mL。

(3)铬酸钾溶液(50 g/L)：称取5 g铬酸钾，溶于少量纯水中，滴加硝酸银标准溶液(试剂(2))至生成红色不褪为止，混匀，静置24 h后过滤，滤液用纯水稀释至100 mL。

5. 分析步骤

(1)量取50.0 mL水样于锥形瓶中。

(2)加入1.0 mL铬酸钾指示剂(试剂(3))，用硝酸银标准溶液(试剂(2))进行滴定，边滴定边摇匀，直至产生橘黄色为止，记录用量。

(3)同时做空白试验。

6. 计算

$$\rho(Cl^-)=\frac{(V_1-V_0)\times m\times 1000}{V} \tag{2-13}$$

式中　$\rho(Cl^-)$——水样中的氯化物(以Cl^-计)的质量浓度，mg/L；

V_0——空白试验消耗的硝酸银标准溶液体积，mL；

V_1——水样消耗的硝酸银标准溶液体积，mL；

V——水样体积，mL。

m——1.00 mL硝酸银标准溶液相当于氯化物(Cl^-)的质量，mg。

注意事项：

(1)被测定水样pH应在6.3～10为宜，过低影响生成铬酸银沉淀，过高会产生氢氧化银沉淀，影响结果。pH过高时，可用不含氯离子的硫酸溶液[$c(1/2H_2SO_4)=0.05\ mol/L$]中和水样；pH过低时，可用氢氧化钠溶液(2 g/L)调为中性(pH 6.3～10)。

(2)水样中含有硫化氢将干扰测定影响测定值。可加入数滴30% H_2O_2(双氧水)使其氧化或将水样煮沸除去。

(3)浑浊度大于100 NTU，色度大于50度时，在水样中加入2 mL $Al(OH)_3$悬浮液，振荡均匀，过滤，弃去初滤液20 mL。

$Al(OH)_3$悬浮液的配制方法：称取125 g硫酸铝钾[$KAl(SO_4)_2\cdot 12H_2O$]或硫酸铝铵[$NH_4Al(SO_4)_2\cdot 12H_2O$]，溶于1000 mL纯水中。加热至60℃，缓缓加入55 mL氨水($\rho_{20}=0.88g/mL$)，使氢氧化铝沉淀完全。充分搅拌后静置，弃去上清液，用纯水反复洗涤沉淀，至倾出上清液中不含氯离子(用硝酸银硝酸溶液试验)为止。然后加入300 mL纯水成悬浮液，使用前振摇均匀。

(4)对耗氧量大于15 mg/L的水样，加入少许高锰酸钾晶体，煮沸，再加入数滴乙醇还原过多的高锰酸钾，过滤。

(5)水样被有机物严重污染或着色严重，先用无水Na_2CO_3调节成酚酞显红色碱性，蒸干，600℃灼烧后，用水溶解，以酚酞为指示剂，用硝酸调节红色消失，再按常规测定氯化物。

(五)溶解氧(碘量法)

溶解氧的定义见本教材第二章第一节(七)溶解氧(电化学探头法)。

本节内容介绍溶解氧的碘量法测定。

碘量法

1. 适用范围

在没有干扰的情况下，此方法适用于各种溶解氧浓度大于0.2 mg/L和小于氧的饱和浓度两倍(约20 mg/L)的水样。

2. 测定原理

在水样中加入硫酸锰和碱性碘化钾，水中溶解氧将低价锰氧化成高价锰，生成四价锰的氢氧化物棕色沉淀。加酸后，氢氧化物沉淀溶解并与碘离子反应释放出游离碘。以淀粉做指示剂，用硫代硫酸钠滴定释放出的碘，计算溶解氧含量。

图2-8　溶解氧瓶

3. 仪器

250～300 mL溶解氧瓶(图2-8)。

4. 试剂

(1)硫酸锰溶液：称取480 g硫酸锰($MnSO_4 \cdot 4H_2O$)或364g $MnSO_4 \cdot H_2O$溶于水，稀释至1000 mL。此溶液加至酸化过的碘化钾溶液中，遇淀粉不得产生蓝色。

(2)碱性碘化钾溶液：称取500 g氢氧化钠溶解于300～400 mL水中，另称取150 g碘化钾(或135g NaI)溶于200 mL水中，待氢氧化钠溶液冷却后，将两溶液合并，混匀，用水稀释至1000 mL。如有沉淀，则放置过夜后，倾出上清液，贮于棕色瓶中。用橡皮塞塞紧，避光保存。此溶液酸化后，遇淀粉不应呈蓝色。

(3)硫酸(1+5)溶液。

(4)1%淀粉溶液：称取1 g可溶性淀粉，用少量水调成糊状，再用刚煮沸的水冲稀至100 mL。冷却后，加入0.1 g水杨酸或0.4 g氯化锌防腐。

(5)重铬酸钾标准溶液[$c(1/6K_2Cr_2O_7) = 0.0250$ mol/L]：称取于105～110℃烘干2 h并冷却的优级纯重铬酸钾1.2258 g，溶于水，移入1000 mL容量瓶中，用水稀释至刻度，摇匀。

(6)硫代硫酸钠溶液：称取3.2 g硫代硫酸钠($Na_2S_2O_3 \cdot 5H_2O$)溶于煮沸放冷的水中，加入0.2 g碳酸钠，用水稀释至1000 mL，贮于棕色瓶中。使用前用重铬酸钾标准溶液(试剂(5))标定。标定方法如下：

于250 mL碘量瓶中，加入100 mL水和1 g碘化钾，加入10.00 mL重铬酸钾标准溶液(试剂(5))、5mL硫酸溶液(试剂(3))，密塞，摇匀。于暗处静置5 min后，用待标定的硫代硫酸钠标准溶液滴定至溶液呈淡黄色，加入 1 mL 淀粉溶液，继续滴定至蓝色刚好褪去为止，记录用量。

计算：

$$M(Na_2S_2O_3) = \frac{10.00 \times 0.0250}{V(Na_2S_2O_3)} \tag{2-14}$$

式中　$M(Na_2S_2O_3)$——硫代硫酸钠溶液的浓度，mol/L；

$V(Na_2S_2O_3)$——消耗的硫代硫酸钠标准溶液体积，mL。

5. 分析步骤

(1)采样：将溶解氧瓶放入水中约 1.5m 以下，灌满，慢慢将瓶取出(整瓶灌满水)。

(2)溶解氧固定(一般在采样现场完成)：在采样后，用吸管插入溶解氧瓶的液面下加入 1 mL 硫酸锰，1 mL 碱性碘化钾。盖紧瓶盖(勿留气泡)，把水样颠倒混合几次，待沉淀下降至瓶中部时再颠倒混合一次，静置数分钟，待沉淀物下降到瓶底。

(3)加入 1 mL 浓硫酸，盖好瓶塞，颠倒混匀至沉淀物全部溶解，静置 5min。吸取 100 mL 水样于三角瓶中，用 0.0250 mol/L 硫代硫酸钠标准溶液(试剂(5))滴定至淡黄色，加入 1 mL 淀粉，继续滴至蓝色褪去为止。

6. 计算

$$溶解氧(O_2, mg/L) = \frac{V \times M \times 8 \times 1000}{100} \tag{2-15}$$

式中　M——硫代硫酸钠溶液的浓度，mol/L；

V——水样消耗的硫代硫酸钠标准溶液体积，mL；

8——与 1.00mL 硫代硫酸钠标准溶液[$c(Na_2S_2O_3) = 1.000$ mol/L]相当的以毫克(mg)表示氧的质量。

注意事项：

(1)由于溶解氧与水温和气压有关，因而采样瓶不得有气泡，采样后必须立即固定。

(2)样品中亚硝酸盐超过 0.05 mg/L、三价铁低于 1 mg/L 时，采用叠氮化钠修正法；当三价铁超过 1 mg/L 时，采用高锰酸钾修正法；水样有色或有悬浮物，采用明矾絮凝修正法；含有活性污泥悬浊物的水样，采用硫酸铜－氨基磺酸絮凝修正法。具体方法可参考中国环境科学出版社出版的《水和废水检测分析方法(第四版)》。

(3)易氧化的有机物，如丹宁酸、腐殖酸和木质素等会对测定产生干扰。

(4)氧化或还原物质、能固定或消耗碘的悬浮物对本法有干扰。

(5)加入淀粉指示剂后要摇匀，并放慢滴定速度。

第四节　比色分析和分光光度法

一、方法概述

通常，有色物质溶液颜色深浅与其浓度有关，浓度越大，颜色越深。借助于与标准色阶目视比较颜色深浅来确定溶液中有色物质含量的方法，称为目视比色分析法。如果是使用分光光度计，利用溶液对单色光的吸收程度来确定物质含量的方法，则称为分光光度法。根据入射光波长范围的不同，又可分为紫外分光光度法、可见光分光光度法和红外分光光度法等。

分光光度法是通过测定被测物质在特定波长处或一定波长范围内光的吸收度，对该物质进行定性和定量分析的方法。常用的波长范围为：200～380 nm 的紫外光区；380～780 nm 的可见光区；2.5～25 μm(按波数计为4000～400 cm^{-1})的红外光区。所用仪器分别为紫外分光光度计、可见光分光光度计(或比色计)、红外分光光度计。

(一)物质对光的选择性吸收

单色光是由具有相同波长的光子所组成，由不同波长的光组成的光称为复合光。物质的颜色是由于其选择性地吸收某种波长的可见光所致，溶液也是如此。当让白光通过某一有色溶液时，该溶液会选择性地吸收某些波长的色光而让其他波长的光透射过去，从而呈现出透射光的颜色，吸收光和透射光称为互补色光(图2-9)。

图2-9 光的互补色示意图

溶液的颜色实质是它所吸收的色光的互补色。例如，日光照射 $KMnO_4$ 溶液，其中绿光被吸收，故溶液呈紫色；$CuSO_4$ 溶液呈蓝色是由于溶液吸收了黄光。有色溶液的浓度越高，光选择吸收越多，颜色也就越深。

依次将各种波长的单色光通过某一有色溶液，测量每一波长下溶液对该波长的吸收程度(吸光度 A)，然后以波长为横坐标，吸光度为纵坐标作图，得到一条曲线，称为该溶液的吸收光谱曲线(见图2-10)。由图2-10可知，同一物质对不同波长的光吸收情况不同，其中吸收程度最大处的波长称为最大吸收波长，用 λ_{max} 表示。吸收曲线的形状与溶液浓度无关，在某固定波长处，同一物质的吸光度随溶液浓度的增加而增加。吸收光谱的上述特点是进行分光光度法分析定性、定量的依据。

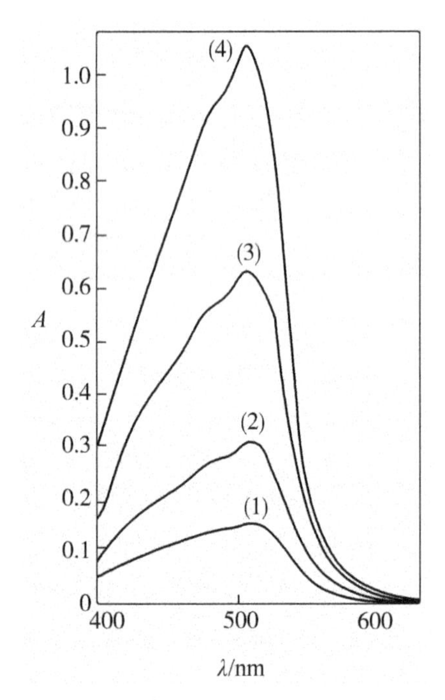

图2-10 某溶液的吸收光谱曲线

(二)光吸收定律

当单色光通过某均匀溶液时，溶液对光的吸收程度与液层厚度和溶液浓度的乘积成正比，这称为朗伯-比尔定律，可用式(2-16)表示：

$$A = \lg \frac{1}{T} = \lg \frac{I_0}{I_t} \qquad (2-16)$$

式中，A 为吸光度；I_0 为入射光强度；I_t 为透射光强度；T 为透光率。

朗伯-比尔定律是分光光度分析的理论基础，应用广泛。适用于均匀非散射的液体，也适用于气体和均质固体。

在分析中，入射光的波长和强度一定，液层厚度也固定，朗伯－比尔定律可写成：

$$A = Kbc \tag{2-17}$$

式中，K 为比例常数；b 为光通过的液层厚度；c 为溶液的浓度。

其物理意义是：在一定温度下，一束平行的单色光通过均匀的非散射的溶液时，溶液对光的吸收程度与溶液的浓度及液层厚度的乘积成正比。

若配制一系列浓度的标准溶液，分别测定它们在一定波长下的吸光度，以溶液浓度 c 为横坐标，吸光度 A 为纵坐标，可得到一条通过原点的直线（有时也可能不通过原点），这条直线称为标准曲线或工作曲线。在相同条件下测定未知试液的吸光度，从工作曲线上即可查出未知样品的浓度。这种方法称为工作曲线法。

在实际分析工作中，一般应用标准曲线上吸光度 0.2～0.8 范围的直线部分，均会获得满意的结果。吸光度过低或太高，都会影响分析结果的准确度，尤其测定水中的物质含量较高时，往往出现标准曲线弯曲现象，而偏离朗伯－比尔定律。在实际工作中，有时会碰到标准曲线弯曲的现象，如图 2－11 所示，这种现象称为朗伯－比尔定律的偏离。

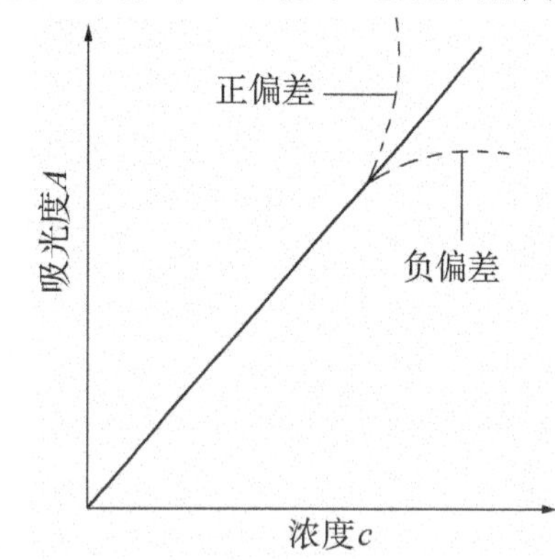

图 2－11　标准曲线对比尔定律的偏离

造成偏离的原因主要是：

(1)仪器方面的原因，主要是入射光束不纯，不是真正的单色光。

(2)化学方面的原因。

例如，测定 $Cr_2O_7^{2-}$ 时，水溶液中存在如下平衡：

$$\underset{(橙色)}{Cr_2O_7^{2-}} + H_2O \rightleftharpoons 2HCrO_4^- \rightleftharpoons 2H^+ + \underset{(黄色)}{2CrO_4^{2-}}$$

随着溶液的 pH 不同，$Cr_2O_7^{2-}$ 和 CrO_4^{2-} 的浓度比也不同，导致溶液的吸光度和 Cr(Ⅵ)的总浓度之间的线性关系就发生明显偏离。

（三）显色反应及其影响因素

在进行比色分析或分光光度法分析时，经常利用某种反应将水样中被测组分转变为有色化合物，然后进行测定，这种把被测组分转变为有色化合物的反应称作显色反应，与被测组分形成有色化合物的试剂叫作显色剂。

分光光度法应用的显色反应主要有氧化还原反应和络合反应两大类。

1. 显色反应的基本要求

(1)选择性好，干扰少或干扰易消除。

一种显色剂最好只与一种被测组分起显色反应，或者显色剂与干扰组分生成的有色化合物的吸收峰与被测组分生成的吸收峰相距较远，这样干扰较少，有利于被测组分的检出。

(2)灵敏度足够高。

分光光度法多用于微量组分的测定，因此应选择显色剂与被测组分生成有色化合物摩尔吸收系数大的显色反应，这有利于提高反应灵敏度，减少测定误差。

(3)有色化合物的组成恒定，符合一定的化学式。

对于可能形成不同配合比的配合反应，应注意控制实验条件，以免产生误差。

(4)有色化合物的化学性质应稳定。

(5)有色化合与显色剂之间的颜色差别要大，以减小试剂空白。一般要求有色化合物与显色剂的最大吸收波长差在 60 nm 以上。

2. 影响显色反应的因素

(1)显色剂用量

显色反应通常可用下式表示：

$$M(被测组分) + R(显色剂) \xlongequal{} MR(有色化合物)$$

为了保证显色反应尽可能进行完全，一般需要加入过量的显色剂，但不是越多越好，对于有些显色反应，显色剂加入太多，可能会产生副反应。显色剂的适宜用量要通过实验来确定。以吸光度 A 对显色剂浓度 c 作图，可能出现以下三种情况：

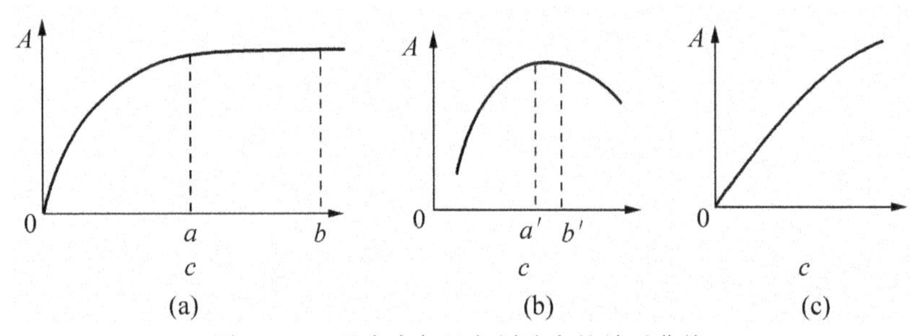

图 2－12 吸光度与显色剂浓度的关系曲线

图 2－12a 的曲线，则表明显色剂浓度在 $a \sim b$ 范围内吸光度出现稳定值，因此可以在 $a \sim b$ 间选择合适的显色剂用量。这类显色反应生成的配合物稳定，对显色剂浓度控制不太严格。若出现的是图2－12b的曲线，则表明显色剂浓度在 $a' \sim b'$ 这一段范围内吸光度值比较稳定，因此，在显色时要严格控制显色剂用量。而图 2－12c 曲线表明，随着显色剂浓度增大，吸光度不断增大，这种情况下必须十分严格控制显色剂加入量或者另换合适的显色剂。

(2)酸度

酸度从以下几方面影响显色反应：

①酸度影响显色剂浓度和颜色。许多显色剂是有机酸，因此溶液的酸度将影响显色剂的离解，并影响显色反应的完全程度，从下面的反应式可以看出酸度增加对显色反应的影响：

$$M(待测离子) + HR(显色剂) \xlongequal{} MR(有色化合物) + H^+$$

酸度对显色反应的第二个影响是显色剂的颜色。由于许多显色剂是酸碱指示剂，所以在不同的酸度下有不同的颜色，在这种情况下，对溶液酸度的选择就变得十分重要。

【例】 PAR(4－(2－吡啶偶氮)间苯二酚)(以 H_2R 表示)在不同 pH 值下，有不同颜色：pH <6，主要以黄色 H_2R 形式存在；当 pH $=7 \sim 12$ 时，主要以橙色 HR^- 形式存在；当 pH >13 时，主要以红色 R^{2-} 形式存在。大多数金属离子可以与 PAR 生成红色或红紫色配合物。因此 PAR 适于在酸性和弱酸性溶液中进行测定。在碱性溶液中，显色剂本身已显红色，比色测定显然难以进行。

②酸度影响被测离子的存在形式。由于大多数金属离子易于水解，溶液酸度过低可能影响金属离子的存在形式。因为在这种情况下，被测物除了以简单的离子形式存在外，还可能形成一系列羟基或多核羟基配位离子。如果酸度更低时，则可能进一步水解成碱式盐或氢氧化物沉淀，使显色反应无法正常进行。

③酸度影响配合物的组成。对于某些生成逐级配合物的显色反应，酸度不同，其配合物的配合比不同，其颜色也不相同。如磺基水杨酸与 Fe^{3+} 的显色反应，在不同的酸度下，可以生成 1∶1、1∶2、1∶3 三种颜色不同的配合物，如表 2－7 所示。

表 2－7　在不同的酸度下，磺基水杨酸与 Fe^{3+} 反应的生成物

pH 范围	生成物	溶液颜色
pH ＝1.8～2.5	$Fe(Sal)^{+}$	紫红色
pH ＝4～8	$Fe(Sal)_2^{-}$	橙红色
pH ＝8～11.5	$Fe(Sal)_3^{3-}$	黄色

由此可见，只有控制溶液酸度在适当的范围内，才可能使显色反应正常进行，得到正确的分析结果。

(3) 温度

大多数的显色反应是在室温下进行，但有些显色反应需在加热至一定温度时才能进行，而某些有色配合物在较高温度下易分解，因此选择适宜的显色温度是很重要的。

由于温度对光的吸收和颜色的深浅都有影响，因此在进行同一组分分析时，其绘制标准曲线和进行试样分析时，应使温度保持一致。

(4) 时间

显色时间是指有色配合物形成并保持颜色稳定的持续时间。

由于许多显色反应需要一定的时间才能完成，并且形成有色配合物的稳定程度也不一样，所以应根据“显色”时的实际情况，在最合适的时间内进行测定。

①有色配合物瞬间形成，颜色很快达到稳定，并保持较长的时间。此种情况可在显色后较长时间内测定。如用双硫腙比色法测定水中镉(Cd^{2+})生成的红色络合物。

②有色配合物迅速生成，但在较短时间即开始褪色，对于这类反应，应在显色后立即进行测定。如硫氰酸盐比色法测铁(Fe^{3+})，生成的硫氰酸铁。

③有色配合物形成缓慢，溶液颜色需较长时间才能稳定。对于这类反应可在完成显色后放置一段时间进行测定。如水杨酸分光光度法测定氨氮。

(5) 溶剂

有机溶剂会降低有色化合物的离解度，提高显色反应的灵敏度；同时，有机溶剂还可能提高显色反应的速度，影响有色配合物的溶解度和组成等。因此，可以利用有色化合物在有机溶剂中稳定性好、溶解度大的特点，选择合适的有机溶剂，采用萃取光度法来提高显色反应的选择性和灵敏度。

例如，测定水中酚时，用 4－氨基安替比林显色后，再用三氯甲烷萃取后在 460 nm 处测定，提高了灵敏度，这种方法通常称作萃取比色法或萃取光度法。

(6)溶液中共存离子

共存离子干扰是指由于溶液有其他离子存在而影响被测组分吸光光度值的情况。

如果溶液中共存离子与被测组分或显色剂生成无色络合物或有色络合物，将使吸光度值减少或增加，造成负误差或正误差。如果溶液中共存离子本身有颜色也会干扰测定。要消除共存离子的干扰可采用以下方法：

①控制溶液酸度，使待测离子显色，而干扰离子不生成有色化合物。例如，二苯碳酰二肼测定 Cr^{6+} 时，Mo^{6+}、Hg^{2+} 均有干扰，若在稀酸(0.05～0.3 mol/L)介质中，上述离子均不对测定产生干扰。

②加入掩蔽剂。例如，用 N，N－二甲基对苯二胺盐酸盐测定水中硫化氢，Fe^{3+} 存在干扰，可通过加入磷酸氢二胺消除干扰。

③利用氧化还原反应，改变干扰离子价态，使干扰离子不与显色剂反应。例如，用铬天青 S 比色法测定 Al^{3+} 时，Fe^{3+} 干扰测定，加入抗坏血酸将 Fe^{3+} 还原为 Fe^{2+} 后，可消除干扰。

④选择适当的参比溶液，以消除显色剂和某些有色共存离子的干扰。一般做空白试验可以抵消有色共存离子或显色剂本身颜色所造成的干扰。

⑤选择适当的波长消除干扰。例如，紫外光度法测定水中 NO_3^-－N 时，由于有干扰物质常出现峰重叠，造成误差。可改用双波长紫外光度法、导数紫外光度法等直接测定水中 NO_3^-－N，消除干扰，等等。

⑥采用适当的分离方法来消除干扰。

(四)分光光度法的特点

1. 灵敏度高

分光光度法是测量物质微量组分(0.001%～1%)的常用方法。

2. 准确度高

可见分光光度法的相对误差一般为2%～5%，采用精密的分光光度法测量，其相对误差可低于1%。用于常量组分的分析，分光光度法的准确性不及重量法和滴定分析法，但对于微量组分的分析，则完全可以满足要求。

3. 适用范围广

几乎所有的无机离子和许多有机物都可以直接或间接地采用分光光度法进行分析测定。

由于可任意选取某种波长的单色光，在一定条件下，利用吸光度的加和性，可同时测定水样中两种或两种以上的物质组分含量。由于入射光的波长范围扩大了，不仅可以测定在可见光区(400～800 nm)有特征吸收的有色物质，也可以测定紫外光区(200～400 nm)和红色外光区(2.5～25 μm)有适当吸收的无色物质。

(五)测量的误差

1. 方法误差

方法误差是指分光光度法本身所产生的误差。误差主要由于溶液偏离比尔定律和溶液中干扰物质影响所引起的。

(1)溶液偏离比尔定律。光度法的理论基础是朗伯－比尔定律，但在工作中经常会遇到工作曲线偏离线性的问题。这大多是由于化学变化(如缔合、离解及形成新络合物等)

所引起的，致使有色溶液的浓度与被测物的总浓度不成正比。

(2)反应条件的改变。显色反应多是分步进行，溶液酸度、显色时间等反应条件的改变，都会引起有色化合物的组成发生变化，从而使溶液颜色的深浅度发生变化，导致产生误差。

2. 仪器误差

仪器误差是指由使用分光光度计所引入的误差。

(1)仪器精度引起。复色光引起对比尔定律的偏差；波长标度尺做校正时引起光谱测量的误差；吸光度测量受光度标度尺误差的影响等。

(2)仪器噪声的影响。仪器噪声会影响光度测定的准确度和精密度。

(3)吸收池(下称比色皿)引起。比色皿不匹配或透光面不平行，对光方向不正等，均会使透光度产生差异，从而影响测量误差。

二、设备器材(分光光度计)

分光光度计是分光光度法的主要使用设备。

分光光度计的种类很多，总体可归纳为单光束、双光束、双波长三种基本类型。按提供的测量范围不同可分为可见光分光光度计、紫外分光光度计、可见－紫外分光光度计、红外分光光度计。分光光度计的结构示意图如图2－13所示。

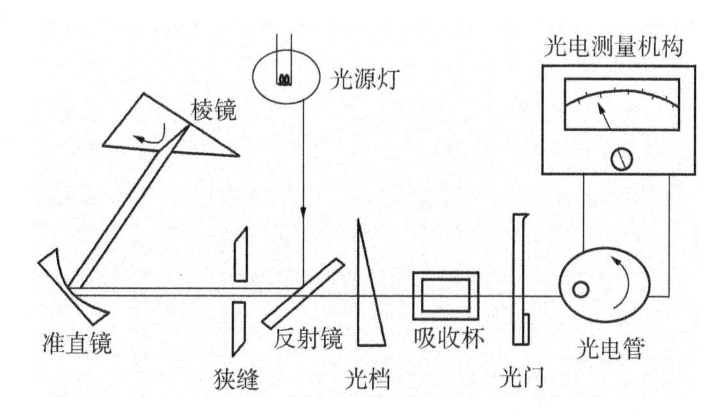

图2－13　分光光度计的结构示意图

(一)分光光度计的组成

1. 光源

可见区最常用的白炽光源是钨丝灯，它所发出的连续光谱波长范围为320～2500 nm，适宜于可见及近红外光谱区的测量。

紫外光区主要采用氢灯或氘灯等光源，能发射180～375nm波长的连续光谱。

由于玻璃能强烈地吸收紫外线，故一般都用石英灯泡制作。如果用玻璃灯泡，则光源射出部分必须安上石英窗才能用。

2. 分光系统(单色器)

分光系统(单色器)又称色散系统，是将混合的光波按波长顺序分散为不同波长的单色光波的装置。主要由棱镜和光栅、狭缝及透镜系统所组成。

(1)狭缝。当光线进入单色器之前，先照射到入射狭缝上，使光线成为一条细的光束照射平行光镜(准直镜)，则成为平行的光线投射到棱镜或衍射光栅上。色散后的光波通过转动棱镜可获得所需要的单色光波，由出射狭缝分出。

(2)棱镜。由玻璃或石英制成，玻璃棱镜的色散能力比石英棱镜好，分辨本领也强，但强烈吸收紫外线，所以紫外光区的色散必须用石英棱镜，且在石英棱镜的反面镀铝，因为铝比银对紫外光的反射力强。

3. 吸收池

即通常所讲比色皿，玻璃池只用于可见光区，石英池可用紫外光区和可见光区。正确地使用比色皿应注意以下几点：

(1)样品与标准要用相同大小的比色皿。

(2)比色皿必须进行成套性检查。具体操作是：使用前将相同规格的比色皿用氯仿、纯水洗净，注入纯水，用其中一只调零，然后测量其他比色皿的吸光度，若均为零，便可用于日常检测使用；否则，就在测定样品时减去差值。

(3)手切勿接触到透光面，以免指纹影响测定。

(4)显色液不可注满，只可装至比色皿的70%～80%。

(5)每次使用完后要及时、彻底地清洗比色皿。例如，检测阴离子洗涤剂由于使用亚甲基蓝令比色皿变蓝，可先用水冲洗，再用铬酸洗液浸泡，立即取出，用自来水、纯水依次冲洗后晾干。但测铬用的比色皿不能用铬酸洗液洗涤，应改用浓硝酸，如仍不能洗净，可用氯仿或丙酮，效果较好。

(6)洗净备用的比色皿要倒立于清洁纱布上，干后放好，避免灰尘沾污。

4. 检测器

检测器是将透过吸收池的光信号转变为可测量的电信号的光电转换元件，主要分为光电管和光电倍增管。

上述是构成目前常用的紫外-可见分光光度计的基本元件。近年来，双波长分光光度计的出现，使分析方法的准确度和灵敏度明显提高，尤其对高浓度样品和浑浊样品以及多组分混合物样品的定量分析，更显示出独特优点。

(二)分光光度计的日常维护

分光光度计属于精密仪器，应设置专门仪器室，有专人负责检查、保养，操作人员使用前应仔细阅读仪器的使用说明书，熟悉仪器的操作。日常使用和维护中应注意以下几点：

(1)防震。仪器应安放在牢固的工作台上。必须移动时应将检流计短路，以防检流计受震动，影响读数的准确性。

(2)防腐蚀。在使用过程上，应防止侵蚀性气体(如 SO_2、H_2S、NO_2 及酸雾)腐蚀仪器。应注意比色槽及比色皿架上的清洁。

(3)防潮。湿度较大可能导致仪器数显不稳，无法调零或满度，反射镜发霉或沾污，影响光效率，杂散光增加。因此，仪器室应干燥、通风。仪器中应放置硅胶干燥剂，发现硅胶变色应及时更换。

(4)防光。仪器应置于避光处，并应防止阳光直接或长时间照射。

三、检测项目

(一)六价铬

铬是生物体所必需的微量元素之一，若缺少会导致糖、脂肪等代谢系统紊乱，但浓度过高又会对生物和人体有害。水中铬主要有三价(Cr_2O_3)和六价(CrO_4^{2-}、$Cr_2O_7^{2-}$、$HCrO_4^{2-}$)两种价态。其中，六价铬的毒性比三价铬高100倍，更易于被人体吸收及蓄积。当水中六价铬浓度为1 mg/L时，水呈淡黄色并有涩味；三价铬浓度为1mg/L时，水的浑浊度明显增加。因此，铬是我国公布的优先控制污染物。

我国《生活饮用水卫生标准》GB 5749—2006和《地表水环境质量标准》GB 3838—2002规定饮用水和地表水Ⅱ类水中六价铬不得超过0.05 mg/L。

水中六价铬的测试方法采用二苯碳酰二肼分光光度法(GB/T 5750.6—2006　10.1)。

二苯碳酰二肼分光光度法

1. 应用范围

本法适用于生活饮用水及水源水中六价铬的测定。

本法最低检测质量为0.2 μg六价铬。若取50 mL水样测定，则最低检测浓度为0.004 mg/L。

2. 原理

在酸性溶液中，六价铬可与二苯碳酰二肼作用，生成紫红色络合物，比色定量。

3. 仪器

所有玻璃仪器(包括采样瓶)要求内壁光滑，不能用铬酸洗液浸泡。可用合成洗涤剂洗涤后再用浓硝酸洗涤，然后用自来水、纯水淋洗干净。

(1)50 mL具塞比色管。

(2)100 mL烧杯。

(3)分光光度计。

4. 试剂

(1)二苯碳酰二肼丙酮溶液(2.5 g/L)：称取0.25 g二苯碳酰二肼[$CO(HN \cdot NH \cdot C_6H_5)_2$，又名二苯氨基脲]，溶于100 mL丙酮中。盛于棕色瓶中置冰箱内可保存半月，颜色变深时不能再用。

(2)硫酸溶液：(1+7)。

(3)六价铬标准溶液[$\rho(Cr^{6+}) = 1$ μg/mL]。

(4)氢氧化锌共沉淀剂。

①硫酸锌溶液(80 g/L)：称取硫酸锌($ZnSO_4 \cdot 7H_2O$)8 g，溶于纯水并稀释至100 mL。

②氢氧化钠溶液(20 g/L)：称取氢氧化钠24 g，溶于新煮沸放冷的纯水并稀释至120 mL。

③将硫酸锌溶液(80 g/L)和氢氧化钠溶液(20 g/L)混合。

5. 分析步骤

(1)吸取50.0 mL水样，置于50 mL比色管中。

(2)另取50 mL比色管9支，按表2-8加入六价铬标准溶液(试剂(3))，加纯水至刻度。

(3)向水样管及标准管中各加2.5 mL硫酸溶液(试剂(2))及2.5 mL二苯碳酰二肼溶

液，立即混匀，放置 10 min。

表 2－8　二苯碳酰二肼分光光度法检测六价铬标准系列配制

加入标准溶液体积/mL	0.00	0.20	0.50	1.00	2.00	4.00	6.00	8.00	10.00
标准浓度/($mg \cdot L^{-1}$)	0.000	0.004	0.010	0.020	0.040	0.080	0.120	0.160	0.200

(4)于 540 nm 波长下，用 3 cm 比色皿，以纯水为参比，测定样品及标准系列液吸光度。

(5)以浓度为横坐标，吸光度为纵坐标绘制校准曲线。

(6)根据步骤(4)测得的样品吸光度在校准曲线上查出样品管中六价铬的含量(mg/L)。

(7)有颜色的水样应由样品管溶液的吸光度减去水样空白吸光度，再在校准曲线上查出样品管中六价铬的含量。

方法注释：

(1)铁、钼、铜、汞、钒等对测定有干扰。经实验证实，Fe^{3+} 与二苯碳酰二肼产生黄褐色，当含铬 5 μg 时，5.0 mg/L Fe^{3+} 产生干扰；含铬 2 μg 时，2.5 mg/L Fe^{3+} 产生干扰。钒亦显红褐色，其浓度 10 倍于铬时产生干扰，但显色 10 min 后钒与试剂产生的颜色几乎全部消失掉。此外，钼与试剂呈紫色，但小于 2mg/L 无影响；有 Cl^- 存在时可防止 Hg^+ 及 Hg^{2+} 的干扰。

(2)色度校正，如水样有色但不太深，另取一份水样，在待测水样中加入各种试液进行同样的操作时，以 2 mL 丙酮代替显色剂，最后以此水样为参比来测定待测水样的吸光度。

如水样有颜色时，另取 50 mL 水于 100 mL 烧杯中，加入 2.5 mL 硫酸溶液[试剂(2)]，于电炉上煮沸 2 min，使水样中的六价铬还原为三价，溶液冷却后转入 50 mL 比色管中，加纯水至刻度后再多加 2.5 mL 二苯碳酰二肼溶液，摇匀，放置 10 min，于 540 nm 波长用 3 cm 比色皿，以纯水为参比测量空白吸光度。

(3)对浑浊、色度较深的水样可用锌盐沉淀分离预处理。

取适量水样(含六价铬少于 100 μg)置 150 mL 烧杯中，加水至 50 mL，滴加 2 g/L 氢氧化钠溶液，调节溶液 pH 7～8。在不断搅拌下，滴加氢氧化锌共沉淀剂至溶液 pH 8～9，将此溶液转移至 100 mL 容量瓶中，用水稀释至标线。用慢速滤纸过滤，弃去 10～20 mL 初滤液，取其中 50 mL 滤液供测定。

注意事项：

(1)采集水样时应用玻璃瓶，采集时加入氢氧化钠调节水样 pH 值约为 8，采集后应尽快测定。

(2)二苯碳酰二肼为白色结晶，见光变色，易溶于乙醇或丙酮，配成溶液后应避光冷藏保存。如溶液颜色变红，应另新配。

(3)显色剂加入后应立即混匀，因试剂中丙酮会还原铬，使结果偏低。

(4)反应时溶液的酸度应控制在氢离子浓度为 0.05～0.3 mg/L，以 0.2 mol/L 时显色最稳定。

(5)反应时的温度和放置时间对显色都有影响。15℃时颜色最稳定，显色后 2～3 min 颜色可达最深，在 5～15 min 内显色稳定。1 h 后明显褪色。

（二）氰化物

氰化物在水体中存在的形式可分为有机氰化物和无机氰化物。无机氰化物有简单氰化物和金属铬合氰化物。简单氰化物易溶于水，毒性大。络合氰化物的毒性虽小，但在pH、水温和日光照射等的影响下容易分解为简单氰化物。

氰化物的急性毒性很强：与某些呼吸酶作用，引起组织内窒息；慢性中毒主要表现为神经衰弱综合症、眼及上呼吸道刺激、皮疹、皮肤溃疡等。

我国《生活饮用水卫生标准》（GB 5749—2006）规定饮用水中氰化物不得超过0.05 mg/L，《地表水环境质量标准》（GB 3838—2002）规定地表水Ⅱ类水氰化物不得超过0.05 mg/L。

GB/T 5750.5—2006介绍了异烟酸－吡唑酮分光光度法、异烟酸－巴比妥酸分光光度法两种测定氰化物的方法。下面对常用的异烟酸－吡唑酮分光光度法做进一步注释。

异烟酸－吡唑酮分光光度法

1. 应用范围

本法适用于测定生活饮用水及其水源水中游离氰和部分络合氰的含量。

本法最低检测质量为0.1μg。若取250 mL水样蒸馏测定，则最低质量浓度为0.002 mg/L。

使用本方法测得的结果为简单氰化物及部分络合氰化物，即易释放氰化物。如需测定总氰化物，可参考《水质氰化物的测定　容量法和分光光度法》（HJ 484—2009）。

2. 原理

在pH＝7.0的溶液中，用氯胺T将氰化物转变为氯化氰，再与异烟酸－吡唑酮作用，生成蓝色染料，比色定量。

3. 仪器

①全玻璃蒸馏器：500 mL。

②具塞比色管：25 mL、50 mL。

③恒温水浴锅。

④分光光度计。

4. 试剂

（1）氰化钾标准溶液［$\rho(CN^-)$ = 100μg/mL］：目前氰化钾标准品多从国家标准品机构购买。再用氢氧化钠溶液（1 g/L）稀释成$\rho(CN^-)$＝1.00μg/mL的标准使用液。氰化物蒸馏装置示意图见图2－14。

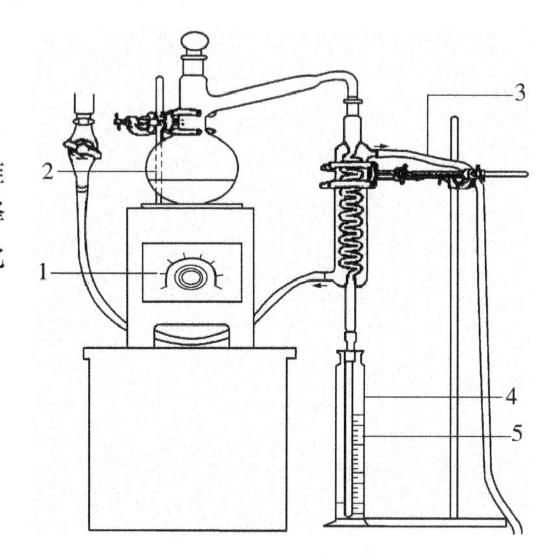

图2－14　氰化物蒸馏装置示意图

1—可调电炉；2—蒸馏瓶；3—冷凝水出口；4—接收瓶；5—馏出液导管

（2）酒石酸固体。

（3）甲基橙指示剂（0.5 g/L）。

（4）乙酸锌溶液（100 g/L）。

（5）氢氧化钠溶液（20 g/L）。

（6）氢氧化钠溶液（1 g/L）。

（7）乙酸溶液（0.5 mol/L）。

（8）0.1%酚酞溶液。

（9）磷盐缓冲溶液（pH 7.0）：称取34.0 g磷酸二氢钾（KH_2PO_4）和35.5 g磷酸氢二钠

(Na_2HPO_4)溶于纯水中，并稀释至1000 mL。

(10)异烟酸－吡唑酮溶液：称取1.5 g异烟酸($C_6H_5O_2N$)，溶于24 mL氢氧化钠溶液(20 g/L)中，用纯水稀释至100 mL；另取0.25 g吡唑酮($C_{10}H_{10}NO_2$)，溶于20mL N－二甲基甲酰胺([$NCON(CH_3)_2$])中。合并两种溶液，混匀。

(11)氯胺T溶液(10 g/L)：临用时配制。

注：氯胺T的有效氯含量对本法影响较大，已经分解的或配制后浑浊的氯胺T不能使用。氯胺T有效氯含量为22%以上，保存不当时易分解，必要时需用碘量法测定有效氯含量后再用。

5. 分析步骤

(1)于50 mL具塞比色管预先放置5mL氢氧化钠溶液(20 g/L)作吸收液。

(2)量取250 mL水样(氰化物含量超过20 μg时，可取适量水样，加纯水至250 mL，测得结果要除以相应稀释倍数)，置于500 mL全玻璃蒸馏器内，加入2～3滴甲基橙指示剂(0.5 g/L)，再加5 mL乙酸锌溶液(100 g/L)。

加入1～2 g固体酒石酸。此时溶液颜色由橙黄变成橙红，迅速进行蒸馏。蒸馏速度控制在每分钟2～3mL。收集蒸馏液于(1)比色管中，务必使冷凝管下端插入吸收液中。收集蒸馏液至50 mL，混合均匀。取10.0 mL蒸馏液，置25 mL具塞比色管中。

另取25 mL具塞比色管9支，按表2－9加入氰化钾标准使用液(1.00μg/mL)，加氢氧化钠溶液(1 g/L)至10.0 mL。

表2－9　异烟酸－吡唑酮分光光度法检测氰化物标准系列配制

加入标准溶液体积/mL	0.00	0.10	0.20	0.40	0.60	0.80	1.00	1.50	2.00
氰化物的质量/μg	0.00	0.10	0.20	0.40	0.60	0.80	1.00	1.50	2.00
水样中氰化物浓度/($mg\cdot L^{-1}$)	0.000	0.002	0.004	0.008	0.012	0.016	0.020	0.030	0.040

注：$水样中氰化物浓度(mg/L)=\frac{氰化物的质量(\mu g)\times 馏出液总体积(mL)}{水样体积(mL)\times 比色所用馏出体积(mL)}$。

(3)向水样管和各标准管中各加5.0 mL磷酸盐缓冲溶液(试剂(9))。置于37℃左右恒温水浴中，准确加入0.25 mL氯胺T溶液(试剂(11))，加塞混合，放置5 min，然后加入5.0 mL异烟酸－吡唑酮溶液(试剂(10))，加纯水至25 mL，混匀。于25～40℃放置40 min。于638 nm波长下，用3 cm比色皿，以纯水作参比，测定吸光度。

(4)水中氰化物浓度为横坐标，吸光度为纵坐标绘制校准曲线。

(5)根据分析步骤(4)测得的样品吸光度在校准曲线上查出水中氰化物浓度(mg/L)。

注意事项：

(1)多数干扰物可于水样蒸馏时除去。挥发酚含量低于500 mg/L时，对本法无干扰。

(2)采集水样时，于每升水样中加入2 g固体氢氧化钠，使pH≥12，4℃保存并尽快测定。

(3)水样中有氧化剂(如游离氯、次氯酸盐等)可分解氰化物，用碘化钾－淀粉试纸检查显蓝色，可在水样中加0.1 g/L亚砷酸钠或0.1 g/L的硫代硫酸钠除去干扰，至检查呈阴性。

(4)硫化物在高pH时能迅速将氰化物转变为硫氰化物，用乙铅试纸检查，若呈阳性，应在加氢氧化钠固定之前，加镉盐或铅盐使生成硫化物沉淀，过滤除去。

(5)亚硝酸盐浓度高时存在干扰，可在蒸馏前 10 min 加氨基磺胺排除干扰。一般 1 mg 亚硝酸盐加 2.5 mg 氨基磺胺。

(6)蒸馏速度控制为 2～3 mL/min，可保证氰化物完全被收集。

(7)显色反应的 pH 应控制在 6.8～7.5 范围内。低于或高于此范围，吸光度均显著降低。可在加入磷酸盐缓冲溶液之前，加入 1 滴酚酞，用乙酸溶液调至红色刚好消失。

(8)氯胺 T 固体易受潮结块，不易溶解，可致显色无法进行，应注意保存条件干燥，最好冷藏。此外，加入氯胺 T 溶液应控制在 0.3 mL 以下，超过时吸光值下降。

(9)异烟酸配成溶液后呈淡黄色，致空白值增高，可过滤。异烟酸浓度小于 2 g/L 时，达到最大吸光值所需时间较长；大于 2 g/L 时，40 min 内就能达到最大吸光值。

(10)显色反应控制在 25～35℃、40 min。反应的温度高，显色速度快，但颜色稳定的时间缩短。

(三)氟化物

氟化物在自然界广泛存在，适量的氟被认为是对人体有益的元素，但摄入量过多对人体有害，可致急、慢性中毒(慢性中毒主要表现为氟斑牙和氟骨症)。水中的氟多以可溶性氟化物形式存在，在悬浮颗粒物中的氟常是不溶性的氟化物。

我国《生活饮用水卫生标准》GB 5749—2006 和《地表水环境质量标准》GB 3838—2002 分别规定饮用水和地表水Ⅱ类水中氟化物含量不得超过 1.0 mg/L。

水中氟化物的测定，可采用离子选择电极法、离子色谱法、氟试剂分光光度法、双波长系数倍率氟试剂分光光度法和锆盐茜素比色法。电极法的适应范围宽，浑浊度、色度较高的水样均不干扰测定。受设备条件所限，离子色谱法在基层单位应用少。分光光度法和比色法适用于较清洁水样，当干扰物质过多时，水样需预先进行蒸馏。下面介绍锆盐茜素比色法。

锆盐茜素比色法

1. 应用范围

本法规定了用锆盐茜素目视比色法测定生活饮用水及其水源水中的氟化物。

本法的最低检测量为 5μg 氟化物。若取 50 mL 水样测定，则最低检测浓度为 0.1 mg/L。

本法仅适用于较洁净和干扰物质较少的水样。

2. 原理

在酸性溶液中，茜素磺酸钠与锆盐形成红色络合物，当有氟离子存在时，形成无色的氟化锆而使溶液褪色，用目视比色法定量。

3. 仪器

50 mL 具塞比色管。

4. 试剂

(1)氟化物标准溶液(10.00 mg/L)。

(2)盐酸 - 硫酸混合溶液：取 101 mL 盐酸(ρ_{20} = 1.19g/mL)，加到 300 mL 纯水中，另取 33.3 mL 硫酸(ρ_{20} = 1.84 g/mL)，加到 400 mL 纯水中，冷却后合并两溶液。

(3)茜素磺酸钠 - 氧氯化锆溶液：取 0.3 g 氧氯化锆($ZrOCl_2 \cdot 8H_2O$)溶于 50 mL 纯水中，另称取 0.07 g 茜素磺酸钠($C_{14}H_7SNa \cdot H_2O$，又名茜素红 S)溶于 50 mL 纯水中，将此

溶液缓缓加入氧氯化锆溶液中，均匀，放置，使澄清。

(4)茜素锆试剂：将盐酸-硫酸混合溶液(试剂(2))和茜素磺酸钠-氧氯化锆溶液(试剂(3))合并，用纯水稀释成1000 mL，放置1 h，溶液由红色变成黄色，贮存于冷暗处，可在2～3个月内使用。

(5)亚砷酸钠溶液(5 g/L)。

5. 分析步骤

(1)取50.0 mL澄清水样于50 mL比色管中。检测有游离余氯的水样时，加入1滴亚砷酸钠溶液(5 g/L)脱氯。

(2)另取50 mL具塞比色管9支，按表2-10加入氟化物标准溶液(试剂(1))，用纯水稀释至50.0 mL。

表2-10　锆盐茜素目视比色法检测氟化物标准系列配制

加入标准溶液体积/mL	0.00	0.50	1.00	2.00	3.00	4.00	5.00	6.00	7.00
标准浓度/($mg \cdot L^{-1}$)	0.00	0.10	0.20	0.40	0.60	0.80	1.00	1.20	1.40

(3)向水样管和标准管中各加2.5 mL茜素锆试剂(试剂(4))，混匀后放置1 h，目视比色。

(4)记录水样氟化物的含量(mg/L)。

方法注释：

(1)当水中下列物质超过一定限度时将形成干扰，需将水样先行蒸馏。氯化物500 mg/L；硫酸200 mg/L；铝0.1 mg/L；磷酸盐1.0 mg/L；铁2.0 mg/L；浑浊度25度；色度25度。其中，氯化物、铝盐使结果偏低；硫酸盐、磷酸盐、铁、锰使结果偏高。

(2)当有游离氯、二氧化锰等存在时会对有色络合物起漂白作用，使测定结果偏高，可加入亚砷酸钠溶液脱氯。

注意事项：

(1)由于氟化物易与玻璃中的硅、硼反应，或吸附于瓶壁，采样时应直接将水样放入洗净的聚乙烯瓶中，不能使用玻璃容器。

(2)加入锆盐茜素溶液前，应先将水样管和标准管放置至室温。严格控制水样、空白和标准系列加入试剂的量及反应温度。

(3)茜素磺酸钠为橙黄色粉末，易溶于水，水溶液呈褐色，pH3.7时呈黄色，pH5.2时呈紫色。

(4)亚砷酸钠是剧毒物质，使用过程应遵循剧毒品管理规定，防止危害。

(四)氨氮

水中氨氮一般含量对人体无危害性，氨氮高时表示水源不久前受到污染，水中如果仅含NO_3^-而不含NH_4^+与NO_2^-，表示污染物中有机物质分解完了，在这个过程中，水中致病微生物也逐渐清除。测定此类氮素化合物，可以帮助了解水的“自净”情况。

我国《生活饮用水卫生标准》(GB 5749—2006)和《地表水环境质量标准》(GB 3838—2002)分别规定了饮用水和地表水Ⅱ类水中氨氮不得超过0.5 mg/L(以N计)。

氨氮的测定方法通常有纳氏试剂分光光度法、酚盐分光光度法、水杨酸分光光度法，其中纳氏试剂分光光度法应用较普遍，而水杨酸盐分光光度法由于能避免水中余氯的影响而逐渐被广泛应用。

Ⅰ　纳氏试剂分光光度法

1. 适用范围

本法适用于测定生活饮用水及其水源水中氨氮含量。

本法最低检测质量为 1.0μg 氨氮，若取 50 mL 水样测定，最低检测浓度为 0.02 mg/L。

2. 原理

水中氨与纳氏试剂(K_2HgI_4)在碱性条件下生成黄色至棕色的化合物(NH_2HgOI)，其色度与氨氮含量成正比。

3. 试剂

本法所有试剂均需用不含氨的纯水配制。

(1)无氨水：一般纯水经强酸型阳离子交换树脂获得；或加硫酸和高锰酸钾后重新蒸馏。

(2)氨氮标准使用液(10.00 mg/L)(临用时配制)。

(3)硫代硫酸钠溶液(3.5 g/L)。

(4)酒石酸钾钠溶液(500 g/L)：称取酒石酸钾钠($KNaC_4H_4O_6 \cdot 4H_2O$)，溶于 100 mL 纯水中，加热煮沸至不含氨为止，冷却后再用纯水补充至 100 mL。

(5)氢氧化钠溶液(350 g/L)。

(6)纳氏试剂：称取 100 g 碘化汞(HgI_2)及 70 g 碘化钾(KI)，先以少量纯水溶解碘化钾，再逐少加入碘化汞至朱红色沉淀，将此上清液缓缓倾入已冷却的 500 mL 氢氧化钠溶液(试剂(5))中，并不停地搅拌，最后以纯水稀释至 1000 mL。摇匀，避光保存，静置过夜，取上清液使用。

(7)硫酸锌溶液(100 g/L)。

(8)氢氧化钠溶液(240 g/L)。

4. 仪器

(1)全玻璃蒸馏器：500 mL。

(2)具塞比色管：50 mL。

(3)分光光度计。

5. 样品保存

水样中的氨氮不稳定，采样时每升水样加 0.8 mL 硫酸(ρ_{20} = 1.84 mg/L)，4℃保存并尽快分析。

6. 样品预处理

(1)无色澄清的水样可直接测定。色度、浑浊度较高和干扰物质较多的水样，需经过蒸馏或混凝沉淀等预处理步骤。一般首选混凝沉淀预处理方法。

(2)混凝沉淀操作：取 200 mL 水样，加入 2 mL 硫酸锌(试剂(7))溶液，混匀，加入 0.8～1 mL 氢氧化钠溶液(试剂(8))，使 pH = 10.5，静置数分钟，倾出上清液供比色用。

(3)蒸馏操作：此处省略。详细可参考 GB/T 5750.5—2006(9.1.5.1)。

7. 分析步骤

(1)取 50.0 mL 澄清水样或预处理的水样于 50 mL 比色管中。

(2)另取 50 mL 比色管 8 支，按表 2-11 加入氨氮标准溶液，以纯水定容至 50 mL。

表 2-11　纳氏试剂分光光度法检测氨氮标准系列配制

加入标准溶液体积/mL	0.00	0.10	0.20	0.30	0.50	0.70	0.90	1.20
标准浓度/($mg \cdot L^{-1}$)	0.00	0.02	0.04	0.06	0.10	0.14	0.18	0.24

(3)向水样及标准溶液管内分别加入 1 mL 酒石酸钾钠溶液，混匀，加 1.0 mL 纳氏试剂混匀后放置 10 min。

(4)于 420 nm 波长下，用 1 cm 比色皿，以纯水作参比，测定吸光度。如氨氮含量低于 30 μg(即水样为 50 mL 时，氨氮浓度低于 0.6 mg/L)，改用 3 cm 比色皿，低于 10 μg(即水样为 50 mL 时，氨氮浓度低于 0.2 mg/L)可用目视比色。

(5)以浓度为横坐标、吸光度为纵坐标绘制校准曲线。

(6)根据分析步骤(4)测得的样品吸光度在校准曲线上查出样品管中氨氮的含量(mg/L)。

(7)或目视比色记录水样中相当于氨氮标准的含量。

方法注释：

(1)Ca^{2+}、Mg^{2+}、Fe^{3+} 等离子在测定过程中生成沉淀，加入 50% 酒石酸钾钠清除。

(2)氯与氨生成氯胺，可加入硫代硫酸钠(3.5g/L)脱氯。余氯为 1 mg/L 的水样，每 0.4 mL 能除去 200 mL 水样中的余氯。使用时应按水样中余氯的质量浓度计算加入量。

(3)水中浑浊度大，悬浮物多时，用混凝沉淀法进行水样预处理。

(4)硫化物、铜、醛等亦可引起溶液浑浊。脂肪胺、芳香胺、亚铁等可与碘化汞钾产生颜色。水中带有颜色的物质，亦能产生干扰，遇此情况，可用蒸馏法除去。

(5)经蒸馏处理的水样，只向各标准管中各加 5 mL 硼酸溶液，然后向水样及标准管中各加 2 mL 纳氏试剂。

(6)关于纳氏试剂的配制，按标准方法碘化汞及碘化钾过量太多(碘化汞剧毒!)，由于加入 36 g 碘化汞已达过饱和。有的实验室从环保考虑，对纳氏试剂的配制方法进行了改进，并证明使用改进方法配制的纳氏试剂，对检测结果没有影响。

改进后的配制方法如下(供参考)：称取 36 g 碘化汞(HgI_2)及 25 g 碘化钾(KI)，先以少量纯水溶解碘化钾，再逐步加入碘化汞至朱红色沉淀，将此上清液缓缓倾入已冷却的 500 mL 氢氧化钠溶液(试剂(5))中，并不停搅拌，最后以纯水稀释至 1000 mL。摇匀，避光保存，静置过夜，取上清液使用。

注意事项：

(1)对于直接测定的水样，加硫酸固定时注意酸的用量，切勿过量，以免加显色剂后 pH 值不能控制在 10.5～11.5。

(2)用“无氨水”配制所有试剂。

(3)在配制纳氏试剂时，称量碘化钾要准确，否则过量碘离子将影响络合生成，将碘化汞加入到碘化钾溶液中至朱红色沉淀物不溶解为止(即稍有碘化汞沉淀)。

(4)储存已久的纳氏试剂，使用前应先用已知量的氨氮标准溶液显色，并核对吸光度；加入试剂后 2 h 内不得出现浑浊，否则应重新配制。

(5)配制纳氏试剂过程中使用的碘化汞是剧毒物质，应遵循剧毒品管理规定。

Ⅱ　水杨酸盐分光光度法

1. 适用范围

本法适用于测定生活饮用水及其水源水中氨氮含量。

本法最低检测质量为 0.25 μg 氨氮，若取 10 mL 水样测定，最低检测质量浓度为 0.025 mg/L。

2. 原理

在亚硝基铁氰化钠存在下，氨氮在碱性溶液中与水杨酸盐－次氯酸盐生成蓝色化合物，其色度与氨氮含量成正比。

3. 试剂

(1)氨氮标准使用液(5.0 mg/L)。

(2)亚硝基铁氰化钠溶液(10 g/L)：用少量纯水溶解 1 g 亚硝基铁氰化钠[$Na_2Fe(CN)_5 \cdot NO \cdot 2H_2O$，又名硝普钠]，并稀释至 100 mL，保存于冰箱中。如发现空白值增高，应重配。

(3)氢氧化钠溶液(280 g/L)：将 140 g 氢氧化钠溶于 550 mL 纯水中，煮沸并蒸发至约为 450 mL，冷却后用纯水稀释至 500 mL。

(4)柠檬酸钠溶液：将 200 g 柠檬酸钠($C_6H_5O_7Na_3 \cdot 2H_2O$)溶于 600 mL 纯水中，煮沸并蒸发至约为 450 mL，冷却后用纯水稀释至 500 mL。

(5)含氯缓冲液：称取 12 g 无水碳酸钠及 0.8 g 碳酸氢钠，溶于 100 mL 纯水中。加入 34 mL 次氯酸钠溶液(30 g/L)，并加纯水至 200 mL，放置 1 h 后即可使用。

(6)水杨酸－柠檬酸盐溶液(显色剂)：称取 3.5 g 水杨酸($C_6H_4OHCOOH$)加入 5.0 mL 氢氧化钠溶液(试剂(3))，水杨酸溶解后，加入 1.5 mL 亚硝基铁氰化钠溶液(试剂(2))和 25 mL 柠檬酸钠溶液(试剂(4))，摇匀。临用时配制。

4. 仪器

(1)具塞比色管：10 mL。

(2)分光光度计。

5. 样品预处理

如样品需经过蒸馏处理，用 50 mL 硫酸(0.02 mol/L)作为吸收液。

6. 分析步骤

(1)试剂空白的制备：吸取 0.4 mL 含氯缓冲液(试剂(5))加到 10 mL 纯水中，混匀，静置半小时后加 1.0 mL 水杨酸－柠檬酸盐溶液(试剂(6))。

(2)吸取 10.0 mL 澄清水样或水样蒸馏液于 10 mL 具塞比色管中。

(3)另取 10 mL 比色管 8 支，按表 2－12 加入氨氮标准溶液，以纯水定容至 10 mL。

表 2－12　水杨酸盐分光光度法检测氨氮标准系列配制

加入标准溶液体积/mL	0.00	0.05	0.10	0.50	1.00	1.50	2.00	4.00
标准浓度/($mg \cdot L^{-1}$)	0.000	0.025	0.050	0.250	0.500	0.750	1.000	2.000

(4)向水样管及标准管中各加 1.0 mL 水杨酸－柠檬酸盐溶液(试剂(6))，立即加入 0.4 mL 含氯缓冲溶液(试剂(5))，充分混匀，静置 90 min 后测定，颜色可稳定 2 h。

(5)于 655 nm 波长下，用 1 cm 比色皿，以纯水为参比，测定吸光度。

(6)以浓度为横坐标，吸光度为纵坐标绘制校准曲线。

(7)根据分析步骤(5)测得的样品吸光度在校准曲线上查出样品管中氨氮的含量(mg/L)。

方法注释：

含氯缓冲溶液校验方法：吸取1 mL溶液稀释至50 mL，加入1 g碘化钾及3滴硫酸，以淀粉溶液作指示剂，用硫代硫酸钠标准溶液(0.025 mol/L)滴定生成的碘，应消耗5.6 mL左右，如低于4.5 mL应补加次氯酸钠溶液。

(五)亚硝酸盐氮

亚硝酸盐氮是含氮化合物分解的中间产物，性质极不稳定，易被氧化为硝酸盐氮，也可被还原为氨。在正常情况下，饮用水中亚硝酸盐本身并不稳定，存在的浓度很少可能会达到影响人体健康的水平。

由于亚硝酸盐的不稳定性，采样后应尽快进行分析。水中亚硝酸盐氮的测定方法通常采用重氮偶合分光光度法，该方法灵敏、选择性强。离子色谱法由于需要专用设备的投入，在基层单位应用较少。

重氮偶合分光光度法

1. 适用范围

本法适用于测定生活饮用水及其水源水中亚硝酸盐氮含量。

本法最低检测质量为0.05 μg亚硝酸盐氮，若取50 mL水样测定，最低检测浓度为0.001mg/L。

2. 原理

在pH 1.7以下，水中亚硝酸盐氮与对氨基苯磺酰胺重氮化，再与盐酸N-(1-萘)-乙二胺产生偶合反应，生成紫红色的偶氮染料，比色定量。

3. 试剂

(1)氢氧化铝悬浮液：称取125 g硫酸铝钾[$KAl(SO_4)_2 \cdot 12H_2O$]或硫酸铝铵[$NH_4Al \cdot (SO_4)_2 \cdot 12H_2O$]，溶于1000 mL纯水中。加热至60℃，缓缓加入55 mL氨水(ρ_{20} = 0.88 g/mL)，使氢氧化铝沉淀完全。充分搅拌后静置，弃去上清液，用纯水反复洗涤沉淀至倾出上清液中不含氯离子(用硝酸银硝酸溶液试验)为止。然后加入300 mL纯水成悬浮液，使用前振摇均匀。

(2)对氨基苯磺酰胺溶液(10 g/L)：称取5 g对氨基苯磺酰胺($H_2NC_6H_4SO_3NH_2$)，溶于350 mL盐酸溶液(1+6)中。用纯水稀释至500 mL。

(3)盐酸N-(1-萘)-乙二胺(又名NEDD)溶液(1.0 g/L)：称取0.2 g盐酸N-(1-萘)-乙二胺($C_{10}H_7NH_2CHCH_2 \cdot NH_2 \cdot 2HCl$)，溶于200 mL纯水中。贮存于冰箱内。可稳定数周，如试剂颜色变深，应弃去重配。

(4)亚硝酸盐氮标准使用溶液(0.10 mg/L)。

4. 仪器

(1)具塞比色管：50 mL。

(2)分光光度计。

5. 样品预处理

色度、浑浊度较高和干扰物质较多的水样，可先取100 mL水样，加入2 mL氢氧化铝悬浮液(试剂(1))，搅拌后静置数分钟，过滤。

6. 分析步骤

(1)将水样或处理后的水样用酸或碱调至中性，取50.0 mL备用。

(2)另取50 mL比色管8支，按表2－13加入亚硝酸盐氮标准溶液，以纯水定容至50 mL。

表2－13　重氮偶合分光光度法检测亚硝酸盐氮标准系列配制

加入标准溶液体积/mL	0.00	0.50	1.00	2.50	5.00	7.50	10.00	12.50
标准浓度/(mg·L^{-1})	0.000	0.001	0.002	0.005	0.010	0.015	0.020	0.025

(3)向水样及标准溶液管内分别加入1 mL对氨基苯磺酰胺溶液(10 g/L)，混匀后放置2～8 min，加入1.0 mL盐酸N－(1－萘)－乙二胺溶液(1.0 g/L)，立即摇匀。

(4)于540 nm波长下，用1 cm比色皿，以纯水作参比，在10 min～2 h内测定吸光度。如亚硝酸盐氮浓度低于0.004 mg/L，改用3 cm比色皿。

(5)以浓度为横坐标、吸光度为纵坐标绘制校准曲线。

(6)根据测得的样品吸光度在校准曲线上查出样品管中亚硝酸盐氮的含量(mg/L)。

方法注释：

水中常见的Fe^{3+}、Pb^{2+}等离子可产生沉淀，Cu^{2+}可催化重氮盐分解，造成结果偏低。

(六)硝酸盐氮

硝酸盐是氮循环中最稳定的氮化合物。硝酸盐主要用作无机肥料，在地下水和地表水中硝酸盐浓度通常较低，但可能受农用渗沥或排放的影响而达到高浓度。通过对水中硝酸盐的分析，可以大体了解水体的污染情况(表2－14)。

表2－14　水体中氮循环情况及水质卫生学评价意义

水体中氮循环情况	水质卫生学评价意义
仅有硝酸根，其他有机氮及亚硝酸根不存在	污染过程大体结束，有机污染物分解完成
含有较多硝酸根，其他氮化合物也存在	水体正遭受污染，有机物的分解作用还未完成
硝酸根含量较低，含有较高的氨	水体刚遭受污染

麝香草酚分光光度法是检测饮用水中硝酸盐氮含量最常采用的方法，方法的特点是简便易行，干扰物质少，利用氨基磺酸铵和硫酸银可以简便而有效地消除NO_2和Cl^-的干扰，结果准确可靠；紫外分光光度法方法简单，仪器易于普及，但干扰因素较多；离子色谱法由于设备普及原因，基层单位较少应用，故此处不做详细介绍。

Ⅰ　麝香草酚分光光度法

1. 适用范围

本法适用于测定生活饮用水及其水源水中硝酸盐氮含量。

本法最低检测质量为0.5 μg硝酸盐氮，若取1.00 mL水样测定，最低检测质量浓度为0.5 mg/L。

2. 原理

硝酸盐和麝香草酚在浓硫酸溶液中形成硝基酚化合物，碱性溶液中发生分子重排，生成黄色化合物，比色测定。

3. 试剂

（1）硝酸盐氮标准使用溶液（10 μg/mL）。

（2）氨水。

（3）乙酸溶液（1 +4）。

（4）氨基磺酸铵溶液（20 g/L）：称取 2.0 g 氨基磺酸铵（$NH_4SO_3NH_2$），用乙酸溶液（试剂（3））溶解，并稀释至 100 mL。

（5）麝香草酚乙醇溶液（5 g/L）：称取 0.5 g 麝香草酚［（CH_3）（C_3H_7）C_6H_3OH，Thymol，又名百里酚］，溶于无水乙醇中，并稀释至 100 mL。

（6）硫酸银硫酸溶液（10 g/L）：称取 1.0 g 硫酸银（Ag_2SO_4），溶于 100 mL 浓硫酸中。

4. 仪器

（1）具塞比色管：50 mL。

（2）分光光度计。

5. 分析步骤

（1）取 1.00 mL 水样于干燥的 50 mL 比色管中。

（2）另取 50 mL 比色管 7 支，按表 2 – 15 加入硝酸盐氮标准溶液，以纯水定容至 1.00 mL。

表 2 – 15　麝香草酚分光光度法检测硝酸盐氮标准系列配制

加入标准溶液体积/mL	0.00	0.05	0.10	0.30	0.50	0.70	1.00
标准浓度/（$mg \cdot L^{-1}$）	0.0	0.5	1.0	3.0	5.0	7.0	10.0

（3）向各管加入 0.1 mL 氨基磺酸铵溶液，摇匀后放置 5 min。

（4）各加 0.2 mL 麝香草酚乙醇溶液。

（5）摇匀后加 2 mL 硫酸银硫酸溶液，混匀后放置 5 min。

（6）加 8 mL 纯水，混匀后滴加氨水至溶液黄色到达最深，并使氯化银沉淀溶解为止。加纯水至 25 mL 刻度，混匀。

（7）于 415 nm 波长，2 cm 比色皿，以纯水为参比，测量吸光度。

（8）以浓度为横坐标、吸光度为纵坐标绘制校准曲线。

（9）根据分析步骤（7）测得的样品吸光度在校准曲线上查出样品管中硝酸盐氮的含量（mg/L）。

方法注释：

（1）加氨基磺酸铵的目的是消除亚硝酸盐的干扰。

（2）加硫酸银是为了消除氯化物的负干扰。每个样品加硫酸银硫酸溶液 2 mL，可去除 4.55 mg 氯离子。实际水样氯化物含量没有这么高，可根据氯化物含量适当减少硫酸银用量。需要注意的是，标准曲线、质控样、待测水样中加入硫酸银硫酸溶液的量应当一致。

注意事项：

（1）加入氨基磺酸铵溶液和麝香草酚乙醇溶液时，需由比色管中央直接滴加到溶液中，勿沿管壁流下，否则乙醇挥发，大部分试剂附于管壁，使结果偏低。而加入硫酸银硫酸时，则沿管壁缓缓注入，切勿过快导致硫酸大量产热。

（2）根据水样的硝酸盐含量来确定标准曲线，可制备高低浓度两条曲线以作必要时使用。

(3)因测定硝酸是取1 mL水样测定，应尽量避免稀释水样来测定其含量，以免引起误差。

Ⅱ　紫外分光光度法

1. 适用范围

本法适用于测定未受污染的生活饮用水及其水源水中硝酸盐氮含量。

本法最低检测质量为10 μg硝酸盐氮，若取50 mL水样测定，最低检测质量浓度为0.2 mg/L。测定范围为0～11 mg/L。

2. 原理

利用硝酸盐在220 nm波长具有紫外吸收和在275 nm波长不具吸收的性质进行测定，于275 nm波长测出有机物的吸收值在测定结果中校正。

3. 试剂

(1)硝酸盐氮标准使用溶液(10 μg/mL)。

(2)无硝酸盐纯水：采用重蒸馏或蒸馏——去离子法制备，用于配制试剂及稀释样品。

(3)盐酸溶液(1+11)。

4. 仪器

(1)紫外分光光度计及石英比色皿。

(2)具塞比色管：50 mL。

5. 分析步骤

(1)水样预处理：吸取50 mL水样于50 mL比色管中(必要时应用滤膜除去浑浊物质)，加1 mL盐酸溶液(试剂(3))酸化。

(2)另取50 mL比色管7支，按表2－16加入硝酸盐氮标准溶液(试剂(1))，以纯水定容至50 mL，各加1 mL盐酸溶液(试剂(3))。

表2－16　紫外分光光度法检测硝酸盐氮标准系列配制

加入标准溶液体积/mL	0.00	1.00	5.00	10.00	20.00	30.00	35.00
标准浓度/($mg \cdot L^{-1}$)	0.0	0.2	1.0	2.0	4.0	6.0	7.0

(3)用纯水调节仪器吸光度为0，分别在220 nm和275 nm波长测量吸光度。

6. 计算

在标准及样品的220 nm波长吸光度中减去2倍于275 nm波长的吸光度，绘制标准曲线并在曲线上直接读出样品中的硝酸盐氮的质量浓度(NO_3^-－N，mg/L)。

方法注释：

(1)可溶性有机物、表面活性剂、亚硝酸盐和Cr^{6+}对本标准有干扰，次氯酸盐和氯酸盐也能干扰测定。

(2)低浓度的有机物可以测定不同波长的吸收值再予以校正。

(3)浑浊度的干扰可以经0.45 μm膜过滤除去。

(4)氯化物不干扰测定，氢氧化物和碳酸盐(浓度可达1000 mg/L $CaCO_3$)的干扰，可用盐酸酸化予以消除。

(5)若275 nm波长吸光度的2倍大于220 nm波长吸光度的10%时，本法不能适用。

(七)铝

铝广泛存在于自然界，天然水中铝的含量变化幅度较大。饮用水净化处理过程中广泛使用铝的化合物作为混凝剂。铝属低毒性，早老性痴呆可能与饮水中的铝有关。

我国《生活饮用水卫生标准》(GB 5749—2006)中铝的标准限值规定为不超过0.2 mg/L。

水中微量铝的测定方法有分光光度法、原子吸收光谱法以及电感耦合等离子体发射光谱或质谱法等。分光光度法测定铝是国内外采用最广泛的铝分析方法。近年来随着一些高灵敏度、高选择性的显色体系的出现，分光光度法又呈现多元化发展的趋势，较常见的有铬天青S法、铝试剂法、邻苯二酚紫法、茜素磺酸钠法等。本教材将基层常用的铬天青S分光光度法、水杨基荧光酮-氯代十六烷基吡啶分光光度法、铝试剂法分别进行较详细的介绍。

Ⅰ　铬天青S分光光度法

1. 适用范围

本法适用于生活饮用水及其水源水中铝的测定。

本法的最低检测质量为0.2 μg，若取25 mL水样，最低检测质量浓度为0.008 mg/L。

2. 原理

在pH 6.7～7.0范围内，铝在聚乙二醇辛基苯醚(OP)和溴代十六烷基吡啶(CPB)的存在下与铬天青S反应生成蓝绿色的四元胶束，比色定量。

3. 试剂

(1)铬天青S溶液(1 g/L)：称取0.1 g铬天青S($C_{23}H_{13}O_9SCl_2Na_3$)溶于100 mL乙醇溶液(1+1)中，混匀。

注：铬天青S与铝的反应必须在乙醇中进行，但是铬天青S在乙醇中的溶解度极小导致大量无法溶解的铬天青S仍以颗粒状态存在，给分析带来较大误差。故采用(1+1)乙醇溶液。

(2)乳化剂OP溶液(3+100)。吸取3.0 mL乳化剂OP溶于100 mL纯水中。

(3)溴代十六烷基吡啶(CPB)溶液(3 g/L)：称取0.6 g溴代十六烷基吡啶($C_{21}H_{36}\cdot BrN$)溶于30 mL乙醇[$\varphi(C_2H_5OH)=95\%$]中，加水稀释至200 mL。

注：由于CPB在乙醇中的溶解度比在水中大，故先用少量乙醇溶解后，再加纯水稀释。

(4)乙二胺-盐酸缓冲溶液(pH 6.7～7.0)：取无水乙二胺($C_2H_8N_2$)100 mL，加纯水200 mL，冷却后，缓缓加入190 mL盐酸($\rho_{20}=1.19$ g/mL)，混匀。

注：此溶液的pH必须严格控制，最好临用前配制，放置一晚待其稳定后再使用，保存期不能超过两个月。若pH大于7时，以浓盐酸调低pH，小于6时，以乙二胺溶液(1+2)调高pH。

(5)氨水(1+6)。

(6)硝酸溶液(0.5 mol/L)。

(7)铝标准溶液(1 mg/L)。

(8)对硝基酚乙醇溶液(1.0 g/L)：称取0.1 g对硝基酚，溶于100 mL乙醇[$\varphi(C_2H_5OH)=95\%$]中。

4. 仪器

(1)具塞比色管：50 mL，使用前需用硝酸(1 +9)浸泡清洗干净。

(2)酸度计或 pH 试纸。

(3)分光光度计。

5. 分析步骤

(1)取 25.0 mL 水样于 50 mL 具塞比色管中。

(2)另取 50 mL 比色管 8 支，按表 2 - 17 加入铝标准溶液，以纯水定容至 25 mL。

表 2 - 17　铬天青 S 分光光度法检测铝标准系列配制

加入标准溶液体积/mL	0.00	0.20	0.50	1.00	2.00	3.00	4.00	5.00
标准浓度/(mg · L^{-1})	0.000	0.008	0.020	0.040	0.080	0.120	0.160	0.200

(3)向各管加一滴对硝基酚溶液(试剂(8))，混匀，滴加氨水(试剂(5))(5 ~ 6 滴)至浅黄色，加硝酸溶液(试剂(6))至黄色消失，再多加 2 滴。此步骤必须在通风橱内操作，边滴加边轻轻振摇。

(4)加 3.0 mL 铬天青 S 溶液(试剂(1))，混匀。沿管壁缓慢加入 1.0 mL 乳化剂 OP 溶液(试剂(2))，2.0 mL CPB 溶液(试剂(3))，3.0 mL 缓冲液(试剂(4))，加纯水至 50.0 mL，混匀，放置 30 min。

(5)于 620 nm 处，用 2 cm 比色皿以试剂空白为参比，测量吸光度。

(6)以浓度为横坐标、吸光度为纵坐标绘制校准曲线。

(7)根据分析步骤(5)测得的样品吸光度在校准曲线上查出样品管中铝的含量(mg/L)。

方法注释：

(1)水中的铜、锰、铁干扰测定，1 mL 抗坏血酸(100 g/L)可消除 25 μg 铜、30 μg 锰的干扰。2 mL 巯基乙醇酸(10 g/L)可消除 25 μg 铁的干扰。一般情况下，钛可用甘露醇掩蔽，铜可用硫脲掩蔽。

(2)乙二胺 - 盐酸缓冲液的 pH 范围必须严格控制，该溶液配制完成时呈黄色，放置后呈橙黄色，表示缓冲体系已经稳定，需注意其变化，定时检查 pH 值，保证缓冲液的有效性。

(3)在微酸性溶液中，铝与铬天青 S 生成红色的二元络合物，其组成随着显色剂的浓度、溶液酸度的改变而不同。

注意事项：

(1)所有玻璃仪器必须用(1 +9)硝酸浸泡，用前用纯水直接冲洗干净。否则在滴加硝酸溶液至黄色消失后，溶液会逐渐呈粉红色，影响测定。

(2)对硝基酚溶液、氨水、硝酸溶液滴加过程必须准确，不可过量，边加边混匀。

(3)乳化剂 OP 溶液需沿瓶壁缓缓加入，加入后，切勿剧烈摇晃，否则容易产生大量泡沫，影响溶液的均匀性。

Ⅱ　水杨基荧光酮 - 氯代十六烷基吡啶分光光度法

1. 适用范围

本法适用于生活饮用水及其水源水中铝的测定。

本法的最低检测质量为 0.2 μg，若取 10 mL 水样，最低检测质量浓度为 0.02 mg/L。

2. 原理

水中铝离子与水杨基荧光酮及阳离子表面活性剂氯代十六烷基吡啶在 pH5.2～6.8 范围内形成玫瑰红色三元络合物，可比色定量。

3. 试剂

(1)铝标准使用溶液(1 μg/mL)。

(2)水杨基荧光酮溶液(0.2 g/L)：称取水杨基荧光酮(2，3，7－三羟基－9－水杨基荧光酮－6，$C_{19}H_{12}O_6$)0.020 g，加入 25 mL 乙醇及 1.6 mL 盐酸，搅拌至溶解后加纯水至 100 mL。

(3)氟化钠溶液(0.22 g/L)。

(4)乙二醇双(氨乙基醚)四乙酸($C_{14}H_{24}N_2O_{10}$，简称 EGTA)溶液(1 g/L)：称取 0.1 g EGTA，加纯水约 80 mL，加热并不断搅拌至溶解，冷却后加纯水至 100 mL。

(5)二氮杂菲溶液(2.5 g/L)：称取 2.5 g 二氮杂菲加纯水 90 mL，加热并不断搅拌至溶解，冷却后加纯水至 100 mL。

(6)除干扰混合液：临用前将 EGTA 溶液(试剂(4))、二氮杂菲溶液(试剂(5))及氟化钠溶液(试剂(3))以 4＋2＋1 体积比配制混合液。

(7)缓冲液：称取六亚甲基四胺 16.4 g，用纯水溶解后加入 20 mL 三乙醇胺，80 mL 盐酸溶液(2 mol/L)，加纯水至 500 mL。此液用酸度计测定并用盐酸溶液(2 mol/L)及六亚甲基四胺调 pH 至 6.2～6.3。

(8)氯代十六烷基吡啶(简称 CPC)溶液(10 g/L)：称取 1.0 g 氯代十六烷基吡啶，加入少量纯水搅拌成糊状，加纯水至 100 mL，轻轻搅拌并放置至全部溶解。此液在室温低于 20℃时可析出固形物。浸于热水中即可溶解，仍可继续使用。

4. 仪器

(1)分光光度计。

(2)具塞比色管：25 mL，使用前需经硝酸(1＋9)浸泡除铝。

5. 分析步骤

(1)取 10.0 mL 水样于 25 mL 比色管中。

(2)另取 25 mL 比色管 6 支，按表 2－18 加入铝标准溶液，以纯水定容至 10.0 mL。

表 2－18　杨基荧光酮分光光度法检测铝标准系列配制

加入标准溶液体积/mL	0.00	0.20	0.50	1.00	2.00	3.00
标准浓度/($mg \cdot L^{-1}$)	0.00	0.02	0.05	0.10	0.20	0.30

(3)于水样中及标准系列中加入 3.5 mL 除干扰混合液(试剂(6))摇匀。加缓冲液(试剂(7))5.0 mL，CPC 溶液(试剂(8))1.0 mL，盖上比色管塞，上下轻轻颠倒数次(尽可能少产生泡沫以免影响定容)，再加水杨基荧光酮溶液(试剂(2))1.0 mL，加纯水至 25 mL，摇匀。

(4)20 min 后，于 560 nm 处，用 1 cm 比色皿，以试剂空白为参比，测量吸光度。

(5)以浓度为横坐标、吸光度为纵坐标绘制校准曲线。

(6)根据分析步骤(4)测得的样品吸光度在校准曲线上查出样品管中铝的含量(mg/L)。

方法注释：

(1)生活饮用水中常见的离子在表2－19所示浓度以下进行不干扰测定。

表2－19　不同离子不干扰测定铝测定时的浓度限值

离子	K^+	Pb^{2+}	Zn^{2+}	Cd^{2+}	Cu^{2+}	Mn^{2+}	Li^+	Sr^{2+}	Cr^{6+}	SO_4^{2-}	Cl^-	NO_3^- －N	NO_2 －N
浓度/(mg·L^{-1})	20	500	1	0.5	1	1	2	5	0.04	250	300	1	1

(2)在EGTA存在下，以下离子在以下浓度不干扰测定：Ca^{2+} 200 mg/L；Mg^{2+} 100 mg/L。

(3)在二氮杂菲存在下，Fe^{3+}在0.3 mg/L浓度水平不干扰测定。

(4)磷酸氢二钾可隐蔽0.4 mg/L Ti^{4+}的干扰。

(5)Mo^{6+}在0.1 mg/L浓度以上严重干扰实验。

(6)除余氯的NaS_2O_3(7～21mg/L)，二氮杂菲(0.1～0.4g/L)，EGTA(0.2g/L)不干扰测定。

注意事项：

(1)缓冲液的pH范围必须严格控制，保存期不得超过两个月，最好临测前时配制，放置一晚待其稳定后再使用。

(2)所有玻璃仪器必须用(1＋9)硝酸浸泡，用前用纯水直接冲洗干净。

Ⅲ　铝试剂法

1. 适用范围

本法适用于饮用天然矿泉水及其灌装水中铝的测定，目前推广于生活饮用水及其水源水中铝的测定。

本法的最低检测质量为0.5 μg，若取25 mL水样，最低检测质量浓度为0.02 mg/L。

2. 原理

在中性或酸性介质中，铝试剂与铝反应生成红色络合物，其吸光度与铝的含量在一定浓度范围内成正比。pH＝4时，显色络合物最稳定，加入胶体物质亦可延长颜色稳定时间。

3. 试剂

(1)铝标准使用溶液(1 μg/mL)。

(2)氨水溶液(0.1 mol/L)：吸取1 mL氨水，用纯水稀释至150 mL。

(3)盐酸溶液(0.1 mol/L)：吸取1 mL盐酸，用纯水稀释至120 mL。

(4)抗坏血酸溶液(50 g/L)：不可加热，用时现配。

(5)铝试剂溶液(0.5 g/L)：称取0.25 g铝试剂金精羧酸铵($C_{22}H_{23}N_3O_9$)和5.0 g阿拉伯胶，加250 mL纯水，温热至溶解，加入66.7 g乙酸铵(CH_3·$COONH_4$)，溶解后，加63.0 mL盐酸，稀释至500 mL。必要时过滤。贮于棕色瓶中，暗处保存，可稳定6个月。

(6)对硝基酚指示剂(1 g/L)。

4. 仪器

(1)分光光度计。

(2)具塞比色管：50 mL。

5. 分析步骤

(1)吸取25.0 mL水样于50 mL具塞比色管中。

(2)另取50 mL比色管6支，按表2－20加入铝标准溶液(试剂(5))，以纯水定容至25.0 mL。

表2－20　铝试剂法检测铝标准系列配制

加入标准溶液体积/mL	0.00	0.50	1.00	2.00	4.00	6.00	8.00	10.00	15.00	20.00	25.00
标准浓度/($mg \cdot L^{-1}$)	0.00	0.02	0.04	0.08	0.16	0.24	0.32	0.40	0.60	0.80	1.00

(3)加入3滴对硝基酚指示剂(试剂(6))，若水样为中性，则显黄色，可滴加盐酸溶液(试剂(3))恰至无色；若水样为酸性，则不显色，可先滴加氨水溶液(试剂(2))至黄色，再滴加盐酸溶液(试剂(3))至黄色恰好消失。

(4)加1.0mL抗坏血酸溶液(试剂(4))，摇匀，加4.0mL铝试剂溶液(试剂(5))，用纯水稀释至50mL，摇匀，放置15min。

(5)于波长520nm处，用1cm比色皿，以试剂空白作参比测定吸光度。

(6)以浓度为横坐标、吸光度为纵坐标绘制校准曲线。

(7)根据分析步骤(5)测得的样品吸光度在校准曲线上查出样品管中铝的含量(mg/L)。

方法注释：

三价铁干扰测定，加入抗坏血酸将其还原为二价铁以消除；二价铁较高时亦对本法有干扰，可以盐酸羟基或巯基乙酸掩蔽。

注意事项：

(1)严格调节水样的pH。

(2)高浑浊度的水样对本法有干扰，需先进行离心沉淀进行预处理。

(八)铁

铁以多种形态在天然水中普遍存在，是人体的必需营养素。水中含铁量在0.3～0.5mg/L时无任何异味，达到1mg/L时便有明显的金属味。饮用水中含铁0.5mg/L时可使饮用水的色度达到30度，含铁超过0.3mg/L时，可使洗涤的衣物以及管道设备染上颜色。铁也会促使“铁细菌”的生长。

我国《生活饮用水卫生标准》(GB 5749—2006)规定饮用水中铁的指标限值为0.3mg/L，《地表水环境质量标准》(GB 3838—2002)规定饮用水地表水水源地其铁的含量不得超过0.3mg/L。

检测水中铁的含量有二氮杂菲分光光度法、原子吸收分光光度法、电感耦合等离子体发射光谱法或质谱法。其中二氮杂菲方法是在基层单位最普遍使用的。

二氮杂菲分光光度法

1. 适用范围

本法适用于测定生活饮用水及其水源水中总铁的含量。

本法最低检测质量为2.5μg(以Fe计)，若取50mL水样测定，则最低检测质量浓度为0.05mg/L。

2. 原理

在pH3～9的条件下，低价铁离子能与二氮杂菲生成稳定的橙红色络合物，在波长510nm处有最大吸收。二氮杂菲过量时，控制溶液pH为2.9～3.5，可使显色加快。

3. 仪器

(1)锥形瓶：150mL。

(2)具塞比色管：50mL。

(3)分光光度计。

4. 试剂

(1)铁标准使用液(10.0 mg/L)。

(2)盐酸溶液(1 +1)。

(3)二氮杂菲溶液(1.0 g/L):称取0.1 g 二氮杂菲($C_{12}H_8N_2 \cdot H_2O$)溶解于加有2滴浓盐酸的纯水中,并稀释至100 mL。此溶液1mL可测定100 μg以下的低铁。

注: 二氮杂菲又名邻二氮菲、邻菲绕啉,有水合物($C_{12}H_8N_2 \cdot H_2O$)及盐酸盐($C_{12}H_8N_2 \cdot HCl$)两种,都可用。

(4)盐酸羟胺溶液(100 g/L):称取10 g 盐酸羟胺($NH_2OH \cdot HCl$),溶于纯水中,并稀释至100 mL。

(5)乙酸铵缓冲溶液(pH 4.2):称取250 g 乙酸铵($NH_4C_2H_3O_2$),溶于150 mL 纯水中,再加入700 mL 冰乙酸混匀,备用。

5. 分析步骤

(1)吸取50.0 mL 振摇混匀的水样(含铁量超过50 μg时,可取适量水样稀释)于150 mL锥形瓶中。

注: 总铁包括水体中悬浮性铁和微生物体中的铁,取样时应剧烈振摇成均匀的样品,并立即量取。取样方法不同,可能会引起很大的操作误差。

(2)另取150 mL 锥形瓶8个,按表2-21加入铁标准溶液(试剂(1)),加纯水至50 mL。

表2-21 二氮杂菲分光光度法检测铁标准系列配制

加入标准溶液体积/mL	0.00	0.25	0.50	1.00	2.00	3.00	4.00	5.00
标准浓度/($mg \cdot L^{-1}$)	0.00	0.05	0.10	0.20	0.40	0.60	0.80	1.00

(3)向水样及标准管中各加4 mL 盐酸溶液(试剂(2))、1 mL 盐酸羟胺溶液(试剂(4)),小火煮沸至约30 mL,冷却至室温后移入50 mL 比色管中。

(4)向水样及标准系列比色管中各加2 mL 二氮杂菲溶液(试剂(3)),混匀后再加10.0 mL 乙酸铵缓冲溶液(试剂(5)),各加纯水至50 mL 刻度,混匀,放置10~15 min。

(5)于510 nm处,用2 cm 比色皿以纯水空白为参比,测量吸光度。

(6)以浓度为横坐标,吸光度为纵坐标绘制校准曲线。

(7)根据分析步骤(5)测得的样品吸光度在校准曲线上查出样品中铁的含量(mg/L)。

方法注释:

(1)用本法测定的为总铁。水样过滤后不加盐酸羟胺测定得到溶解性低价铁;水样过滤后,加盐酸和盐酸羟胺测定得到溶解性铁总量;从总铁中减去亚铁,即可得高铁含量。

(2)钴、铜超过5 mg/L,镍超过2 mg/L,锌超过铁的10倍对此法均有干扰,铋、镉、汞钼、银可与二氮杂菲试剂产生浑浊现象。

注意事项:

(1)所有玻璃仪器不得用铁丝柄的刷子涮洗。使用前必须用稀硝酸或盐酸(1 +1)浸泡除铁,浸泡后用纯水淋洗净,不需用自来水淋洗,避免新的污染。

(2)某些难溶性亚铁盐要在pH 2左右才溶解,如果发现尚有未溶的铁可继续煮沸至剩15 mL。

（3）总铁包括水体中悬浮性铁和微生物体中的铁，取样时应剧烈振摇成均匀的样品，并立即量取。取样方法不同，可能会引起很大的操作误差。

（4）乙酸铵试剂可能含有微量铁，故缓冲溶液的加入量要准确一致。

（5）若水样较清洁，含难溶亚铁盐少时，可将所加各种试剂用量减半，但标准系列与样品操作必须一致。

（九）锰

水中锰可来自自然环境和工业废水污染。环境水样中锰的含量可在几微克/升到几百微克/升范围。供水中锰超过 0.1mg/L 时，会给饮用水带有不好的味道，并使卫生洁具和衣物染色，也会导致配水系统沉积物积累，成为黑色沉淀物脱落。

我国《生活饮用水卫生标准》（GB 5749—2006）规定饮用水中锰含量不得超过 0.1 mg/L，《地表水环境质量标准》（GB 3838—2002）规定生活饮用水地表水源地的水中锰含量不得超过 0.1 mg/L。

检测水中锰含量的方法有过硫酸铵分光光度法、甲醛肟分光光度法、高碘酸银钾分光光度法、原子吸收分光光度法、电感耦合等离子体发射光谱法或质谱法。本教材仅对基层化验室普遍选用的过硫酸铵分光光度法、甲醛肟分光光度法做进一步介绍。

Ⅰ　过硫酸铵分光光度法

1. 适用范围

本法适用于测定生活饮用水及其水源水中总锰的含量。

本法最低检测质量为 2.5 μg，若取 50 mL 水样测定，则最低检测质量浓度为 0.05 mg/L。

2. 原理

在硝酸根存在下，锰被过硫酸铵氧化成紫红色的高锰酸盐，其颜色的深度与锰的含量成正比。如果溶液中有过量的过硫酸铵时，生成的紫红色至少能稳定 24 h。

3. 试剂

（1）配制试剂及稀释溶液所用的纯水不得含还原性物质，否则可加过硫酸铵处理。例如取 500 mL 去离子水，加 0.5 g 过硫酸铵煮沸 2 min 放冷后使用。

（2）锰标准使用溶液（10　μg/mL）。

（3）过硫酸铵[$(NH_4)_2S_2O_8$]：干燥固体。

（4）硝酸银－硫酸汞溶液：称取 75 g 硫酸汞溶于 600 mL 硝酸溶液（2＋1）中，再加 200 mL 磷酸及 35 mg 硝酸银，放冷后加纯水至 1000 mL，储于棕色瓶中。

（5）盐酸羟胺溶液（100 g/L）。

4. 仪器

（1）锥形瓶：150 mL。

（2）具塞比色管：50 mL。

（3）分光光度计。

5. 分析步骤

（1）吸取 50.0 mL 水样于 150 mL 锥形瓶中。

（2）另取 150 mL 锥形瓶 9 个，按表 2－22 加入锰标准溶液（试剂（2）），加纯水至 50.0 mL。

表 2－22　过硫酸铵分光光度法检测锰标准系列配制

加入标准溶液体积/mL	0.00	0.25	0.50	1.00	3.00	5.00	10.00	15.00	20.00
标准浓度/($mg \cdot L^{-1}$)	0.00	0.05	0.10	0.20	0.60	1.00	2.00	3.00	4.00

(3)向水样及标准系列锥形瓶中各加 2.5 mL 硝酸银－硫酸汞溶液(试剂(4))，煮沸至剩约 45 mL 时，取下稍冷，如有浑浊，可用滤纸过滤。

(4)将 1 g 过硫酸铵(试剂(3))分次加入锥形瓶中，缓缓加热至沸。取下，放置1 min，用水冷却。

(5)将水样及标准系列中的溶液分别移入 50 mL 比色管中，加纯水至刻度，混匀。

(6)于波长 530 nm 处，用 5 cm 比色皿，以纯水作参比测定吸光度。

(7)以浓度为横坐标、吸光度为纵坐标绘制校准曲线。

(8)根据分析步骤(6)测得的样品吸光度在校准曲线上查出样品管中锰的含量(mg/L)。

方法注释：

(1)氯离子因能沉淀银离子而抑制催化作用，可由试剂中所含的汞离子予以消除。小于 100mg 的氯离子不干扰测定。

(2)加入磷酸可络合铁等干扰元素。

(3)如水样中有机物较多，可多加过硫酸铵，并延长加热时间，使溶液中保持有剩余的过硫酸铵。由于过硫酸铵在热的溶液中易于分解，所以在加完规定量的过硫酸铵，溶液显色即取下。在夏季或高温环境下，若任其自然冷却，需要较长时间，在此过程中过硫酸铵将继续分解，因而要用冷水加速冷却。

(4)如原水样有颜色时，可向有色的样品溶液中滴加盐酸羟胺溶液，至生成的高锰酸盐完全褪色为止，此时测量水样的吸光度为样品空白吸光度。计算结果时，应将样品的吸光度减去空白吸光度，再从工作曲线查出锰的质量。

注意事项：

过硫酸铵在干燥时较为稳定，水溶液或受潮的固体容易分解放出过氧化氢而失效。本法常因此试剂分解而失败，应注意。建议分装，或每次使用后置于干燥器中保存。

Ⅱ　甲醛肟分光光度法

1. 适用范围

本法适用于测定生活饮用水及其水源水中总锰的含量。

本法最低检测质量为 1.0 μg，若取 50 mL 水样测定，则最低检测质量浓度为 0.02 mg/L。

2. 原理

在碱性溶液中，甲醛肟与锰形成棕红色的化合物，在波长 450 nm 处测量吸光度。

3. 试剂

(1)锰标准使用溶液(10　μg/mL)。

(2)硝酸 $\rho_{20}=1.42$ g/mL。

(3)过硫酸钾。

(4)亚硫酸钠。

(5)硫酸亚铁铵溶液：称取 700 mg 硫酸亚铁铵[$(NH_4)_2Fe(SO_4)_2 \cdot 6H_2O$]，加入硫酸溶液(1＋9)10 mL，用纯水稀释至 1000 mL。

(6)氢氧化钠溶液(160 g/L)。

(7)乙二胺四乙酸二钠溶液(372 g/L)：称取37.2 g乙二胺四乙酸二钠，加入氢氧化钠溶液(试剂(6))约50 mL，搅拌至完全溶解，用纯水稀释至100 mL。

(8)甲醛肟溶液：称取10 g盐酸羟胺($NH_2OH \cdot HCl$)溶于约50 mL纯水中，加5 mL甲醛溶液，用纯水稀释至100 mL。将试剂存放在阴凉处，至少可保存1个月。

(9)氨水溶液：量取70 mL氨水，用纯水稀释至200 mL。

(10)盐酸羟胺溶液(417 g/L)。

(11)氨性盐酸羟胺溶液：将氨水溶液(试剂(9))和盐酸羟胺溶液(试剂(10))等体积混合。

4. 仪器

(1)具塞比色管：50 mL。

(2)分光光度计。

5. 分析步骤

(1)取50 mL水样于50 mL比色管中。

(2)取50 mL比色管8支，按表2-23加入锰标准溶液(试剂(1))，加纯水至50.0 mL。

表2-23 甲醛肟分光光度法检测锰标准系列配制

加入标准溶液体积/mL	0.00	0.10	0.25	0.50	1.00	2.00	3.00	4.00
标准浓度/($mg \cdot L^{-1}$)	0.00	0.02	0.05	0.10	0.20	0.40	0.60	0.80

(3)加1.0 mL硫酸亚铁铵溶液(试剂(5))、0.5 mL乙二胺四乙酸二钠溶液(试剂(7))混匀后，加入0.5 mL甲醛肟溶液(试剂(8))，并立即加1.5 mL氢氧化钠溶液(试剂(6))，混匀后打开管塞静置10 min。

(4)加3 mL氨性盐酸羟胺溶液(试剂(11))，至少放置1 h。

(5)于波长450 nm处，用5 cm比色皿，以纯水作参比测定吸光度。

(6)以浓度为横坐标、吸光度为纵坐标绘制校准曲线。

(7)根据分析步骤(5)测得的样品吸光度在校准曲线上查出样品管中锰的含量(mg/L)。

方法注释：

对浑浊水样，或含悬浮锰以及有机锰的水样，需要进行水样预处理。

预处理方法：取一定量水样置于锥形瓶中，每100 mL水样加硝酸(试剂(2))1 mL，过硫酸钾(试剂(3))0.5 g及数粒玻璃珠，加热煮沸约30 min，稍冷后，以快速定性滤纸过滤，用稀硝酸溶液[$c(HNO_3)=0.1$ mol/L]洗涤滤纸数次。滤液中加入约1.0 g亚硫酸钠(试剂(5))，用纯水定容至一定体积，作为测试溶液。

注意事项：

(1)试验必须在中性或弱碱性情况下进行，才能准确检测出样品的浓度。市售的标准溶液或质控样通常为酸性介质，制作曲线的标准使用溶液必须调节pH值，否则会导致标准曲线偏低。环境标准样也同样要调节pH值，不然加试剂后也不显色，起不到质量控制的作用。稀释标准或质控样时，先用纯水稀释到一定体积，加160 g/L氢氧化钠调节pH，然后再定容。即配即用。

(2)根据待检水样锰的含量来制定标准曲线，可制备高低浓度段两条曲线以备需要时使用。

（十）硫酸盐

硫酸盐在自然界中广泛存在，一般地下水及地面水均含有硫酸盐。不同地区天然水中硫酸盐的浓度相差很大。水中的亚硫酸盐可被氧化为硫酸盐，而硫酸盐在缺氧的条件下易被还原为硫化物。

饮用水中硫酸盐浓度过高，易使锅炉和热水器结垢，产生不良的水味。饮用硫酸盐含量较高的水，旅行者或偶然使用者通常出现轻泻，但短时间后可适应。

我国《生活饮用水卫生标准》（GB 5749—2006）规定饮用水中硫酸盐含量不得超过250 mg/L，《地表水环境质量标准》（GB 3838—2002）规定生活饮用水地表水源地硫酸盐项目标准限值为250 mg/L。

硫酸盐可用重量法、铬酸钡分光光度法、比浊法、离子色谱法测定。重量法比较准确，但手续繁杂，最低检测质量为5 mg，取样500 mL时最低检测质量浓度为10 mg/L。比浊法适用于40 mg/L以下的水样，但必须严格控制操作条件。离子色谱法因需要投入专用设备，因此其应用受到一定限制。基层单位化验室应用铬酸钡分光光度法（冷法）较多。

铬酸钡分光光度法（冷法）

1. 适用范围

本法适用于生活饮用水及其水源水中可溶性硫酸盐的测定。

本法最低检测质量为0.05 mg，若10 mL水样测定，则最低检测质量浓度为5 mg/L。

本法适用于检测硫酸盐含量为5～100 mg/L的水样。

2. 原理

在酸性溶液中，硫酸盐与铬酸钡生成硫酸钡沉淀和铬酸离子，加入乙醇降低铬酸钡在水溶液中的溶解度。过滤除去硫酸钡及过量的铬酸钡沉淀，滤液中为硫酸盐所取代的铬酸离子，呈现黄色，比色定量。

3. 仪器

（1）具塞比色管：25 mL和10 mL。

（2）分光光度计。

4. 试剂

（1）硫酸盐标准溶液[$\rho(SO_4^{2-})=0.5$ mg/mL]。

（2）铬酸钡悬浊液：称取2.5g铬酸钡（$BaCrO_4$），加入200 mL乙酸－盐酸混合液{[$c(CH_3COOH)=1$ mol/L]和[$c(HCl)=0.02$ mol/L]等体积混合}中，充分振摇混合，制成悬浊液，贮存于聚乙烯瓶中，使用前摇匀。

注：如果只用0.02 mol/L盐酸配制，比色时由于溶液呈碱性，在钙存在下的空气中的CO_2溶入澄清的滤液形成碳酸钙使呈浑浊状。为了避免这种干扰，在悬浊液中加入乙酸，当用氨水中和后，形成缓冲系统，使pH约为10，碳酸钙不能析出，避免产生浑浊。

（3）钙氨溶液：称取1.9 g氯化钙（$CaCl \cdot 2H_2O$），加入500 mL氨水[$c(NH_3 \cdot H_2O)=6$ mol/L]中。密塞保存。

注：氨水吸入空气中的二氧化碳形成碳酸铵，可使空白值升高，最好临用前配制。

（4）乙醇[$\varphi(C_2H_5OH)=95\%$]。

5. 分析步骤

（1）量取10 mL水样，置于25 mL具塞比色管中。

（2）另取25 mL具塞比色管7支，按表2－24加入硫酸盐标准溶液（试剂（1）），以纯水稀释至10.0 mL。

表2-24　铬酸钡分光光度法(冷法)检测硫酸盐标准系列配制

加入标准溶液体积/mL	0.00	0.10	0.20	0.40	0.60	0.80	1.00
标准浓度/($mg \cdot L^{-1}$)	0.0	5.0	10.0	20.0	30.0	40.0	50.0

(3)于水样和标准管中各加入5.0 mL经充分摇匀的铬酸钡悬浮液(试剂(2)),充分混匀,静置3 min。

(4)加入1.0 mL钙氨溶液(试剂(3)),混匀,加入10 mL乙醇(试剂(4)),密塞,猛烈振摇1 min。

(5)用慢速定量滤纸过滤,弃去10 mL初滤液,收集滤液于10 mL具塞比色管中,于420 nm波长,3 cm比色皿,以纯水为参比,测量吸光度。

(6)以减去空白后的吸光度对应硫酸盐含量,绘制工作曲线,从曲线上查出样品管硫酸盐的含量(mg/L)。

方法注释:

(1)水样中的碳酸盐可与钡离子生成沉淀,加入钙氨溶液消除碳酸盐的干扰。

(2)铬酸钡在水中有一定的溶解度,对低浓度硫酸盐影响很大,造成曲线向上弯曲。不加乙醇,空白很高,加入量越大,空白值越低。

(3)温度高时铬酸钡溶解度增加,空白值增大。

(4)水中阳离子总量大于250 mg/L或重金属离子浓度大于10 mg/L时,应将水样通过阳离子交换树脂柱除去水中阳离子。

(十一)挥发酚类

酚类主要来自炼油、煤气洗涤、炼焦、造纸、合成氨、木材防腐和化工等废水,酚类为原生质毒。长期接触被酚污染的水,可引起头昏、出疹、瘙痒、贫血、各种神经系统症状。酚具有异臭,对饮用水进行加氯消毒时,能形成臭味更强烈的氯酚,往往引起使用者的反感。在酚类化合物中能与氯结合形成氯酚臭的,主要是苯酚、甲苯酚、苯二酚等在水质检验中能被蒸馏出和检出的酚类化合物。

根据酚类能否与水蒸气一起蒸出,分为挥发酚和不挥发酚。挥发酚通常是指在230℃以下的酚类,通常属一元酚。我国《生活饮用水卫生标准》GB 5749—2006和《地表水环境质量标准》(GB 3838—2002)分别规定了饮用水和地表水Ⅱ类水中挥发酚含量不得超过0.002 mg/L。

酚类的分析方法很多,普遍采用的是4-氨基安替吡啉(4-AAP)分光光度法。当水样中挥发酚类低于0.5 mg/L时采用4-氨基安替吡啉三氯甲烷萃取分光光度法,浓度高于0.5 mg/L时采用4-氨基安替吡啉直接光度法。

4-氨基安替吡啉三氯甲烷萃取分光光度法

1. 适用范围

本法适用于生活饮用水及其水源水中挥发酚类的测定。

本法最低检测质量为0.5 μg(以苯酚计),若250 mL水样测定,则最低检测质量浓度为0.002 mg/L(以苯酚计)。

2. 原理

在pH(10.0 ±0.2)和铁氰化钾存在的溶液中,酚与4-氨基安替吡啉形成红色的安替吡啉染料，用三氯甲烷萃取后比色定量。

3. 仪器

(1)全玻璃蒸馏器：500 mL。

(2)分液漏斗：500 mL。

(3)具塞锥形瓶：500 mL。

(4)容量瓶：250 mL。

(5)具塞比色管：10 mL。比色管用前必须干燥，否则可使比色液浑浊。

(6)分光光度计。

4. 试剂

(1)纯水。本法所用纯水不得含酚及游离余氯。

无酚水制备方法如下：以氢氧化钠调节 pH 1～12，加热蒸馏。原因是在碱性溶液中，酚形成酚钠不被蒸出。

(2)酚标准储备溶液(1000 mg/L)：冰箱保存，至少可保存1个月。

(3)酚标准使用溶液(1.00 mg/L)：临用时配制。

(4)三氯甲烷。

(5)硫酸铜溶液(100 g/L)。

(6)4－氨基安替吡啉溶液(20 g/L)：储存于棕色瓶中，临用时配制。

(7)铁氰化钾溶液(80 g/L)：储存于棕色瓶中，临用时配制。

(8)溴酸钾－溴化钾溶液[$c(1/6KBrO_3)=0.1$ mol/L]：称取2.78 g干燥的溴酸钾($KBrO_3$)，溶于纯水中，加入10 g溴化钾(KBr)，并稀释至1000 mL。

(9)硫酸溶液(1+9)。

(10)淀粉溶液(5 g/L)：将0.5 g可溶性淀粉用少量纯水调成糊状，再加刚煮沸的纯水至100 mL。冷却后加入0.1 g水杨酸或0.4 g氯化锌保存。

(11)氨水－氯化铵缓冲溶液(pH 9.8)：称取20 g氯化铵(NH_4Cl)溶于100 mL氨水($\rho_{20}=0.88$ g/mL)中。

5. 水样处理

量取250 mL水样，置于500 mL蒸馏器中，若含游离氯先加入亚砷酸钠脱氯，加入数滴甲基橙指示剂，用硫酸溶液(试剂(9))调pH至4.0以下，使水由桔黄色变为橙色，加入5 mL硫酸铜溶液(试剂(5))及数粒玻璃珠，以先加入少量无酚水的500 mL具塞锥形瓶作为收集器，加热蒸馏。待蒸馏出水超过水样总体积的90%，停止蒸馏。稍冷，向蒸馏瓶内加入25 mL纯水，继续蒸馏，直至收集250 mL馏出液为止。

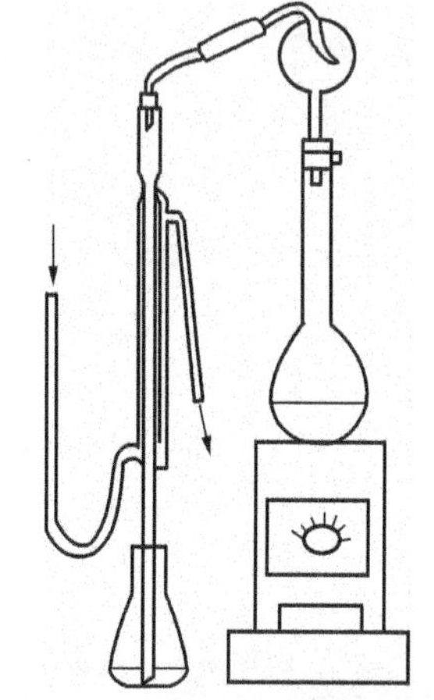

图2－15　挥发酚类蒸馏示意图

6. 测定步骤

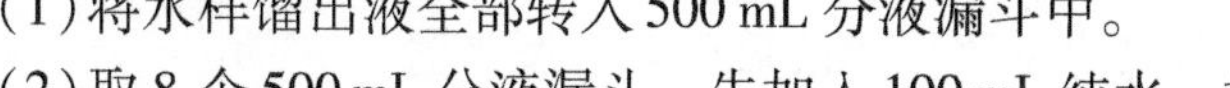

(1)将水样馏出液全部转入500 mL分液漏斗中。

(2)取8个500 mL分液漏斗，先加入100 mL纯水，按表2－25加入酚标准溶液(试剂(3))，再补加纯水至250 mL。

表 2－25　4－氨基安替吡啉三氯甲烷萃取分光光度法检测挥发酚标准系列配制

加入标准溶液体积/mL	0.00	0.50	1.00	2.00	4.00	6.00	8.00	10.00
标准浓度/(mg·L^{-1})	0.000	0.002	0.004	0.008	0.016	0.024	0.032	0.040

(3)向各分液漏斗中分别加入 2 mL 氨水－氯化铵缓冲溶液(试剂(11))，混匀。再加入 1.50 mL 4－氨基安替吡啉溶液(试剂(6))，混匀，最后加入 1.50 mL 铁氰化钾溶液(试剂(7))，充分混匀，准确静置 10 min。加入 10.0 mL 三氯甲烷(试剂(4))，振摇 2 min，静置分层。在分液漏斗颈部塞入滤纸卷，缓缓放出三氯甲烷，以干燥 10 mL 具塞比色管收集。

(4)于 460 nm 波长处，用 2 cm 比色皿，以三氯甲烷为参比，测量吸光度。

(5)以浓度为横坐标，吸光度为纵坐标绘制校准曲线。

(6)根据测定步骤(4)测得的样品吸光度在校准曲线上查出样品中挥发酚的含量(mg/L)。

方法注释：

(1)水中还原性硫化物、氧化剂、苯胺类化合物及石油等干扰酚的测定。硫化物经酸化及加入硫酸铜在蒸馏时与挥发酚分离(图 2－14)；游离氯等氧化剂可在采样时加入硫酸亚铁或亚砷酸钠还原，或在蒸馏前滴加硫代硫酸钠除去。苯胺类在酸性溶液中形成盐类不被蒸出。石油可在碱性条件下用有机溶剂萃取后除去。

(2)实际工作中，4－AAP 与酚在水溶液中生成的红色染料由于浓度低的原因，目视呈黄色，随着浓度的增大逐渐向红色变化。4－AAP 与酚在水溶液中生成的红色染料萃取至三氯甲烷中可稳定 4h，时间过长颜色由红变黄。

注意事项：

(1)由于酚类化合物易氧化并为微生物所分解，采样时水样要加氢氧化钠保存剂至 pH≥12。

(2)所有玻璃仪器不得使用橡胶塞、橡胶管连接蒸馏瓶及冷凝管，以防止对测定的干扰。所有玻璃仪器使用后必须用铬酸钾洗液洗涤，用自来水充分冲洗，以无酚水淋洗。

(3)由于酚随水蒸气挥发，速度缓慢，收集馏出液的体积应与原水样体积相等。试验证明，接收的馏出液体积不与原水样相等，将影响回收率。

(4)各种试剂加入的顺序不得更改！缓冲液与铁氰化钾加入体积误差不超过 0.1mL，对测定没有影响，4－AAP 的加入量必须准确，以消除 4－AAP 可能分解生成的安替吡啉红，使空白值增高所造成的误差。

(5)4－AAP 的纯度影响灵敏度及重现性，应选用质量良好的成品，否则必须进行纯化。

(6)加入铁氰化钾后，必须严格控制加入铁氰化钾后用三氯甲烷萃取之前的时间，使空白与标准的放置时间一致，方能获得良好的结果。

(7)每次振荡的时间和力度必须保持一致，建议采用电动振荡器。

(8)控制室温，比色室的温度相对低时也可出现浑浊。

(十二)阴离子洗涤剂

阴离子表面活性剂主要指直链烷基苯磺酸钠(LAS)和烷基磺酸钠类物质。生活污水与表面活性剂制造工业的废水，含有大量的阴离子表面活性剂，容易在水面上产生不易消失的泡沫，并消耗水中的溶解氧，恶化水环境。阴离子洗涤用品属低毒性物质，通过皮肤吸附，高浓度时对多种脏器产生毒性影响，甚至累积，因此需严格控制废水排放。

国家《生活饮用水卫生标准》(GB 5749—2006)中阴离子合成洗涤剂标准限值订为0.3 mg/L。《地表水环境质量标准》(GB 3838—2002)规定地表水Ⅱ类其阴离子表面活性剂含量不得超过0.2 mg/L。

水中阴离子合成洗涤剂的测定方法有亚甲蓝分光光度法、二氮杂菲萃取分光光度法，其中前者应用较为普遍。

Ⅰ　亚甲蓝分光光度法

1. 适用范围

本法适用于生活饮用水及其水源水中阴离子洗涤剂的测定。

本法用十二烷基苯磺酸钠作为标准，最低检测质量为5 μg。若取100 mL水样测定，则最低检测质量浓度为0.050 mg/L。

2. 原理

亚甲蓝染料在水溶液中与阴离子合成洗涤剂形成易被有机溶剂萃取的蓝色化合物。未反应的亚甲蓝则仍留在水溶液中。根据有机相蓝色的强度，测定阴离子合成洗涤剂(以十二烷基苯磺酸钠计)的含量。

3. 仪器

(1)分液漏斗：125 mL。

(2)具塞比色管：25 mL。

(3)分光光度计。

4. 试剂

(1)十二烷基苯磺酸钠(DBS)标准溶液[ρ(DBS) = 10 mg/L]。

注：市售阴离子洗涤剂标准有两种，一种用十二烷基苯磺酸钠为原料配制，一种用亚甲蓝活性物质配制。本法用十二烷基苯磺酸钠作为标准，购置时注意正确选取。

(2)三氯甲烷。

(3)亚甲蓝溶液：称取30 mg亚甲蓝($C_{16}H_{18}ClN_3S \cdot 3H_2O$)溶于500 mL纯水中，加6.8 mL浓硫酸($\rho_{20}$ = 1.84 g/mL)和50 g磷酸二氢钠($NaH_2PO_4 \cdot H_2O$)，溶解后用纯水稀释至1000 mL。

(4)氢氧化钠溶液(40 g/L)。

(5)硫酸溶液[$c(1/2H_2SO_4)$ = 0.5 mol/L]：取2.8 mL硫酸(ρ_{20} = 1.84 g/mL)加入纯水中，并稀释至100 mL。

(6) 酚酞溶液(1 g/L)：称取1.0 g酚酞($C_{20}H_{14}O_4$)溶于乙醇溶液(1 + 1)中，并稀释至100 mL。

(7)洗涤液：取6.8mL浓硫酸(ρ_{20} = 1.84 g/mL)和50g磷酸二氢钠($NaH_2PO_4 \cdot H_2O$)，溶于纯水中，并稀释至1000 mL。

5. 检测步骤

(1)吸取50.0 mL水样，置于125 mL分液漏斗中。

(2)另取125 mL分液漏斗7个，按表2－26加入十二烷基苯磺酸钠标准溶液(试剂

(1))，用纯水稀释至 50 mL。

表 2-26　亚甲蓝分光光度法检测阴离子洗涤剂标准系列配制

加入标准溶液体积/mL	0.00	0.50	1.00	2.00	3.00	4.00	5.00
标准浓度/($mg \cdot L^{-1}$)	0.000	0.100	0.200	0.400	0.600	0.800	1.000

(3)向水样和标准系列中各加 3 滴酚酞溶液(试剂(6))，逐滴加入氢氧化钠(试剂(4))至水呈碱性，即微红色，然后再逐滴加入硫酸溶液(试剂(5))，使微红刚好褪去。加入 5 mL 三氯甲烷(试剂(2))，10 mL 亚甲蓝溶液(试剂(3))，猛烈振摇 0.5 min，放置分层。若水相中蓝色耗尽，则应另取少量水重新测定。

(4)将三氯甲烷相放入第二套分液漏斗中。

(5)向第二套分液漏斗中加入 25 mL 洗涤液(试剂(7))，猛烈振摇 0.5 min，静置分层。

(6)在分液漏斗颈管内，塞入少许洁净的玻璃棉滤除水珠，将三氯甲烷缓缓放入 25 mL比色管中。

(7)各加 5 mL 三氯甲烷(试剂(2))于分液漏斗中，振荡并放置分层后，合并三氯甲烷相于 25 mL 比色管中，同样再操作一次。最后用三氯甲烷稀释至刻度。

(8)于 650 nm 波长，用 3 cm 比色皿，以三氯甲烷为参比，测量吸光度。

(9)以阴离子合成洗涤剂含量(mg/L)为横坐标，吸光度为纵坐标绘制校准曲线。

(10)根据检测步骤(8)测得的样品吸光度在校准曲线上查出样品管中阴离子合成洗涤剂的含量(mg/L)。

方法注释：

(1)能与亚甲蓝反应的物质对本法均有干扰。酚、有机硫酸盐、磺酸盐、磷酸盐以及大量氯化物(2000 mg)、硝酸盐(5000 mg)、硫氰酸盐等均可使结果偏高。

(2)余氯可产生正干扰，阳离子表面活性剂，胺类产生负干扰。

(3)若水样中阴离子合成洗涤剂小于 5 μg，应增加水样体积。此时标准系列的体积应一致；若大于 100 μg 时，取适量水样，稀释至 50 mL。

注意事项：

(1)水中阴离子合成洗涤剂不稳定，水样应稳定保存或采样后 24 h 测定。

(2)十二烷基苯磺酸钠标准溶液需用纯品配制。配制时摇匀动作不宜过大，否则容易产生泡沫。该标准溶液不稳定，建议临用时配制。

(3)所有玻璃仪器使用前先用水彻底清洁，然后用盐酸-乙醇溶液(1+9)洗涤，最后用水冲洗干净。分液漏斗的活塞不得用油脂润滑。

(4)绘制校准曲线和水样的测定，应使用同一批三氯甲烷、亚甲蓝洗涤液。

(5)空白吸光度有时会超过 0.02，且波动性较大，可多做几个空白试验，取均值扣除。

(6)每次振荡的时间和力度必须保持一致，建议采用电动振荡器。

(7)有人对本法进行改进研究，建议第一次加入三氯甲烷的用量提高至 10 mL，可减少萃取操作一次，减轻劳动强度。

Ⅱ　二氮杂菲萃取分光光度法

1. 适用范围

本法适用于生活饮用水及其水源水中阴离子合成洗涤剂的测定。

本法最低检测质量为 2.5 μg。若取 100 mL 水样测定，则最低检测质量浓度为 0.025 mg/L(以十二烷基苯磺酸钠计)。

2. 原理

水中阴离子合成洗涤剂与 Ferroin(Fe^{2+} 与二氮杂菲形成的配合物)形成离子缔合物，可被三氯甲烷萃取，于 510 nm 波长下测定吸光度。

3. 仪器

(1)分液漏斗：250 mL。

(2)分光光度计。

4. 试剂

(1)十二烷基苯磺酸钠(DBS)标准溶液[ρ(DBS) =10 mg/L]。

(2)三氯甲烷。

(3)二氮杂菲溶液(2 g/L)：称取 0.2 g 氮杂菲($C_{12}H_8N_2 \cdot H_2O$) 溶于纯水中，加 2 滴浓盐酸，(ρ_{20} =1.18 g/mL)并用纯水稀释至 100 mL。

(4)乙酸铵缓冲溶液：称取 250 g 乙酸铵($NH_4C_2H_3O_2$)，溶于 150 mL 纯水中，再加入 700 mL 冰乙酸，混匀。

(5)盐酸羟胺 - 亚铁溶液：称取 10 g 盐酸羟胺，加入 0.211 g 硫酸亚铁胺[$Fe(NH_4)_2(SO_4)_2 \cdot 6H_2O$]溶于纯水中，并稀释至 100 mL。

5. 检测步骤

(1)吸取 100 mL 水样于 250 mL 分液漏斗中。

(2)另取 250 mL 分液漏斗 8 只，按表 2 - 27 加入 DBS 标准溶液(试剂(1))，加纯水至 100 mL。

表 2 - 27　二氮杂菲分光光度法检测阴离子洗涤剂标准系列配制

加入标准溶液体积/mL	0.00	0.25	0.50	1.00	2.00	3.00	4.00	5.00
标准浓度/($mg \cdot L^{-1}$)	0.000	0.025	0.050	0.100	0.200	0.300	0.400	0.500

(3)于水样及标准系列各加 2 mL 二氮杂菲溶液(试剂(3))、10 mL 缓冲液(试剂(4))、1.0 mL 盐酸羟胺 - 亚铁溶液(试剂(5))和 10 mL 三氯甲烷(每加入一种试剂均需摇匀)，萃取振摇 2 min，静置分层，于分液漏斗颈部塞入一小团脱脂棉，分出三氯甲烷相于干燥的 10 mL 比色管中。

(4)于 510 nm 波长，用 3 cm 比色皿，以三氯甲烷为参比，测量吸光度。

(5)以浓度为横坐标、吸光度为纵坐标绘制校准曲线。

(6)根据检测步骤(4)测得的样品吸光度在校准曲线上查出样品管中阴离子合成洗涤剂的含量(mg/L)。

方法注释：

(1)生活饮用水及其水源水中常见的共存物质对本法无干扰。

(2)阳离子表面活性剂质量浓度为 0.1mg/L 时，会产生误差为 -28.4% 的严重干扰。

（十三）总氯、游离氯

余氯系指用氯消毒时，加氯接触一定时间后，水中所剩余的氯量，余氯包括游离余氯和化合余氯两种。游离余氯以次氯酸、次氯酸盐离子和溶解的单质氯形式存在的氯。化合余氯是以氯胺和有机氯胺形式存在的总氯的一部分。总氯是指以“游离氯”和“化合氯”两种形式存在的氯总量。

注： 氯胺是饮用水加氯消毒的副产物，当将氨加进氯化的饮用水时形成。根据氢原子被氯原子取代的数量，主要有一氯胺、二氯胺和三氯胺，其中一氯胺可保持余氯的消毒作用。

目前广泛使用的检测饮用水中总氯、游离氯的方法多采用 N，N－二乙基对苯二胺分光光度法（DPD 光度法）。

由于该项目为现场检测项目，一般使用便携式余氯仪在现场测定。DPD 试剂已实现试剂盒产业化，有分别测定总氯、游离氯的独立试剂包。如何正确使用余氯仪检测余氯，请参看本教材第四章相关章节内容。

第五节　原子荧光分析法

一、方法概述

原子荧光光谱法是介于原子吸收光谱和原子发射光谱之间的光化学分析技术，与这两种分析方法有着许多共同之处。该方法具有谱线简单，高灵敏度，低检出限，可以同时测定多种元素等特点。

（一）原子荧光光谱法的基本原理

当气态基态原子被具有特征波长的共振线照射后，此原子的外层电子吸收辐射能，可从基态或低能态跃迁到高能态，其中大部分由于二次碰撞而跃迁回基态，不发生辐射。但少部分激发原子能迅速地从激发态返回基态时同时发射出与原激发波长相同或不同的辐射，这种光叫作原子荧光。原子荧光光谱法是通过测量待测元素的原子蒸气在辐射能激发下产生的荧光发射强度，来确定待测元素含量的方法。

（二）应用情况

原子荧光法具有测定简单，检出限较低，可以测定多种元素等特点。线性测量范围可达 3 个数量级，对大多数样品无须稀释就可直接测定；同时原子荧光法允许的干扰物浓度较高，对于基体较复杂的样品一般不经分离即可直接测定。

水质分析中，已应用该方法于水中砷、汞、镉、铅、锑、硒等项目的检测。

二、原子荧光光度计

（一）原子荧光光度计的构造

原子荧光光度计的结构由四部分组成，即激发光源、光学系统、原子化系统和测光系统（图 2－16）。

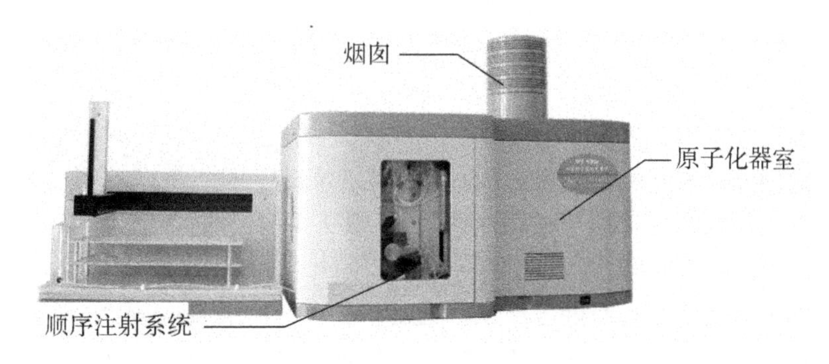

图 2-16　原子荧光仪示意图

1. 激发光源

采用空心阴极灯，这种灯有两个阴极(主阴极和辅阴极)，一个阳极。它发出的光谱与普通空心阴极灯比较，特征谱线强度更强，杂散谱线种类减少、强度相对降低。

2. 光学系统

采用无色散光学系统，即单透镜聚焦。氢化物发生-原子荧光仪器具有很好的自单色性。自单色性是指所用的元素灯发出特征波长的光，对原子化器中产生的基态原子激发是有选择性的。

3. 原子化系统

采用低温石英原子化器，整个石英管壁均没有加热，只在石英管端口装置有点火炉丝。点火炉丝的热量将整个石英炉间接加热，石英管的温度达到 200 ℃。这一温度是多数元素的最佳工作温度。

4. 测光系统

原子化器产生的原子特征光源照射后发出荧光，荧光通过光检测器将光信号转变成电信号，被单片机采集，最后由系统机对数据进行处理和计算。

(二)原子荧光光度计的使用

(1)实验室温度在 15～30℃，湿度小于 75%。应配备精密稳压电源且电源应有良好接地。仪器台后部距墙面应有 50 cm 距离，便于仪器的安装与维护。

(2)氩气纯度大于 99.99%，配备标准氧气减压阀。

(3)更换元素灯时一定要关闭主机电源。

(4)注意开机的顺序为计算机、仪器主机、顺序注射或双泵。

(5)将调光器放在原子化器石英炉芯上，分别调节 A、B 灯源的位置，使光斑位于调光器的十字线中心。

(6)仪器使用前应检查二级气液分离器(水封)中是否有水。

(7)调节泵管至合适的程度(观测排液是否正常，气液分离器及排废管不得有积液，同时不得有气泡带出)。

(8)测量前仪器应运行预热 1h。

(9)点火炉丝的上部与石英炉芯应在一水平面上。点火后最好能观测一下炉丝是否点亮。

(10)测量过程中不能进行其他软件操作。

(11)样品必须澄清不能有杂质，不能进浓度过高的标准和样品($c(As) < 100$ μg/L、$c(Hg) < 10$ μg/L)。

(三)仪器的日常维护

(1)泵管定期滴加硅油；不测量时应打开压块，不能长时间挤压泵管。

(2)定期检查注射器连接是否松动并拧紧(仅限9系列仪器)。

(3)测量结束后一定用纯水清洗进样系统。

(4)注意运行清洗程序时只能进纯水，绝对不能进其他试剂(仅限9系列仪器)。

(5)原子化器使用时间较长时，还原剂及其他杂质会令石英炉芯沾污，应将原子化器拆下后清洗石英炉芯(炉芯用硝酸(1+1)浸泡，直到污渍去除)。同时用湿布擦拭原子化器室。

(6)在使用一段时间后，应随时向泵管与泵头间的空隙滴加硅油，以保护泵管。

(7)由于检测时样品酸度较高，造成自动进样器周围环境的空气酸度过大。自动进样器的导轨轴需要涂上润滑油(用机油或硅油)。

(四)期间核查

期间核查的目的是为了检查在检定周期之内运行的检测设备是否仍维持其计量性能的合格状态。若仪器使用频率较高，或仪器使用年限较久而性能已不太稳定，或在仪器故障修复之后重新投入使用之前，都有必要通过核查来检查仪器的性能状态。

核查的具体方法可参考计量检定或校准规程选择部分内容进行，也可以参考仪器验收的方法选择部分内容进行。

三、检测项目

配备了原子荧光光度计的水质化验室，可以应用原子荧光法开展水中砷、汞、镉、铅、锑几个项目的检测。本节提供的检测方法细则参考国家标准《生活饮用水标准检验方法　金属指标》(GB/T 5750.6—2006)编写。仪器的参数设置和试剂使用量随仪器型号的不同可能需要调整。

(一)砷

砷在自然界中广泛存在。水中砷主要来自天然矿物和矿石溶出、工业废水、大气沉积。有些地区的饮用水源水中，特别是地下水中砷的浓度很高，筛选饮用水水源时要引起重视。

饮用水中砷的浓度不超过0.05 mg/L对人体健康是安全的。从安全性考虑，世界卫生组织和发达国家的现行饮用水标准均为0.01mg/L，我国《生活饮用水卫生标准》(GB 5749—2006)中砷的标准限值为0.01 mg/L。《地表水环境质量标准》(GB 3838—2002)规定地表水Ⅱ类水砷的标准限值为0.05 mg/L。

1. 范围

适用于生活饮用水及其水源水中砷的测定。

若进样量为0.50 mL，本法最低检测质量浓度为1.0 μg/L。

2. 原理

在酸性条件下，三价砷与硼氢化钾反应生成砷化氢，由载气(氩气)带入石英原子化器，受热分解为原子态砷。在特制砷空心阴极灯的照射下，基态砷原子被激发至高能态，在去活化回到基态时，发射出特征波长的荧光，在一定的浓度范围内，其荧光强度与砷含量成正比，与标准系列比较定量。

3. 试剂

(1)盐酸溶液(5 +95)：吸取优级纯盐酸 50 mL，用纯水稀释至 1000 mL。

(2)还原剂(0.5 %氢氧化钾 +1.0 %硼氢化钾)：称取 2.5 g 氢氧化钾溶于 500 mL 纯水中，再称取 5.0 g 硼氢化钾溶于其中，摇匀。(注意：称量顺序不能颠倒。)

(3)硫脲 + 抗坏血酸溶液：称取 10.0 g 硫脲加约 80 mL 纯水，加热溶解 ，冷却后加入 10.0 g 抗坏血酸，用纯水稀释至 100 mL。临用时配。

(4)载流：盐酸溶液(试剂(1))。

(5)砷标准储备液[ρ(As) =100 μg/mL]：购买国家有证标准物质。

(6)砷标准中间液[ρ(As) =1.0 μg/mL]：吸取 5.00 mL 砷标准储备液(试剂(5))于 500 mL 容量瓶中，用盐酸溶液(试剂(1))定容至刻度。储存于聚乙烯瓶中。

(7)砷标准使用液[ρ(As) =0.1 μg/mL]：吸取 10.00 mL 砷标准中间液(试剂(6))，用盐酸溶液(试剂(1))定容到 100 mL。临用时配。

4. 分析步骤

(1)取 50 mL 水样于 50 mL 比色管中。

(2)标准系列配制：分别吸取砷标准使用溶液(试剂(7))0 mL、0.50 mL、1.50 mL、2.50 mL、4.00mL、5.00 mL 于 50 mL 比色管中，用纯水定容至 50 mL，使砷的浓度分别为 0 μg/L、1.0 μg/L、3.0 μg/L、5.0 μg/L、8.0 μg/L、10.0 μg/L。

(3)若自动配制标准曲线，用 5 mL 移液管吸取砷标准使用溶液(试剂(7))至 50 mL 容量瓶，用纯水定容至 50 mL。

(4)分别向样品管、标准溶液管加入 2.5 mL 浓盐酸，加入 5.0 mL 硫脲 + 抗坏血酸溶液(试剂(3))，摇匀，30 min 后上机检测。

5. 上机测定

(1)仪器参数(仅供参考)。

测量条件	推荐范围	
	8X 系列	9 X 系列
灯电流/mA	60 ～ 80	60 ～ 80
负高压/V	270 ～ 300	270 ～ 300
原子化器高度/mm	8	8
载气/($mL \cdot min^{-1}$)	300	400
屏蔽气/($mL \cdot min^{-1}$)	800	800
读数时间/s	10.0	7.0
延迟时间/s	1.0	1.5

(2)开机，设定仪器最佳条件，点燃原子化器炉丝，稳定 30 min 后开始测定，绘制标准曲线，计算回归方程。

(3)以所测样品的荧光强度，从回归方程中查得样品溶液中砷元素的质量浓度(μg/L)。

方法注释：

(1)抗坏血酸与硫脲的作用：将As(Ⅴ)还原到As(Ⅲ)，同时抗干扰。同时由于抗坏血酸-硫脲的存在，30余种共存元素在其通常的含量范围内均不会对AsH_3的生成产生干扰。

(2)由于HNO_3对测砷有负干扰，所以使用HCl作载流。

注意事项：

标准溶液、样品均需用硫脲+抗坏血酸溶液，还原时间宜30 min以上(经验是60 min后荧光值才稳定)。如室温低于15 ℃，应延长放置时间或置于60 ℃以下水浴中适当保温。

(二)汞

汞在自然界的分布极为分散，空气、水中仅有少量的汞，由于三废的污染，城市人口从空气、食品中吸入汞，经呼吸道进入体内。汞及其化合物为原浆毒，脂溶性。主要作用于神经系统、心脏、肝脏和胃肠道，汞可在体内蓄积，长期摄入可引起慢性中毒。

地面的无机汞，在一定条件下可转化为有机汞，并可通过食物链在水生生物(如鱿、贝类等)体内富集，人食用这些鱼、贝类后，可引起慢性中毒，损害神经和肾脏，如“水俣病”。我国《生活饮用水卫生标准》(GB 5749—2006)中规定汞的含量不得超过0.001 mg/L。《地表水环境质量标准》(GB 3838—2002)规定地表水Ⅱ类水其汞的标准限值为0.000 05 mg/L。

1. 范围

适用于生活饮用水及其水源水中汞的测定。

若进样量为0.50 mL，本法最低检测质量浓度为0.05 μg/L。

2. 原理

在一定酸度下，溴酸钾与溴化钾反应生成溴，可将试样消解使所含汞全部转化为二价无机汞，用盐酸羟胺还原过剩的氧化剂，用硼氢化钾将二价汞还原成原子态汞，由载气(氩气)将其带入原子化器，在特制汞空心阴极灯的照射下，基态汞原子被激发至高能态，在去活化回到基态时，发射出特征波长的荧光。在一定的浓度范围内，荧光强度与汞的含量成正比，与标准系列比较定量。

3. 试剂

(1)硝酸溶液(5+95)：吸取优级纯硝酸50 mL，用纯水稀释至1000 mL。

(2)重铬酸钾硝酸溶液(0.5 g/L)：称取0.5 g重铬酸钾($K_2Cr_2O_7$)，用硝酸溶液(试剂(1))溶解，并稀释到1000 mL。

(3)还原剂(0.5 %氢氧化钾+1.0 %硼氢化钾)：称取2.5 g氢氧化钾溶于500 mL纯水中，再称取5.0 g硼氢化钾溶于其中，摇匀。(注意：称量顺序不能颠倒。)

(4)载流：硝酸溶液(试剂(1))。

(5)溴酸钾-溴化钾溶液：称取2.784 g无水溴酸钾($KBrO_3$)和10 g溴化钾(KBr)，溶于纯水中并稀释至1000 mL。

(6)盐酸羟胺溶液(100 g/L)：称取10 g盐酸羟胺($NH_2OH \cdot HCl$)溶于纯水并稀释至100 mL。

(7)汞标准储备液[ρ(Hg)=100 μg/mL]：购买国家有证标准物质。

(8)汞标准中间液[ρ(Hg)=0.1 μg/mL]：吸取汞标准储备液(试剂(7))10.00 mL于

1000 mL 容量瓶中，用重铬酸钾硝酸溶液(试剂(2))定容。再吸取此溶液 10.00 mL 于 100 mL容量瓶中，用重铬酸钾硝酸溶液(试剂(2))定容，储存于聚乙烯瓶中。

(9)汞标准使用液[ρ(Hg) =0.01 μg/mL]：吸取 10.00 mL 汞标准中间液(试剂(8))，用硝酸溶液(试剂(1))定容到 100 mL。临用时配。

4. 分析步骤

(1)取 50 mL 水样于 50 mL 比色管中。

(2)标准曲线的配制：分别吸取汞标准使用液(试剂(9))0 mL、0.25 mL、0.50 mL、1.00 mL 、2.00 mL、3.00 mL、4.00 mL、5.00 mL 于 50 mL 比色管中，用纯水定容至50 mL，使汞的浓度分别为 0 μg/L、0.05 μg/L、0.10 μg/L、0.20 μg/L、0.40 μg/L、0.60 μg/L、0.80 μg/L、1.00 μg/L。

(3)若自动配制标准曲线，用 5.0 mL 移液管吸取汞标准使用溶液(试剂(9))至 50 mL 容量瓶，用纯水定容至 50 mL。

(4)分别向水样、标准溶液管中加入 2.5 mL 浓硝酸、2.5 mL 溴酸钾 - 溴化钾溶液(试剂(5))，摇匀 10 min 后，滴加几滴盐酸羟胺溶液(试剂(6))至黄色褪尽(中止溴化作用)，上机检测。

5. 上机测定

(1)仪器条件(供参考)。

测量条件	推荐范围	
	8X 系列	9 X 系列
灯电流/mA	15 ～ 40	15 ～ 40
负高压/V	270 ～ 300	270 ～ 300
原子化器高度/mm	8	8
载气/($mL \cdot min^{-1}$)	400	400
屏蔽气/($mL \cdot min^{-1}$)	1000	800
读数时间/s	10.0(热)、12.0(冷)	7.0(热)、9.0(冷)
延迟时间/s	1.0(热)、3.0(冷)	1.0(热)、2.5(冷)

(2)开机，设定仪器最佳条件，点燃灯和原子化器炉丝，稳定 30 min 后开始测定，绘制标准曲线、计算回归方程。

(3)以所测样品的荧光强度，从回归方程中查得样品溶液中汞元素的质量浓度(μg/L)。

方法注释：

(1)汞可分热汞检测和冷汞检测，进行热汞测定时，因硼氢化钾溶液浓度较高，还原产生的 H_2 在点燃氩氢火焰的同时，稀释了被还原成原子态的 Hg 的密度，且 Hg 原子因受热挥发而有所损失，所以热汞较之冷汞在检测灵敏度上通常低一个数量级。

(2)硼氢化钾溶液浓度越低，测 Hg 灵敏度越高，同时还可大大降低各种干扰(但不能低于 0.01 %)。

注意事项：

(1)由于汞的检测浓度很低，而汞又是很容易挥发的元素，因此，检测汞时应注意防止来自各个方面的汞污染。比如：来自实验室环境的、来自试剂不纯的、来自采样容器不洁的、来自管路残留带来的记忆干扰等。

(2)实验室在配制钠氏试剂时应注意环境不被碘化汞污染。

(3)测汞时灯电流不可太大，太大的话会产生自吸现象，一般不要超过40 mA。

(4)若仪器被高含量汞的样品污染了，可以采取以下措施处理：

(a) 反复测量0.5%重铬酸钾 +5%硝酸溶液。

(b) 把所有管路、气液分离器都拆下来，浸在10%硝酸里，然后用超声波清洗，最后再用蒸馏水淋洗。但要注意炉芯是石英制的，尽可能不要用超声波清洗。

(c) 可以将连接管路(胶管)部分更换一下。反应块及连接头用10%硝酸浸泡24 h。

(三)镉

镉是有毒元素。天然水体中，镉主要在底部沉积物中和悬浮的颗粒中。饮用水中的镉污染可能来自镀锌管中锌的杂质和焊料及某些金属配件。从食物和饮水中摄入镉可能造成慢性中毒，在日本发生的“痛痛病”就是典型的例子。

我国《生活饮用水卫生标准》(GB 5749—2006)中规定镉含量不得超过0.005 mg/L。《地表水环境质量标准》(GB 3838—2002)规定地表水Ⅱ类水的镉标准限值为0.005 mg/L。

1. 范围

适用于生活饮用水及其水源水中镉的测定。

若进样量为0.50 mL，本法最低检测质量浓度为0.5 μg/L。

2. 原理

在酸性条件下，水样中的镉与硼氢化钾反应生成镉的挥发性物质，由载气带入石英原子化器，在特制镉空心阴极灯的激发下产生原子荧光，其荧光强度在一定范围内与被测定溶液中镉的浓度成正比，与标准系列比较定量。

3. 试剂

(1)盐酸(ρ_{20} =1.19 g/mL)：优级纯。

(2)盐酸溶液(2 +98)：吸取优级纯盐酸20 mL，用纯水稀释至1000 mL。

(3)还原剂(1.1 %氢氧化钾 +4.0%硼氢化钾)：称取1.1 g氢氧化钾溶于100 mL纯水中，加入4.0 g硼氢化钾，混匀。此溶液现用现配。

(4)钴溶液(1.0 mg/mL)：称取0.4038g六水氯化钴($CoCl_2 \cdot 6H_2O$，优级纯)，用纯水溶解定容至100 mL，临用时配成100 μg/mL。

(5)焦磷酸钠(20 g/L)：称取2.0 g焦磷酸钠溶解于100 mL纯水中。

(6)硫脲(10 g/L)：称取1.0 g焦磷酸钠溶解于100 mL纯水中。

(7)载流：盐酸溶液(试剂(2))。

(8)镉标准储备溶液[ρ(Cd) =1000 μg/mL]：购买国家有证标准物质。

(9)镉标准中间溶液[ρ(Cd) =1.00 μg/mL]：取1.00 mL镉标准储备溶液(试剂(8))于100 mL容量瓶中，用盐酸溶液(试剂(2))稀释至刻度。再取此溶液10.00 mL于100 mL容量瓶中用盐酸溶液(试剂(2))稀释至刻度。

(10)镉标准使用溶液[ρ(Cd) =0.010 μg/mL]：取1.0 mL镉标准中间溶液(试剂(9))于100 mL容量瓶中，用纯水定容至刻度。

4. 分析步骤

(1)取 50 mL 水样于比色管中。

(2)标准曲线的配制：分别吸取镉标准使用溶液(试剂(10))0 mL、0.50 mL、1.00 mL、1.50 mL、2.50 mL、3.5 mL、5.00 mL 于比色管中，用纯水定容至 50 mL，使镉的浓度分别为 0 μg/L、0.10 μg/L、0.20 μg/L、0.30 μg/L、0.50 μg/L、0.70 μg/L、1.00 μg/L。

(3)若自动配制标准曲线，用 5.00 mL 移液管吸取镉标准使用溶液(试剂(10))至 50 mL 容量瓶，用纯水定容至 50 mL。

(4)分别向样品溶液和标准溶液加入 1.0 mL 盐酸(试剂(1))、1.0 mL 钴溶液(100 μg/mL)、5.0 mL 硫脲(试剂(6))、2.0 mL 焦磷酸钠(试剂(5))混匀后上机测定。

5. 上机测定

(1)仪器参考条件(仅供参考)。

测量条件	推荐范围	
	8X 系列	9 X 系列
灯电流/mA	60 ～ 80	60 ～ 80
负高压/V	270 ～ 300	270 ～ 300
原子化器高度/mm	8	8
载气/($mL \cdot min^{-1}$)	300	400
屏蔽气/($mL \cdot min^{-1}$)	800	600
读数时间/s	10.0	7.0
延迟时间/s	1.5	1.0

(2)开机，设定仪器最佳条件，点燃原子化器炉丝，稳定 30 min 后开始测定，绘制标准曲线、计算回归方程。

(3)以所测样品的荧光强度，从回归方程中查得样品溶液中镉元素的质量浓度(μg/L)。

方法注释：

(1)焦磷酸钠是用于克服铜、铅产生的干扰。如水体中铜含量 <2 μg/L、铅含量 <20 μg/L，可不加焦磷酸钠。

(2)硫脲及钴溶液两者共用，可以增加镉的挥发性组分形成效率，有利于提高灵敏度。

(3)在载流中加入含钴溶液，有利于提高测量重复性。

注意事项：

(1)Cd 形成挥发性气体组分的酸度范围很窄，如样品需消解，需将酸赶净，确保标准溶液及消解后的样品酸度一致。

(2)因灵敏度较高，需注意各方面的污染。所用玻璃器皿用 10% 硝酸浸泡，临用时冲洗待用。

(四)铅

天然水含铅量低微，很多种工业废水、粉尘、废渣中都含有铅及其化合物，自来水的铅主要来自含铅管道腐蚀。从管道系统溶出铅的量与几个因素有关，包括自来水的 pH、温度、水的硬度和水在管道中停留时间。软水、酸性水是管道中铅溶出的主要因素。

铅可在骨骼中蓄积，可与体内的一系列蛋白质、酶和氨基酸内的官能团络合，干扰机体许多方面的生化和生理活动。我国《生活饮用水卫生标准》(GB 5749—2006)中规定铅的含量不得超过0.01 mg/L，《地表水环境质量标准》(GB 3838—2002)中规定地表水Ⅱ类水铅的标准限值为0.01 mg/L。

1. 范围

适用于生活饮用水及其水源水中铅的测定。

若进样量为0.50 mL，本法最低检测质量浓度为1.0 μg/L。

2. 原理

在酸性介质中，水样中的铅与以硼氢化钠或硼氢化钾反应生成挥发性氢化物(PbH_4)，由载气带入石英原子化器，在特制铅空心阴极灯的激发下产生原子荧光，其荧光强度在一定范围内与被测定溶液中铅的浓度成正比，与标准系列比较定量。

3. 试剂

(1)硝酸(ρ_{20}=1.42 g/mL)：优级纯。

(2)硝酸溶液(1+99)：吸取优级纯硝酸10 mL，用纯水稀释至1000 mL。

(3)载流：同试剂(2)。

(4)还原剂(1.4 %氢氧化钾+1.0%硼氢化钾)：称取1.4 g 氢氧化钾(或1.0 g 氢氧化钠)溶于100 mL 纯水中，加入1.0 g 硼氢化钾，混匀。再加入1.0 g 铁氰化钾，混匀。现用现配。

(5)铅标准储备溶液[ρ(Pb)=1000 μg/mL]：购买国家有证标准物质。

(6)铅标准中间溶液[ρ(Pb)=1.00 μg/mL]：取1.00 mL 铅标准储备溶液(试剂(5))于100 mL 容量瓶中，用硝酸溶液(试剂(2))稀释至刻度。再取此溶液10.00 mL 于100 mL 容量瓶中用硝酸溶液(试剂(2))稀释至刻度。

(7)铅标准使用溶液[ρ(Pb)=0.10 μg/mL]：取10.0 mL 铅标准中间溶液(试剂(6))于100 mL 容量瓶中，用纯水定容至刻度。

(8)草酸(20 g/L)：称取2.0 g 草酸，溶于100 mL 纯水中，混匀。

(9)硫氰酸钠(20 g/L)：称取2.0 g 硫氰酸钠，溶于100 mL 纯水中，混匀。

4. 分析步骤

(1)取50 mL 水样于比色管中。

(2)标准溶液的配制：分别吸取铅标准使用溶液(试剂(7))0mL、0.50 mL、1.00 mL、1.50 mL、2.50 mL、3.5 mL、5.00 mL 于比色管中，加入0.2 mL 草酸(试剂(8))，0.4 mL 硫氰酸钠(试剂(9))，用硝酸溶液(试剂(2))定容至50 mL，使铅的浓度分别为0 μg/L、1.0 μg/L、2.0 μg/L、3.0 μg/L、5.0 μg/L、7.5 μg/L、10.0 μg/L。

(3)若自动配制标准曲线，用5 mL 移液管吸取铅标准使用溶液(试剂(7))至50 mL 容量瓶，用硝酸溶液(试剂(2))定容至50 mL。

(4)在样品溶液中加入0.5 mL 硝酸(试剂(1))、1.0 mL 草酸(试剂(8))、2.0 mL 硫氰酸钠(试剂(9))，混匀后上机测定。

5. 测定

(1)仪器条件(仅供参考)。

测量条件	推荐范围	
	8X 系列	9 X 系列
灯电流/mA	60～80	60～80
负高压/V	270～300	270～300
原子化器高度/mm	8	8
载气/($mL \cdot min^{-1}$)	400	400
屏蔽气/($mL \cdot min^{-1}$)	1000	800
读数时间/s	10.0	7.0
延迟时间/s	1.0	1.5

(2)开机，设定仪器最佳条件，点燃原子化器炉丝，稳定 30 min 后开始测定，绘制标准曲线、计算回归方程。

(3)以所测样品的荧光强度，从回归方程中查得样品溶液中铅元素的质量浓度(μg/L)。

方法注释：

若环境水样中干扰组分含量较低，测定时可不用加入草酸掩蔽剂。

注意事项：

(1)Pb 形成氢化物的酸度范围很窄，应严格控制标准溶液及样品的酸度，并通过调节还原剂中硼氢化钾的量，使反应后废液的 pH 值介于 8～9 之间。

(2)Pb 属易污染元素，在其氢化物发生过程中用到的所有试剂，几乎都可能因含有一定量的 Pb 而达不到使用的纯度，应注意检测试剂空白，以避免因背景过高而干扰测定。

(五)锑

锑是生成硬质合金的原料。锑可能从垃圾掩埋和污水污泥中渗入地下水、地表水和沉积物中。饮用水中锑最常见的来源是从金属管材和管件溶出。

饮用水中锑的价态是决定毒性的关键，国际癌症研究中心认为三氧化锑是可能的致癌物。我国《生活饮用水卫生标准》(GB 5749—2006)中锑的标准限值为 0.005 mg/L，《地表水环境质量标准》(GB 3838—2002)规定集中式生活饮用水地表水源的锑标准限值为 0.005 mg/L。

1. 范围

适用于生活饮用水及其水源水中锑的测定。

若进样体积为 0.50 mL，本法最低检测质量浓度为 0.5 μg/L。

2. 原理

在酸性条件下，以硼氢化钾为还原剂使锑生成锑化氢，由载气带入原子化器原子化，受热分解为原子态锑，基态锑原子在特制锑空心阴极灯的激发下产生原子荧光，其荧光强度与锑含量成正比。

3. 试剂

(1)盐酸(ρ_{20} = 1.19 g/mL)：优级纯。

(2)盐酸溶液(5 + 95)：吸取优级纯盐酸 50 mL，用纯水稀释至 1000 mL。

(3)还原剂(0.5 %氢氧化钾 +1.0 %硼氢化钾)：称取 2.5 g 氢氧化钾溶于 500 mL 纯水中，再称取 5.0 g 硼氢化钾溶于其中，摇匀。(注意：称量顺序不能颠倒)

(4)硫脲 + 抗坏血酸溶液：称取 10.0 g 硫脲加约 80 mL 纯水，加热溶解，冷却后加入 10.0 g 抗坏血酸，用纯水稀释至 100 mL。临用时配。

(5)载流：盐酸溶液(试剂(2))。

(6)锑标准储备液[ρ(Sb) =100 μg/mL]：购买国家有证标准物质。

(7)锑标准中间液[ρ(Sb) =1.0 μg/mL]：吸取 5.00 mL 锑标准储备液(试剂(6))于 500 mL 容量瓶中，用盐酸溶液(试剂(2))定容至刻度。储存于聚乙烯瓶中。

(8)锑标准使用液[ρ(Sb) =0.1 μg/mL]：吸取 10 mL 锑标准中间液(试剂(7))，用盐酸溶液(试剂(2))定容到 100 mL。临用时配。

4. 分析步骤

(1)取 50 mL 水样于 50 mL 比色管中。

(2)标准溶液的配制：分别吸取锑标准使用液(试剂(8))0 mL、0.50 mL、1.00 mL 、2.00 mL、3.00 mL、4.00 mL、5.00 mL 于比色管中，用盐酸溶液(试剂(2))定容至50 mL，使锑的浓度分别为 0μg/L、1.0μg/L、2.0μg/L、4.0μg/L、6.0μg/L、8.0μg/L、10.0μg/L。

(3)若自动配制标准曲线，用 5.0 mL 移液管吸取锑标准使用溶液(试剂(8))至 50 mL 容量瓶，用纯水定容至 50 mL。

(4)分别向样品溶液和标准溶液中加入 2.5 mL 浓盐酸(试剂(1))，加入 5 mL 硫脲 + 抗坏血酸溶液(试剂(4))，摇匀，30 min 后上机检测。

5. 测定

(1)仪器条件(供参考)。

测量条件	推荐范围	
	8X 系列	9 X 系列
灯电流/mA	60 ～ 80	60 ～ 80
负高压/V	270 ～ 300	270 ～ 300
原子化器高度/mm	8	8
载气/(mL · min^{-1})	300	400
屏蔽气/(mL · min^{-1})	800	600
读数时间/s	10.0	7.0
延迟时间/s	1.5	1.0

(2)开机，设定仪器最佳条件，点燃原子化器炉丝，稳定 30 min 后开始测定，绘制标准曲线，计算回归方程。

(3)以所测样品的荧光强度，从回归方程中查得样品溶液中锑元素的质量浓度(μg/L)。

注意事项：

样品和标准溶液均需用硫脲 + 抗坏血酸溶液将 Sb(Ⅴ)还原至 Sb(Ⅲ)，还原时间以

30 min以上为宜（经验是60 min后荧光值才稳定下来）。如室温低于15 ℃时，应延长放置时间或置于60℃以下的水浴中适当保温。

四、原子荧光分析中的注意事项

（一）仪器条件参数

1. 光电倍增管负高压（PMT）

光电倍增管的作用是把光信号转换成电信号，并通过放大电路将信号放大。在一定范围内负高压与荧光强度 I_f 成正比。负高压越大，放大倍数越大，但同时噪声也相应增大。因此，在满足分析要求的前提下，尽量不要将光电倍增管的负高压设置太高。

2. 灯电流的设置

灯电流的大小决定激发光源发射强度的大小，在一定范围内随灯电流增加，荧光强度增大。但灯电流过大，会发生自吸现象，而且噪声也会增大，同时灯的寿命缩短。

汞灯灯电流不宜过高，适宜范围为15～40 mA；砷、硒、锑、铅、镉灯适宜范围为60～80 mA。

3. 原子化器的温度

原子化器温度是指石英炉芯内的温度，即加热温度。当氢化物通过石英炉芯进入氩氢火焰原子化之前，适当的预加热温度，可以提高原子化效率、减少淬灭效应和气相干扰。

原子化器在石英炉芯出口处环绕一圈电热丝，待点火炉丝点燃约10 min后，石英炉芯内的温度达到平衡，约为200 ℃。此温度基本上是多个元素的较佳预加热温度。

4. 原子化器高度

理论上各个元素的原子蒸汽密度最大值并不在同一高度上，但在实际测量时，由于元素灯照射在火焰上的光斑较大，而元素间最佳的观测高度相差又很小，因此，需要调节的原子化器高度范围很小，可以固定在某一个位置上。

5. 气流量

载气流量的大小在反应条件一定的情况下对氩氢火焰的稳定性、测量荧光强度的大小有很大影响。载气流量小，氩氢火焰不稳定，测量的重现性差，载气流量极小时，由于氩氢火焰很小，有可能测量不到信号；载气流量大，原子蒸气被稀释，测量的荧光信号降低，过大的载气流量还可能导致氩氢火焰被冲断，无法形成氩氢火焰，使测量没有信号。

屏蔽气流量过小时，氩氢火焰肥大，信号不稳定；屏蔽气流量过大时，氩氢火焰细长，信号稳定且灵敏度降低。

6. 读数时间、延迟时间

读数时间是指进行测量采样的时间，即元素灯以事先设定的灯电流发光照射原子蒸气使之产生荧光的整个过程。读数时间的确定以峰面积积分时间计算时，以将整个峰形全部采入为最佳。

延迟时间是指当样品与还原剂开始反应后，产生的氢化物进入原子化器需要一个过程，其所用时间即为延迟时间。

在读数时间固定的情况下，如果延迟时间过长，会导致读数采样滞后，损失测量信号；延迟时间过短，会减少灯的使用寿命，增加空白噪声。

在进行元素灯的预热时，必须在测量状态下进行，通常预热20 min即可。只开主机电源，而未测量，元素灯是起不到预热作用的。

（二）试剂

1. 水

建议使用电阻值在18MΩ以上的纯水。

2. 酸

在盐酸、硝酸等酸中常含有杂质（汞、砷、铅等），因此实验中必须采用较高纯度的酸。在实验之前必须认真挑选，可将待用的酸按标准空白的酸度在仪器上进行测试，选用荧光信号较平直的酸。如空白较高，将影响工作曲线的线性、方法的检出限和测量的准确度。

3. 还原剂

要求KBH_4（$NaBH_4$）质量分数>95%。

硼氢化钾（钠）溶液中要含有一定量的氢氧化钾（钠），以保证该溶液的稳定性。硼氢化钾（钠）的质量分数为0.2%～0.5%，过低的浓度不能有效地防止硼氢化钾（钠）分解，过高的浓度则会影响氧化还原反应的总体酸度。配制时要注意先将氢氧化钾（钠）溶解于水中，然后再将硼氢化钾（钠）加入该碱性溶液中。宜现用现配。

4. 试剂的验收

将试验中用到酸、氢氧化钾、硼氢化钾等试剂配成所需的浓度，测定待测元素的试剂空白。查看信号，若信号呈直线形，则证明该批试剂不含待测元素。若信号有峰形，则试剂空白较高，应逐个更换试剂后，配成所需浓度进行空白测定，以确定试剂是否合格。

（三）污染问题

污染是影响氢化物发生——原子荧光分析测量准确性的重要因素，产生污染的原因、污染的种类很多。

1. 实验器皿污染

实验所用各种玻璃器皿由于未清洗干净或洗净后由于长时间放置而吸附了空气中的污染物造成沾污。

解决办法：将玻璃器皿在20%硝酸溶液中浸泡12h以上，使用前用自来水冲洗干净后，再用纯水冲洗3遍以上。沾污严重的器皿可采用超声波，或用浓的硝酸浸泡等手段清洗。

2. 试剂污染

试剂由于使用、保存不当，造成外界的污染物进入试剂中。

解决办法：重新配置试剂。平时使用时应注意：用移液管吸取试剂前要把移液管清洗干净并保持干燥，盛放试剂的容器用完后要即刻密封好，或把要使用的试剂分取出一部分放在干净容器中当次使用，未用完的不能再倒回试剂瓶中。

3. 环境污染

室内空气、纯水等被污染。由于样品、试剂存放不当或长期积累造成实验环境被污染。

解决办法：实验室应对易受影响的检测区域做有效隔离。平时注意实验室通风和清洁，不存放易污染、挥发性强的物质，配制钠氏试剂时要特别注意HgI对实验场所造成的污染。

4. 仪器使用中产生的污染

如果进行了含量很高的样品测试，则会造成仪器的污染。

解决办法：立即清洗反应系统的管道、原子化器。清洗时可先用稀酸清洗，待信号值降下来后，再用清水清洗。检测人员应有保护仪器的意识，对未知浓度范围的特殊样品，应先稀释才上机测试，根据具体事件的背景情况从最大稀释度开始逐步试验。

（四）污染原因排查

（1）出现未知污染源的污染，先从所用的容器开始排查，可用确保干净的容器（可将容器用浓硝酸进行涮洗，用纯水淋洗后使用），重新配制试剂后，上机检测，查看峰形，若峰形呈直线形，则证明之前的容器受到污染。

（2）若更换容器后空白还是很高，有可能是试剂空白高，则对试剂逐个更换后，配成所需浓度进行空白测定，以排查试剂带来的污染。

第六节　微生物检测分析

一、微生物基础知识

（一）微生物一般分类

一切肉眼看不见或看不清的微小生物称为微生物。微生物个体微小（一般小于0.1 mm），是单细胞或个体结构简单的多细胞、甚至无细胞结构，必须借助光学或电子显微镜才能观察到的低等生物。微生物一般分为以下三大类群：

（1）病毒：包括病毒和亚病毒等非细胞型生物。特点是没有完整的细胞结构，个体组成仅有单种核酸和（或）蛋白质组分。

（2）原核微生物：包括细菌、蓝细菌（蓝藻）、放线菌、支原体、衣原体、立克次氏体、螺旋体等单细胞微生物。特点是细胞核发育不完全，无核膜包裹，只有一个核物质高度集中的核区。

（3）真核微生物：包括藻类、真菌、原生动物和微型后生动物等单细胞或简单多细胞生物。特点是有真正的细胞核结构，功能更为复杂，遗传信息量更多。

（二）微生物区别于其他生物的特征

微生物由于形体微小而区别于其他生物的五大共性：

（1）体积小，比表面积（表面积/体积）大。个体微小的微生物的比表面积比其他任何生物都大。如大肠杆菌的比表面积约为人的30万倍。

（2）吸收多，转化快。微生物巨大的表面积与外界环境接触，使其吸收营养物质、排泄代谢废物、传递信息的功能极强。如大肠杆菌在1 h内可消耗其体重1000～10 000倍的乳糖。

（3）生长旺，繁殖快。微生物代谢速率高，使其能以几何级数的速度生长繁殖。

（4）适应强，易变异。微生物高效、灵活的代谢机制，可产生多种诱导酶，因而表现出对各种环境，尤其是恶劣环境的极其灵活的适应性。

（5）分布广，种类多。微生物依赖其上述几种特性得以在地球上各种环境中生存、发展。

由于微生物的这些特性，使得它们对人类的利与害都非常突出，其活动与人类的生产、生活息息相关。

（三）微生物在给水工程中的作用

水是微生物生长繁殖的极好介质，大部分微生物都可以水为媒介传播和转移。广东地区江、河、湖泊分布广泛，地表水充足，微生物种类和含量丰富，其对水质有重大影响，对给水处理工程带来的影响既有利也有弊。

1. 有利方面

（1）水体的自净依赖于微生物的作用。有些种类的细菌能分解水中有机物，降低水的COD。如光合细菌能用于处理高浓度的有机废水；生物预处理的常用方法就是通过向微污染水体曝气，增加水中的溶解氧，促进水中好氧菌大量繁殖，消耗水中有机物；活性炭滤池也是利用活性炭做载体，供有益微生物附着生长，达到降低水体COD目的。藻类能吸收水中的氮、磷、钾等营养盐和各种有机物，也能吸收重金属、氰化物等有害物质。

（2）亚硝化细菌能将水中氨氮氧化为亚硝酸盐氮，硝化细菌能将亚硝酸盐氮氧化为硝酸盐氮，这些转化作用普遍出现在生物预处理、活性炭滤池和普通砂滤池中，在无余氯、高pH值、高溶解氧的水中，转化效率非常高。反硝化细菌能将硝酸盐氮和亚硝酸盐氮还原为氮气，都可以应用于净化水质。

（3）滤砂和活性炭中附着的锰细菌、铁细菌能吸附水中溶解性的铁和锰，从而降低其含量。

（4）有些种类的细菌通过培养能产生微生物絮凝剂，有良好的脱色和除味效果，适应于处理有机污染较严重的水体。

2. 不利方面

（1）致病微生物通过水体传播，会危害人体健康，如肝炎病毒、霍乱弧菌、流行性感冒杆菌、贾第氏鞭毛虫和隐孢子虫等。

（2）水源污染严重，细菌含量高时，影响消毒效果。

（3）过多的藻类会造成水体有异色和异味，影响混凝沉淀效果，增加了矾耗和氯耗，穿透滤池或造成滤池堵塞，降低滤池运行周期。藻类是摇蚊幼虫的主要食物来源。铜绿微囊藻、水华微囊藻等蓝藻会分泌出微囊藻毒素。藻类大量繁殖并爆发形成“水华”。

（4）铁细菌能将低价铁氧化为高价铁，是铸铁水管腐蚀和水黄的主要原因。

（四）给水工程中的环境因素对微生物的影响

微生物正常生长，除营养外还需要适宜的温度、pH值、溶解氧、渗透压等环境因素，水体中的COD、水处理过程中的消毒剂、絮凝剂等也会对微生物的种类和数量有直接影响。

（1）温度：是微生物最重要的生存条件之一。微生物尤其是细菌，大部分是嗜中温菌，适宜生活温度在10～40℃之间，广东地区春、夏、秋三季温度范围大多在此之间，很适合微生物的生长繁殖。藻类、摇蚊幼虫数量也较多。

（2）pH值：大多数微生物繁殖的最适pH范围是6～8，在4～10之间能够生存。原水一般是接近pH 7.0的弱酸性或弱碱性水，适合大多数微生物的生长繁殖。pH的控制在给水处理中有重要意义。如亚硝化细菌和硝化细菌适合于pH 8～9的环境中生长，反硝化细菌则适应弱酸性环境，此时它们对氨氮有较高的转化效果。

（3）COD：COD 高的原水，细菌和藻类数量都较多，自来水的 COD 较高，细菌易进行二次繁殖，易造成管网水微生物超标，摇蚊幼虫在此环境下生长繁殖速度也较快。净水生产中，应尽可能降低自来水的 COD 值，以确保水质稳定性。

（4）溶解氧：大部分微生物只生长在有氧环境中，称好氧微生物；部分微生物在缺氧环境下生长，称厌氧微生物；有少数微生物在两种条件下都能生长良好的，称兼性厌氧微生物。硝化细菌和亚硝化细菌是好氧微生物，反硝化细菌是厌氧微生物，大肠杆菌属兼性厌氧微生物。

（5）消毒剂：某些化学药剂对微生物的影响很大，如强氧化剂可氧化细菌的细胞物质而使细菌的正常代谢受到阻碍，甚至死亡。给水处理中常用的臭氧、氯、二氧化氯、高锰酸钾等就有良好的消毒作用。0.1% 的高锰酸钾溶液常用于消毒共用茶餐具，1∶4～1∶8 的生石灰乳可有效地消毒排泄物。

除此之外，还有紫外线、渗透压等因素也会影响微生物的代谢繁殖。

二、微生物实验室的环境要求

（一）微生物实验室（预处理间）基本要求

通风良好，避免尘埃、过堂风和温度骤变，保持室内空气高度清洁和实验室用具的整洁，应每天进行清扫整理，桌柜等表面应每天用消毒液擦拭，保持无尘，杜绝污染。

实验室合理布局、分区（制备培养基、灭菌区域、无菌室等等）。仪器、实验器皿要摆放合理，并有固定位置。测试用过的废弃物要分门别类放置在固定的箱桶内，并及时处理。

墙壁要刷漆覆盖，地板要使用光滑和防透水材料，以便刷洗和消毒。

工作台应足够宽敞、高度适宜、保持水平和无渗漏，台面和墙转角位置尽量使用光滑、防透水、惰性、抗腐蚀的、具有最少接缝的表面材料，以便减少容纳微生物。

（二）微生物无菌实验室要求

无菌室应采光良好、避免潮湿、远离厕所及污染区。面积一般不超过 10 m^2，不小于 5 m^2；高度不超过 2.4 m。由 1～2 个缓冲间、操作间组成，操作间和缓冲间的门不宜正对，且两者之间应有具备灭菌功能的样品传递箱。在缓冲间内应有洗手盆、毛巾、无菌衣裤放置架及挂钩、拖鞋等，不应放置培养箱和其他杂物；无菌室内应六面光滑平整，能耐受清洗消毒。墙壁与地面、天花板连接处应呈凹弧形，无缝隙，不留死角。操作间内不应安装下水道。无菌操作工作区域应保持清洁及宽敞，必要物品，例如试管架、移液器、吸管或吸头盒等可以暂时放置，其他实验用品用完即应移出，以利于气流之流通。

无菌操作室应具有空气除菌过滤的单向流空气装置，操作工作区域洁净度要求 100 级或放置同等级别的超净工作台，环境洁净度要求 10 000 级，室内温度控制在 18～26℃之间，相对湿度 45%～65%。缓冲间及操作室内均应设置能达到空气消毒效果的紫外灯或其他适宜的消毒装置，空气洁净级别不同的相邻房间之间的静压差应大于 5 Pa，洁净室（区）与室外大气的静压差大于 10 Pa。无菌室内的照明灯应嵌装在天花板内，室内光照应分布均匀，光照度不低于 300 lx。

缓冲间和操作间一般设置紫外线灯消毒。要求用于消毒的紫外线灯在电压为 220V、环境相对湿度为60%、温度为20℃时，辐射的253.7 nm紫外线强度(使用中的强度)不得低于70μW/cm²(普通30W直管紫外线灯在距灯管1 m处测定)。紫外线穿透力有限，空气湿度大，灰尘多，会明显降低紫外线杀菌效果，紫外线消毒的适宜温度范围是20～40℃，适宜湿度范围应低于80%，如果环境温湿度条件不好，可适当延长照射时间。可用紫外线测强仪或紫外线强度监测指示卡定期检查辐射强度，不符合要求的紫外杀菌灯应及时更换。

无菌室及无菌操作台以紫外灯照射30～60 min灭菌，关闭紫外灭菌灯，并开启无菌操作台风扇运转10～30 min后，才入内工作。实验前后以消毒酒精擦拭无菌操作台面，实验完毕后，将实验物品带出工作台。工作完毕离开无菌室后，应再开紫外灭菌灯照射30～60 min。

应清洁手后进入缓冲间更衣，同时换上消毒隔离拖鞋，脱去外衣，用消毒液消毒双手后戴上无菌手套，换上无菌连衣帽(不得让头发、衣服等暴露在外面)，戴上无菌口罩。再经风淋室30 s风淋后进入无菌室。对于来自病原菌株如耐热大肠菌群等应特别小心操作。

每周彻底清洁无菌室一次，清除灰尘应用真空吸尘器，不能使用扫把。

[**附**]

无菌室环境卫生要求及质量控制方法

1. 环境卫生要求

(1)每工作日工作前用紫外灯照射无菌室至少30 min。

(2)每周第一个工作日进行卫生清洁工作，工作内容包括：用打扫无菌室专用的抹布、盆、地拖、拖桶对无菌室内、传送窗、风淋室、缓冲间进行清洁、整理。打开风淋室及传送窗靠无菌室内门，紫外灯照射至少30 min。

(3)每间隔半年将无菌室出风口内防尘网拆下清洗后安装。

(4)每四年或更短期内(视使用情况而定)更换无菌室粗效过滤器、中效过滤袋、高效过滤器，并请第三方进行环境洁净度的检测。

2. 质量控制

(1)过程空白：在检测菌落总数时，打开1个空白培养皿，时间段为从第一个样品到最后一个样品检测的全过程，然后倾入15 mL营养琼脂培养基，与样品同时进行培养，每工作日一次。

(2)环境监测：在无菌室消毒完毕后，取4个空白培养皿倾入15 mL营养琼脂培养基，在无人条件下，在室内各个区域(要顾及工作区域和普通区域)各摆放一个，打开皿盖30 min后，在36℃ ±1℃、48 h条件培养，每周进行一次。

(3)质控要求：工作区域为100级洁净度级别区域，要求菌落总数≤1CFU；普通区域为10000级洁净度级别区域，要求菌落总数≤3CFU 。

(依据：GB/T 16294《医药工业洁净室(区)沉降菌的测试方法》——2010“附录C”)

三、微生物检测设备器材分类、使用和注意事项

按照国标《生活饮用水标准检验方法　微生物指标》(GB/T 5750.12—2006)开展微生

物项目检测，微生物实验室应具备下列仪器：电热恒温培养箱、高压灭菌锅、普通冰箱、低温冰箱、显微镜、离心机、超净台、振荡器、普通天平、千分之一天平、电热恒温烘箱、恒温水浴锅、生化培养箱、pH 计等。

实验室所使用的仪器、容器应符合标准要求，保证准确可靠，凡计量器具须经计量部门检定合格方能使用。仪器应分门别类合理安放，消毒灭菌的仪器、配制培养基的仪器应和处理实验废弃物的仪器设备分开区域放置，以防交叉污染。

(一)显微镜

显微技术是微生物检验技术中最常用的技术之一。显微镜的种类很多，在实验室中常用的有：普通光学显微镜、暗视野显微镜、相差显微镜、荧光显微镜和电子显微镜等。而在微生物检验中最常用的还是普通光学显微镜。

1. 使用

当使用和调整任何一台显微镜时，要按照制造商的说明书进行。目前我们所使用的显微镜一般使用模式大致如下：

低倍镜观察(100 倍、200 倍)：先将低倍物镜的位置固定好，然后放置标本片，转动反光镜，调好光线，将物镜提高，向下调至看到标本，再用细调对准焦距进行观察。除少数显微镜外，聚光镜的位置都要放在最高点。如果视野中出现外界物体的图像，可以将聚光镜稍微下降，图像就可以消失。聚光镜下的虹彩光圈应调到适当的大小，以控制射入光线的量，增加明暗差。

高倍镜观察(400 倍或以上)：显微镜的设计一般是共焦点的。低倍镜对准焦点后，转换到高倍镜基本上也对准焦点，只要稍微转动微调即可。有些简易的显微镜不是共焦点，或者是由于物镜的更换而达不到共焦点，就要采取将高倍物镜下移至肉眼观测到最接近玻片处，再向上调准焦点的方法。虹彩光圈要放大，使之能形成足够的光锥角度。稍微上下移动聚光镜，观察图像是否清晰。

油镜的使用方法：先将镜筒升高，在玻片上加一滴香柏油，用粗调旋钮降下镜筒，俯身侧视，直至油镜的前透镜浸没在香柏油中。从目镜中观察视野，同时用微调旋钮缓缓提升镜筒，直至视野出现清晰物像。

油镜用毕要及时将香柏油擦拭干净，勿使干涸。先用干净的擦镜纸擦拭 1 ～ 2 次，再用滴有乙醚混合物(乙醚与乙醇的体积比为 7∶3)的擦镜纸擦两次，最后再用干净的擦镜纸完全擦干。

2. 维护

显微镜是精密贵重的仪器，必须很好地保养。要注意下列事项：

观察液体标本时，一定要加盖玻片。观察完后，移去观察的载玻片标本。用过油镜的，应先用擦镜纸将镜头上的油擦去，再用擦镜纸蘸着乙醚混合物擦拭 2 ～ 3 次，最后再用擦镜纸将二甲苯擦去。转动物镜转换器，最好能以无镜头的一侧对着镜台，如装满物镜，则以低倍镜对着镜台。将镜身下降到最低位置，调节好镜台上标本移动器的位置，罩上防尘套。

镜头的保护最为重要。镜头要保持清洁，只能用软而没有短绒毛的擦镜纸擦拭。擦镜纸要放在纸盒中，以防沾染灰尘。切勿用手绢或纱布等擦镜头。

不要在阳光直射、高温或高湿、多尘以及容易受到剧烈震动的地方使用显微镜，环境温度要求为5～40℃，最大相对湿度为80%。

在移动仪器时，要确保电源关闭，仪器各组件的连接状况稳定，小心拿稳主机进行移动。

所有仪器组件均为精密元件，除专业维修工程师，自己不要拆卸任何组件，否则容易导致发生故障或降低性能。

保持良好的散热，保持电源器与灯室之间至少10 cm的距离。

清洁各种玻璃部件时，用纱布轻轻擦拭。除掉指纹或油渍，要用少量乙醚(70%)和酒精(30%)混合液沾湿纱布擦拭。对于显微镜非玻璃组件，不要使用有机溶剂擦拭，可以用干净布进行擦拭。

(二)灭菌设备

灭菌设备通常为高压蒸汽灭菌器(用于湿热灭菌)和电热恒温烘箱(用于干热灭菌)。蒸汽比干燥空气更为有效，因此所需要的时间更短。对于这两种灭菌器，操作时应遵循以下原则：灭菌物品应直接和热接触，如果外包有机塑料层或堆放拥挤，应增加灭菌时间；微生物不会立即失活，需要在特定的灭菌温度下持续一段时间。

1. 高压蒸汽灭菌器

(1)温度校准和验证

由于高压灭菌器的性能主要依赖于设定时间周期内的温度和压力的测量和控制，因此必须定期进行校准和检定。每批次进行灭菌时，实验室可自行对灭菌效果进行验证，有以下三种方法：

①物理监测法：将留点温度计包裹或夹带在被灭菌的物体中，然后进行高压灭菌。灭菌后取出查看读数。如读数达到灭菌要求温度如121℃，可以证明灭菌温度符合要求。

②化学指示剂法：可间接指示灭菌效果。采用的有化学指示胶带、化学指示卡、化学指示管等。通过颜色的变化可证明达到要求的灭菌温度或效果。

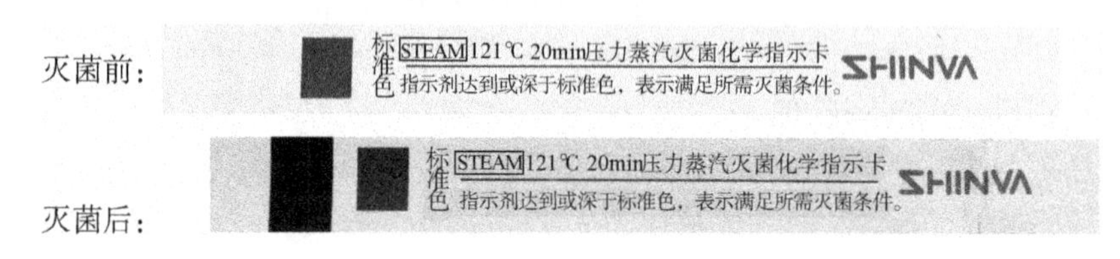

图2-17　压力蒸汽灭菌化学指示卡灭菌前后对比(彩图见书后)

③生物指示剂法：利用非致病菌的芽孢作为指示菌，直接检测灭菌的效果。

(2)使用和记录：按生产商的操作说明设定灭菌条件。操作前必须检查舱内的水是否干净。如果缺水，应及时补充，如果水脏，应马上更换。舱内的水应每月更换一次。使用的水必须是纯水。装载的灭菌物品不能太多，不要超过灭菌仓容积的60%，以免降低灭菌效果。灭菌完毕，待压力自然降至零时，温度低于60℃时，方可开盖。每一次灭菌实验均需做好记录，包括灭菌条件、操作人员、日期、仪器使用情况等。

(3)维护：每年进行检定，定期清洗灭菌器的内舱、密封圈以除去污垢及外物。

2. 电热恒温烘箱

适用于耐高温的玻璃、金属制品等物品的灭菌。需要高温160～180℃持续1～2 h。

(1)其校准和验证与高压灭菌器的方法大致相同。

(2)使用和记录：灭菌物品放入箱内，不要紧靠四壁，尽量分散摆放以允许热量均衡，停止加热后，箱内温度下降到50℃以下时，才能打开箱门，取出灭菌物品。

(3)维护：定期清洁烘箱，检查烘箱的垫圈、插销、加热丝等部件。

(三)离心机

使用时按设备的操作说明设定离心条件，包括：离心的温度、速度和时间，其中离心速度可分为每分钟转速(r/min)和离心力(cfg)两种。离心桶和十字轴要按质量配对，并在装载离心管后正确平衡，空离心桶应用蒸馏水来平衡。

为了避免样本等残留物的污染，应经常对离心机外壳和离心室进行清洁处理。清洁离心室时，先打开离心机盖，拔掉电源线，用专用设备例如六角匙等将离心机转子旋下，再用中性去污剂(70%的异丙醇/水混合物或乙醇去污垢)清洁；离心室内的橡胶密封圈经去污剂处理后，用水冲洗，再用甘油润滑。同时应对转子进行清洁维护。

(四)电热恒温水浴锅

水浴锅应置于坚固的水平台上，电源电压须匹配。在水浴锅内注入清洁温水至总高度的1/2～1/3处。打开电源开关，把温度控制器的温度调节旋钮调至设定温度。当水槽内测定温度达到设定温度时，加热中断，指示灯熄灭，温度保持稳定。如需精确控制温度，在每次水浴锅使用前，可放入标准温度计同时监测实际水温，以校正温度。

水浴锅如不需精确控温，只用于熔化或保持培养基处于熔化状态，不需检定或校正温度。

水浴锅不用时应进行清空，内外应保持清洁，外壳忌用腐蚀性溶液擦拭。

(五)冰箱

冰箱应放置于水平地面并留有一定的散热空间。外接电源电压必须匹配，并要求有良好的接地线。冰箱内禁止存放与实验无关的物品。放入冰箱内的所有试剂、样品、质控品等必须密封保存。

保持冰箱出水口通畅；非自动除霜冰箱应定期除霜；定期清洁冰箱，清洁时切断电源，用软布蘸水擦拭冰箱内外，必要时可用中性洗涤剂。每日由专人负责观察冰箱内温度并记录于表中，记录表贴于门上，每月一张，一年装订成册存档。若温度超出规定范围，调节温控使其回到正常范围，并进行记录。

若冰箱较长时间不用或需要送修时需按以下步骤操作：关闭冰箱电源，并拔下电源插头。清空冰箱内的所有贮存物，并妥善放置到其他冰箱内。打开冰箱门，等待冰箱内的霜化完。用肥皂水擦净冰箱内胆，后用10%次氯酸钠溶液擦洗一次。保持冰箱门打开待其自然干燥。

(六)洁净工作台

新安装或长期未使用的工作台，使用前必须用超净真空吸尘器或不产生纤维的物品认真进行清洁工作。

接通电源，使用前应提前15～30 min同时开启紫外灯和风机组工作。当需要调节风机风速时，用工作台操作面板上的风速调节钮进行调节。风机、照明均由指示灯指示其工作状态。

进行检验之前要用消毒液擦拭工作台面，台面禁止存放不必要的物品，以保持工作区的洁净气流不受干扰。不能在工作台面上记录书写，工作时应尽量避免明显扰动气流的动作；禁止在预过滤进风口部位放置物品，以免挡住进风口造成进风量减少，降低净化能力。

每次使用结束后均需对洁净台进行清洁。将实验物品取出，用消毒液清理工作台面，打开紫外灯，15～30 min 后关闭紫外灯，关闭洁净台电源。长期不使用的工作台请拔下电源插头。

日常维护应注意，根据环境洁净程度，不定期将预过滤器中的滤料拆下清洗。可让有资质的检测、维护维修机构定期检定洁净台的洁净度是否达到要求，是否需要维修或更换中或高效空气过滤器。

(七)酒精灯

酒精灯灯芯通常用多股棉线拧在一起，插进灯芯瓷套管中。新灯芯应充分浸透，调好其长度(浸入酒精后还要长 4～5 cm)后才能点燃。因为未浸过酒精的灯芯，一点燃就会烧焦。

对于旧灯，特别是长时间未用的灯，在取下灯帽后，应提起灯芯瓷套管，用洗耳球或嘴轻轻地向灯内吹一下，以赶走其中聚集的酒精蒸气。再放下套管检查灯芯，若灯芯不齐或烧焦都应用剪刀修整为平头等长。

灯壶内酒精少于其容积 1/2 的都应添加酒精。酒精不能装得太满，以不超过灯壶容积的 2/3 为宜。酒精量太少则灯壶中酒精蒸气过多，易引起爆燃；酒精量太多则受热膨胀，易使酒精溢出，发生事故。添加酒精时一定要借助小漏斗，以免酒精洒出。决不允许燃着时加酒精，否则，很易着火，造成事故。

点燃酒精灯一定要用燃着的火柴，决不可用燃着的酒精灯对火，否则易将酒精洒出，引起火灾。

加热时若无特殊要求，一般用温度最高的外焰来加热器具。加热的器具与灯焰的距离要合适，过高或过低都不正确。与灯焰的距离可用专用垫木或支撑物来调节。被加热的器具必须放在支撑物(三脚架、铁环等)上或用坩埚钳、试管夹夹持，决不允许手拿器具加热。

需熄灭灯焰时，可用灯帽将其盖灭，决不允许用嘴吹灭。不用的酒精灯必须将灯帽罩上，以免酒精挥发。如长期不用，灯内的酒精应倒出，以免挥发。万一洒出的酒精在灯外燃烧，不要慌张，可用湿抹布或砂土扑灭。

四、培养基基本常识

培养基是液体、半固体或固体形式的，含天然或合成成分，用于保证微生物繁殖或保持其活力的物质。

为了满足微生物生长和代谢的需要，培养基一般包含碳源、氮源、水、无机盐和生长因子五大类营养物质。但由于微生物营养类型复杂，不同微生物对营养物质的需求是不一样的，因此要根据不同微生物的营养需求配制针对性强的培养基。就微生物主要类型而言，有细菌、放线菌、酵母菌、霉菌、原生动物、藻类及病毒之分，培养它们所需的培养基各不相同。

(一)培养基分类

1. 按化学成分分类

(1)纯化学培养基。

(2)非纯化学培养基。

2. 按物理状态分类

(1)液体培养基：不含凝固剂，利于菌体的快速繁殖、代谢和积累产物。

(2)流体培养基：含0.05%～0.07%琼脂粉，可降低空气中氧进入培养基的速度，利于一般厌氧菌的生长繁殖。

(3)半固体培养基：含0.2%～0.8%琼脂粉，多用于细菌的动力观察、菌种传代保存及贮运细菌标本材料。

(4)固体培养基：含1.5%～2%琼脂，用于细菌的分离、鉴定、菌种保存及细菌疫苗制备等。

3. 按用途分类

(1)运输培养基(能保质但不能增殖)。

(2)保藏培养基(一定期限内保护和维持微生物活力)。

(3)复苏培养基(修复受损或应激微生物，恢复正常生长状态)。

(4)增菌培养基(选择性和非选择性)。

(5)分离培养基(选择性和非选择性)。

(6)鉴别培养基。

(7)鉴定培养基。

(二)培养基购置和验收

购买：购买培养基要有计划，数量要适当，不能大量购入久存不用。对购置和验收的环节，要进行相应的质量控制。对于商业化的合成培养基，生产企业应提供下列材料以证明其产品的有效性：

——培养基名称、成分及产品编号；

——批号；

——培养基使用前的pH；

——储藏信息和有效期；

——性能评价和所用的测试菌株；

——技术数据清单；

——质控证书；

——必要的安全/危害数据。

验收：实验室收到培养基后，应进行验收，检查要点有：

——培养基的名称和批号；

——接收日期；

——有效期；

——包装及其完整性。

对于新开封的脱水培养基，通过粉末的流动性、均匀性、结块情况和色泽变化等判断脱水培养基的质量变化。在使用过程中，应不定期检查容器密闭性、首次开封日期、内容物感观检查(如粉末流动性、均匀性、色泽等)，如有结块、变色或显示有其他变质情况的培养基必须弃去，不得再用。

未开启的培养基严格按照生产商提供的贮存条件和有效期进行保存和使用。

（三）培养基的实验室制备和注意事项

1. 依据和记录

自配培养基时，按标准介绍的配方准确配制，使用商品化合成培养基时，严格按照厂商提供的使用说明配制。记录配制日期、名称、配制方法、成分、质量/体积、pH、制备条件、灭菌条件、配置人签名等。

2. 水

由于自来水中含有钙、镁等杂质，能与培养基中的其他成分如蛋白胨和牛肉浸汁中的磷酸盐起作用生成不溶性的沉淀物，不适用于培养微生物，所以在配制培养基时必须使用蒸馏水或相同质量的水，以排除测试条件下抑制或影响微生物生长的物质。盛放蒸馏水的容器最好是由中性材料制成的（如中性玻璃、聚乙烯等）。

3. 称量和溶解

称取所需量的脱水培养基（注意缓慢操作，必要时佩戴口罩或在通风柜中操作，以防吸入含有有害物质的培养基粉末），先加入少量的水，充分混合，注意避免培养基结块，必要时可适当加热，然后再加水至所需的量。

4. 灭菌前的分装

一般分装培养基不宜超过容器的2/3，以免灭菌时外溢。分装时注意勿使培养基粘附于瓶口部位，以免沾染棉塞滋生杂菌。乳糖蛋白胨培养基/EC 培养基应按定量加入（如10mL/管），同时要求包括接种的样品量在内不超过试管的2/3。

5. 调节 pH

各类微生物生长繁殖或产生代谢产物的最适 pH 条件各不相同，过碱或过酸都能影响细菌酶的活动，易使微生物死亡，因此培养基的 pH 必须控制在一定的范围内，以满足不同类型微生物的要求。一般来讲，细菌与放线菌适于在 pH 为 7～7.5 范围内生长。配制培养基时，pH 值测试应以培养基温度处于 60～70℃ 为宜；用酸度计测定较为适宜，也可使用精确到 0.1 pH 单位的精密 pH 试纸。培养基灭菌后冷却到 25℃时，pH 变化不应超过 0.2 个单位。一般使用浓度约为 40 g/L（约 1 mol/L）的氢氧化钠溶液或浓度约为 36.5 g/L（约 1 mol/L）的盐酸溶液调节 pH。调试需注意逐步滴加，勿使过酸或过碱而破坏培养基中的某些组分。

6. 灭菌

培养基的灭菌方法有湿热灭菌、煮沸灭菌和过滤灭菌三种。

湿热灭菌：在高压蒸汽灭菌器中进行，一般采用 115℃/121℃ 维持 15min/ 20 min 的条件。当培养基成分中含有明胶、血清、糖类等不耐高温的物质，应采用高压低温灭菌法或间歇灭菌法灭菌。一般情况下，含糖培养基经 115℃/15min 高压蒸汽灭菌，不含糖培养基经 121℃/20 min 高压蒸汽灭菌。营养琼脂培养基、生理盐水等用 121℃/20 min 高压蒸汽灭菌；乳糖蛋白胨培养基、EC 培养基、伊红美蓝培养基、品红亚硫酸钠培养基、EC－MUG 培养基和 NA－MUG 培养基经 115℃/15min 高压蒸汽灭菌。

煮沸灭菌：含有对光或热敏感的物质时，只能煮沸灭菌。煮沸后应迅速冷却，避光保存。如 MFC 培养基在加热煮沸后应立即离开热源，不可高压灭菌。有些试剂则不需灭菌，可直接使用，如氨下西林。品红亚硫酸钠培养基内亚硫酸钠的灭菌不进行高压，而应直接加入到无菌水中煮沸 10 min 以灭菌。

过滤灭菌：利用颗粒直径的不同将微生物与其他成分分开。可在真空负压或正压的条件下，使用孔径为 0.22 μm 的滤膜和过滤垫，过滤前先将滤膜和滤垫灭菌。过滤器于 121℃/15min 条件灭菌（可以整体灭菌也可以拆卸后灭菌），灭菌后在无菌条件下组装。

7. 灭菌后的分装

有些特殊的培养基，其热不稳定的添加成分应放置至室温，在基础培养基冷却至 47℃ ±2℃时加入，缓慢充分混匀，尽快分装到待用的容器中。

倾注融化的培养基到平皿中，使之在平皿中形成一个至少 2 mm 厚的琼脂层（直径 90 mm 的平皿通常要加入 15 mL 琼脂培养基）。盖好皿盖后放到水平平面使琼脂冷却凝固。凝固后的培养基应立即使用或存放于冷暗处或 4℃ 冰箱。做好标记，标记的内容包括名称、制备日期或有效期。也可以使用适宜的培养基编码系统进行标记。放入密封袋冷藏保存可延长贮存期限。为了避免产生冷凝水，平板应冷却后再装入袋中。贮存前不要对培养基表面进行干燥处理。

8. 配制好培养基的质量控制

无菌试验以及已知菌生长试验。无菌试验一般为随机抽取配好的培养基在 37℃ 条件下培养 48 h，证明无菌，同时再用已知菌检查在此培养基上生长繁殖情况，符合要求后方可使用。每批培养基使用前应进行上述试验。

9. 培养

培养时每垛最多堆放 6 个平板，培养箱不能放得太满太密，保留一定的空隙以保证空气流通，使培养物的温度尽量与培养箱温度达到一致。

10. 弃置

微生物检验接种培养过的各种培养基（液体培养液、琼脂平板等）应高压灭菌 121℃/30 min，再弃置或处理。

11. 保存

不同种类的培养基保存时间各不相同，但配制好的培养基，不宜保存过久，以少量勤配制为宜。如品红亚硫酸钠培养基可依据国标 GB/T 5750.12—2006 的要求在 4℃ 下储存两周；MFC 培养基在 2 ～ 10℃ 下保存不超过 96 h。通常情况下基础培养基如使用紧盖三角瓶盛装，可在 4℃ 保存 3 个月。使用前要观察培养基颜色变化，是否有蒸发（脱水），是否有微生物生长，当培养基发生这类变化时，要禁止使用。

（四）培养基质量常见问题

培养基质量常见问题见表 2 - 28。

表 2 - 28　培养基质量常见问题

异常现象	可　能　原　因
培养基不能凝固	制备过程中过度加热、低 pH 值造成琼脂酸解、琼脂量不足、琼脂未完全溶解、培养基成分未充分混匀
pH 值不正确	制备过程中过度加热、水质不佳、外部化学物质污染、测定 pH 时温度不正确、pH 计未正确校准、脱水培养基质量差
颜色异常	制备过程中过度加热、水质不佳、脱水培养基质量差、pH 不正确、外来污染

续表 2－28

异常现象	可　能　原　因
产生沉淀	制备过程中过度加热、水质不佳、脱水培养基质量差、pH 未正确控制
培养基出现抑制/重复性差	制备过程中过度加热、水质不佳 脱水培养基质量差、使用成分不正确，如成分称量不准，添加物浓度不正确
选择性差	制备过程中过度加热、脱水培养基质量差、配方使用不对、添加成分不正确，如添加时培养基过热或浓度错误

五、检测项目

现行国家标准《生活饮用水卫生标准》中要求必检的微生物项目有：菌落总数、总大肠菌群、耐热大肠菌群、大肠埃希氏菌、贾第氏鞭毛虫和隐孢子虫。本节将以《生活饮用水标准检验方法 微生物指标》(GB/T 5750.12—2006)为溯源依据，编写基层水质实验室常规开展的菌落总数、总大肠菌群、耐热大肠菌群(粪大肠菌群)3 个项目检测的实施细则以及检测过程中注意事项。

(一)菌落总数

菌落总数对于评价水质清洁度和给水净化效果具有非常重要的意义。水中的细菌来自空气、土壤、污水及垃圾等各方面，能够介水传播的细菌性疾病有痢疾、伤寒、霍乱、肝炎、急性肠胃炎等，其危害巨大，能在同一时间内使大量饮用者染病。资料显示，在清洁的天然水中菌落总数多半不超过 100 个/mL。经过净化消毒的饮用水，如果菌落总数不超过 100 个/mL，则可认为该水是清洁和适合饮用的，存在致病菌的可能性极少。

菌落总数的检测方法介绍如下：

平皿计数法

菌落总数在国家标准 GB/T 5750.12—2006 上有明确的定义，即水样在营养琼脂上有氧条件下 37℃培养 48 h 后，所得 1 mL 水样所含菌落的总数。

注：由于国标对培养条件有明确限制，所以此法所得结果可能低于实际存在的活菌总数。

1. 培养基与试剂

(1)营养琼脂 。①成分：蛋白胨 10 g、牛肉膏 3 g、氯化钠 5 g、琼脂 10 ～ 20 g、蒸馏水 1000 mL。②制法：将上述成分混合后，加热溶解，调整 pH 为 7.4 ～ 7.6，分装于玻璃容器中(如用含杂质较多的琼脂时，应先过滤)，经 103.43 kPa(121℃，15 lb)灭菌20 min，储存于冷暗处备用。

2. 仪器

(1)高压蒸汽灭菌器。

(2)干热灭菌箱。

(3)培养箱：36℃ ±1℃。

(4)电炉。

(5)天平。

(6)冰箱。

(7)放大镜或菌落计数器。

(8)pH 计或精密 pH 试纸。

(9)灭菌试管、平皿(直径 9 cm)、刻度吸管、采样瓶等。

3. 检验步骤

(1)生活饮用水

①以无菌操作方法用灭菌吸管吸取 1 mL 充分混匀的水样，注入灭菌平皿中，倾注约 15 mL 已融化并冷却到 45℃左右的营养琼脂培养基，并立即旋摇平皿，使水样与培养基充分混匀。每次检验时应做一平行接种，同时另用一个平皿只倾注营养琼脂培养基做空白对照。

②待冷却凝固后，翻转平皿，使底面向上，置于 36℃ ±1℃培养箱内培养 48 h，进行菌落计数，即为水样 1 mL 中的菌落总数。

(2)水源水

①以无菌操作方法吸取 1 mL 充分混匀的水样，注入盛有 9 mL 灭菌生理盐水的试管中，混匀成 1∶10 稀释液。

②吸取 1∶10 的稀释液 1 mL 注入盛有 9 mL 灭菌生理盐水的试管中，混匀成 1∶100 稀释液。按同法依次稀释成 1∶1000，1∶10000 稀释液等备用。如此递增稀释一次，必须更换一支 1 mL 灭菌吸管。

③用灭菌吸管取未稀释的水样和 2 ～ 3 个适宜稀释度的水样 1 mL，分别注入灭菌平皿内。以下操作同生活饮用水(检验步骤(1))的检验步骤。

4. 菌落计数及报告方法

作平皿菌落计数时，可用眼睛直接观察，必要时用放大镜检查，以防遗漏。在记下各平皿的菌落数后，应求出同稀释度的平均菌落数，供下一步计算时应用。在求同稀释度的平均数时，若其中一个平皿有较大片状菌落生长时，则不宜采用，而应以无片状菌落生长的平皿作为该稀释度的平均菌落数。若片状菌落不到平皿的一半，而其余一半中菌落数分布又很均匀，则可将此半皿计数后乘 2 以代表全皿菌落数。然后再求该稀释度的平均菌落数。

5. 不同稀释度的选择及报告方法

(1)首先选择平均菌落数在 30 ～ 300 之间者进行计算，若只有一个稀释度的平均菌落数符合此范围时，则将该菌落数乘以稀释倍数报告之(见表 2 – 29 中实例 1)。

(2)若有两个稀释度，其生长的菌落数均在 30 ～ 300 之间，则视二者之比值来决定，若其比值小于 2 应报告两者的平均数(如表 2 – 29 中实例 2)。若大于 2 则报告其中稀释度较小的菌落总数(如表 2 – 29 中实例 3)。若等于 2 亦报告其中稀释度较小的菌落数(见表 2 – 29中实例 4)。

(3)若所有稀释度的平均菌落数均大于 300，则应按稀释度最高的平均菌落数乘以稀释倍数报告之(见表 2 – 29 中实例 5)。

(4)若所有稀释度的平均菌落数均小于 30，则应以按稀释度最低的平均菌落数乘以稀释倍数报告之(见表 2 – 29 中实例 6)。

(5)若所有稀释度的平均菌落数均不在 30 ～ 300 之间，则应以最接近 30 或 300 的平均菌落数乘以稀释倍数报告之(见表 2 – 29 中实例 7)。

(6)若所有稀释度的平板上均无菌落生长，则以未检出报告之。

(7)如果所有平板上都菌落密布，不要用“多不可计”报告，而应在稀释度最大的平板上，任意数其中2个平板 $1cm^2$ 中的菌落数，除2求出每平方厘米内平均菌落数，乘以皿底面积 $63.6cm^2$，再乘以其稀释倍数做报告。

(8)菌落计数的报告：菌落数在100以内时按实有数报告，大于100时，采用两位有效数字，在两位有效数字后面的数值，以四舍五入方法计算，为了缩短数字后面的零数也可用10的指数来表示(见表2-29“报告方式”栏)。

表2-29 稀释度选择及菌落总数报告方式

实例	不同稀释度的平均菌落数			两个稀释度菌落数之比	菌落总数/($CFU \cdot mL^{-1}$)	报告方式/($CFU \cdot mL^{-1}$)
	10^{-1}	10^{-2}	10^{-3}			
1	1365	164	20	—	1640	16 000或 1.6×10^4
2	2760	295	46	1.6	37 750	38 000或 3.8×10^4
3	2890	271	60	2.2	27 100	27 000或 2.7×10^4
4	150	30	8	2	1500	1500或 1.5×10^3
5	多不可计	1650	513	—	513 000	510 000或 5.1×10^5
6	27	11	5	—	270	270或 2.7×10^2
7	多不可计	305	12	—	30 500	31 000或 3.1×10^4

注意事项：

(1)吸取水样前必须混合均匀，避免吸取到聚集的菌落或无菌的水样。

(2)对水样进行稀释时，每一次稀释都必须更换灭菌吸管或吸头，确保稀释度的准确。

(3)培养基倾注温度应在45℃ ±1℃之间，以不烫手为宜，温度过高将有可能杀灭部分细菌。

(4)培养基倾注体积约15 mL。因为培养基倾注太多，混匀时会淌到皿盖，可能粘走部分菌落；反之太少则不能提供足够养分，致使菌落生长过慢或过小，影响检测结果。

(5)若是多菌样品，稀释梯度一定要控制好，至少两个连续稀释梯度，计数时平板上的菌落数应在30～300个菌落之间。

(6)倾注培养基后，应尽量将其混匀，可以先按顺时针或逆时针的方向打圆圈，再以上、下、左、右的方向打十字。

(7)菌落计数的报告，在100以内时按实有数报告，大于100时，采用两位有效数字，在两位有效数字后面的数值，以四舍五入法计算。

(二)总大肠菌群

总大肠菌群是饮用水的微生物学常规检验指标之一，流行病学研究认为水中病原菌的存在与肠道携带的细菌相关，因此常以总大肠菌群作为指示微生物评价水体的卫生状况。

其卫生学概念，包括埃希氏菌属、克雷伯氏菌属、肠杆菌属和柠檬酸杆菌属等细菌。总大肠菌群本身不会致病，但其与致病的肠道病菌是同属，且比致病肠道病菌的抗氯能力强，经氯消毒后，如果总大肠菌群指标达标，就间接表征肠道病菌已被杀灭。

目前国标规定饮用水源水和自来水的常规检测方法有滤膜法、多管发酵法和酶底物法三种，还可以用总大肠菌群显色培养基进行快速检测。

下面详细介绍总大肠菌群不同检测方法的操作步骤。

Ⅰ　多管发酵法

以多管发酵法检测的总大肠菌群是指一群在37℃培养24 h能发酵乳糖、产酸产气、需氧和兼性厌氧的革兰氏阴性无芽孢杆菌。

1. 培养基与试剂

(1)乳糖蛋白胨培养液

①成分：蛋白胨10 g、牛肉膏3 g、乳糖5 g、氯化钠5 g、溴甲酚紫乙醇溶液(16 g/L)1 mL、蒸馏水1000 mL。

②制法：将蛋白胨、牛肉膏、乳糖及氯化钠溶于蒸馏水中，调整pH为7.2～7.4，再加入1 mL 16g/L的溴甲酚紫乙醇溶液，充分混匀，分装于装有倒管的试管中，68.95 kPa（115℃、10 lb)高压灭菌20 min，贮存于冷暗处备用。

(2)两倍浓缩乳糖蛋白胨培养液

按上述乳糖蛋白胨培养液，除蒸馏水外，其他成分量加倍。

(3)伊红美蓝培养基

①成分：蛋白胨10 g、乳糖10 g、磷酸氢二钾2 g、琼脂20～30g、蒸馏水1000 mL、伊红水溶液(20 g/L) 20 mL、美蓝水溶液(5 g/L) 13 mL。

②制法：将蛋白胨、磷酸盐和琼脂溶解于蒸馏水中，校正pH为7.2，加入乳糖，混匀后分装，以68.95 kPa（115℃、10 lb)高压灭菌20 min。临用时加热融化琼脂，冷至50～55℃，加入伊红和美蓝溶液，混匀，倾注平皿。

(4)革兰氏染色液

①结晶紫染色液。

A. 成分：结晶紫1 g、乙醇〔$\varphi(C_2H_5OH)=95\%$〕20 mL、草酸铵水溶液(10 g/L) 80 mL。

B. 制法：将结晶紫溶于乙醇中，然后与草酸铵溶液混合。

注：结晶紫不可用龙胆紫代替，前者是纯品，后者不是单一成分，易出现假阳性。结晶紫溶液放置过久会产生沉淀，不能再用。

②革兰氏碘液。

A. 成分：碘1 g、碘化钾2 g、蒸馏水300 mL。

B. 制法：将碘和碘化钾先进行混合，加入蒸馏水少许，充分振摇，待完全溶解后，再加蒸馏水。

③脱色剂：乙醇〔$\varphi(C_2H_5OH)=95\%$〕。

④沙黄复染液。

A. 成分：沙黄0.25 g、乙醇〔$\varphi(C_2H_5OH)=95\%$〕10 mL、蒸馏水90 mL。

B. 制法：将沙黄溶解于乙醇中，待完全溶解后加入蒸馏水。

⑤染色法。

A. 将培养18～24 h的培养物涂片。

B. 将涂片在火焰上固定，滴加结晶紫染色液，染1 min，水洗。

C. 滴加革兰氏碘液，作用1min，水洗。

D. 滴加脱色剂，摇动玻片，直至无紫色脱落为止，约 30 s，水洗。

E. 滴加复染剂，复染 1 min，水洗，待干，镜检。

2. 仪器

①培养箱：36℃ ±1℃。

②冰箱：0～4℃。

③天平。

④显微镜。

⑤平皿（直径为 9cm）、试管、分度吸管（1mL，10mL）、锥形瓶、小导管、载玻片。

3. 检验步骤

（1）乳糖发酵试验

①取 10 mL 水样接种到 10 mL 双料乳糖蛋白胨培养液中，取 1 mL 水样接种到 10 mL 单料乳糖蛋白胨培养液中，另取 1 mL 水样注入到 9 mL 灭菌生理盐水中，混匀后吸取1 mL（即 0. 1mL 水样）注入到 10 mL 单料乳糖蛋白胨培养液中，每一稀释度接种 5 管。

对已处理过的出厂自来水，需经常检验或每天检验一次的，可直接取 5 份 10 mL 双料培养基，每份接种 10 mL 水样。

②检验水源水时，如污染较严重，应加大稀释度，可接种 1 mL、0. 1 mL、0. 01 mL 甚至 0. 1 mL、0. 01 mL、0. 001 mL，每个稀释度接种 5 管，每个水样共接种 15 管。接种 1 mL 以下水样时，必须作 10 倍递增稀释后，取 1 mL 接种，每递增稀释一次，换用 1 支 1 mL 灭菌刻度吸管。

③将接种管置 36℃ ±1℃培养箱内，培养 24 h ±2h，如所有乳糖蛋白胨培养管都不产气不产酸，则可报告为总大肠菌群阴性，如有产酸产气者，则按下列步骤进行。

（2）分离培养

将产酸产气的发酵管分别转种在伊红美蓝培养基或品红亚硫酸钠培养基上，于 36℃ ±1 ℃培养箱内培养 18～24 h，观察菌落形态，挑取符合下列特征的菌落做革兰氏染色、镜检和证实试验。

深紫黑色、具有金属光泽的菌落；

紫黑色、不带或略带金属光泽的菌落；

淡紫红色、中心较深的菌落。

（3）证实试验

经上述染色镜检为革兰氏阴性无芽孢杆菌，同时接种乳糖蛋白胨培养液，置 36℃ ±1℃培养箱中培养 24 h ±2 h，有产酸产气者，即证实有总大肠菌群存在。

4. 结果报告

根据证实为总大肠菌群阳性的管数，查 MPN 检索表，报告每 100 mL 水样中的总大肠菌群最可能数 MPN 值。

5 管法结果见表 2 -30。15 管法结果见表 2 -31。

稀释样品查表后所得结果应乘稀释倍数。

如所有乳糖发酵管均阴性时，可报告总大肠菌群未检出。

表 2-30　用 5 份 10 mL 水样时各种阳性和阴性结果组合时的最可能数(MPN)

5 个 10mL 管中阳性管数	最可能数(MPN)
0	<2.2
1	2.2
2	5.1
3	9.2
4	16.0
5	>16

表 2-31　总大肠菌群(MPN)检索表

(总接种量 55.5mL，其中 5 份 10mL 水样，5 份 1mL 水样，5 份 0.1mL 水样)

接种量/mL			总大肠菌群	接种量/mL			总大肠菌群
10	1	0.1	(MPN/100 mL)	10	1	0.1	(MPN/100 mL)
0	0	0	<2	1	0	0	2
0	0	1	2	1	0	1	4
0	0	2	4	1	0	2	6
0	0	3	5	1	0	3	8
0	0	4	7	1	0	4	10
0	0	5	9	1	0	5	12
0	1	0	2	1	1	0	4
0	1	1	4	1	1	1	6
0	1	2	6	1	1	2	8
0	1	3	7	1	1	3	10
0	1	4	9	1	1	4	12
0	1	5	11	1	1	5	14
0	2	0	4	1	2	0	6
0	2	1	6	1	2	1	8
0	2	2	7	1	2	2	10
0	2	3	9	1	2	3	12
0	2	4	11	1	2	4	15
0	2	5	13	1	2	5	17
0	3	0	6	1	3	0	8
0	3	1	7	1	3	1	10
0	3	2	9	1	3	2	12
0	3	3	11	1	3	3	15
0	3	4	13	1	3	4	17
0	3	5	15	1	3	5	19

续表 2－31

接种量/mL			总大肠菌群 (MPN/100 mL)	接种量/mL			总大肠菌群 (MPN/100 mL)
10	1	0.1		10	1	0.1	
0	4	0	8	1	4	0	11
0	4	1	9	1	4	1	13
0	4	2	11	1	4	2	15
0	4	3	13	1	4	3	17
0	4	4	15	1	4	4	19
0	4	5	17	1	4	5	22
0	5	0	9	1	5	0	13
0	5	1	11	1	5	1	15
0	5	2	13	1	5	2	17
0	5	3	15	1	5	3	19
0	5	4	17	1	5	4	22
0	5	5	19	1	5	5	24
2	0	0	5	3	0	0	8
2	0	1	7	3	0	1	11
2	0	2	9	3	0	2	13
2	0	3	12	3	0	3	16
2	0	4	14	3	0	4	20
2	0	5	16	3	0	5	23
2	1	0	7	3	1	0	11
2	1	1	9	3	1	1	14
2	1	2	12	3	1	2	17
2	1	3	14	3	1	3	20
2	1	4	17	3	1	4	23
2	1	5	19	3	1	5	27
2	2	0	9	3	2	0	14
2	2	1	12	3	2	1	17
2	2	2	14	3	2	2	20
2	2	3	17	3	2	3	24
2	2	4	19	3	2	4	27
2	2	5	22	3	2	5	31
2	3	0	12	3	3	0	17
2	3	1	14	3	3	1	21
2	3	2	17	3	3	2	24
2	3	3	20	3	3	3	28
2	3	4	22	3	3	4	32
2	3	5	25	3	3	5	36

续表 2-31

接种量/mL			总大肠菌群 (MPN/100 mL)	接种量/mL			总大肠菌群 (MPN/100 mL)
10	1	0.1		10	1	0.1	
2	4	0	15	3	4	0	21
2	4	1	17	3	4	1	24
2	4	2	20	3	4	2	28
2	4	3	23	3	4	3	32
2	4	4	25	3	4	4	36
2	4	5	28	3	4	5	40
2	5	0	17	3	5	0	25
2	5	1	20	3	5	1	29
2	5	2	23	3	5	2	32
2	5	3	26	3	5	3	37
2	5	4	29	3	5	4	41
2	5	5	32	3	5	5	45
4	0	0	13	5	0	0	23
4	0	1	17	5	0	1	31
4	0	2	21	5	0	2	43
4	0	3	25	5	0	3	58
4	0	4	30	5	0	4	76
4	0	5	36	5	0	5	95
4	1	0	17	5	1	0	33
4	1	1	21	5	1	1	46
4	1	2	26	5	1	2	63
4	1	3	31	5	1	3	84
4	1	4	36	5	1	4	110
4	1	5	42	5	1	5	130
4	2	0	22	5	2	0	49
4	2	1	26	5	2	1	70
4	2	2	32	5	2	2	94
4	2	3	38	5	2	3	120
4	2	4	44	5	2	4	150
4	2	5	50	5	2	5	180
4	3	0	27	5	3	0	79
4	3	1	33	5	3	1	110
4	3	2	39	5	3	2	140
4	3	3	45	5	3	3	180
4	3	4	52	5	3	4	210
4	3	5	59	5	3	5	250

续表 2－31

接种量/mL			总大肠菌群 (MPN/100 mL)	接种量/mL			总大肠菌群 (MPN/100 mL)
10	1	0.1		10	1	0.1	
4	4	0	34	5	4	0	130
4	4	1	40	5	4	1	170
4	4	2	47	5	4	2	220
4	4	3	54	5	4	3	280
4	4	4	62	5	4	4	350
4	4	5	69	5	4	5	430
4	5	0	41	5	5	0	240
4	5	1	48	5	5	1	350
4	5	2	56	5	5	2	540
4	5	3	64	5	5	3	920
4	5	4	72	5	5	4	1600
4	5	5	81	5	5	5	>1600

注意事项：

(1)吸取水样前必须要混合均匀，避免吸取到聚集的菌落或无菌的水样。

(2)检验水源水时，如污染严重，应加大稀释度。

(3)对水样进行稀释时，每一次稀释都必须更换灭菌吸管或吸头，确保稀释度的准确。

(4)混匀稀释水样时，应小心操作避免含菌水样溅出。

(5)初发酵实验时，乳糖蛋白胨培养液变黄色、浑浊即为产酸，未变色、澄清即为不产酸。倒置小试管内有气泡即为产气，没有气泡、充满液体即为不产气。不产酸不产气判为阴性，无需分离培养；产酸又产气为阳性，需进行分离培养；若发酵管只产酸，表现为变色、浑浊而无气泡，轻摇有气泡上浮者表示发酵正活跃，也需进行分离培养。

(6)分离培养进行划线接种时，动作要快，同时应注意接种量的大小及避免交叉污染的产生，以确保不同的菌落得以完全分离。

Ⅱ　滤膜法

总大肠菌群滤膜法是指用孔径为0.45 μm的微孔滤膜过滤水样，将滤膜贴在添加乳糖的选择性培养基上37℃培养24 h，能形成特征性菌落的需氧和兼性厌氧的革兰氏阴性无芽孢杆菌以检测水中总大肠菌群的方法。

1. 培养基与试剂

(1)品红亚硫酸钠培养基

①成分：蛋白胨10 g、酵母浸膏5 g、牛肉膏5 g 、乳糖10 g 、琼脂15～20 g、磷酸氢二钾3.5 g、无水亚硫酸钠5 g、碱性品红乙醇溶液(50 g/L)20 mL、蒸馏水1000 mL。

②储备培养基的制备

先将琼脂加到500 mL蒸馏水中，煮沸溶解，于另500 mL蒸馏水中加入磷酸氢二钾、蛋白胨、酵母浸膏和牛肉膏，加热溶解，倒入已溶解的琼脂，补足蒸馏水至1000 mL，混匀后调 pH 为 7.2～7.4，再加入乳糖，分装，68.95 kPa（115℃、10 lb）高压灭菌 20 min，储存于冷暗处备用。

本培养基也可不加琼脂，制成液体培养基，使用时加 2～3 mL 于灭菌吸收垫上，再将滤膜置于培养垫上培养。

③平皿培养基的配制

将上法制备的储备培养基加热融化，用灭菌吸管按比例吸取一定量的 50 g/L 的碱性品红乙醇溶液置于灭菌空试管中，再按比例称取所需的无水亚硫酸钠置于另一灭菌试管中，加灭菌水少许，使其溶解后，置沸水浴中煮沸 10 min 以灭菌。

用灭菌吸管吸取已灭菌的亚硫酸钠溶液，滴加于碱性品红乙醇溶液至深红色退成淡粉色为止，将此亚硫酸钠与碱性品红的混合液全部加到已融化的储备培养基内，并充分混匀（防止产生气泡），立即将此种培养基 15 mL 倾入已灭菌的空平皿内。待冷却凝固后置冰箱内备用。此种已制成的培养基于冰箱内保存不宜超过两周。如培养基已由淡粉色变成深红色，则不能再用。

（2）乳糖蛋白胨培养液，同多管发酵法"（1）"。

2. 仪器

（1）滤器。

（2）滤膜：孔径 0.45 μm。

（3）抽滤设备。

（4）无齿镊子。

（5）其他仪器同多管发酵法"2"。

3. 检验步骤

（1）准备工作

①滤膜灭菌：将滤膜放入烧杯中，加入蒸馏水，置于沸水浴中煮沸灭菌 3 次，每次 15 min。前两次煮沸后需更换水洗涤 2～3 次，以除去残留溶剂。

②滤器灭菌：用点燃的酒精棉球火焰灭菌。也可用蒸汽灭菌器 103.43 kPa（121℃，15 lb）高压灭菌 20 min。

（2）过滤水样

用无菌镊子夹取灭菌滤膜边缘部分，将粗糙面向上，贴放在已灭菌的滤床上，固定好滤器，将 100 mL 水样（如水样含菌数较多，可减少过滤水样量，或将水样稀释）注入滤器中，打开滤器阀门，在 -5.07×10^4 Pa（负 0.5 大气压）下抽滤。

（3）培养

水样滤完后，再抽气约 5 s，关上滤器阀门，取下滤器，用灭菌镊子夹取滤膜边缘部分，移放在品红亚硫酸钠培养基上，滤膜截留细菌面向上，滤膜应与培养基完全贴紧，两者间不得留有气泡，然后将平皿倒置，放入 37℃恒温箱内培养 24 h ± 2 h。

4. 结果观察与报告

挑取符合下列特征菌落进行革兰氏染色、镜检：

紫红色、具有金属光泽的菌落；

深红色、不带或略带金属光泽的菌落；

淡红色、中心色较深的菌落。

①凡革兰氏染色为阴性的无芽胞杆菌，再接种乳糖蛋白胨培养液，于37℃培养24 h，有产酸产气者，则判定为总大肠菌群阳性。

②按式(2－18)计算滤膜上生长的总大肠菌群数(图2－17)，以每100 mL水样中的总大肠菌群数(CFU/100 mL)报告之。

$$总大肠菌群菌落数(CFU/100\ mL)=\frac{数出的总大肠菌群菌落数\times 100}{过滤的水样体积(mL)} \quad (2-18)$$

注意事项：

(1)一切实验相关的器具都必须彻底灭菌，包括滤膜、滤器、镊子等用具。

(2)水样过滤完毕，无菌镊子应只夹取滤膜的边缘部分，不可触碰滤膜截留细菌的中心位置。

(3)滤膜应与培养基完全贴合，两者间不得留有空隙，以避免截留的细菌无法吸收营养。

(4)发现特征菌落，应进行革兰氏染色、镜检并复发酵，以确证总大肠菌群阳性。

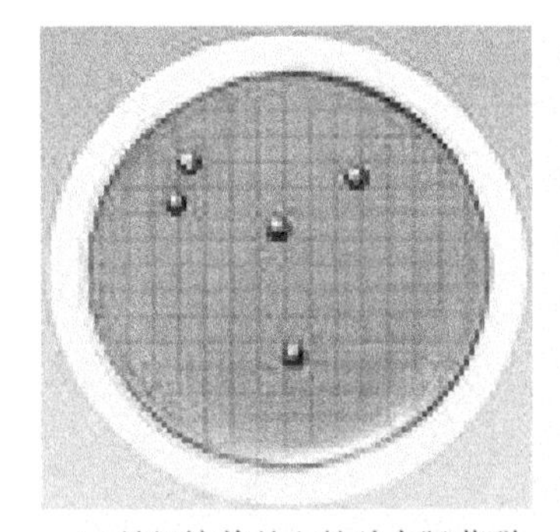

(a)品红培养基上的总大肠菌群

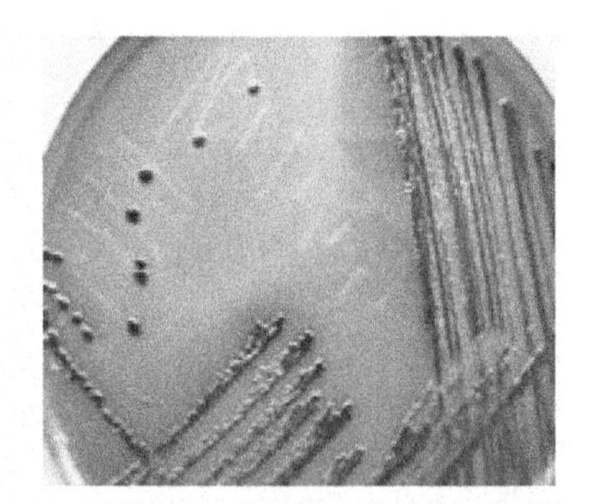

(b)伊红美蓝培养基上的总大肠菌群

图2－18　总大肠菌群特征菌落(彩图见书后)

Ⅲ　**酶底物法**

总大肠菌群酶底物法是指在选择性培养基上能产生β－半乳糖苷酶的细菌群组，该细菌群组能分解色原底物释放出色原体使培养基呈现颜色变化，以此技术来检测水中总大肠菌群的方法。

1. 培养基与试剂

(1)培养基

在本标准中酶底物法采用固定底物技术(Defined Substrate Technology，DST)，本方法采用Minimal Medium ONPG－MUG (MMO－MUG)培养基，可选用市售商品化制品。

每1000 mL MMO－MUG培养基所含基本成分为：硫酸铵［$(NH_4)_2SO_4$］5.0 g 、硫酸锰 ($MnSO_4$) 0.5 mg 、硫酸锌 ($ZnSO_4$) 0.5 mg、硫酸镁 ($MgSO_4$) 100 mg、氯化钠 (NaCl) 10 g 、氯化钙 ($CaCl_2$) 50 mg、亚硫酸钠 (Na_2SO_3) 40 mg 、两性霉素B (Amphotericin B) 1 mg 、邻硝基苯－β－D－吡喃半乳糖苷 (ONPG) 500 mg 、4－甲基伞形酮－β－D－葡萄糖醛酸苷 (MUG) 75 mg 、茄属植物萃取物(Solanium萃取物) 500 mg 、N－2－羟乙基哌嗪－N－2－乙磺酸钠盐(HEPES钠盐)5.3 g 、N－2－羟乙基哌嗪－N－2－乙磺酸(HEPES)6.9 g 。

（2）生理盐水

①成分：氯化钠 8.5g 、蒸馏水加至 1000 mL。

②配制：溶解后分装到稀释瓶内，每瓶 90 mL，于 103.43 kPa（121℃、15 lb）20 min 高压灭菌。

2. 仪器设备

（1）量筒：100 mL、500 mL、1000 mL 容量。

（2）吸管：1 mL、5 mL 、10 mL 的无菌玻璃吸管或塑料一次性吸管。

（3）稀释瓶：100 mL、250 mL、500 mL 及 1000 mL 能耐高压的灭菌玻璃瓶。

（4）试管：可高压灭菌的玻璃或塑料试管，大小约 15 mm × 10 mm。

（5）培养箱：36℃ ± 1℃ 。

（6）高压蒸汽灭菌器。

（7）干热灭菌器（烤箱）。

（8）定量盘：定量培养用无菌塑料盘，含 51 个孔穴，每一孔穴可容纳 2 mL 水样。

（9）程控定量封口机：用于 51 孔或 97 孔法（MPN）定量盘的封口。

3. 检验步骤

（1）水样稀释。检测所需水样为 100 mL。若水样污染严重，可对水样进行稀释。取 10 mL水样加入到 90 mL 灭菌生理盐水中，必要时可加大稀释度。

（2）定性反应。用 100 mL 的无菌稀释瓶量取 100 mL 水样，加入 2.7 g ± 0.5 g MMO－MUG 培养基粉末，混摇均匀使之完全溶解后，放入 36℃ ± 1℃ 的培养箱内培养 24 h。

（3）10 管法 。

①用 100 mL 的无菌稀释瓶量取 100 mL 水样，加入 2.7g ± 0.5g MMO－MUG 培养基粉末，混摇均匀使之完全溶解。

②准备 10 支 15 mm × 10 cm 或适当大小的灭菌试管，用无菌吸管分别从前述稀释瓶中吸取 10 mL 水样至各试管中，放入 36℃ ± 1℃ 的培养箱中培养 24 h。

（4）51 孔定量盘法

①用 100 mL 的无菌稀释瓶量取 100 mL 水样，加入 2.7g ± 0.5 g MMO－MUG 培养基粉末，混摇均匀使之完全溶解。

②将前述 100 mL 水样全部倒入 51 孔无菌定量盘内，以手抚平定量盘背面以赶除孔穴内气泡，然后用程控定量封口机封口。放入 36℃ ± 1℃ 的培养箱中培养 24 h。

4. 结果报告

（1）结果判读。将水样培养 24 h 后进行结果判读，如结果为可疑阳性，可延长培养时间到 28 h 进行结果判读，超过 28 h 之后出现的颜色反应不作为阳性结果。

（2）定性反应。水样经 24 h 培养之后如果颜色变成黄色，判断为阳性反应，表示水中含有大肠菌群。水样颜色未发生变化，判断为阴性反应。定性反应结果以大肠菌群检出或未检出报告。

（3）10 管法。

①将培养 24 h 之后的试管取出观察，如果试管内水样变成黄色则表示该试管含有大肠菌群。

②计算有黄色反应的试管数，对照表 2－32 查出其代表的大肠菌群最大可能数。结果

以 MPN/100 mL 表示。

表 2-32　10 管法不同阳性结果的 MPN 值及 95% 可信范围

阳性试管数	总大肠菌群(MPN/100 mL)	95% 可信范围	
		下限	上限
0	<1.1	0	3.0
1	1.1	0.03	5.9
2	2.2	0.26	8.1
3	3.6	0.69	10.6
4	5.1	1.3	13.4
5	6.9	2.1	16.8
6	9.2	3.1	21.1
7	12.0	4.3	27.1
8	16.1	5.9	36.8
9	23.0	8.1	59.5
10	>23.0	13.5	—

(4)51 孔定量盘法

①将培养 24 h 之后的定量盘取出观察，如果孔穴内的水样变成黄色则表示该孔穴中含有总大肠菌群。

②计算有黄色反应的孔穴数，对照表 2-33 查出其代表的大肠菌群最大可能数(MPN)。结果以 MPN/100 mL 表示。

表 2-33　51 孔定量盘法不同阳性结果的 MPN 值及 95% 可信范围

阳性孔穴数	总大肠菌群(MPN/100 mL)	95% 可信范围	
		下限	上限
0	<1	0.0	3.7
1	1.0	0.3	5.6
2	2.0	0.6	7.3
3	3.1	1.1	9.0
4	4.2	1.7	10.7
5	5.3	2.3	12.3
6	6.4	3.0	13.9
7	7.5	3.7	15.5
8	8.7	4.5	17.1
9	9.9	5.3	18.8
10	11.1	6.1	20.5
11	12.4	7.0	22.1
12	13.7	7.9	23.9
13	15.0	8.8	25.7

续表 2－33

阳性孔穴数	总大肠菌群 (MPN/100 mL)	95%可信范围	
		下限	上限
14	16.4	9.8	27.5
15	17.8	10.8	29.4
16	19.2	11.9	31.3
17	20.7	13.0	33.3
18	22.2	14.1	35.2
19	23.8	15.3	37.3
20	25.4	16.5	39.4
21	27.1	17.7	41.6
22	28.8	19.0	43.9
23	30.6	20.4	46.3
24	32.4	21.8	48.7
25	34.4	23.3	51.2
26	36.4	24.7	53.9
27	38.4	26.4	56.6
28	40.6	28.0	59.5
29	42.9	29.7	62.5
30	45.3	31.5	65.6
31	47.8	33.4	69.0
32	50.4	35.4	72.5
33	53.1	37.5	76.2
34	56.0	39.7	80.1
35	59.1	42.0	84.4
36	62.4	44.6	88.8
37	65.9	47.2	93.7
38	69.7	50.0	99.0
39	73.8	53.1	104.8
40	78.2	56.4	111.2
41	83.1	59.9	118.3
42	88.5	63.9	126.2
43	94.5	68.2	135.4
44	101.3	73.1	146.0
45	109.1	78.6	158.7
46	118.4	85.0	174.5
47	129.8	92.7	195.0
48	144.5	102.3	224.1
49	165.2	115.2	272.2
50	200.5	135.8	387.6
51	>200.5	146.1	—

注意事项：

①水样必须混合均匀，避免吸取到聚集的菌落或无菌的水样。

②培养基粉末应被水样完全溶解，才放置培养。

酶底物法合成试剂检测流程示例见图 2－19 和图 2－20。

(a) 加入试剂

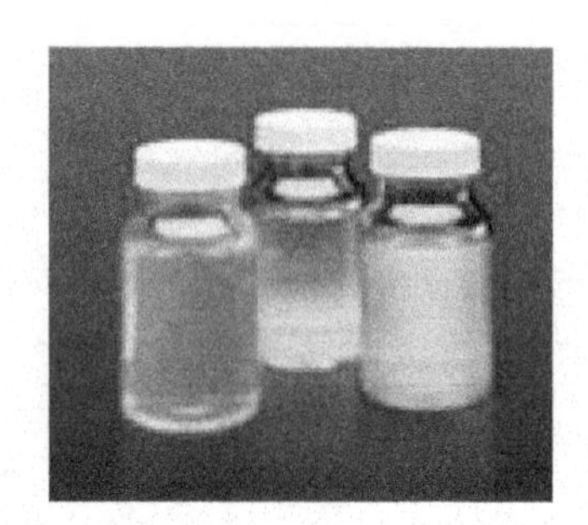

(b) 培养结果(蓝色和透明色均为阴性，黄色为阳性)

图 2－19　酶底物法合成试剂定性检测（彩图见书后）

(a) 加入试剂

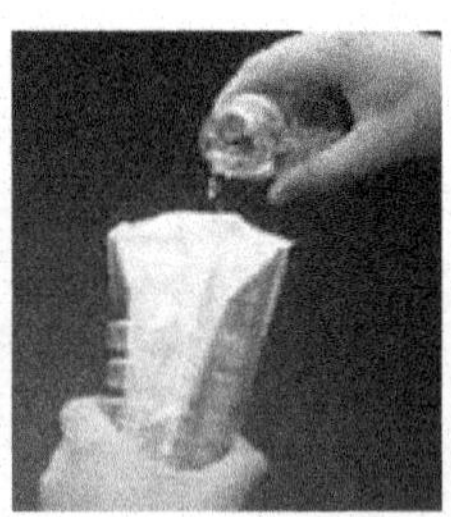

(b) 倒入定量盘

(c) 封口

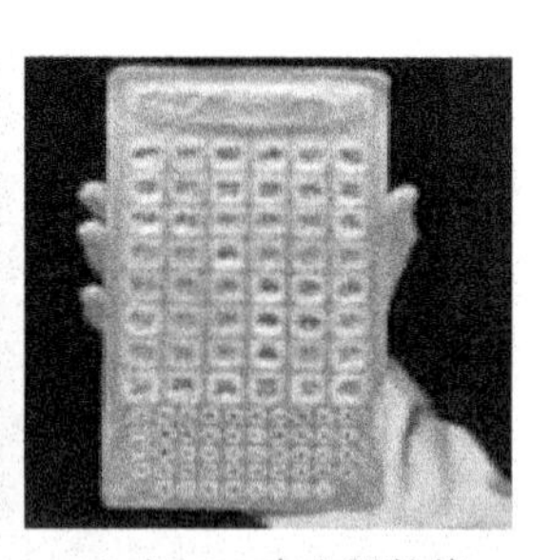

(d) 查MPN表查得数值

图 2－20　酶底物法合成试剂定量检测（彩图见书后）

（三）耐热大肠菌群（粪大肠菌群）

耐热大肠菌为总大肠菌群的一个亚种，直接来自粪便，具有耐热特性，在 44.5℃ 的高温条件下仍可生长繁殖并将色氨酸代谢成吲哚，其他特性均与总大肠菌群相同。

饮用水源水和自来水耐热大肠菌群（粪大肠菌群）的常规检测方法有多管发酵法和滤膜法。

Ⅰ　多管发酵法

用提高培养温度的方法将自然环境中的大肠菌群与粪便中的大肠菌群区分开，在 44℃ 仍能生长的大肠菌群，称为耐热大肠菌群（粪大肠菌群）。

1. 培养基与试剂

（1）EC 培养基

①成分：胰蛋白胨 20g、乳糖 5g 、3 号胆盐或混合胆盐 1.5g、磷酸氢二钾 4g 、磷酸二氢钾 1.5g 、氯化钠 5g 、蒸馏水 1000 mL。

②制法：将上述成分溶解于蒸馏水中，分装到带有倒管的试管中，68.95kPa（115℃ 10 lb）高压灭菌 20 min，最终 pH 为 6.9 ±0.2。

(2)伊红美蓝琼脂(同(二)总大肠菌群多管发酵法培养基与试剂(3))。

2. 仪器

(1)恒温水浴：44.5℃ ±0.5℃或隔水式恒温培养箱。

(2)其他同总大肠菌群多管发酵法。

3. 检验步骤

(1)自总大肠菌群乳糖发酵试验中的阳性管(产酸产气)中取1滴转种于EC培养基中，置44.5℃水浴箱或隔水式恒温培养箱内(水浴箱的水面应高于试管中培养基液面)，培养24 h ±2h，如所有管均不产气，则可报告为阴性，如有产气者，则转种于伊红美蓝琼脂平板上，置44.5℃环境培养18～24 h，凡平板上有典型菌落者，则证实为耐热大肠菌群(粪大肠菌群)阳性。

(2)如检测未经氯化消毒的水，且只想检测耐热大肠菌群(粪大肠菌群)时，或调查水源水的耐热大肠菌群(粪大肠菌群)污染时，可用直接多管耐热大肠菌群(粪大肠菌群)方法，即在第一步乳糖发酵试验时按总大肠菌群多管发酵法检测步骤(1)(p144)①接种乳糖蛋白胨培养液在44.5℃ ±0.5℃水浴中培养，以下步骤同本检验步骤(1)。

4. 结果报告

根据证实为耐热大肠菌群(粪大肠菌群)的阳性管数，查MPN检索表(同总大肠菌群MPN检索表，本章表2－32)，报告每100 mL水样中耐热大肠菌群(粪大肠菌群)的MPN值。

Ⅱ　滤膜法

耐热大肠菌群(粪大肠菌群)是指用孔径0.45 μm的滤膜过滤水样，细菌被阻留在膜上，将滤膜贴在添加乳糖的选择性培养基上，44.5℃培养24 h能形成的特征性菌落，以此来检测水中耐热大肠菌群(粪大肠菌群)的方法。

1. 培养基与试剂

(1)MFC培养基

①成分：胰胨10 g、多胨5 g、酵母浸膏3 g、氯化钠5 g、乳糖12.5 g、3号胆盐或混合胆盐1.5 g、琼脂15 g、苯胺蓝0.2 g、蒸馏水1000 mL。

②制法：在1000 mL蒸馏水中先加入含有玫红酸(10 g/L)的0.2 mol/L氢氧化钠溶液10 mL，混匀后，取500 mL加入琼脂煮沸溶解，于另外500 mL蒸馏水中，加入除苯胺蓝以外的其他试剂，加热溶解，倒入已溶解的琼脂，混匀调pH为7.4，加入苯胺蓝煮沸，迅速离开热源，待冷却至60℃左右，制成平板，不可高压灭菌。

制好的培养基应存放于2～10℃环境中不超过96 h。

本培养基也可不加琼脂，制成液体培养基，使用时加2～3 mL于灭菌吸收垫上，再将滤膜置于培养垫上培养。

(2)EC培养基(同耐热大肠菌群(粪大肠菌群)多管发酵法)。

2. 仪器

(1)隔水式恒温培养箱或恒温水浴。

(2)玻璃或塑料培养皿：60 mm × 15 mm或50 mm × 12 mm。

(3)其他仪器同总大肠菌群滤膜法。

3. 检验步骤

(1)准备工作(同总大肠菌群滤膜法)。

(2)过滤水样(同总大肠菌群滤膜法)。

(3)培养：水样滤完后，再抽气约5s，关上滤器阀门，取下滤器，用灭菌镊子夹取滤膜边缘部分，移放在MFC培养基上，滤膜截留细菌面向上，滤膜间不得留有气泡，然后将平皿倒置，放入44.5℃隔水式培养箱内培养24 h ±2 h。如使用恒温水浴，则需用塑料平皿，将皿盖紧，或用防水胶带贴封每个平皿，将培养皿成叠封入塑料袋内，浸到44.5℃恒温水浴里，培养24 h ±2 h。耐热大肠菌群(粪大肠菌群)在此培养基上菌落为蓝色，非耐热大肠菌群(粪大肠菌群)菌落为灰色至奶油色。

(4)对可疑菌落转种EC培养基，44.5℃培养24 h ±2 h，如产气则证实为耐热大肠菌群。

4. 结果报告

计数被证实的耐热大肠菌落数，水中耐热大肠菌群(粪大肠菌群)数系以100 mL水样中耐热大肠菌群(粪大肠菌群)菌落形成单位(CFU)表示。见式(2－19)：

$$\text{耐热大肠菌菌落数(CFU/100 mL)} = \frac{\text{所计得的耐热大肠菌菌落数} \times 100}{\text{过滤的水样体积(mL)}} \quad (2-19)$$

注意事项：

(1)多管发酵法检测耐热大肠菌，需从总大肠菌群乳糖发酵的阳性管中转种至EC培养。

(2)MFC培养基通过煮沸的方式灭菌，不可高压灭菌，且保存期只有4天。

(3)滤膜应与培养基完全贴合，两者间不得留有空隙。

六、实际生产影响水质的微型生物及检测

供水企业在实际生产运行过程中，常常需要了解水体中藻类、摇蚊幼虫、浮游动物等微型生物的分布或生长情况。本节将对这些项目的检测方法进行介绍。

(一)藻类

藻类作为供水系统中最为常见的浮游植物，对于我们评价和监测水质起着非常重要的作用。当水体变得富营养化，藻类就会大量繁殖，导致水体浑浊，溶解氧降低，造成水质恶化，严重时甚至形成“水华”，不仅会增加水体的色度，更会堵塞滤池并带来腥臭味，给净水处理造成困难。再者，藻类本身还是水中化学需氧量(COD)、生化需氧量(BOD)及悬浮物的主要来源之一，同时藻类还是三卤甲烷(THMs)的主要前驱物质。

广州地区原水中以蓝藻、绿藻、硅藻为主，偶有发现裸藻、黄藻。一般在枯水期藻类含量会相对上升，丰水期藻类含量相对下降。

目前，藻类的去除方法有物理法、化学法和生物法等。常用的物理法有混凝沉淀、气浮、过滤和活性炭吸附等，主要利用藻细胞的形态特征，将藻类从水中去除，但是物理法必须依据藻类的密度进行选择才能达到最优去除率；化学法可以在不改变现有水厂净水工

艺的条件下，使用化学药剂对藻类进行去除，常用的除藻剂有硫酸铜、氯、二氧化氯、臭氧、高锰酸钾等，但化学法会产生副产物对水体造成二次污染；生物法利用生物膜对藻类的吸附、捕食和分解等作用起到去除藻类的效果，安全高效。

在藻类生物学检验中，常用的监测方法有计数法和叶绿素 a 检测法。计数法简单、直观，而叶绿素 a 检测只能作为间接衡量水中初级生产力的指标，不能直接反映水中藻类含量，因此目前倾向于使用计数法评价水中藻类含量，较为常用的有显微镜计数法。

显微镜计数法

1. 原理

显微镜计数法是利用鲁哥氏液将藻类染色固定，再通过沉淀或离心的方法，将一定体积水体中的藻类浓缩，使用计数框定量后，通过显微镜观察并计数藻类个体数，最后计算出每升水样中藻类的个体数。

本教材提供的检测方法细则是定量检测方法，主要依据《水和废水监测分析方法》(第4 版)(增补版)编写，同时也参考了《水和废水标准检验法》(美国)第 22 版的标准方法。

2. 仪器

(1)光电显微镜。

(2)计数框(面积 20mm × 20mm、容量 0.1 mL，框内划分横直各 10 行共 100 个小方格)，20mm × 20mm 盖玻片。

(3)目镜测微尺(安装在显微镜目镜中)。

(4)微量移液枪(100 μL)和相应的枪头。

(5)筒形分液漏斗或量筒(均为 1 L，如用沉淀浓缩法)。

(6)离心机和离心杯(具体容量见各仪器配套，如采用离心浓缩法)。

(7)三角锥形瓶。

(8)血球分类计数器。

3. 试剂

鲁哥氏液：称取 6 g 碘化钾和 4 g 碘于 20 mL 蒸馏水中，待完全溶解后，加 80 mL 蒸馏水，避光保存。

4. 检测步骤

(1)采样：取水样 1000 mL，加入 15 mL 鲁哥氏液，鲁哥氏液用量为水样量的 1.5%。

(2) 浓缩、定容：将水样倒入筒形分液漏斗或量筒，静置沉淀至少 24 h(沉淀浓缩法)，或离心(1 kg，20 min)(离心浓缩法)。用虹吸管缓慢小心抽掉上清液，留适量沉淀液，摇匀后倒入三角锥形瓶，用吸出的上清液冲洗浓缩器皿(筒形分液漏斗/量筒/离心杯)，一起定容。

(3)计数：将样品充分摇匀，迅速用移液枪吸取 0.1 mL 样品，注入计数框内，然后将盖玻片以 45°的倾斜角度慢慢盖上，防止在计数框内形成气泡。不能有样品溢出。

可使用显微镜的 10 × 目镜，10 × 或 40 × 物镜，按个体观察计数。

(4)范围：可采用一定格数计数，最后乘比例系数得总数。而格数的多少可视藻数的多少来定，但注意格数的随机分配。

5. 结果计算

把计数结果换算成原采集水样中浮游藻类数量时用下列计算公式：

$$N = (A/A_C) \times (V_S/V_A) \times n \quad (2-20)$$

式中 N——每升原采集水样的浮游藻类数量，个/L；

A——计数框面积，mm^2 或格；

A_C——计数面积，mm^2 或格；

V_S——1L 水样浓缩后的样品体积，mL；

V_A——计数框体积，mL；

n——计数所得浮游藻类的数目，个。

6. 质量控制

每一样品计数两次，取其平均值，每次计数的结果与平均值之差应不大于 ±15%。

注意事项：

(1)当藻类数量太少时，应全片计数，以减少误差；若藻类数量较多时，可在全片均匀选取视野或格数进行计数，例如全片(100 格)计数 30 格，应均匀分布在计数框的上、下、左、右、中各个区域。

(2)藻类数量少的样品，浓缩体积可相对少些，如定容至 30mL；藻类数量多的样品，如几百万甚至上千万，浓缩体积可相对多些，如几百毫升。

(3)硅藻细胞破壳或已发生质壁分离的藻类细胞不计数。

(4)虹吸管：可用 2～3 层 200 目筛绢包扎住吸水一端，以阻隔吸上清液时藻类的流失，可尽量减少误差。

(5)如遇到一个藻类个体或细胞的一部分在行格内，另一部分在行格外，则可按默认规则计数：在行格上线/左线的个体或细胞不加计数，而在下线/右线的则计数。

(6)计数单位可用个体或细胞表示。用个体计数较省时省力且操作度较高，所以本操作细则统一采用个体计数。如群生、裂殖湿气，或多细胞个体统一计为 1 个个体。

(7)离心浓缩时采用的离心参数是离心力 1kg，离心时间 20 min。这是《水和废水标准检验法》(美国)(第 22 版)提供的方法参数。不同的离心机的离心力取决于其离心臂长度等参数，所以设定离心机转速时要参照离心机的操作指南。

(8)国内的标准、著作或文献大多采用沉淀浓缩法，《水和废水标准检验法》(美国)(第 22 版)也优先推荐沉淀浓缩法，但这需要一定的静置时间，而生产中有时需要快速的报数以指导生产，所以本细则也借鉴了《水和废水标准检验法》(美国)(第 22 版)的离心方法。

图 2－21 ～图 2－25 是广州市自来水公司水源中常见的典型藻类图片。

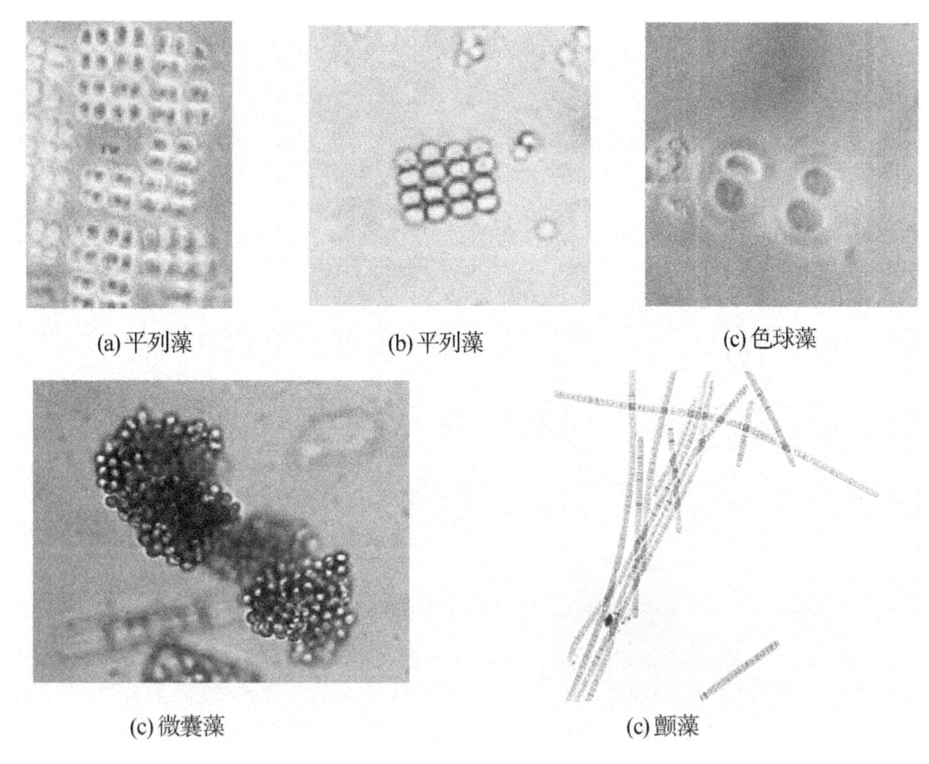

(a) 平列藻　(b) 平列藻　(c) 色球藻

(c) 微囊藻　(c) 颤藻

图 2－21　蓝藻图谱(彩图见书后)

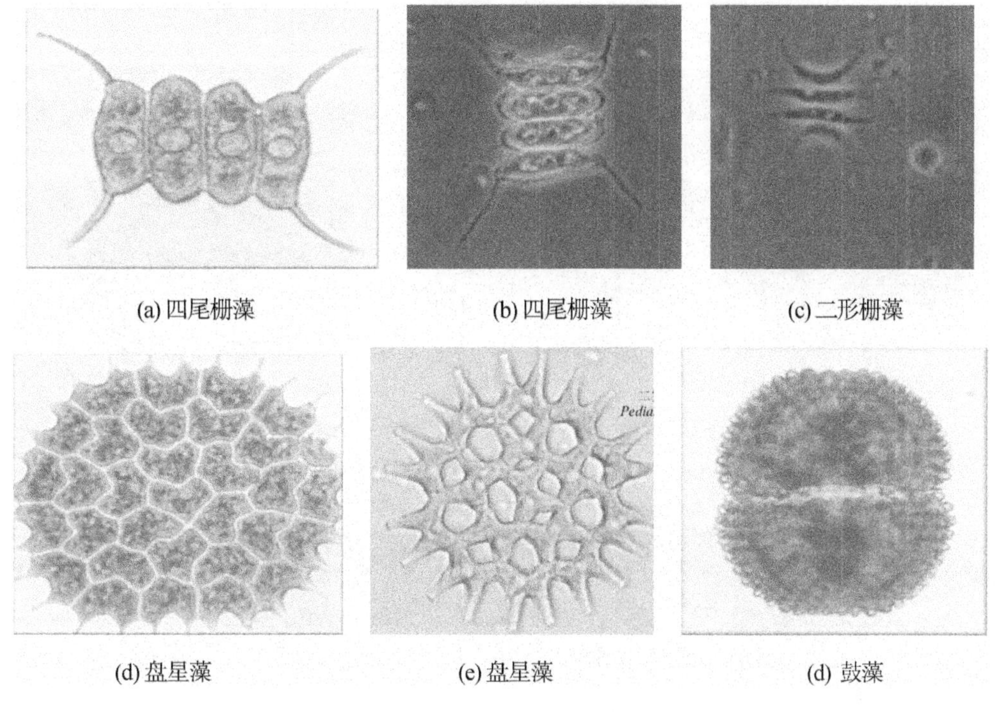

(a) 四尾栅藻　(b) 四尾栅藻　(c) 二形栅藻

(d) 盘星藻　(e) 盘星藻　(d) 鼓藻

图 2－22　绿藻图谱(彩图见书后)

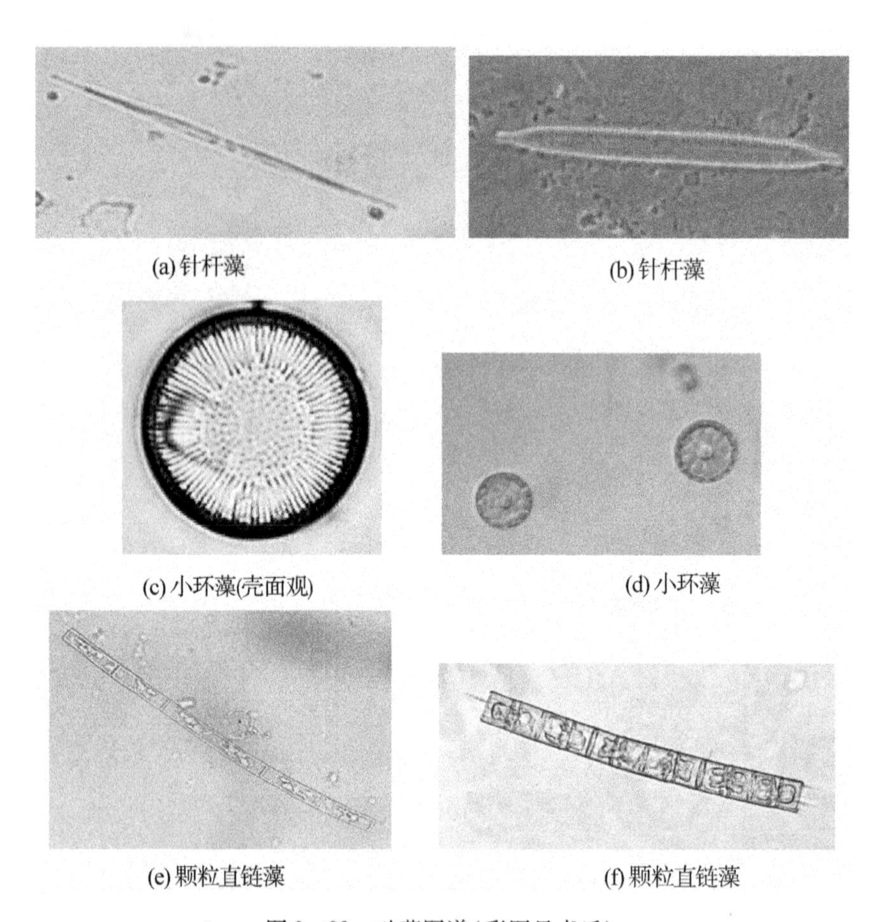

(a)针杆藻　(b)针杆藻

(c)小环藻(壳面观)　(d)小环藻

(e)颗粒直链藻　(f)颗粒直链藻

图2-23　硅藻图谱(彩图见书后)

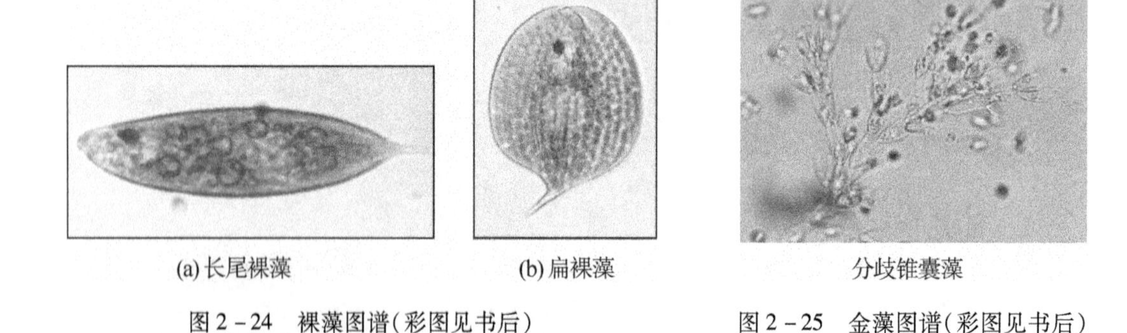

(a)长尾裸藻　(b)扁裸藻

图2-24　裸藻图谱(彩图见书后)

分歧锥囊藻

图2-25　金藻图谱(彩图见书后)

(二)摇蚊幼虫

在我国供水系统中，偶有出现红色的微型水生生物，俗称红虫。在北方地区，供水系统中发现的红虫多为水蚯蚓；而在南方地区，供水系统中发现的红虫则以摇蚊幼虫为主。

摇蚊(*Chironomidae*)属于节肢动物门(*Arthropoda*)、昆虫纲(*Insecta*)、双翅目(*Diptera*)、摇蚊科(*Chironomus*)，目前所知约有5000余种。成虫类似普通蚊子，静止时前足一般向前伸出并不停摇动，故名摇蚊。

摇蚊是一种完全变态昆虫(*complete metamorphsis*)，其生活史经历4个不同的阶段，分别为：卵、幼虫、蛹和成虫。摇蚊生活史的不同阶段具有不同的特征，其中以幼虫阶段的历期最长，摇蚊幼虫身体呈圆柱蠕虫状，体长2～30 mm，由头和13体节组成，头部甲壳质化，胸部有3个体节，腹部有10个体节，胸节和腹节外形无甚差别。头部两侧有幼虫眼，口器位于头部腹面，第一胸节腹面有一对前伪足，第十腹节即最后一节常较小，有一对后伪足。摇蚊幼虫通过体壁在水中进行呼吸，幼虫发育经历三次蜕皮，对应摇蚊幼虫的4个不同龄期，随着幼虫不断长大，体色将逐渐加深，由早期的无色或乳白色，变成后期的红色和深红色。

摇蚊幼虫(图2－26)对水环境的适应范围甚广，无论在河流、水库、池塘还是臭水沟，只要有充足的有机质，都能发现摇蚊及其幼虫。由于摇蚊的种群分布与水环境质量密切相关，因此，摇蚊幼虫常作为水环境监测的重要指示生物。

摇蚊的生长繁殖除了受食物的制约，还受到温度、湿度、光照、浑浊度和藻类、pH、溶解氧及流速等因素的影响。

(1)摇蚊生长的适宜水温为20～28℃，在南方地区摇蚊一年生长繁殖时间可长达8个月以上，水温越高，繁殖时间越短；水温越低，繁殖时间越长。冬季水温降低到一定程度，摇蚊将停止生长繁殖，以幼虫形态越冬。

(2)湿度主要影响摇蚊的受精率，空气过于干燥会抑制受精。南方地区高温高湿天气经常持续出现，也是导致雨后摇蚊大量孳生的重要原因。

(3)不同的光照时间对摇蚊的产卵情况也会有影响，资料显示在16 h光照时间下摇蚊的产卵率最高，过长或过短的光照时间都会降低摇蚊的产卵率，南方夏季日照时间将近14 h，对摇蚊的繁殖极为有利。

(4)摇蚊幼虫营底栖生活，以藻类及其他有机碎屑为食，也以絮凝物及碎屑作为筑巢基质，夏季藻类繁殖旺盛，食物的充足也是摇蚊大量孳生的原因之一。

(5)摇蚊幼虫对酸碱度的适应范围甚广，当pH为3时，它几乎停止生长；pH为4～9时，可以正常生长，pH在7.0～8.0之间，其生长状况最好；当pH小于4或大于9时，其生长速度会下降。给水处理系统的pH值，正适合摇蚊幼虫的生长繁殖。

(6)资料显示，当溶解氧小于3 mg/L，摇蚊幼虫会缺氧而死，当溶解氧大于3.5 mg/L，溶解氧含量越高，摇蚊幼虫生长得越好。

(7)水体流速会影响摇蚊幼虫的筑巢率，也会直接决定摇蚊幼虫是否在此水体产卵。

供水系统极易受到摇蚊幼虫的污染，污染源有内源的也有外源的。首先，摇蚊幼虫可能随原水进入水厂的净水系统，据统计，西江、北江、东江河水的溶解氧一般在3.0～9.0之间，进入水厂后原水经过曝气或不断流动，其溶解氧含量将会更高，而且供水系统的pH值又适合摇蚊幼虫的生长繁殖，从而更利于摇蚊幼虫的生长，能够生存下来的摇蚊幼虫继续生长繁殖，变成摇蚊在净水构筑物附近栖息，遇到合适的条件就纷飞，继而在净水构筑物产卵，造成二次污染；其次，水厂附近可能就是工业区或居民区，只要有沟渠或积水，就会有摇蚊滋生，这些摇蚊又会飞到净水构筑物产卵，造成污染，像沉淀池这样流速缓慢的构筑物，摇蚊就喜在其池壁产卵，从充足的絮凝物中获得足够的食物及筑巢基质，从而沉淀池就成为了摇蚊繁殖的理想场所；再次，二次供水水池可能密封不严，清洗又不及时，导致摇蚊在内繁殖生长，直接污染用户饮用水。

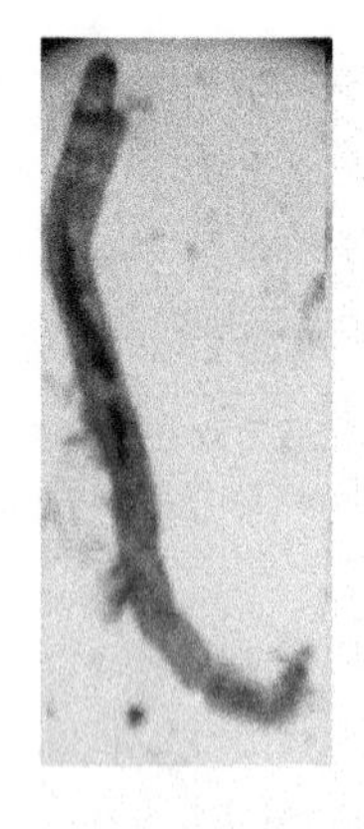

(a)幼虫

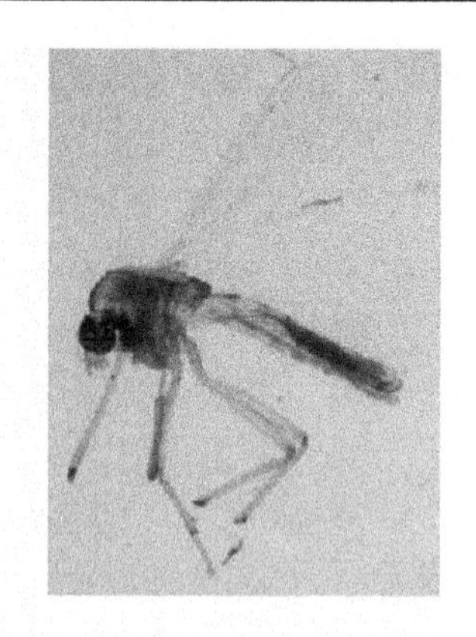

(b)成虫

图 2－26　摇蚊幼虫(彩图见书后)

目前，国家标准虽然没有对红虫等微型水生生物做出检测要求，但摇蚊幼虫作为肉眼可见物，严重影响着水质的感官性状，我们必须掌握其在供水系统的检测方法。

关于摇蚊幼虫的标准检测方法，早期的有国家技术监督局和环保局联合发布的《水质微型生物群落监测 PFU 法》(GB/T 12990—1991)，近期的有国家环保总局发布的《水和废水监测分析方法》(第四版)(水生生物群落的测定　三、底栖动物的测定)，此外就是一些文献资料。上述标准的适用范围均是针对水源水，且是适用于所有的底栖生物，并非针对摇蚊幼虫。我们根据多年的检测实践建立了适合生产需要的检测技术。

《水和废水监测分析方法》(第四版)对于水源水等地表水的检测方法有定性采样和定量采样两类，我们所关注的是定量采样的检测。2000 年左右我们尝试过和彼得逊采泥器和人工基质篮式采样器，对水源水进行采样监测。结果发现彼得逊采泥器多适用于较坚硬的底质和淤泥底质，对于我们的水源不是太适用，用于湖泊、水库和流速较慢的河流效果会比较好。而且每次都需要动用船只去到水体中央区域进行采样，不便于长期、大范围采用。人工基质篮式采样器，可依据标准方法，自行定制，应用时称为挂笼，应用在挂笼检测法中。

为了了解摇蚊在净水构筑物中产卵的二次污染情况，参照《水质微型生物群落监测 PFU 法》(GB/T 12990—1991)的标准中提及的聚氨酯泡沫塑料块(PFU)方法，自行定制类似于 PFU 的挂片，应用在挂片检测法中。

为了了解滤池、清水池及出厂水等工艺出水摇蚊幼虫的存在情况，我们参考《水和废水监测分析方法》(第四版)中对浮游动物的采集方法，自行设计了应用于各工艺管道龙头出水的滤袋进行采集样品，应用在滤袋检测法中。

根据摇蚊幼虫的产生途径，相应的检测技术可分为外源检测及内源检测。

内源检测主要是对水中已有的摇蚊幼虫进行检测，同时评估净水系统所受到摇蚊幼虫污染的情况，了解各个净水工艺对摇蚊幼虫的去除情况，以及当前出水的摇蚊幼虫存在情况。检测的方法有挂笼法检测和滤袋法检测。

外源检测主要是采用人工基质法对敞开式净水构筑物受到摇蚊二次产卵污染的情况进行检测及评估，对摇蚊的活动进行监测。主要方法有挂片法检测和滤袋法检测。

下面对挂笼、挂片、滤袋三种检测方法分别进行介绍。

1. 挂笼检测法

挂笼检测法主要适用于水源水检测，能反映源水中的摇蚊幼虫数量。

(1)监测设点

在水源地取水口处(吸水井)进行挂笼监测。

(2)检测器材

①挂笼。

挂笼规格：挂笼呈圆柱型，用孔径为 1 cm 的不锈钢网制作，高 20 cm，直径 18 cm。笼底平铺一层 100 目的尼龙网，其上装满鹅卵石，并封好笼盖。

悬挂方式：使用尼龙绳或铁链进行悬挂，一端与挂笼相连，一端与岸上固定物(桩、铁环等)相连。

悬挂要求：悬挂挂笼时，悬挂高度应充分考虑涨退潮水位的影响，笼子尽量靠近水底，保证在低水位时挂笼不会露空，影响实验结果。

②白瓷盘：32 cm × 22 cm。

③解剖针：100 mm。

④胶桶：15 L。

(3)检测步骤

①将挂笼整体取出后放入胶桶拿回试验室，注意不要让笼中的泥洒落在桶外。

②往桶内加半桶水，拆开挂笼，把笼内的石块倒入桶内，用小刷将粘附在笼上的泥刷入桶内，再用小刷将石块刷净。

③将桶内洗下的泥水用 40 目标准筛过滤，把筛上的过滤物全部倒入白瓷盘内，加些清水，以肉眼观察并同时计数摇蚊幼虫的数量，将结果进行记录。

④将笼和石块洗干净后晾干，以备下一次挂笼。

2. 挂片检测法

主要适用于待滤水检测，能反映摇蚊在净水构筑物产卵的二次污染情况。

(1)监测设点

每套净水系统选择一个沉淀池进行挂片监测，在靠近溢流出水堰的沉淀池池壁区域进行挂片。

(2)检测器材

①挂片。

挂片规格：挂片采用 40 目的黑色尼龙网制作，网长 1 m、宽 0.3 m。用不锈钢网作支撑，再用不锈钢夹将尼龙网固定在不锈钢网上。

悬挂方式：使用金属丝(铁丝、铜丝等)进行悬挂，一端与挂片相连，一端与池壁固定物(齿形出水堰、铁钩、铁环等)相连。

悬挂要求：将挂片垂直放入池边，其上端应离开水面 30 cm 以上。保证挂片在水中垂直于水面。

②平皿：普通培养皿。

③体视显微镜：总放大倍数为 8 ～100 倍。

④解剖针：100 mm。

(3)检测步骤

①解开挂片上的金属线，小心将挂片取出，动作要轻，避免扬起积聚的矾花。

②量好卵块的分布范围，记录好卵块数量。

③小心用镊子或其他适合的工具将卵块取下，放在平皿上，在体视显微镜下数卵块内卵的数量。若一个挂片上的卵块多于 3 条，则随机取 3 条卵块数卵数，并记入表格。

④检查完后，把挂片清洗干净，以备下一次使用。

3. 滤袋检测法

滤袋检测法主要适用于滤池出水、清水池出水及出厂水等浑浊度较低的清洁水体，能反映水体中摇蚊幼虫的存在情况。

（1）监测设点

①滤池：对每套净水系统的滤池出水总渠进行滤袋法监测，每日过滤水量不得低于 $15 m^3/d$。

②清水池：每套净水系统抽取部分有代表性、容易滋生摇蚊幼虫的清水池进行滤袋法监测，每日过滤水量不得低于 $20 m^3/d$。监测地点应选择每个池中水流容易滞留，容易积累污染的地点，用泵直接抽取进行过滤。采样管底部设计成 T 字形，尾部为穿孔管设计，尽可能使收集的水样范围大，代表性好。

③出厂水：对每套净水系统的出厂水进行滤袋法监测，每日过滤水量不得低于 $20 m^3/d$，尽可能使收集的水样代表性好。

④加压站管网水：对每个加压站的出水总管进行滤袋法监测，每日过滤水量不得低于 $20 m^3/d$，尽可能使收集的水样代表性好。

（2）检测器材

①滤袋。

滤袋规格：滤袋为圆台形设计，上口口径 16 cm，底部口径 10 cm，滤袋长 22 cm，采用 300 目纱网缝制。上口缝制收缩绳，方便在过滤时包扎。

悬挂方式：使用伸缩绳进行悬挂，在包好袋后，将伸缩绳绑扎在出水龙头上，固定滤袋，使其不会松脱。

滤水方式：小型自吸泵，水量能达到 $15 \sim 20 m^3/d$。

②平皿：普通培养皿。

③体视显微镜：总放大倍数为 8 ～ 100 倍。

④解剖针：100 mm。

（3）检测步骤

①拆下滤袋，不要让滤袋中的滤物被水冲走，出厂水系统、加压站在取下滤袋后立即装上干净的滤袋进行循环监测，其余流程拆下滤袋后关闭水泵。

②用蒸馏水小心冲洗滤袋内壁，使滤袋内的过滤物尽量收集在底部，小心翻转滤袋，再用蒸馏水冲洗滤袋底部，用平皿收集冲洗水，放到体视镜下镜检，平皿底部划十字线，便于定位观察；或将整个滤袋底部放到体视显微镜下，由上到下，从左到右详细镜检。

（三）浮游动物

浮游动物主要由原生动物、轮虫、枝角类和桡足类组成。其中对供水影响比较大的是剑水蚤。剑水蚤是水生浮游甲壳动物的一个重要类群，分类归于桡足纲剑水蚤目；分布于海洋或江河、湖泊、水库等水环境，有时也出现在水草和藻类丛中、地下水中或植物的叶腋间；以藻类、低级水生动物幼虫等为食。在不良环境中，有的种类能产生休眠卵。有些种类可作为污染的指标种，还有些种类是寄生蠕虫的中间宿主。剑水蚤的生长繁殖季节一般在冬春交季或者秋末时节。寿命一般不超过一年，适宜生活温度为 0 ～ 40℃。

体型较大的剑水蚤(图 2 －27)肉眼可见，白色，针尖大小，大的体长为 3 ～ 4 mm，小的不到 1 mm，绝大部分需在显微镜下才能看见；呈卵圆形，有尾，头部有两条鞭毛，在水中做连续的跳跃式游动或做间断的游动。

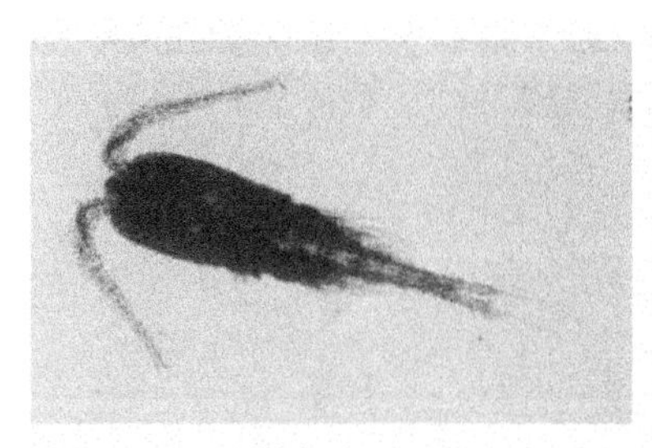
(a)剑水蚤

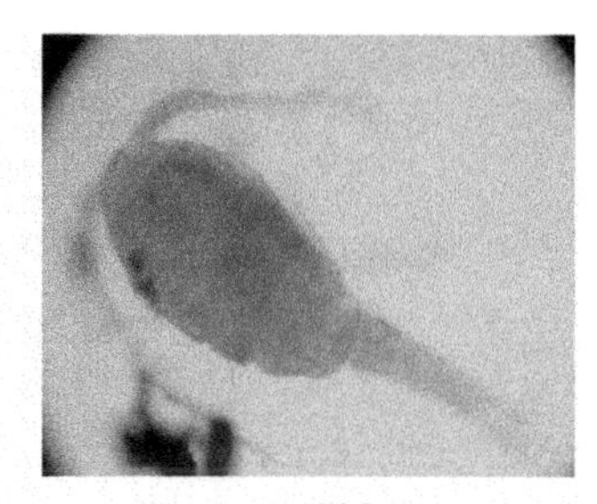
(b)剑水蚤

图 2 －27　剑水蚤(彩图见书后)

体视显微镜镜检实验方案

1. 试剂

福尔马林固定液：福尔马林(40% 甲醛)4 mL ＋ 甘油 10 mL ＋ 纯水 86 mL。

2. 检测器材

(1)滤袋(或筛绢)：300 目。

(2)体视显微镜：放大倍数为 8 ～ 100 倍，以能看清目标物为宜。

(3)玻璃培养皿。

3. 采样设点

(1)原水采样：设点尽可能与水质监测的采样点相一致。江河等流动水体，上下层混合较快，采集水面以下 0. 5 m 左右亚表层即可。

(2)自来水采样：设点可与摇蚊幼虫采样点一致。

4. 采样量

(1)原水采样量：以采集 10 ～ 50 L 原水为宜，原则上浮游生物密度高，采水量可少，密度低，采水量则多。

(2)自来水采样量：用 300 目滤袋包龙头，过滤 24 h，过滤水量以 20 L 为宜。

5. 水样固定和浓缩

(1)原水固定和浓缩：原水采集后，现场通过 300 目筛绢初步过滤浓缩，并向每 100 mL 水样加入福尔马林固定液 4 ～ 5 mL。水样静置 24 h 后进一步浓缩，用小口径胶管(用 300 目筛绢扎住胶管吸液的一端)吸走上清液，最终浓缩至 30 mL，分批吸入培养皿。

(2)自来水固定和浓缩：将过滤 20 L 水样的滤袋取下，用约 100 mL 纯水冲洗滤袋内壁，加入福尔马林固定液 4 ～ 5 mL，静置 24 h。用小口径胶管(用 300 目筛绢扎住胶管吸液的一端)吸走上清液，最终浓缩至 30 mL，分批吸入培养皿。

6. 镜检

将浓缩样品在体视显微镜下计数。

参考文献

[1] 仇雁翎，陈玲，赵建夫．饮用水水质监测与分析[M]．北京：化学工业出版社，2006.
[2] 黄君礼．水分析化学[M]．第二版．北京：中国建筑工业出版社，1997.
[3] 宋业林．水质化验技术问答[M]．北京：中国石化出版社，2009.
[4] 马春香，边喜龙．实用水质检验技术[M]．北京：化学工业出版社，2009.
[5] 张宏陶．生活饮用水标准检验法方法注解[M]．重庆：重庆大学出版社，1993.
[6] 金银龙．GB 5749—2006《生活饮用水卫生标准》释义[M]．北京：中国标准出版社，2007.
[7] 温焕平，谭倩，欧天成．铬天青 S 分光光度法测定饮用水中铝的改进[J]．中国热带医学杂志，2007，7(9).
[8] 北京吉天仪器有限公司．原子荧光应用手册，2007.
[9] GB/T 5750.6—2006．生活饮用水标准检验方法 金属指标[S]．北京：中国标准出版社，2007.
[10] 雷质文．食品微生物实验室质量管理手册[M]．北京：中国标准出版社，2006.
[11] GB/T 16292～16294—2010．医药工业洁净室(区)悬浮粒子、浮游菌和沉降菌的测试方法[S]．北京：中国标准出版社，2010.
[12] 国家质量监督检验检疫总局．SN/T 1538.1—2005．培养基制备指南[S]．北京：中国标准出版社，2005.
[13] GB 15981—1995．消毒与灭菌效果的评价与验证方法[S]．北京：中国标准出版社，1995.
[14] 周德庆．微生物学教程[M]．北京：高等教育出版社，1993.
[15] 王恩德．环境资源中的微生物技术[M]．北京：冶金工业出版社，1997.
[16] 周凤霞，陈剑虹．淡水微型生物图谱[M]．北京：化学工业出版社，2005.
[17] 黄秀梨．微生物学[M]．北京：高等教育出版社，1998.
[18] 朱佳珍，王超碧，梁惠芳．食品微生物学[M]．北京：中国轻工业出版社，1992.
[19] GB/T 5750.3—2006．生活饮用水标准检验方法 微生物指标 菌落总数[S]．北京：中华人民共和国卫生部、中国国家标准化管理委员会．2006.
[20] 贾惠芳，董惠强，杨化文，等．水质检验工[M]．北京．中国城镇供水协会劳动信息中心，1998.
[21] 张金松．供水系统红虫防治技术[M]．北京：中国建筑工业出版社，2008.
[22] 刘丽君．供水系统摇蚊的生长繁殖规律与预警预防[J]．供水技术，2007，1(2)：10－13
[23] 朱丹．城市供水系统摇蚊幼虫污染的生物防治技术研究进展[J]．楚雄师范学院学报，2007，22(6)：43－47.
[24] 雷萍．供水系统摇蚊污染的微生物控制实验研究[J]．微生物学通报，2007，34(2)：296－299.
[25] 张金松，尤作亮，等．安全饮用水保障技术[M]．北京：中国建筑工业出版社，2008.
[26] 周利，等．给水处理中藻类的去除方法[J]．青岛建筑工程学院学报，2005，26(4)：40－43.
[27] 刘培启，等．水源水除藻研究中藻类监测方法的选用[J]．环境监测管理与技术，2002，14(3)：29－30.
[28] 国家环境保护总局．水和废水监测分析方法[M]．北京：中国环境科学出版社，2006.
[29] 黄祥飞，陈伟民，蔡启铭．湖泊生态调查观测与分析[M]．北京：中国环境科学出版社，2000.
[30] 顾夏声，李献文，竺建荣．水处理微生物学[M]．北京：中国建筑工业出版社，1998.
[31] 药品生物制品鉴定所．2005 年(版)中国药品检验标准操作规范与药品检验仪器操作规程[M]．北京：中国医药科技电子出版社，2005.
[32] 李素玉．环境微生物分类与检测技术[M]．北京：化学工业出版社，2005.
[33] 胡鸿钧，魏印心．中国淡水藻类——系统、分类及生态[M]．北京：科学出版社，2006.
[34] HJ506—2009．水质溶解氧的测定 电化学探头法[S]．北京：中国环境科学出版社，2009.
[35] 城市供水行业职业技能培训丛书编委会．水质检验工[M]．北京：中国建筑工业出版社，2005.

第三章　饮用水处理用净水剂检测分析

水源水经过一系列净水工艺处理后成为可以饮用的水。在这个处理过程中投加的各种物质，统称为净水剂。

在给水处理过程中，针对水中的悬浮物和胶体物质等杂质，用作聚集粘附并使之生成体积和密度更大的絮体，以便加快沉淀去除，从而净化水体的药剂称为絮凝剂。絮凝剂可分为无机絮凝剂和高分子絮凝剂。无机絮凝剂主要为铝盐和铁盐，高分子絮凝剂主要为无机高分子和有机高分子絮凝剂。传统的无机絮凝剂铝盐和铁盐正逐步被效果优良、安全性高、应用范围广的高分子絮凝剂所替代。常用的絮凝剂主要有聚氯化铝、聚氯化铝铁、聚合硫酸铁、聚丙烯酰胺。

还有些净水剂在净水工艺中发挥了多项作用，如用于调节水体 pH 值改善絮凝条件的石灰、氢氧化钠；用于消毒除藻去除有机物的高锰酸钾、次氯酸钠、氯气；用于去除色度、臭味、二级出水中大多数有机污染物和某些无机物以及某些有毒重金属的活性炭。

对净水剂的检验，一方面是检验其与发挥净水作用相关性质的项目指标，如聚氯化铝的铝含量、盐基度，石灰的有效钙含量；另一方面是检验其有毒有害物质的项目指标，从而控制由净水剂带入饮用水中有害有毒物质的量，如聚丙烯酰胺的单体含量、聚氯化铝的重金属含量。

第一节　抽样技术

净水剂的检测分析首先涉及抽样技术问题，从被检的总体物料中取得有代表性的样品，通过对样品的检测，得到在容许误差内的数据，从而求得被检物料的某一或某些特性的平均值。

本章按净水剂形态(主要是液体、固体两大类)的不同，对相应的抽样技术、抽样工具、抽样管理等几个方面进行介绍。

一、抽样方法

(一)总则

(1)液体：方便混匀的样品，先混匀再取样。

(2)固体：研细，混合均匀后用四分法取样。

(3)样品总件数 $X \leqslant 3$ 时，每件取样。

(4)样品总件数 $X > 3$ 时，按取样量随机取样。

(5)四分法抽样：将抽取的样品堆成均匀的圆锥形，并压成锥台，而后用十字形架分成四等份的一种缩分操作方法。具体操作：将样品按照测定要求磨细，过一定孔径的筛子，然后混合，平铺成圆形，分成四等份，取相对的两份混合，然后再平分，直到达到所需的量。

（二）液体样品

适用于硫酸铝、聚氯化铝、聚合氯化铝铁、液体烧碱、次氯酸钠等液体样品的抽样。

（1）以同一天内交货且生产批号相同的产品为一批次，随机抽取样品。

（2）在运货的车（或船）落货入池时抽样，于输送货物的管道出口每间隔一段时间抽取一份样品（开始、中间、结束各取一份），每份样品约 500 mL，将 3 份样品混合均匀；如当天一批次来货车/船数为 2～5，应取各车/船的样品作份样进行混合，如当天一批次来货车/船数为 6 以上（包括 6），抽样的份样数量为该批车/船总数的 50% 及以上，最少为 5 份，最多为 15 份，抽取的样品应包括放料的开始、中间、结束，取各车/船的样品进行充分混合，各份样品量可少于 500 mL，但不少于 250 mL，混合后的样品量不少于 1500 mL。

（3）在中转池中抽样，则可用采样管从上、中、下部位抽取 3 份样品，每份样品约 500 mL，将 3 份样品混合均匀。

（4）将采集后充分混合的样品（不少于 1500 mL）缩分到 2 个干燥、洁净的聚乙烯塑料瓶中，每份约 250 mL，密封，一份供检测用，另一份封存。

（三）固体样品

适用于活性炭、高锰酸钾、聚合硫酸铁、聚丙烯酰胺、滤砂等固体样品抽样。

（1）以同一天内交货且生产批号相同的产品为一批次，随机抽取样品。取样点应均匀分布在仓库、车（船）的对角线或四分线上。样品不得从破损或泄漏的包装中采集。

（2）采样针须洁净无锈，顺着包装袋的对角方向插入其深度 3/4 处。

（3）在每批包装中采集一个混合样品，采集的包装数量为该批包装中的 5%，最少为 5 个，最多为 15 个，所采集的每个样品约 100 g（视所需样品量作相应调整）。

（4）将采集并充分混合的样品，采用四分法缩分到 2 个隔绝空气、防潮的洁净玻璃容器或密实袋中，每份约 160 g（聚丙烯酰胺 250 g、滤砂 2000 g），密封，一份供检测用，另一份封存。

（四）石灰样品的抽样方法

1. 石灰（固体）的抽样方法

（1）在每批量石灰的不同部位随机选取 8 个取样点，取样点应均匀或循环分布在仓库的对角线或四分线上，并应在表层 100 mm 下或底层 100 mm 上取样，每个点的取样量不少于 500 g。取样点内如有最大尺寸大于 150 mm 的大块，应将其砸碎，取能代表大块质量的部分碎块。

（2）取得的份样经破碎，并经 20 mm 的孔筛，取通过孔筛的部分为采集的样品，将采集的样品充分混合，采用四分法将其缩分到 2 个隔绝空气、防潮的洁净玻璃容器或密实袋中，每份约 160 g，密封，一份供检测用，另一份封存。

2. 石灰（粉末）的抽样方法

（1）从每批袋装大袋石灰粉中随机抽取 10 袋（袋应完好无损），用采样针从袋口斜插到袋内深度 3/4 处，取出一管芯石灰，取得的份样应立即装入密闭、防潮的容器中。

（2）将采集的样品充分混合，采用四分法将其缩分到 2 个隔绝空气、防潮的洁净玻璃容器或密实袋中，每份约 160g，密封，一份供检测用，另一份封存。

3. 石灰(乳状)的抽样方法

(1)在运货的车(或船)落货入池时抽样，于输送货物的管道出口每间隔一段时间抽取一份样品(开始、中间、结束各取一份样品)，每份样品约 500 mL；如当天来货有多车/船，采集后充分混合的样品采用四分法缩分到 2 个干燥、洁净的聚乙烯塑料瓶中，密封，每份约 250 mL。

(2)在中转池抽样，先开启搅拌机 5 min，再用采样管或采样瓶从上、中、下部位抽取 3 份样品，每份样品约 500 mL。将采集的样品充分混合后，采用四分法缩分到 2 个干燥、洁净的聚乙烯塑料瓶中，每份约 250 mL，密封，一份供检测用，另一份封存。

二、抽样工具

(一)液体样品的抽样工具

(1)采样勺：用不与被采取物料发生化学作用的金属或塑料制成。

(2)采样管：这是一个由玻璃、金属或塑料制成的管子，能插到桶、槽车中所需要的液面上。

(3)底阀型采样器：运用于贮罐、槽车、船舱底部采样。当底阀型采样器与罐底接触时，它的阀或塞子就被打开，当其离开罐底时，它的阀或塞子就被关闭。

(二)固体样品的抽样工具

采样针：是由一根金属管构成(材质要不生锈，并不与被采取物料发生化学作用)，将金属管的一端切成尖形。适用于粉末、小颗粒、小晶体等固体化工产品采样(见图 3 - 1)。

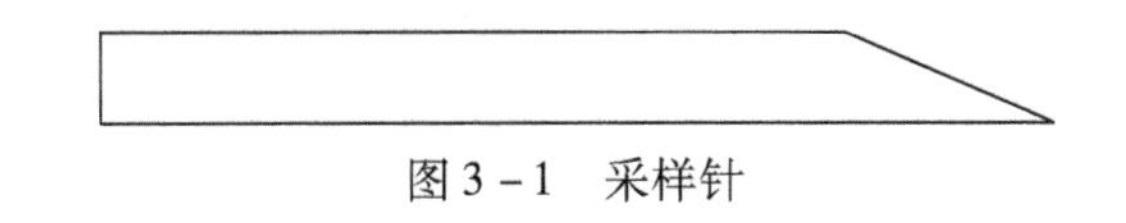

图 3 - 1　采样针

三、抽样管理

(一)抽样记录

抽样记录至少但不限于包括以下信息：抽样时间、地点、净水剂名称、生产厂家、来货时间、来货数量、抽样数量、抽样现场具体情况描述、抽样人及被抽样单位陪同人员签名等。必要时，还应附上抽样方案草图。

以下抽样记录表格式可供参考(表 3 - 1)。

表 3 - 1　抽样记录表

抽样时间		抽样地点	
样品名称		生产厂家	
样品性状		等级规格	
来货时间		来货数量	
抽样依据			

续表 3－1

现场抽样情况记录：	
抽样人签名	
被抽样单位陪同人签名	

（二）样品的盛装、标识、保存

盛装样品的容器必须是干燥的，每次使用完毕，用毛刷进行清洗，晾干后待用。

样品盛装好后应贴上标签标识，标签上标明净水剂名称、生产厂家、生产批号、抽样日期、抽样人和陪同人姓名。

留存样品需在封口处加贴封条，在封条上需有抽样人和陪同人签名确认。固体样品用密实袋盛装，保存于干燥器内。其他液体产品室温下保存。次氯酸钠溶液应避光保存于阴凉处。

第二节　聚氯化铝

一、概述

液体产品为无色或淡黄色、棕褐色半透明液体。固体产品为黄色粉末状。产品易溶于水，固体易吸潮结块。

聚氯化铝简称 PAC，是用于去除水源水中浑浊度的无机高分子絮凝剂。聚氯化铝长长的分子链可发挥架桥作用，聚合阳离子可发挥电荷中和吸附的聚凝作用，因此可以高效地絮凝水中的悬浮物和胶体物质等杂质，形成大而密实的矾花，加快沉淀，有效去除水体浑浊度。聚合氯化铝适用范围较广，源水 pH 在 5.0～9.0 之间均可凝聚，对低温、高温、低浑浊度的源水均可使用。

二、检测方法

检测方法参照《生活饮用水用聚氯化铝》（GB 15892—2009）。

国家标准《生活饮用水用聚氯化铝》（GB 15892—2009）规定的检验项目有氧化铝的质量分数、盐基度、密度（20℃）、不溶物的质量分数、pH 值、砷的质量分数、铅的质量分数、镉的质量分数、汞的质量分数、六价铬的质量分数共 10 个项目，并推荐了检验方法。

本教材介绍了氧化铝的质量分数、盐基度、密度（20℃）、不溶物的质量分数、pH 值这 5 个项目的检验方法，详列如下。

（一）氧化铝（Al_2O_3）含量

1. 方法依据

GB 15892—2009《生活饮用水用聚氯化铝》中“5. 1. 1”。

2. 方法提要

用硝酸将试样解聚，在 pH =3 时加过量的乙二胺四乙酸二钠溶液使 EDTA 与铝离子络合，然后用氯化锌标准滴定溶液回滴过量 EDTA 溶液。

3. 试剂和材料

（1）硝酸溶液：（1 +12）。

（2）氨水溶液：（1 +1）。

（3）乙二胺四乙酸二钠（EDTA）溶液：c（EDTA）约为 0. 05 mol/L。

（4）乙酸 - 乙酸钠缓冲溶液（pH =5. 5）：称取乙酸钠（三水）272 g 溶于水中，加冰乙酸 19 mL，稀释至 1000 mL。

（5）百里酚蓝溶液：1 g/L 乙醇溶液。

（6）二甲酚橙指示溶液：5 g/L。

（7）锌标准滴定溶液 c（Zn）0. 02 mol/L：称取 1. 3080 g 高纯锌粒或锌片（纯度 99. 99% 以上），精确至 0. 0002 g，溶于少量盐酸溶液（1 +1）（约 10 mL）中，置于水浴上温热至完全溶解，继续水浴至接近干涸（此步骤为赶酸），用纯水湿润后移入容量瓶中，定容至 1000 mL。用不含二氧化碳的水稀释。

注：原标准中氯化锌溶液是采用分析纯氯化锌直接配制，使用纯铝配制的氧化铝标准溶液进行标定。由于步骤繁琐，容易引入更多误差，所以根据 GB/T 5750. 4—2006《生活饮用水标准检验方法　感官性状和物理指标》“总硬度”中锌标准溶液的配制，使用纯锌粒（Zn 含量为 99. 99% 以上）直接配制。

4. 分析步骤

称取约 8 g 液体试样或 2. 5 g 固体试样，精确至 0. 2 mg。用不含二氧化碳的水溶解，移入 250 mL 容量瓶中，稀释至刻度，摇匀。若稀释液浑浊，用中速滤纸干过滤，此为试液 A。

注：若厂家提供的产品氧化铝含量为 5% 左右，可适当增加称样量。

用移液管移取 10. 00 mL 稀释液 A，置于 250 mL 锥形瓶中，加 10 mL 硝酸溶液（试剂和材料（1）），煮沸 1 min，冷却至室温。加入 20. 00 mL 乙二胺四乙酸二钠溶液（试剂和材料（3）），加百里酚蓝溶液（试剂和材料（5））3 ～4 滴，用氨水溶液（试剂和材料（2））中和至试液从红色到黄色，煮沸 2 min。冷却至室温。加入 10 mL 乙酸 - 乙酸钠缓冲溶液（试剂和材料（4））和 2 滴二甲酚橙指示溶液（试剂和材料（6）），加水 50 mL，用氯化锌标准滴定溶液（试剂和材料（7））滴定至溶液由淡黄色变为微红色即为终点，同时用不含二氧化碳的水做空白试验。

5. 结果计算

氧化铝含量以质量分数 w_1 计，数值以% 表示，按下式计算：

$$w_1 = \frac{(V_0/1000 - V/1000)cM/2}{m \times 10/250} \times 100 = \frac{127.45(V_0 - V)c}{m} \quad (3-1)$$

式中 V_0——空白试验消耗的锌标准滴定溶液的体积，mL；

V——试样消耗的锌标准滴定溶液的体积，mL；

c——锌标准滴定溶液的实际准确浓度，mol/L；

m——试料的质量，g；

M——氧化铝的摩尔质量，g/mol（$M=101.96$）。

6. 允许差

取平行测定结果的算术平均值为测定结果，平行测定结果的绝对差值：液体样品不大于0.1%，固体样品不大于0.2%。结果保留一位小数。

（二）盐基度

1. 方法依据

GB 15892—2009《生活饮用水用聚氯化铝》"5.2"。

2. 方法提要

在试样中加入定量盐酸溶液，以氟化钾掩蔽铝离子，以氢氧化钠标准滴定溶液滴定。

3. 试剂和材料

（1）盐酸标准溶液：$c(HCl)$约0.5 mol/L。

量取45 mL浓盐酸，用纯水稀释至1000 mL。无需标定。

（2）酚酞指示剂：10 g/L乙醇溶液。

（3）氢氧化钠标准滴定溶液：$c(NaOH)$约0.5 mol/L。

配制：称取110 g氢氧化钠，溶于100 mL无二氧化碳的水中，摇匀，注入聚乙烯容器中，密闭放置至溶液清亮。用塑料吸管吸取上清液27 mL，用无二氧化碳水稀释至1000 mL，摇匀。

标定：称取于105～110℃电烘箱中干燥至恒重的工作基准试剂邻苯二甲酸氢钾3.6 g，精确至0.0001 g，加无二氧化碳的水溶解，加2滴酚酞指示剂（试剂和材料（2）），用氢氧化钠溶液（试剂和材料（3））滴定至溶液呈粉色，并保持30s。同时用无二氧化碳水做空白试验。氢氧化钠标准滴定溶液的准确浓度按下式计算：

$$c(NaOH)=\frac{m\times 1000}{204.22(V_1-V_2)} \qquad (3-2)$$

式中 m——邻苯二甲酸氢钾的准确质量，g；

V_1——邻苯二甲酸氢钾消耗的氢氧化钠标准滴定溶液体积，mL；

V_2——空白试验消耗的氢氧化钠标准滴定溶液体积，mL；

204.22——邻苯二甲酸氢钾的摩尔质量，g/mol。

（4）氟化钾溶液：500 g/L。

称取500 g氟化钾，以200 mL不含二氧化碳的蒸馏水溶解后，稀释至1000 mL。加入2滴酚酞指示剂（试剂和材料（2））并用氢氧化钠溶液或盐酸溶液调节溶液呈微红色，滤去不溶物后贮于塑料瓶中。

4. 分析步骤

（1）移取25.00 mL试液A（氧化铝含量测定"分析步骤"中的试液A），置于250 mL磨口瓶中，加20.00 mL盐酸标准溶液（试剂和材料（1）），接上磨口玻璃冷凝管，煮沸回流

2 min，冷却至室温。

注：煮沸后保持微沸，避免样品损失。

(2)转移至聚乙烯杯中，加入20 mL氟化钾溶液(试剂和材料(4))，摇匀。加入5滴酚酞指示液(试剂和材料(2))，立即用氢氧化钠标准滴定溶液(试剂和材料(3))滴定至溶液呈现微红色即为终点。同时用不含二氧化碳的蒸馏水做空白试验。

5. 结果计算

盐基度含量以质量分数w_3计，数值以%表示，按下式计算：

$$w_3=\frac{\dfrac{(V_0/1000-V/1000)cM}{M}}{\dfrac{mw_1}{100}\times\dfrac{25}{250}\times\dfrac{0.5293}{8.994}}\times100=\frac{1699(V_0-V)c}{mw_1} \tag{3-3}$$

式中　V_0——空白试验消耗氢氧化钠标准滴定溶液的体积，mL；

V——测定试样消耗氢氧化钠标准滴定溶液的体积，mL；

c——氢氧化钠标准滴定溶液的实际准确浓度，mol/L；

m——试料的质量，g；

w_1——测得的氧化铝的质量分数，%；

M——氢氧根[OH^-]的摩尔质量，g/mol($M=16.99$)；

0.5293——Al_2O_3折算成Al的系数；

8.994——[1/3Al]的摩尔质量，g/mol。

6. 允许差

取平行测定结果的算术平均值为测定结果，平行测定结果的绝对差值不大于2.0%。

(三)密度

1. 方法依据

GB 15892—2009《生活饮用水用聚氯化铝》“5.3”。

2. 方法提要

密度计在被测液体中达到平衡状态时所浸没的深度。

3. 仪器设备

(1)密度计：分度值为0.001。

(2)恒温水浴：可控温度20℃±1℃。

(3)温度计：分度值为1℃。

(4)量筒：250 mL或500 mL。

4. 分析步骤

将液体聚氯化铝试样注入清洁、干燥的量筒内，不得有气泡。将量筒置于20℃±1℃的恒温水浴中。待温度恒定后，将密度计缓缓地放入试样中。待密度计在试样中稳定后，读出密度计弯月面下缘的刻度(标有弯月面上缘刻度的密度计除外)，即为20℃时试样的密度。

(四)不溶物含量

1. 方法依据

GB 15892—2009《生活饮用水用聚氯化铝》“5.4”。

2. 方法提要

试样用 pH 值 2～3 的水溶解后，经过滤、洗涤、烘干至恒重，求出不溶物含量。

3. 试剂和材料

稀释用水(pH 值 2.0～2.5)：取 1L 水，边搅拌边加入约 22 mL 0.5 mol/L 盐酸溶液，调节 pH 至 2.0～2.5(用酸度计测量)。

4. 仪器设备

(1)电热恒温干燥箱：10～200℃。

(2)布氏漏斗：$d = 100$ mm。

5. 分析步骤

(1)称取约 10 g 液体试样或约 3 g 固体试样，精确至 0.001 g，置于 250 mL 烧杯中，加入 150 mL 稀释用水，充分搅拌，使试样溶解。然后，在布氏漏斗中，用恒重的中速定量滤纸抽滤。

(2)用水洗至无 Cl^- 时(用硝酸银溶液检验)，将滤纸连同滤渣于 100～105℃ 干燥至恒重。

6. 结果计算

不溶物含量以质量分数 w_4 计，数值以% 表示，按下式计算：

$$w_4 = \frac{m_1 - m_0}{m} \times 100 \quad (3-4)$$

式中 m_1——滤纸和滤渣的质量，g；

m_0——滤纸的质量，g；

m——试料的质量，g。

7. 允许差

取平行测定结果的算术平均值为测定结果，平行测定结果的绝对差值，液体样品不大于 0.03%，固体样品不大于 0.1%。

(五)pH 值

1. 方法依据

GB 15892—2009《生活饮用水用聚氯化铝》“5.5”。

2. 仪器设备

酸度计：精度 0.02 pH 单位。

3. 分析步骤

(1)称取 1.0 g 试样，精确至 0.01 g，用水溶解后，全部转移到 100 mL 容量瓶中，稀释至刻度，摇匀。

(2)将试样溶液倒入烧杯中，置于磁力搅拌器上，将电极浸入被测溶液中，开动搅拌器，在已定位的酸度计上读出 pH 值。

第三节　聚合氯化铝铁

一、概述

液体产品为无色或淡黄色、棕褐色半透明液体。固体产品为黄色粉末状。产品易溶于水，有较强的架桥、吸附性能。

该产品集铝盐与铁盐混凝剂的优点于一体，是聚铝和聚铁的良好替代品。

二、检测方法

聚合氯化铝铁没有相应的国家标准和行业标准。供水企业可参照 GB 15892—2009《生活饮用水用聚氯化铝》的标准要求执行，同时加测氧化铁的质量分数。

本教材介绍了聚合氯化铝铁的氧化铝质量分数、氧化铁质量分数、盐基度、密度(20℃)、不溶物的质量分数、pH 值共 6 个项目的检测。其中，氧化铁质量分数检测方法参照 GB 14591—2009《水处理剂　聚合硫酸铁》"5. 2. 1　全铁含量的测定方法"编写，其他项目检测方法均参照 GB 15892—2009《生活饮用水用聚氯化铝》，详见本章第二节"二"。

氧化铁含量

1. 方法依据

GB 14591—2009《水处理剂 聚合硫酸铁》"5. 2. 1"。

2. 方法提要

在酸性溶液中，用氯化亚锡将三价铁还原为二价铁，过量的氯化亚锡用氯化汞予以除去，然后用重铬酸钾标准溶液滴定。

反应方程式为：

$$2Fe^{3+} + Sn^{2+} = 2Fe^{2+} + Sn^{4+}$$

$$SnCl_2 + 2HgCl_2 = SnCl_4 + Hg_2Cl_2$$

$$6Fe^{2+} + Cr_2O_7^{2-} + 14H^+ = 6Fe^{3+} + 2Cr^{3+} + 7H_2O$$

3. 试剂和材料

(1)盐酸溶液：(1 +1)。

(2)氯化亚锡溶液：250 g/L。

称取 25. 0 g 氯化亚锡置于干燥的烧杯中，加入 20 mL 盐酸(1 +1)，加热溶解，冷却后稀释到 100 mL，保存于棕色瓶中，加入高纯锡粒数颗(溶液应呈透明状，否则应重配)。

(3)氯化汞饱和溶液。

(4)硫 - 磷混酸：将 150 mL 浓硫酸，缓慢注入到装 500 mL 纯水的烧杯中，冷却后加入 150 mL 磷酸，然后用纯水稀释到 1000 mL。

(5)重铬酸钾标准滴定溶液：$c(1/6K_2Cr_2O_7) = 0.1$ mol/L。

(6)二苯胺磺酸钠溶液：5 g/L。

4. 分析步骤

称取约 10 g 液体试样，精确至 0. 2 mg。置于 250 mL 锥形瓶中，加纯水 20 mL，加盐酸(试剂和材料(1))20 mL，加热至沸，趁热滴加氯化亚锡溶液(试剂和材料(2))至溶液黄色消失，再过量1滴，快速冷却，加氯化汞饱和溶液（试剂和材料（3））5 mL，摇匀后静置1 min，然后加水50 mL，再加入硫－磷混酸（试剂（4））10 mL，二苯胺磺酸钠指示剂（试剂和材料（6））4～5滴，立即用重铬酸钾标准滴定溶液（试剂和材料（5））滴定至紫色（30 s不褪）即为终点。

注：若称样量为1.5g，滴定液使用量太小，引起的相对误差较大。

5. 结果计算

氧化铁含量以质量分数 w_1 计，数值以%表示，按下式计算：

$$w_1 = \frac{V \times c \times 0.07985}{m} \times 100 \qquad (3-5)$$

式中 V——试样消耗的重铬酸钾标准滴定溶液的体积，mL；

c——重铬酸钾标准滴定溶液的实际准确浓度，mol/L；

m——试料的质量，g；

0.07985——与1.00 mL $K_2Cr_2O_7$（1.000 mol/L）相当的，以克表示的氧化铁的质量。

6. 允许差

取平行测定结果的算术平均值为测定结果，平行测定结果的绝对差值不大于0.1%，结果保留两位小数。

第四节　石　灰

一、概述

生石灰呈白色或灰色块状，为便于使用，块状生石灰常需加工成生石灰粉、消石灰粉或石灰膏。生石灰粉是由块状生石灰磨细而得到的细粉，其主要成分是 CaO；消石灰又称熟石灰，是块状生石灰用适量水熟化而得到的粉末，其主要成分是 $Ca(OH)_2$；石灰膏是块状生石灰用较多的水熟化而得到的膏状物。其主要成分也是 $Ca(OH)_2$。

石灰在空气中放置，可吸收空气中水分和二氧化碳，生成氢氧化钙和碳酸钙。与水作用生成氢氧化钙并放出热量。

石灰不宜在长期潮湿和受水浸泡的环境中使用。

石灰在净水处理中作为助凝剂使用主要起调节水体 pH 值作用，同时可去除钙镁软化水质。生石灰与水反应生成 $Ca(OH)_2$，熟石灰的主要成分也是 $Ca(OH)_2$。水处理工艺就是利用 $Ca(OH)_2$ 的碱性来调节水的 pH 值，利用 $Ca(OH)_2$ 在水中水解而带电荷，发挥一定的聚凝作用，以去除浑浊度。

二、检测方法

关于水处理用石灰的检测方法，目前没有相应的国家标准和行业标准。GB/T 17218—1998《饮用水化学处理剂卫生安全性评价》中仅提到水处理用石灰中可能含有的杂质（重金属含量、放射性核素、氟化物）含量可以应用 GB/T 5750 标准检验方法进行检测。

本教材介绍了怎样检测石灰氧化钙的质量分数、酸不溶物的质量分数。

测定方法参考中华人民共和国交通运输部以及建材行业发布的相关标准编写。

(一)有效氧化钙含量(滴定法)

1. 方法依据

中华人民共和国行业标准 JTG E51—2009《公路工程无机结合料　稳定材料试验规程》中 T0811—1994《有效氧化钙的测定》。

2. 适用范围

适用于测定水处理用石灰(块状、粉状、乳状)中有效氧化钙含量。

3. 仪器设备

(1)试验筛：100 目。

(2)电热恒温干燥箱：10～200℃。

(3)干燥器。

(4)分析天平，感量 0.0001 g。

(5)酸式滴定管：25 mL。

4. 试剂和材料

(1)蔗糖：分析纯。

(2)酚酞指示剂：称取 0.5 g 酚酞溶于 50 mL 95% 乙醇中。

(3)甲基橙指示剂(1 g/L)：称取 0.05 g 甲基橙溶于 50 mL 纯水中。

(4)盐酸标准溶液：$c(HCl) = 0.5$ mol/L。

配制：将 45 mL 浓盐酸(相对密度 1.19)稀释至 1 L，按下述方法标定其浓度后备用。

标定：称取 0.8～1.0 g(精确至 0.0002 g)已在 180℃条件下烘干 2 h 的碳酸钠(优级纯或基准级)，置于 250 mL 三角瓶中，加入 100 mL 纯水使其完全溶解；然后加入 2～3 滴甲基橙指示剂(试剂和材料(3))，用待标定的盐酸标准溶液滴定，滴至碳酸钠溶液由黄色变为橙红色。记录盐酸标准溶液用量 V_1；同时用纯水做空白试验，记录盐酸标准溶液用量 V_2。

盐酸标准溶液的浓度 c(mol/L)，按下式计算

$$c = \frac{m \times 1000}{(V_1 - V_2)M} \tag{3-6}$$

式中　m——称取的无水碳酸钠的质量，g；

V_1——滴定无水碳酸钠消耗的盐酸标准溶液的体积，mL；

V_2——空白试验消耗的盐酸标准溶液的体积，mL；

M——无水碳酸钠的摩尔质量，g/mol[$M(1/2Na_2CO_3) = 52.994$]。

5. 试样准备

(1)石灰块试样：将样品粉碎，粉碎所得石灰样品通过 100 目试验筛。用四分法(四分法抽样见本章第一节抽样技术)从此样中取约 10 g，置于称量瓶中在 105～110℃条件下干燥至恒重，在干燥器中冷却至室温，供试验用。

(2)石灰粉试样：将样品用四分法缩至 10 g 左右。置于称量瓶中在 105～110℃条件下干燥至恒重，在干燥器中冷却至室温，供试验用。

(3)石灰乳试样：试验时须将样品摇匀。

6. 试验步骤

(1)称取约0.5 g(用减量法称量，精确至0.0001 g)试样，放入干燥的250 mL具塞三角瓶中，用5 g蔗糖(试剂和材料(1))覆盖在试样表面，投入数粒玻璃珠，迅速加入新煮沸并已冷却的纯水50 mL，立即加塞振荡15 min(如有试样结块或粘于瓶壁现象，则应重新取样)。

(2)打开瓶塞，用水冲洗瓶塞及瓶壁，加入2～3滴酚酞指示剂(试剂和材料(2))，以0.5 mol/L盐酸标准溶液(试剂和材料(4))滴定，至溶液的粉红色显著消失并在30 s内不再复现即为终点。

7. 结果计算

有效氧化钙含量以质量分数w_1计，数值以%表示，按下式计算：

$$w_1 = \frac{V \times c \times \frac{28.04}{1000}}{m} \times 100 \qquad (3-7)$$

式中 V——滴定时消耗盐酸标准溶液的体积，mL；

m——称取试样的质量，g；

c——经标定的盐酸标准溶液浓度，mol/L；

28.04——1/2CaO的摩尔质量，g/mol。

8. 报数要求及允差

每个样品要求做平行样，取平行分析结果的算术平均值为最终分析结果，保留一位小数。有效氧化钙含量在30%以下，平行分析结果的绝对差值应不大于0.4%，在30%～50%之间时不大于0.5%，含量超过50%时允差不大于0.6%。

(二)酸不溶物

1. 方法依据

中华人民共和国建材行业标准JC/T 478.2—1992《建筑石灰试验方法　化学分析方法》。

2. 方法提要

试样加盐酸溶解，滤出不溶残渣，经高温灼烧，称量。

3. 仪器设备

(1)分析天平：精确至0.0001 g。

(2)马弗炉：灼烧温度可达1000℃。

(3)坩埚。

4. 试剂和材料

(1)盐酸：(1+5)。

(2)硝酸银溶液(10 g/L)：将1 g硝酸银溶于90 mL水中，加入5～10mL硝酸(相对密度1.42)，装入棕色瓶内。

5. 分析步骤

准确称取试样0.5 g，精确至0.0001 g，放在250 mL烧杯中，用水润湿后盖上表面皿，慢慢加入40 mL盐酸(试剂和材料(1))，待反应停止后，用水冲洗表面皿及烧杯壁并稀释至75 mL，加热煮沸3～4 min，用慢速滤纸过滤，以热水洗至无氯根为止（用硝酸银溶液检验），将不溶物和滤纸一起移入已恒重的坩埚中，灰化后，在950～1000℃条件下灼烧30 min，取出稍冷放在干燥器内冷却至室温称量，反复操作直至恒重。

6. 结果计算

酸不溶物含量以质量分数w_2计，数值以%表示，按下式计算：

$$w_2 = \frac{m_1}{m} \times 100 \tag{3-8}$$

式中　m_1——灼烧后酸不溶物质量，g；

m——称取试样的质量，g。

7. 报数要求及允许误差

每个样品要求做平行样，取平行分析结果的算术平均值为最终分析结果。平行分析结果的绝对差值，液体样品不大于0.03%，固体样品不大于0.10%。结果保留两位小数。

第五节　聚丙烯酰胺

一、概述

聚丙烯酰胺按形态分有固体和胶体两种。固体的为白色或微黄色颗粒或粉末；胶体为无色或微黄色透明粘稠液体。按离子特性分可分为非离子、阴离子、阳离子和两性型四种类型。

聚丙烯酰胺是一种高分子絮凝剂，简称“PAM”。它为水溶性高分子聚合物，不溶于大多数有机溶剂，具有良好的絮凝性，可以降低液体之间的摩擦阻力。在饮用水处理中利用聚丙烯酰胺各种优良的物理特性，使用它凝聚和絮凝水中微粒。通常把聚丙烯酰胺和聚氯化铝、硫酸亚铁等试剂搭配使用，只投加很少量聚丙烯酰胺就可以大大增强絮凝效果。

二、检测方法

国家标准GB 17514—2008《水处理剂　聚丙烯酰胺》规定的检验项目有相对分子质量、水解度、固含量、丙烯酰胺单体含量、溶解时间、筛余物、不溶物共7项。

检测方法依照GB 17514—2008《水处理剂　聚丙烯酰胺》执行。本教材详细介绍了固含量检测方法过程。

固含量测定方法

1. 方法依据

GB 17514—2008《水处理剂　聚丙烯酰胺》“5.3”。

2. 方法提要

在一定温度下，将试样置于电热干燥箱内烘干至恒重。

3. 仪器设备

一般实验室仪器和以下仪器。

(1)电热干燥箱：温度可控制在120℃ ±2℃。

(2)称量瓶：ϕ40 mm×30 mm或铝盘。

4. 分析步骤

使用预先于120℃ ±2℃条件下干燥恒重的称量瓶称取约1 g试样，精确到0.2 mg，置于电热干燥箱中，在120℃ ±2℃条件下干燥至恒重。

5. 结果计算

固含量以质量分数w_1计，数值以%表示，按下式计算：

$$w_1 = \frac{m_1 - m_0}{m} \times 100 \tag{3-9}$$

式中 m_1——干燥后试样与称量瓶的质量，g；

m_0——称量瓶的质量，g；

m——称取试样的质量，g。

6. 报数要求及允差

取平行测定结果的算术平均值为测定结果。平行测定结果的绝对差值，固体产品不大于0.5%，胶体产品不大于0.3%。

第六节 高锰酸钾

一、概述

高锰酸钾，为深紫色或古铜色结晶，也叫灰锰氧、PP粉，是一种常见的强氧化剂，在空气中稳定，在240℃条件下分解并有氧气逸出，遇乙醇及其他有机溶剂分解。有强氧化性，与有机物混合能引起燃烧或爆炸。

高锰酸钾常温下即可与甘油等有机物反应甚至燃烧；在酸性环境下氧化性更强，能氧化负价态的氯、溴、碘、硫等离子及二氧化硫等。粉末散布于空气中有强烈刺激性，可使人打喷嚏。与较活泼金属粉末混合后有强烈燃烧性，危险。该物质在加热时分解：

$$2KMnO_4 \xlongequal{\triangle} K_2MnO_4 + MnO_2 + O_2$$

高锰酸钾作为强氧化剂，可以作为原料或辅料而制成爆炸品、剧毒品。该品根据《危险化学品安全管理条例》和《易制毒化学品管理条例》受到公安部门管制。

工业高锰酸钾为强氧化剂，应储存于阴凉通风的环境，远离火种、热源，严禁与酸类、易燃物、还原剂、自燃物品、遇湿易燃物品同仓储存。

使用高锰酸钾的操作人员必须经过专门培训，严格遵守操作规程。工作场所严禁吸烟、进食和饮水。避免与有机物、还原剂、活性金属粉末如硫、磷等接触或混合。

灭火方法：采用直流水、雾状水、砂土灭火。

高锰酸钾在水处理中的作用如下：

(1)高锰酸钾通过氧化作用，降解产生异臭异味的有机物；

(2)高锰酸钾可在很宽的pH范围内与铁、锰化合物发生氧化–还原反应，所形成的沉淀物能在沉淀池沉淀除去或被滤料有效截留；

(3)高锰酸钾具有消毒和除藻作用；

(4)高锰酸钾与水中的还原性物质发生反应，生成中间产物二氧化锰，二氧化锰既可自身吸附有机物，又可通过助凝作用除去有机物，故而能较为有效地降低待处理水的有机物含量。

二、检测方法

国家标准 GB/T 1608—2008《工业高锰酸钾》也适用于饮用水处理，其规定的检验项目包括高锰酸钾含量、氯化物含量、硫酸盐含量、水不溶物含量 4 个项目。

检测方法依照 GB/T 1608—2008《工业高锰酸钾》执行。本教材介绍了高锰酸钾含量和水不溶物 2 个项目的检测方法。

(一)高锰酸钾含量

1. 方法依据

GB/T 1608—2008《工业高锰酸钾》“5.4”。

2. 方法提要

在酸性介质中，高锰酸钾与草酸钠发生氧化 - 还原反应，终点后微过量的高锰酸钾使溶液呈粉红色。从而确定高锰酸钾含量。

3. 试剂和材料

(1)草酸钠：容量基准。

(2)硫酸溶液：(1 +1)。

4. 分析步骤

(1)试验溶液的制备：称取约 1.65 g 试样，精确至 0.0002 g。置于 500 mL 烧杯中，加 300 mL 水，使试样完全溶解。将溶液转移至 500 mL 容量瓶中，稀释至刻度，摇匀。于暗处放置 1h 后，取上层清液置于滴定管中。

(2)测定：称取预先在 105 ～110℃条件下干燥至质量恒定的草酸钠约 0.3 g，精确至 0.0002 g。置于 250 mL 锥形瓶中，加 100 mL 水，使其完全溶解，加 6 mL 硫酸溶液(试剂和材料(2))。滴加试验溶液，近终点时加热至 70 ～75℃，继续滴定至溶液呈粉红色并保持 30s 不褪色即为终点。同时做空白试验。

5. 结果计算

高锰酸钾含量以($KMnO_4$)的质量分数 w_1 计，数值以% 表示，按下式计算：

$$w_1 = \frac{m_1}{m(V - V_0)/500} \times \frac{M_1}{M_2} \times 100 \qquad (3-10)$$

式中　V——滴定草酸钠所消耗试验溶液的体积，mL；

V_0——空白试验所消耗试验溶液的体积，mL；

m_1——称取草酸钠的质量，g；

m——称取试料的质量，g；

M_1——高锰酸钾($1/5KMnO_4$)摩尔质量，g/mol(M_1 =31.60)；

M_2——草酸钠($1/2Na_2C_2O_4$)摩尔质量，g/mol(M_2 =67.00)。

6. 报数要求及允差

取平行测定结果的算术平均值为测定结果，两次平行测定结果的绝对差值不大于0.2%。

(二)水不溶物含量

1. 方法依据

GB/T 1608—2008《工业高锰酸钾》“5.7”。

2. 方法提要

称取一定量的试样溶于水，过滤后，残渣在一定温度条件下干燥至质量恒定，称量后，确定水不溶物含量。

3. 仪器设备

(1)玻璃砂坩埚：孔径5～15 μm。

(2)电热恒温干燥箱：温度能控制在105～110℃。

4. 分析步骤

称取约5 g试样，精确至0.0002 g，置于250 mL烧杯中，加150 mL水温热溶解。用已预先在105～110℃条件下干燥至质量恒定的玻璃砂坩埚过滤，用水洗涤至滤液无色，置于电热恒温干燥箱中，在105～110℃条件下干燥至质量恒定。

5. 结果计算

水不溶物含量以质量分数 w_2 计，数值以%表示，按下式计算：

$$w_2 = \frac{m_1}{m} \times 100 \qquad (3-11)$$

式中 m_1——水不溶物质量，g；

m——试料质量，g。

6. 报数要求及允差

取平行测定结果的算术平均值为测定结果，两次平行测定结果的绝对差值不大于0.02%。

第七节 活性炭

一、概述

活性炭为黑色无定形粒状物或细微粉末。不溶于任何溶剂。对各种气体有选择性的吸附能力，对有机色素和含氮碱有高容量吸附能力。总比表面积可达100～1000 m^2/g，相对密度1.9～2.1。表观相对密度0.08～0.45。活性炭在活化时会产生碳组织缺陷，因此它是一种多孔碳，堆积密度低，比表面积大。

活性炭的吸附除了物理吸附，还有化学吸附。活性炭的吸附性能既取决于孔隙结构，又取决于化学组成。

活性炭不仅含碳，而且含少量羰基、羧基、酚类、内酯类、醌类、醚类。在活化中原料所含矿物质集中到活性炭里成为灰分，灰分的主要成分是碱金属和碱土金属的盐类，如碳酸盐和磷酸盐等。

活性炭含有大量微孔，具有巨大的比表面积，能有效地去除色度、臭味，可去除二级出水中大多数有机污染物和某些无机物以及某些有毒的重金属。

二、检测方法

关于活性炭的质量检测，国家推荐标准 GB/T 12496 是适用于木质活性炭的试验方法，GB/T 7702 是适用于煤质活性炭的试验方法，两个标准分别提供了 20 多个项目的检验方法。

本教材介绍了活性炭的粒度、水分、pH 值、亚甲蓝吸附值、碘吸附值、苯酚吸附值、灰分等项目的检测方法。

检验方法主要依照 GB/T 7702《煤质颗粒活性炭试验方法》执行。本教材中，亚甲蓝吸附值和粒度的检测参照 K113：2001《日本水道用粉末活性炭》提供的方法进行了修编。

(一)亚甲蓝吸附值

1. 方法依据

日本水道协会 JWWA K 113：2001《水道用粉末活性炭》“5. 4”；

GB/T 7702. 6—2008《煤质颗粒活性炭试验方法》。

2. 应用范围

适用于各种活性炭亚甲蓝吸附值的测定。

3. 样品保存

阴凉干燥处保存。

4. 项目定义

在规定的条件下，活性炭与亚甲蓝溶液充分吸附后，亚甲蓝溶液剩余浓度达到规定范围时，每克活性炭吸附亚甲蓝的毫克数。

5. 检测原理

试样与亚甲蓝溶液混合，充分吸附后，测定亚甲蓝溶液的剩余浓度，计算亚甲蓝吸附值。

6. 试剂和材料

(1)水：GB/T 6682 三级水。

(2)定性滤纸。

(3)硫酸溶液：(1 +5)。

(4)碘化钾溶液(10%)：称取 10 g 碘化钾溶于 100 mL 纯水中。

(5)硫酸铜标准色溶液(0. 4%)：取硫酸铜($CuSO_4 \cdot 5H_2O$)0. 40 g，加纯水溶解后移入 100 mL 容量瓶，定容。

(6)缓冲溶液：将以下 a 液与 b 液以 1∶1 的体积比均匀混合，得到 pH 约为 7 的缓冲溶液。

a 液配制：称取 9. 08 g 磷酸二氢钾(GB/T 1274，分析纯)，溶于 1 L 水中，混匀。

b 液配制：称取 23. 9 g 十二水合磷酸氢二钠(GB/T 1263，分析纯)溶于 1 L 水中，混匀。

(7)淀粉指示剂(10 g/L)：称取 10 g 可溶性淀粉，溶于 100 mL 纯水中，稍加热促其溶解。

(8)重铬酸钾标准滴定溶液：$c(1/6K_2Cr_2O_7) = 0.1000$ mol/L。

称取4.9031 g ±0.0002 g已在120℃条件下干燥至恒重的基准试剂重铬酸钾，溶于水，移入1000 mL容量瓶定容。

(9)硫代硫酸钠标准滴定溶液，$c(Na_2S_2O_3) = 0.1$ mol/L。

配制：称取26 g硫代硫酸钠($Na_2S_2O_3 \cdot 5H_2O$)(或16 g无水硫代硫酸钠)，加0.2 g无水碳酸钠，溶于1000 mL水中，缓缓煮沸10 min，冷却。放置两周后过滤备用。

标定：称取0.18 g(精确至0.0001 g)已于120℃ ±2℃条件下干燥至恒重的基准试剂重铬酸钾，置于碘量瓶中，溶于50 mL水，加2 g碘化钾及20 mL硫酸溶液(试剂和材料(3))，摇匀，于暗处放置10 min。加150 mL水(15～20℃)，用配制好的硫代硫酸钠标准滴定溶液滴定，近终点时加2 mL淀粉指示剂(试剂和材料(7))，继续滴定至溶液蓝色变成亮绿色。同时用200 mL水做空白实验。

硫代硫酸钠标准溶液的浓度$c(Na_2S_2O_3)$，mol/L，按下式计算：

$$c(Na_2S_2O_3) = \frac{m \times 1000}{(V_1 - V_0) \times 49.031} \tag{3-12}$$

式中 V_1——重铬酸钾消耗硫代硫酸钠标准溶液的体积，mL；

V_0——空白消耗硫代硫酸钠标准溶液的体积，mL；

49.031——重铬酸钾($1/6K_2Cr_2O_7$)的摩尔质量，g/mol。

(10)亚甲蓝溶液，浓度$\rho(C_{16}H_{18}ClN_3S) = 1.5$ g/L，按下述方法配制：

①配制：由于亚甲蓝在干燥过程中性质会发生改变，应在未干燥情况下使用。因此应先测定其水分(称取约1 g的亚甲蓝，精确至0.0001 g，置于105℃ ±5℃的电热恒温干燥箱中干燥4h)。

亚甲蓝水分的计算：

$$w = \frac{m - m_1}{m - m_2} \times 100$$

式中 w——水分的质量分数,%；

m——未干燥的亚甲蓝加称量瓶的质量，g；

m_1——干燥后亚甲蓝加称量瓶的质量，g；

m_2——称量瓶的质量，g。

称取与1.5 g干燥的亚甲蓝相当的未干燥的亚甲蓝，精确至0.0001 g(亚甲蓝未干燥品的取用量按式(3-13)计算)，将亚甲蓝溶于温度为60℃ ±10℃的缓冲溶液，待全部溶解后，冷却至室温，过滤至1000 mL容量瓶中，用缓冲溶液洗涤滤渣，再用缓冲溶液稀释至刻度，混匀，静置1天后标定。标定结果应在1.5000 g/L ±0.0150 g/L范围内，否则调至规定范围。

注：浓度偏高需要调节时，应使用缓冲溶液稀释，而不是纯水。浓度偏低时，加入适量的亚甲蓝。

亚甲蓝未干燥品的取用量以m_i计，数值以克(g)表示，按下式计算：

$$m_i = \frac{m}{A(1 - w)} \tag{3-13}$$

式中　m——干燥的亚甲蓝需要量，g；

A——亚甲蓝纯度,%；

w——亚甲蓝水分的质量分数,%。

②标定。

A. 重铬酸钾法。

用移液管吸取亚甲蓝溶液（试剂和材料（10））50.00 mL 置于 200 mL 烧杯中，加入重铬酸钾标准溶液（试剂和材料（8））25.00 mL，放入水浴中加热至 75℃ ±2℃，搅拌均匀并在 75℃ ±2℃条件下保持 20 min 后冷却，经滤纸过滤，并用水洗涤，将滤液收在 300 mL 具塞磨口锥形瓶中，加硫酸溶液（试剂和材料（3））25 mL 和碘化钾溶液（试剂和材料（4））10 mL，盖紧瓶塞，摇匀，在暗处放置 5 min 后用硫代硫酸钠标准滴定溶液（试剂和材料（9））进行滴定，至溶液呈淡黄色，加入淀粉指示剂（试剂和材料（7））2 mL，滴定至蓝色消失。同时取 50.00 mL 缓冲溶液做空白试验。

亚甲蓝溶液的浓度以 ρ 计，数值以毫克每毫升（mg/mL）表示，按下式计算：

$$\rho = \frac{c(V_2 - V_1) \times 106.6}{50} \tag{3-14}$$

式中　c——硫代硫酸钠标准滴定溶液浓度，mol/L；

V_2——空白试验消耗硫代硫酸钠标准滴定溶液体积，mL；

V_1——试验消耗硫代硫酸钠标准滴定溶液体积，mL；

106.6——亚甲蓝（$1/3C_{16}H_{18}ClN_3S$）的摩尔质量，mol/g。

亚甲蓝标准溶液平行测定结果的相对偏差不大于 1%。

标定结果应在 1.500 g/L ±0.015 g/L 范围内，否则应调至规定范围。

B. 分光光度法。

准确吸取 10.00 mL 亚甲蓝溶液于 200 mL 容量瓶中，纯水定容。从此稀释液中吸取 20.00mL 入 1000 mL 容量瓶中，纯水定容。立即将该稀释液在 665 nm 波长下，用 1 cm 比色皿测定吸光值，其吸光值应与 0.4% 硫酸铜标准色溶液的吸光度偏差在 ±0.01。

7. 仪器和设备

（1）电热恒温干燥箱：0～300℃。

（2）分析天平：感量 0.0001 g。

（3）恒温水浴：75℃ ±2℃。

（4）振荡器：频率（240 ±20）次/min，振幅 4～5 cm。

（5）分光光度计。

（6）具塞磨口锥形瓶：100 mL、250 mL。

（7）试验筛：ϕ200 mm × 50 mm 与 0.045 mm/0.032 mm 方孔（0.045 mm 为筛孔直径，0.032 mm 为筛丝直径）。

（8）比色管：10 mL。

8. 试样制备

对所送样品用四分法取出约 10 g 试样，磨细至 90% 以上能通过 0.045 mm 的试验筛，筛余试样与其混匀，然后在 150℃ ±5℃的电热恒温干燥箱内干燥 2 h，置于干燥器内冷却，备用。

9. 测定步骤

(1)称取0.1 g ±0.0004 g 试料，精确至0.0001 g，三份，置于100 mL 干燥的具塞磨口锥形瓶中，用滴定管加入亚甲蓝(试剂和材料(10))溶液5～15 mL(具体加入量按活性炭试样而定)，盖上瓶塞置于振荡器上振荡30 min。

(2)用干燥滤纸将上述试样吸附过的亚甲蓝溶液过滤至比色管中，混匀。

(3)用10 mm 比色皿在665 nm 波长处，以水为参比液，测定滤液的吸光度值，同时测定硫酸铜标准溶液的吸光值。

10. 结果计算

在双对数坐标上以亚甲蓝溶液加入量 V 的毫升数的对数为纵坐标，吸光值 A 的对数为横坐标，用最小二乘法作直线回归。

【例】

试样质量/g	亚甲蓝溶液加入量 V/mL	吸光度 A	$\lg V$	$\lg A$	相关系数	亚甲蓝吸附值/(mg · g^{-1})
0.1000	10.0	0.028	1.000	-1.553	0.9999	165
0.1000	11.0	0.059	1.041	-1.222		
0.1000	12.0	0.117	1.079	-0.932		

以亚甲蓝溶液加入量 V 的毫升数的对数为纵坐标，吸光值 A 的对数为横坐标，用最小二乘法作直线回归，作等温吸附线。

在等温吸附线上取硫酸铜标准色溶液的吸光值对应的亚甲蓝体积 V。如此例中硫酸铜标准色溶液对应的吸光度为0.059，$\lg 0.059 = -1.229$，在等温吸附线上，对应的亚甲蓝溶液加入量 V 为11.0 mL。使用该 V 值，根据下式计算亚甲蓝吸附值。

亚甲蓝吸附值以 E 计，数值以毫克每克(mg/g)表示，按下式计算：

$$E = \frac{\rho V}{m} \tag{3-15}$$

式中 ρ——标定后的亚甲蓝溶液浓度，mg/mL；

V——根据等温吸附线计算出硫酸铜标准溶液的吸光值所对应的亚甲蓝溶液的体积，mL；

m——试样质量，g。

注：为了获得在规定范围的吸光值，滤液吸光值应落在0.030～1.000 范围内，否则应调整试样质量。调整试样的质量以0.1 g 的倍数增加。

(二)粒度

Ⅰ 粉末活性炭粒度检测

1. 方法依据

日本水道协会 JWWA K 113：2001《水道用粉末活性炭》“5.10”。

2. 应用范围

适用于粉末活性炭粒度的测定。

3. 样品保存

阴凉干燥处保存。

4. 方法提要

将试样加水湿润后通过试验用的筛子，求出通过筛子的含量。

5. 试剂和材料

(1)试验筛：规格视要求而定。

(2)毛刷：宽约为15 mm，平头，毛长约为25 mm，柔软而有弹性的扁平毛刷。

(3)白瓷盘。

(4)电热恒温干燥箱。

6. 测定步骤

(1)把试验筛在150℃ ±5℃条件下干燥1 h，在干燥器内冷却后称量。精确至1 mg。

(2)称取约5 g试样于100 mL烧杯中。

(3) 加50 mL水将试样混合，将试样分散开(若结块可用玻璃棒轻轻地将试样搅散)。

(4)用水淋洗烧杯，把水及试样全部移到筛上。

(5)加少量水到筛上，边加水边振动筛子，使大部分试样通过筛子。

(6)把筛子放在白瓷盘上，加少量水，用毛刷轻轻刷网，使水流出。

(7) 重复测定步骤(6)的操作，直至没有试样流到白瓷盘上，然后把附在毛刷上的试样用水冲洗到筛上。

(8) 将筛子在150℃ ±5℃条件下干燥1h，在干燥器内冷却至室温后称量。精确至0.01 g。

7. 计算

$$R_{100} = \left(1 - \frac{m_{325}}{m}\right) \times 100 \tag{3-16}$$

$$R_{200} = \left(1 - \frac{m_{200} + m_{325}}{m}\right) \times 100 \tag{3-17}$$

$$R_{325} = \left(1 - \frac{m_{100} + m_{200} + m_{325}}{m}\right) \times 100 \tag{3-18}$$

式中　R_{100}——通过100目筛子的质量分数,%；

m_{100}——留在100目筛子上的活性炭质量，g；

R_{200}——通过200目筛子的质量分数,%；

m_{200}——留在200目筛子上的活性炭质量，g；

R_{325}——通过325目筛子的质量分数,%；

m_{325}——留在325目筛子上的活性炭质量，g。

Ⅱ　颗粒活性炭粒度检测

1. 方法依据

GB/T 7702.2—1997《煤质颗粒活性炭试验方法　粒度的测定》。

2. 应用范围

适用于颗粒活性炭粒度的测定。

3. 方法提要

将一定质量的试样置于振筛机上进行筛分，以保留在各筛层上的试样的质量占原试样的质量分数表示试样的粒度分布。

4. 试剂和材料

(1)振筛机：转速 280～320 r/min。敲击 140～160 拍/min。

(2)试验筛：规格视要求而定。

(3)天平：感量 0.1 g。

(4)定时器或秒表：准确度为 ±10 s。

(5)刷子。

5. 试样制备

对所送样品用四分法取出水分不大于 5% 的试样。

6. 测定步骤

(1)根据产品技术要求，选取一组相应的筛层，按筛孔大小，由上而下顺序排列，安放在振筛机上。

(2)称取 100 g 试样倒入振筛机最上层筛子中，盖上筛盖，扣紧全套筛子。开动振筛机，同时启动定时器(或秒表)。

(3)振筛 600 s ±10 s。

(4)松开振筛机夹子，拿下筛盖，依次轻轻取下各层并将各层中的试样用瓷盘分别收集。卡在筛孔上的活性炭轻轻振拍筛框或用刷子刷下，也作筛层上的筛分。

(5)依次称量每一筛层以及底盘内的筛分质量(精度至 0.1 g)。

(6)重复测定步骤(1)～(5)，再做一份试样。

7. 计算

粒度的质量分数按下式计算：

$$L_i = \frac{m_i}{m} \times 100 \tag{3-19}$$

式中 L_i——第 i 层粒度的质量分数，%；

m_i——第 i 层筛上的试样质量，g；

m——原试样的质量，g。

8. 报数要求及允差

两份试样各测定一次，允许各层筛分的质量和与试样总质量之差不超过 ±0.5 g。取平行测定结果的算术平均值为测定结果。保留两位小数。

(三)水分

1. 方法依据

GB/T 7702.1—1997《煤质颗粒活性炭试验方法　水分的测定》。

2. 应用范围

适用于各种活性炭水分的测定。

3. 方法提要

一定质量的试样经烘干，所含水分挥发，以失去水分的质量占原试样质量的百分数表示水分的质量分数。

4. 仪器和装置

(1)天平：感量0.000 1 g。

(2)电热恒温干燥箱：0～300℃。

(3)干燥器：内装无水氯化钙或变色硅胶。

(4)带盖称量瓶：磨口矮形。

5. 试样制备

对所送样品用四分法取出试样。

6. 测定步骤

(1)根据粒度大小，用预先烘干并恒重的带盖称量瓶，称取试样1～5 g(精确至0.000 2 g)，并使试样厚度均匀。

(2)将装有试样的称量瓶打开盖子，置于温度为(150 ±5)℃的电热恒温干燥箱内干燥2 h。

(3)取出称量瓶，盖上盖子，放入干燥器内，冷却至室温后称量(精确至0.000 2g)。

(4)以后每干燥30 min，再称一次，直至质量变化不大于0.0010 g为止，视为干燥质量。如果质量增加，应取增量前一次的质量为准。

(5)重复测定步骤(1)～(5)，同时做一份平行样。

7. 结果计算

水分质量分数w(%)，按下式计算：

$$w = \frac{m_1 - m_2}{m_1 - m} \times 100 \qquad (3-20)$$

式中　w——水分质量分数,%；

m_1——原试样加称量瓶的质量，g；

m_2——干燥试样加称量瓶的质量，g；

m——称量瓶的质量，g。

8. 报数要求及允差

当水分质量分数不大于5.0%，允许差为0.2%；当水分质量分数大于5.0%，允许差为0.3%。结果以算术平均值表示，保留一位小数。

(四)碘吸附值

1. 方法依据

GB/T 7702.7—2008《煤质颗粒活性炭试验方法　碘吸附值的测定》。

2. 应用范围

适用于各种活性炭碘吸附值的测定。

3. 术语和定义

(1)吸附碘量：在规定的试验条件下，活性炭与碘液充分振荡吸附后活性炭吸附碘的毫克数。

(2)E 值：每克活性炭吸附碘量。

(3)碘吸附值：在碘吸附等温线上，剩余浓度为 0.02 mol/L 时每克活性炭的吸附碘量。

4. 原理

在规定条件下，定量的试料与碘标准溶液充分振荡吸附后，用滴定法测定溶液剩余碘量，求出每个试料吸附碘的毫克数，绘制吸附等温线。用剩余碘浓度为 0.02 mol/L 时每克试料吸附的碘量表示活性炭的碘吸附值。

5. 试剂和材料

(1)水：GB/T 6682 三级水。

(2)盐酸溶液(质量分数为 5%)：量取 70mL 盐酸(分析纯)缓慢注入 550 mL 水中，混匀。

(3)碘标准滴定溶液，$c(1/2I_2)$ = 0.1000 mol/L。调节碘的浓度在 0.1000 mol/L ± 0.0010 mol/L 范围内。

配制：称取 12.700 g 碘(分析纯)及 19.100 g 碘化钾(分析纯)，置于烧杯中，加入约 5 mL 水搅拌均匀，在搅拌过程中继续多次加水(每次约 5mL)，直至溶液体积达到 50～60 mL。混合后的溶液需放置 4 h 以上(以保证所有晶体全部溶解)，在放置 4 h 内应搅拌二至三次。将该溶液移至 1 L 的棕色容量瓶中，稀释至刻度。

标定：移取 50.00 mL 碘标准溶液，置于碘量瓶中，加水 150 mL(15～20℃)，用已标定的硫代硫酸钠标准溶液(试剂和材料(4))滴定，近终点时加 2 mL 淀粉指示剂(试剂和材料(5))，继续滴定至溶液蓝色消失。

同时做水所消耗碘的空白实验：取 200 mL 水(15～20℃)，加入 2 mL 淀粉指示剂(试剂和材料(5))，用硫代硫酸钠标准溶液(试剂和材料(4))滴定至溶液蓝色消失。

碘标准滴定溶液的浓度 $c(1/2I_2)$，mol/L，按下式计算：

$$c(1/2I_2) = \frac{(V_1 - V_0)c}{50} \qquad (3-21)$$

式中 V_1——碘溶液消耗硫代硫酸钠标准溶液的体积，mL；

V_0——空白消耗硫代硫酸钠标准溶液的体积，mL；

c——硫代硫酸钠标准溶液的浓度，mol/L。

(4)硫代硫酸钠标准滴定溶液，$c(Na_2S_2O_3)$ = 0.1 mol/L。

配制：称取 26 g 硫代硫酸钠($Na_2S_2O_3 \cdot 5H_2O$)(或 16g 无水硫代硫酸钠)，加 0.2 g 无水碳酸钠，溶于 1000 mL 水中，缓缓煮沸 10 min，冷却。放置两周后过滤。

标定：称取 0.18 g(精确至 0.0001 g)于 120℃ ±2℃条件下干燥至恒重的基准试剂重铬酸钾，置于碘量瓶中，溶于 50 mL 水，加 2 g 碘化钾及 20 mL 硫酸溶液(1 +5)，摇匀，于暗处放置 10 min。加 150 mL 水(15～20℃)，用配制好的硫代硫酸钠标准溶液(试剂和材料(4))滴定，近终点时加 2 mL 淀粉指示剂(试剂和材料(5))，继续滴定至溶液蓝色变成亮绿色。同时用纯水做空白实验。

硫代硫酸钠标准溶液的浓度 $c(Na_2S_2O_3)$，mol/L，按下式计算：

$$c(Na_2S_2O_3) = \frac{m \times 1000}{(V_1 - V_0) \times 49.031} \tag{3-22}$$

式中　m——重铬酸钾的质量的准确数值，g；

V_1——重铬酸钾消耗硫代硫酸钠标准溶液的体积，mL；

V_0——空白消耗硫代硫酸钠标准溶液的体积，mL；

49.031——重铬酸钾($1/6K_2Cr_2O_7$)的摩尔质量，g/mol。

(5)淀粉指示剂(10 g/L)：称取 10 g 可溶性淀粉，溶于 100 mL 纯水中，稍加热促其溶解。

(6)定性滤纸：B 等，中速。

6. 仪器和设备

(1)分析天平：感量 0.0001 g。

(2)电热恒温干燥箱：0～300℃。

(3)干燥器：内装无水氯化钙或变色硅胶。

(4)移液管，2 mL、10 mL、50 mL、100 mL。

(5)具塞磨口锥形瓶：250 mL。

(6)滴定管：50 mL。

(7)玻璃漏斗：ϕ70～90 mm。

(8)试验筛：ϕ200mm × 50mm 与 0.075mm/0.050mm 方孔。

7. 试样制备

对所送样品用四分法取出约 10 g 试样，磨细至 90% 以上能通过 0.075 mm 的试验筛，筛余试样与其混匀(指将留在试验筛上和通过试验筛的活性炭混合)，然后在 150℃ ±5℃ 的电热恒温干燥箱内，干燥 2 h，置于干燥器内冷却，备用。

8. 测定步骤

(1)称取三份质量不同的试料，精确记录至 0.0001 g(可依据样品的标称值进行估算，以确定称样量)。

估算试料使用质量。试料使用质量以 m(g)计，按下式计算：

$$m = \frac{[c_1 V_1 - c(V_1 + V_2)]M}{E_0} \tag{3-23}$$

式中　c_1——碘标准滴定溶液浓度，mol/L；

V_1——加入碘标准溶液体积，mL(为 100 mL，见测定步骤(3))；

c——滤液浓度，mol/L(通常三份试料的质量分别用 0.01，0.02，0.03(mol/L)计算)；

V_2——加入盐酸溶液体积，mL(为 10 mL，见测定步骤(2))；

M——碘($1/2I_2$)的摩尔质量，g/moL($M = 126.9$)；

E_0——估计试料碘吸附值，mg/g(可采用该样品的标称值)。

(2)将试料分别放入容量为250 mL干燥的具塞磨口锥形瓶中，用移液管移取10 mL盐酸溶液(质量分数为5%)，加入到每个具塞磨口锥形瓶中，盖好玻璃塞，摇动，使试料浸润。拔去塞子，小火加热至微沸30 s ±2 s(以除去干扰的硫)，冷却至室温(冷却时将塞子半盖住瓶口，以防溶液蒸发使溶液体积减小)。

(3)用移液管移取100 mL的碘标准滴定溶液($c(1/2I_2) = 0.1000$mol/L)，错开时间依次加入上述锥形瓶中(以避免延迟处理时间)，立即塞好玻璃塞，剧烈摇动30 s ±1 s，迅速用滤纸分别过滤到干燥的具磨口锥形瓶中。

(4)用初滤液20～30 mL润洗移液管。

(5)移取每份混匀滤液50.00 mL，置于250 mL锥形瓶中，用硫代硫酸钠标准溶液($c(Na_2S_2O_3) = 0.1$ mol/L)进行滴定。当溶液呈淡黄色时，加入2 mL淀粉指示剂(10 g/L)，滴定至蓝色消失。

9. 结果计算

(1)滤液浓度

滤液浓度以c计，数值以mol/L表示，按下式计算：

$$c = \frac{c_2 V_3}{V} \tag{3-24}$$

式中 c_2——硫代硫酸钠标准滴定溶液浓度，mol/L；

V_3——消耗硫代硫酸钠标准滴定溶液浓度，mol/L；

V——滤液体积(50.00)，mL。

注：活性炭对任何吸附质的吸附能力与吸附质在溶液中的浓度有关，为了获得剩余浓度0.02 mol/L时的碘吸附值，滤液浓度应在0.008～0.040 mol/L范围内，否则，应调整试料质量。

(2)吸附碘量

吸附碘量以X(mg)计，按下式计算：

$$X = \left(c_1 V_1 - \frac{V_1 + V_2}{V} c_2 V_3\right) \times 126.9 \tag{3-25}$$

式中 c_1——碘标准滴定溶液浓度，mol/L；

V_1——加入的碘标准滴定溶液体积，mL；

V_2——加入盐酸溶液体积，mL；

V——滤液体积的数值(50.00)，mL；

c_2——硫代硫酸钠标准滴定溶液浓度，mol/L；

V_3——消耗硫代硫酸钠标准滴定溶液浓度，mol/L；

126.9——碘($1/2I_2$)的摩尔质量，g/mol。

(3)E值

E 值以毫克每克(mg/g)表示，按下式计算：

$$E = \frac{X}{m} \qquad (3-26)$$

式中　X——吸附碘量，mg；

m——试料使用质量，g。

(4)绘制吸附等温线

将三份试料的结果在双对数坐标上给出 E(纵坐标)对 c(横坐标)的图像。用最小二乘法计算三点与直线的拟合值。

$$\lg E = a\lg c + b \qquad (3-27)$$

式中　E——碘吸附值，mg/g；

a——拟合直线斜率的数值；

c——滤液浓度，mol/L；

b——拟合直线截距的数值。

(5)碘吸附值

根据吸附等温线，取剩余浓度 $c = 0.02$ mol/L 时的 E 值为碘吸附值(mg/g)。

根据式(3－27)推出：$E = 10^{(a\lg 0.02 + b)}$

10. 报数要求及允差

(1)根据吸附等温线，取剩余浓度 $c = 0.02$ mol/L 时的 E 值为碘吸附值。拟合的相关系数不小于0.995时，试验结果有效。

(2)每个样品做两份试料的平行测定，结果以算术平均值表示，计算结果精确至整数位。

(3)同实验室内碘吸附值在600～1450 mg/g时，两个测定结果的差值应不大于2%。

(4)两个实验室间碘吸附值在600～1450 mg/g时，两个测定结果的差值应不大于5%。

(五)苯酚吸附值

1. 方法依据

GB/T 7702.8—2008《煤质颗粒活性炭试验方法　碘吸附值的测定》。

2. 应用范围

适用于各种活性炭苯酚吸附值的测定。

3. 项目定义

在规定的试验条件下，每克活性炭吸附苯酚的毫克数。

4. 检测原理

试样与苯酚溶液充分振荡吸附，过滤，用硫代硫酸钠标准滴定溶液滴定，求出每克试料吸附苯酚的毫克数。

5. 试剂和材料

(1)水：GB/T 6682 三级水。

(2)苯酚溶液：称取苯酚(分析纯)1 g ± 0.0010 g，溶于500 mL水中，稀释至1L，混匀。置于棕色瓶中，于阴暗处保存。

(3)溴酸钾-溴化钾溶液：称取2.78 g溴酸钾和10.00 g溴化钾溶于水中，稀释至1L混匀。置于棕色瓶中，于阴暗处保存。

(4)碘化钾溶液：用碘化钾(GB/T 1272，分析纯)配制质量分数为10%的碘化钾溶液。

(5)盐酸溶液：(1+1)。

(6)硫代硫酸钠标准滴定溶液：$c(Na_2S_2O_3) = 0.025$ mol/L。

配制：称取6.5 g硫代硫酸钠($Na_2S_2O_3 \cdot 5H_2O$)(或4g无水硫代硫酸钠)，加0.05 g无水碳酸钠，溶于1000 mL水中，缓缓煮沸10 min，冷却。放置两周后过滤。

标定：称取0.05 g(精确至0.0001 g)于120℃ ±2℃条件下干燥至恒重的工作基准试剂重铬酸钾，置于碘量瓶中，溶于25 mL水，加2 g碘化钾及20 mL硫酸溶液(1+5)，摇匀，于暗处放置10 min。加150 mL水(15～20℃)，用配制好的硫代硫酸钠标准溶液(试剂和材料(6))滴定，近终点时加2 mL淀粉指示剂(试剂和材料(7))，继续滴定至溶液由蓝色变成亮绿色。同时用纯水做空白实验。

硫代硫酸钠标准溶液的浓度$c(Na_2S_2O_3)$，mol/L，按下式计算：

$$c(Na_2S_2O_3) = \frac{m \times 1000}{(V_1 - V_0) \times 49.031} \tag{3-28}$$

式中 m——重铬酸钾的质量的准确数值，g；

V_1——消耗硫代硫酸钠标准溶液的体积，mL；

V_0——空白消耗硫代硫酸钠标准溶液的体积，mL；

49.031——重铬酸钾($1/6K_2Cr_2O_7$)的摩尔质量，g/moL。

(7)淀粉指示剂：称取10 g可溶性淀粉，溶于100 mL纯水中，稍稍加热促进其溶解。

(8)定性滤纸：B等，中速(102)。

6. 仪器和设备

(1)电热恒温干燥箱：0～300℃。

(2)干燥器：内装无水氯化钙或变色硅胶。

(3)分析天平：感量0.0001 g。

(4)振荡器：频率(240±20)次/min，振幅36 mm ±6 mm。

(5)具塞磨口锥形瓶：250 mL。

(6)移液管：10 mL、50 mL。

(7)碘量瓶：250 mL。

(8)玻璃漏斗：ϕ70～90 mm。

(9)试验筛：ϕ200 mm×50 mm与0.075 mm/0.050 mm方孔。

7. 试样的制备

对所送样品用四分法取出约10 g试样，磨细至90%以上能通过0.075 mm的试验筛，筛余试样与其混匀，然后在150℃ ±5℃电热恒温干燥箱中干燥2 h，置于干燥器内冷却备用。

8. 测定步骤

(1)称取0.2 g±0.0010 g试料，精确至0.0001 g，置于250 mL干燥的具塞磨口锥形瓶中，用移液管加入苯酚溶液(试剂和材料(2))50 mL，盖上瓶塞置于振荡器上振荡2 h，静置22 h后用干燥滤纸将溶液过滤。

(2)用移液管吸取10 mL滤液放入250 mL的碘量瓶中，加入30 mL水，再加入10.00 mL溴酸钾－溴化钾溶液(试剂和材料(3))及10 mL盐酸(试剂和材料(5))溶液。盖紧瓶塞，剧烈摇动1 min，当出现沉淀后静置5 min。

(3)加入碘化钾溶液(试剂和材料(4))10 mL，用水吹洗瓶壁，盖紧瓶盖，在暗处放置3 min后用硫代硫酸钠标准(试剂和材料(6))滴定溶液进行滴定。当溶液呈淡黄色时，加入淀粉指示剂(试剂和材料(7))2 mL，滴定至蓝色消失为止。

(4)按步骤(1)至步骤(3)做空白试验。

9. 结果计算

苯酚吸附值以E计，数值以毫克每克(mg/g)表示，按下式计算：

$$E=\frac{c(V_1-V_2)\times 15.68\times 5}{m}=\frac{c(V_1-V_2)\times 78.4}{m} \tag{3-29}$$

式中　c——硫代硫酸钠标准滴定溶液浓度，mol/L；

V_1——试料滴定所消耗硫代硫酸钠标准滴定溶液体积，mL；

V_2——空白试验滴定所消耗硫代硫酸钠标准滴定溶液体积，mL；

15.68——苯酚($1/6C_6H_5OH$)的摩尔质量，g/mol；

m——试料质量，g。

10. 报数要求及允差

每个样品做两份试料的平行测定，两个结果的差值应不大于2%(平均值的2%)，结果以算术平均值表示，计算结果精确至整数值。

(六)pH值

1. 方法依据

GB/T 7702.16—1997《煤质颗粒活性炭试验方法　pH的测定》。

2. 应用范围

适用于各种活性炭pH的测定。

3. 方法提要

活性炭在沸腾过的水(去离子水或蒸馏水)中煮沸，测定其冷却滤液的pH值。

4. 试剂和材料

(1)水：GB 6682—1992二级水，煮沸3～5 min。

(2)定性滤纸：中等流速。

5. 仪器、设备

(1)天平：感量0.01 g。

(2)加热板或电炉。

(3)定时器或秒表。

(4)pH 计：精度0.1 pH。

(5)量筒：100 mL。

(6)烧杯：200 mL。

(7)三角漏斗。

(8)锥形烧瓶：300 mL。

(9)温度计：0～100℃。

(10) 回流冷凝管：直管式。

6. 试样制备

对所送样品用四分法取出试样，约20g。

7. 测定步骤

(1)按活性炭的水分含量，计算出相当于10 g 干燥活性炭的湿炭的质量。

(2)称取算出的湿炭试样，放入锥形烧瓶中。

(3)取煮沸过的蒸馏水，用 pH 电位计测定其 pH，用盐酸或氢氧化钠溶液调整蒸馏水 pH 值为7.0。

(4)取中性的煮沸过的蒸馏水(测定步骤(3))100 mL，加入烧瓶中与炭样摇匀。装上回流冷凝器，放在加热板上。

(5)用加热板加热并控制加热温度使水缓慢沸腾，保持沸腾900 s ±10 s。

(6)取下烧瓶，对烧瓶中溶物进行过滤(滤纸和三角漏斗预先用蒸馏水浸润)，滤液冷却至50℃ ±5℃，补足至100 mL。

(7)用 pH 电位计检测滤液。

(8)重复步骤(1)至(7)，再做一份试样进行测定。

8. 报数要求及允差

两份试样各测定一次，允许差应小于0.7 pH，结果以算术平均值表示，结果保留一位小数。

(七)灰分

1. 方法依据

GB/T 7702.15—2008《煤质颗粒活性炭试验方法　灰分的测定》。

2. 应用范围

适用于各种活性炭灰分的测定。

3. 原理

一定质量的试料经灼烧，所得残渣占原试料的质量分数即为灰分。

4. 仪器和设备

(1)分析天平：感量0.0001 g。

(2)电热恒温干燥箱：0～300℃。

(3)干燥器：内装无水氯化钙或变色硅胶。

(4)灰皿：瓷质，长方形，底长45 mm，底宽22 mm，高14 mm。

(5)马弗炉。

5. 试样的制备

对所送样品用四分法取出 5～10 g 试样，将试样粉碎至全部能通过 1.00 mm 的试验筛，然后在 150℃ ±5℃ 的电热恒温干燥箱内，干燥 2 h 后置于干燥器内冷却至室温，备用。

6. 测定步骤

(1)将灰皿置于马弗炉中，在 800℃ ±25℃下灼烧约 1 h，取出后放入干燥器中，冷却至室温称量(精确至 0.0001 g)，重复灼烧直至恒量。

(2)称取 1 g ±0.1 g 试料，精确至 0.0001 g，均匀地分布在灰皿中。

(3)将灰皿置于约 300℃马弗炉中，关上炉门，打开通风口，在不少于 30 min 的时间内将炉温缓慢升至 500℃，并在此温度下保持 30 min，继续升温至 800℃ ±25℃，并在此温度下灼烧 1 h。

(4)从炉中取出灰皿，放置于耐热瓷板或石棉板上，在空气中冷却 5 min 左右，移入干燥器中冷却至室温后称量。

(5)以后每灼烧 20 min 称量一次，直至质量变化不超过 0.0010 g 为止。

7. 结果计算

灰分以质量分数 w 计，数值以% 表示，按下式计算：

$$w = \frac{m_2 - m}{m_1 - m} \times 100 \qquad (3-30)$$

式中　m_2——灼烧后试料及灰皿质量之和，g；

m——灰皿质量，g；

m_1——灼烧前试料及灰皿质量之和，g。

8. 报数要求及允差

(1)每个样品做两份试料的平行测定，结果以算术平均值表示，保留两位小数。

(2)两份试料测定结果的差值应符合表 3-2 的规定。

表 3-2　两份活性炭试料灰分平行测定结果的允差值

灰分	≤5.00%	5.00%～10.00%	≥10.00%
允许差值	0.50%	0.80%	1.00%

第八节　次氯酸钠

一、概述

固体次氯酸钠为白色粉末，极不稳定。工业用次氯酸钠溶液为淡黄色液体，具有类似氯气气味。溶于水，强氧化性。次氯酸钠溶液密度由有效氯的含量而定。

次氯酸钠与有机物或还原剂相混易爆炸，水溶液碱性，并缓慢分解为 NaCl、$NaClO_3$、O_2，受热受光快速分解。受高热分解产生有毒的腐蚀性烟气，具有腐蚀性。

贮存时，应置于阴凉、干燥、避光处，远离火种、热源，防止阳光直射。应与还原剂、易燃或可燃物、酸类、碱类等分开存放。运输时要密闭，装运容器要求防腐，宜用塑料桶(瓶)或槽车包装。

使用时，接触人员应戴防护眼镜、胶手套等防护用品。分装和搬运作业要注意个人防护。搬运时要轻装轻卸，防止包装及容器损坏。检验操作时需在通风橱内进行。

在水处理工艺中，添加一定浓度次氯酸钠，对水进行消毒杀菌。

二、检测方法

国家标准 GB 19106—2003《次氯酸钠溶液》规定次氯酸钠的质量指标包括有效氯的质量分数、游离碱(以 NaOH 计)的质量分数、铁的质量分数、重金属(以 Pb 计)的质量分数、砷的质量分数共 5 个项目。

本教材介绍了有效氯的质量分数、游离碱的质量分数 2 个项目的检测方法。检测方法依照 GB 19106—2003《次氯酸钠溶液》进行。

(一)有效氯含量

1. 方法依据

GB 19106—2003《次氯酸钠溶液》“5. 1”。

2. 检测原理

在酸性介质中，次氯酸根与碘化钾反应，析出碘，以淀粉为指示剂，用硫代硫酸钠标准滴定溶液滴定，至蓝色消失为终点。反应式如下：

$$2H^+ + ClO^- + 2I^- \xlongequal{} I_2 + Cl^- + H_2O$$

$$I_2 + 2S_2O_3^{2-} \xlongequal{} S_4O_3^{2-} + 2I^-$$

3. 试剂和材料

(1)碘化钾溶液(100 g/L)：称取 100 g 碘化钾，溶于水中，稀释到 1000 mL，搅匀。

(2)硫酸溶液(3 +100)：量取 15 mL 硫酸，缓缓注入 500 mL 水中，搅匀。

(3) 硫代硫酸钠标准滴定溶液：$c(Na_2S_2O_3) = 0.1$ mol/L。

配制：称取 26 g 硫代硫酸钠($Na_2S_2O_3 \cdot 5H_2O$)(或 16 g 无水硫代硫酸钠)，加 0. 2 g 无水碳酸钠，溶于 1000 mL 水中，缓缓煮沸 10 min，冷却。放置两周后过滤备用。

标定：称取 0. 18 g(精确至 0. 0001 g)已于 120℃ ±2℃条件下干燥至恒重的基准试剂重铬酸钾，置于碘量瓶中，溶于 50 mL 水，加 2 g 碘化钾及 20 mL 硫酸溶液(1 +5)，摇匀，于暗处放置 10 min。加 150 mL 水(15 ～ 20℃)，用配制好的硫代硫酸钠标准溶液(试剂和材料(3))滴定，近终点时加 2 mL 淀粉指示剂(试剂和材料(4))，继续滴定至溶液蓝色变成亮绿色。同时用 200 mL 水做空白实验。

硫代硫酸钠标准溶液的浓度 $c(Na_2S_2O_3)$，mol/L，按下式计算：

$$c(Na_2S_2O_3) = \frac{m \times 1000}{(V_1 - V_0) \times 49.031} \tag{3-31}$$

式中 V_1——重铬酸钾消耗硫代硫酸钠标准溶液的体积，mL；

V_0——空白实验消耗硫代硫酸钠标准溶液的体积，mL；

49. 031——重铬酸钾($1/6K_2Cr_2O_7$)的摩尔质量，g/mol。

(4)淀粉指示剂：10 g/L。

4. 仪器

(1)分析天平：感量0.01 g。

(2)容量瓶：500 mL。

(3)锥形瓶：250 mL。

(4)碘量瓶：250 mL。

(5)酸式滴定管：25 mL。.

5. 分析步骤

(1)试料：量取约20 mL实验样品，置于内装约20 mL水并已称量(精确到0.01 g)的100 mL烧杯中，称量(精确到0.01 g)，然后全部移入500 mL容量瓶中，用水稀释至刻度，摇匀。

(2)测定：量取上述试料10.00 mL，置于内装50 mL水的250 mL碘量瓶中，加入10 mL碘化钾溶液(试剂和材料(1))和10 mL硫酸溶液(试剂和材料(2))，迅速盖紧瓶塞后水封，于暗处静置5 min。用硫代硫酸钠标准滴定溶液(试剂和材料(3))滴定至浅黄色，加2 mL淀粉指示剂(试剂和材料(4))，继续滴定至蓝色消失即为终点。

6. 结果计算

有效氯以氯的质量分数w_1计，数值以%表示，按下式计算：

$$w_1 = \frac{(V/1000)cM}{m \times 10/500} \times 100 = \frac{5VcM}{m} \qquad (3-32)$$

式中　V——硫代硫酸钠标准滴定溶液的体积，mL；

c——硫代硫酸钠标准滴定溶液的准确浓度，mol/L；

m——试料的质量，g；

M——氯的摩尔质量，g/mol($M=35.453$)。

7. 报数要求及允差

平行测定结果之差的绝对值不超过0.2%。取平行测定结果的算术平均值为报告结果。结果保留一位小数。

注意事项：

进行有效氯检测时需注意：采样后，尽快检测。因次氯酸钠溶液中次氯酸(有效氯)不稳定易分解，若不能立即检测，需放冰箱避光低温保存。

(二)游离碱含量

1. 方法依据

GB 19106—2003《次氯酸钠溶液》“5.2”。

2. 检测原理

用过氧化氢分解次氯酸根，以酚酞为指示液，用盐酸标准滴定溶液滴定至微红色为终点。反应式如下：

$$ClO^- + H_2O_2 = O_2 + Cl^- + H_2O$$

$$OH^- + H^+ = H_2O$$

3. 试剂和材料

(1)过氧化氢溶液：(1+5)。

(2)盐酸标准滴定溶液：$c(HCl)=0.1$ mol/L。

配制：将 9 mL 浓盐酸（相对密度 1.19）稀释至 1L，按下述方法标定其浓度后备用。

标定：称取约 0.2 g（精确至 0.0002 g）已在 180℃烘干 2h 的碳酸钠（优级纯或基准级），置于 250 mL 三角瓶中，加入 100 mL 纯水使其完全溶解；然后加入 2～3 滴 0.1% 甲基橙指示剂，用待标定的盐酸标准溶液（试剂和材料（2））滴定，滴至碳酸钠溶液由黄色变为橙红色，记录盐酸标准溶液用量 V_1；同时用纯水做空白试验，记录盐酸标准溶液用量 V_2。

盐酸标准溶液的浓度 c（mol/L），按下式计算：

$$c = \frac{m \times 1000}{(V_1 - V_2)M} \tag{3-33}$$

式中　m——称取的无水碳酸钠的质量，g；

V_1——滴定无水碳酸钠消耗的盐酸标准溶液的体积，mL；

V_2——空白试验消耗的盐酸标准溶液的体积，mL；

M——无水碳酸钠（$1/2Na_2CO_3$）的摩尔质量，g/mol（$M = 52.994$）。

（3）酚酞指示剂：10 g/L。

（4）淀粉 - 碘化钾试纸。

4. 仪器

（1）锥形瓶：250 mL。

（2）酸式滴定管：25 mL。

5. 分析步骤

量取试料（次氯酸钠有效氯含量检测中分析步骤（1））50.00 mL，置于 250 mL 锥形瓶中，滴加过氧化氢溶液（试剂和材料（1））至不含次氯酸根为止（不使淀粉 - 碘化钾试纸变蓝），加 2～3 滴酚酞指示剂（试剂和材料（3）），用盐酸标准滴定溶液（试剂和材料（2））滴定至微红色为终点。

6. 结果计算

游离碱以氢氧化钠（NaOH）质量分数 w_2 计，数值以% 表示，按下式计算：

$$w_2 = \frac{(V/1000)cM}{m \times 50/500} \times 100 = \frac{VcM}{m} \tag{3-34}$$

式中　V——盐酸标准滴定溶液的体积，mL；

c——盐酸标准滴定溶液的准确浓度，mol/L；

m——试料的质量，g；

M——氢氧化钠的摩尔质量，g/mol（$M = 40.00$）。

7. 报数要求及允差

平行测定结果之差的绝对值不大于 0.04%。取平行测定结果的算术平均值为报告结果。结果保留一位小数。

注意事项：

使用碘化钾淀粉试剂判断过氧化氢加入量是否足够时，不能把试纸完全浸入到溶液中，浸入 1/2 即可。因为少量的次氯酸可将试纸上碘化钾氧化成游离碘而使淀粉变蓝，大量的次氯酸进一步氧化游离碘为碘酸盐而变成无色。

第九节　氢氧化钠

一、概述

氢氧化钠易溶于水，溶液呈强碱性，具有强腐蚀性。

固体氢氧化钠溶解时会放热，要防止溶液或粉尘溅到皮肤上。使用时，操作人员必须穿戴工作服、口罩、防护眼镜、橡皮手套、橡皮围裙、长筒胶靴等劳保用品。

氢氧化钠在水处理方面可用于：消除水的硬度；调节水的 pH 值；通过沉淀消除水中重金属离子。

二、检测方法

检测方法依据国家标准 GB 5175—2008《食品添加剂　氢氧化钠》开展。

该标准提出对食品添加剂氢氧化钠的检验项目有总碱量(以 NaOH 计)、碳酸钠含量、砷、重金属(以 Pb 计)、不溶物及有机杂质、汞共 6 个项目。本教材介绍了总碱量和碳酸钠含量 2 个项目的检测方法。

总碱量和碳酸钠含量

1. 方法依据

GB 5175—2008《食品添加剂　氢氧化钠》“5. 5”。

2. 方法提要

总碱量：试样溶液以溴甲酚绿 - 甲基红为指示剂，用盐酸标准滴定溶液滴定至终点，根据盐酸标准滴定溶液的消耗量确定总碱量。

碳酸钠含量：于试样溶液中加入氯化钡，则碳酸钠转化为碳酸钡沉淀；溶液中的氢氧化钠以酚酞为指示液，用盐酸标准滴定溶液滴定至终点，测得氢氧化钠的含量。用总碱量减去氢氧化钠含量，则可得碳酸钠的含量。

3. 试剂和材料

(1)氯化钡溶液：100 g/L。

使用前以酚酞为指示剂，用氢氧化钠溶液调至粉红色。

(2)盐酸标准滴定溶液：c(HCl)约为 1 mol/L。

配制：将 90 mL 浓盐酸(相对密度 1. 19)稀释至 1L，按下述方法标定其浓度后备用。

标定：称取约 1. 9 g(精确至 0. 0002 g)已在 180℃ 烘干 2 h 的碳酸钠(优级纯或基准级)，置于 250 mL 三角瓶中，加入 100 mL 纯水使其完全溶解；然后加入 2 ～ 3 滴 0. 1% 甲基橙指示剂，用待标定的盐酸标准溶液(试剂和材料(2))滴定，滴至碳酸钠溶液由黄色变为橙红色。记录盐酸标准溶液用量 V_1；同时用纯水做空白试验，记录盐酸标准溶液用量 V_2。

盐酸标准溶液的浓度 c(mol/L)，按下式计算：

$$c = \frac{m \times 1000}{(V_1 - V_2)M} \tag{3 - 35}$$

式中 m——称取的无水碳酸钠的质量，g；

V_1——滴定无水碳酸钠消耗的盐酸标准溶液的体积，mL；

V_2——空白试验消耗的盐酸标准溶液的体积，mL；

M——无水碳酸钠($1/2Na_2CO_3$)的摩尔质量，g/mol($M=52.994$]。

(3)酚酞指示液：10 g/L。

(4)溴甲酚绿－甲基红指示剂：30 mL 溶液Ⅰ与10 mL 溶液Ⅱ，混匀。

溶液Ⅰ配制：称取0.1 g 溴甲酚绿，溶于乙醇(95%)，用乙醇(95%)稀释至100 mL。

溶液Ⅱ配制：称取0.1 g 甲基红，溶于乙醇(95%)，用乙醇(95%)稀释至100 mL。

注：配制按GB/T 603—2002《化学试剂　实验方法中所用制剂及制品的制备》"4.1.4.29"。

4. 分析步骤

(1)试验溶液的制备

用已知质量的称量瓶，迅速称取固体氢氧化钠38 g ±1 g 或液体氢氧化钠50 g ±1 g，精确至0.01 g，放入400 mL 聚乙烯烧杯中，用水溶解。冷却到室温后，移入1000 mL 具塑料塞的容量瓶中，加水稀释至刻度，摇匀，将溶液置于清洁干燥的聚乙烯塑料瓶中。此为实验溶液A。

(2)测定

用移液管移取50.00 mL 试验溶液A，注入250 mL 锥形瓶中，注入2～3滴溴甲酚绿－甲基红指示剂(试剂和材料(4))，在磁力搅拌器搅拌下，用盐酸标准滴定溶液(试剂和材料(2))密闭滴定至溶液由绿色变为暗红色，煮沸2 min，冷却后继续滴定至溶液再呈暗红色。

用移液管另移取50.00 mL 试验溶液A，注入250 mL 锥形瓶中，注入20 mL 氯化钡溶液，再加入2～3滴酚酞指示剂(试剂和材料(3))，在磁力搅拌器搅拌下，用盐酸标准滴定溶液(试剂和材料(2))密闭滴定至溶液呈粉红色为终点。

5. 结果计算

(1)总碱量以氢氧化钠(NaOH)的质量分数 w_1 计，数值以%表示，按下式计算：

$$w_1=\frac{V_1cM_1/1000}{m\times\frac{50}{1000}}\times 100=\frac{2V_1cM_1}{m} \qquad (3-36)$$

(2)碳酸钠含量以碳酸钠(Na_2CO_3)的质量分数 w_2 计，数值以%表示，按下式计算：

$$w_2=\frac{(V_1-V_2)cM_2/1000}{m\times\frac{50}{1000}}\times 100=\frac{2(V_1-V_2)cM_2}{m} \qquad (3-37)$$

式中 V_1——以溴甲酚绿－甲基红为指示剂，滴定所消耗的盐酸标准滴定溶液的体积，mL；

V_2——以酚酞为指示剂，滴定所消耗的盐酸标准滴定溶液的体积，mL；

c——盐酸标准滴定溶液的准确浓度，mol/L；

m——称取的试料质量，g；

M_1——氢氧化钠(NaOH)的摩尔质量，g/mol($M=40.00$)；

M_2——碳酸钠(Na_2CO_3)的摩尔质量，g/mol(M =52.99)。

(3)以相对于标示值的质量分数表示的液体氢氧化钠的总碱量(以 NaOH 计)的质量分数以 w_3 计，数值以%表示，按下式计算：

$$w_3 = \frac{w_1}{b} \times 100 \tag{3-38}$$

(4)以相对于标示值的质量分数表示的液体氢氧化钠的碳酸钠(Na_2CO_3)的质量分数以 w_4 计，数值以%表示，按下式计算：

$$w_4 = \frac{w_2}{b} \times 100 \tag{3-39}$$

式中　b——液体氢氧化钠浓度的标示值。

6. 报数要求及允差

取平行测定结果的算术平均值为测定结果，氢氧化钠质量分数的两次平行测定结果的绝对差值不大于0.2%；碳酸钠质量分数的两次平行测定结果的绝对差值不大于0.1%。结果均保留一位小数。

第十节　石英砂滤料

一、概述

外观呈多棱形、球状，纯白色，具有机械强度高、截污能力强、耐酸性能好等特点。

石英砂是使用最广泛的滤料，起到过滤作用，就像水经过砂石渗透到地下一样，将水中的那些悬浮物阻拦下来，主要针对那些细微的悬浮物。

二、检测方法

石英砂滤料的检测，依据标准是建设部发布的 CJ/T 43—2005 推荐性行业标准《水处理用滤料》。该标准提出对石英砂滤料的检测包括破碎率和磨损率、密度、含泥量、密度小于2g/cm^3 的轻物质含量、灼烧减量、盐酸可溶率、筛分、含硅物质等。

本教材介绍了石英砂含泥量测定以及筛分项目的检测方法。

测定方法参照 CJ/T 43—2005《水处理用滤料》编写。

(一)含泥量

1. 方法依据

CJ/T 43—2005《水处理用滤料》“附录 A3.3”。

2. 设备

(1)分析天平：感量0.01 g。

(2)筛：孔径0.08 mm。

3. 分析步骤

称取干燥滤料样品500 g，置于1000 mL 烧杯(因标准中使用的洗砂筒难以购买，故实际操作中使用烧杯操作)中，加入水，充分搅拌5min，浸泡2 h，然后在水中搅拌淘洗样品，约1 min 后，把浑水慢慢倒入孔径为0.08 mm 的筛中。测定前，筛的两面先用水湿润。在整个操作过程中，应避免砂粒损失。再向烧杯中加入水。重复上述操作，直至烧杯中的水清澈为止。用水冲洗截留在筛上的颗粒，并将筛放在水中来回摇动，以充分洗除小于0.08 mm的颗粒。然后将筛上截留的颗粒和烧杯中洗净的样品一并倒入已恒重的搪瓷盘中，置于105～110℃的干燥箱中干燥至恒量。

4. 计算

含泥量按下式计算。

$$C = \frac{G - G_1}{G} \times 100 \tag{3-40}$$

式中　C——含泥量，%；

G——淘洗前样品的质量，g；

G_1——淘洗后样品的质量，g。

5. 报数要求

结果保留一位小数。

（二）筛分

1. 方法依据

CJ/T 43—2005《水处理用滤料》“附录A3.7”。

2. 设备

（1）试验筛一套：依据滤砂的粒径范围，选取5个孔径的筛。如某滤砂的粒径范围为1.18～0.71 mm，则选择筛的孔径分别为1.18 mm、1.00 mm、0.90 mm、0.80 mm、0.71 mm。

（2）天平：感量0.01 g。

3. 分析步骤

（1）称取干燥的滤料样品100 g（G），置于一组试验筛（按筛孔由大至小的顺序从上到下套在一起，底盘放在最下部）最上的筛上，然后盖上顶盖。在行程140 mm、频率150次/min的振荡机上振荡20 min。

（2）以每分钟内通过筛的样品质量小于样品的总质量的0.1%，作为筛分终点。用棕毛刷将截留在筛上的滤料扫出，盛在不锈钢盘中，称出每只筛上截留的滤料质量，按表3-3填写和计算所得结果。

（3）以表3-3中筛的孔径为横坐标，以通过该筛孔样品的百分数为纵坐标绘制筛分曲线。根据筛分曲线确定滤料样品的有效粒径（d_{10}）、均匀系数（K_{60}）和不均匀系数（K_{80}）。

表3-3　滤砂筛分记录表

筛孔径/mm	截留在筛上的样品质量/g	通过筛的样品	
		质量/g	百分数/%
d_1	g_1	$g_7 = G - g_1$	$g_7/G \times 100$
d_2	g_2	$g_8 = g_7 - g_2$	$g_8/G \times 100$
d_3	g_3	$g_9 = g_8 - g_3$	$g_9/G \times 100$
d_4	g_4	$g_{10} = g_9 - g_4$	$g_{10}/G \times 100$
d_5	g_5	$g_{11} = g_{10} - g_4$	$g_{11}/G \times 100$
底盘	g_6		

注：G——滤料样品总质量，g。

【例】某滤砂粒径范围为 1.18 ～ 0.71 mm，选择筛的孔径分别为 1.18 mm、1.00 mm、0.90 mm、0.80 mm、0.71 mm。

试验过程记录数据如下：

分析样品重量/g		100.05	振荡时间/min	20
筛孔径/mm	截留在筛上的样品质量/g		通过筛的样品	
			质量/g	百分数/%
1.18	4.00		96.00	96.00
1.00	50.00		46.00	46.00
0.90	20.00		26.00	26.00
0.80	10.00		16.00	16.00
0.71	15.00		1.00	1.00
筛底盘	1.00			
合计	100.00			

以筛孔径为横坐标，通过筛孔样品的百分数为纵坐标作筛分曲线，如图 3－2 所示。

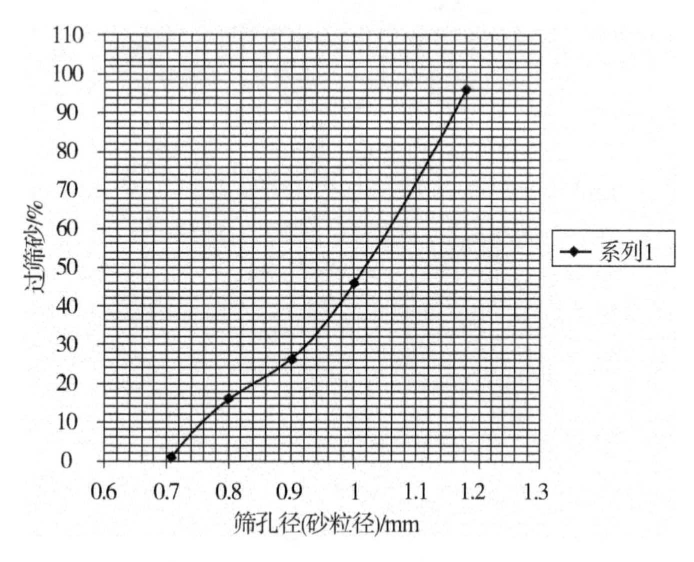

图 3－2　滤砂筛分曲线图

通过筛孔样品的百分数为 10% 对应的孔径数即为有效粒径 d_{10}，通过筛孔样品的百分数为 60% 对应的孔径数 d_{60}，通过筛孔样品的百分数为 80% 对应的孔径数 d_{80}。均匀系数 $K_{60} = d_{60}/d_{10}$，不均匀系数 $K_{80} = d_{80}/d_{10}$。

本例中，从筛分曲线中读出 $d_{10} = 0.76$，$d_{60} = 1.05$，$d_{80} = 1.12$，计算得：

均匀系数 $K_{60} = d_{60}/d_{10} = 1.05/0.76 = 1.38$

不均匀系数 $K_{80} = d_{80}/d_{10} = 1.12/0.76 = 1.17$

计算出均匀系数，与厂家约定的值比较，判断是否合格。

另外，按照 CJ/T 43—2005《水处理用滤料》"3 滤料和承托料的技术要求"中"3.1.3 在用户确定的滤料和承托料粒径范围"中，小于最小粒径、大于最大粒径的量应小于 5%（按质量计)。本例中小于最小粒径0.71 mm的量为1%，大于最大粒径1.18mm的量为4%，这一项合格。

参考文献

[1] 严瑞瑄. 水处理剂应用手册[M]. 北京：化学工业出版社，2000.
[2] 祁鲁梁，李永存，杨小莉. 水处理药剂及材料实用手册[M]. 北京：中国石化出版社，2000.
[3] 黄振兴. 活性炭技术基础[M]. 北京：兵器工业出版社，2006.
[4] GB 15892—2009 生活饮用水用聚氯化铝[S]. 北京：中国标准出版社，2009.
[5] GB 14591—2006 水处理剂聚合硫酸铁[S]. 北京：中国标准出版社，2006.
[6] JTG—2009 公路工程无机结合料稳定材料试验规程[S]. 北京：人民交通出版社，2009.
[7] GB 17514—2008 水处理剂聚丙烯酰胺[S]. 北京：中国标准出版社，2009.
[8] GB/T 1608—2008 工业高锰酸钾[S]. 北京：中国标准出版社，2008.
[9] GB/T 7702—1997 煤质颗粒活性炭试验方法[S]. 北京：中国标准出版社，1997.
[10] GB/T 7702—2008 煤质颗粒活性炭试验方法[S]. 北京：中国标准出版社，2009.
[11] GB/T 12496—1999 木质活性炭试验方法[S]. 北京：中国标准出版社，1999.
[12] JWWAK113：1999 水道用粉末活性炭试验方法[S].
[13] JWWAK113：2001 水道用粉末活性炭试验方法[S].
[14] GB 19106—2003 次氯酸钠溶液[S]. 北京：中国标准出版社，2004.
[15] GB 5175—2008 食品添加剂氢氧化钠[S]. 北京：中国标准出版社，2008.
[16] CJ/T 43—2005 水处理用滤料 [S]. 北京：中国标准出版社，2005.

第四章　水质应急检测设备与方法概述

随着我国经济的高速发展，近年来突发水质污染事件越来越多，对各地人民群众的正常生产、生活秩序和身体健康产生了严重的影响。水源水质污染的影响范围广，持续时间长，处理难度大，成本高；供水水质污染容易引起用户投诉，严重时会引起恐慌情绪，可能造成社会混乱。无论是哪一类水质污染事件，不论其影响大小，当水质污染发生后，在最短时间内确定污染物种类和含量，为事故应急处理提供依据，都是水质检测人员的责任。因此，有必要加强对水质检测人员的应急检测技术培训。

根据检测场地的不同，水质应急检测分为现场简易应急检测和实验室应急检测。

现场简易应急检测具有简便快速、针对性强、机动性好的特点，某些项目的检测选择性、灵敏度也非常高，因此在事故的前期处理中具有非常重要的作用。

检测方法具体又可以分为化学分析法、便携式仪器分析法和免疫分析法等。

实验室应急检测(包括应急检测车－组合式流动实验室)具有检测项目多、结果准确的特点，用于对一些污染情况不明确、污染物成分复杂、性质较严重的水质污染事故的全面检测分析，为事故的全面处理提供准确依据。

本部分将集中对目前在供水企业被广泛应用的几种便携式水质应急检测仪器的操作使用、日常维护、常见故障排除方法等进行介绍，以方便一线人员能快速查找到使用设备的有关信息，更好地掌握应急检测技术。

第一节　便携式浑浊度仪

一、检测原理

(一)HACH 2100P

HACH 2100P便携式浑浊度仪是根据浑浊度测量的比浊原理来进行检测的。其主要测量部件为光学系统，包括一个钨丝灯、一个用于测量散射光的90°检测器和一个透射光检测器(图4－1)。其微处理器用于计算来自90°检测器和透射光检测器的信号比率。

(二)HACH 2100Q

HACH 2100Q便携式浑浊度仪的光学系统在2100P的基础上进行了改进，利用哈希公司获得专利的比率测量双检测器光学系统对样品的色度、光线波动以及杂散光进行补偿。对于大多数样品而言，即使在现场环境恶劣的条件下，2100Q仍可以获得实验室级别的测量性能。

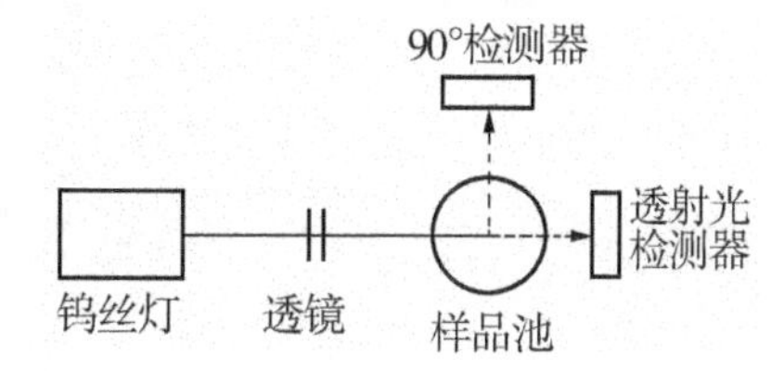

图4－1　HACH 2100P便携式浑浊度仪检测原理示意图

二、仪器介绍

（一）HACH 2100P

HACH 2100P 便携式浑浊度仪在自动选择范围模式（自动选择小数点位置）下，测试浑浊度范围为0～1000 NTU。手动选择范围时，可在三种范围下测试浑浊度：0～9.99 NTU、10～99.9 NTU 和100～1000 NTU。主要设计用于现场测试。HACH 2100P 便携式浑浊度仪见图4-2～图4-3。

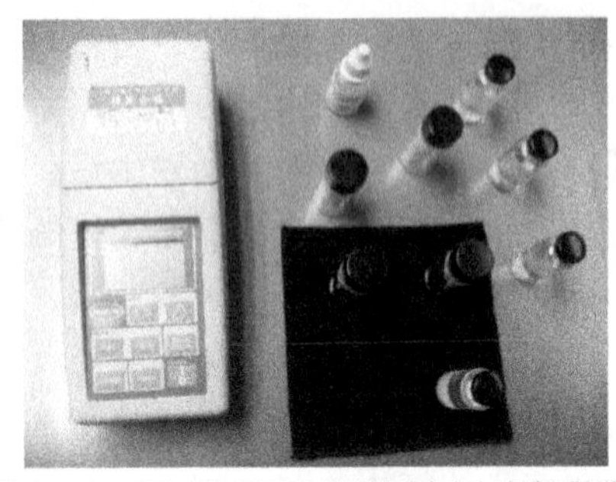

图4-2　HACH 2100P 便携式浑浊度仪及附件

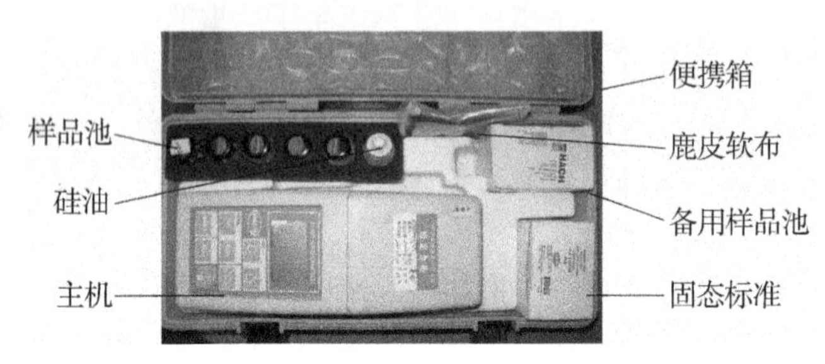

图4-3　HACH 2100P 便携式浑浊度仪便携箱内配置

（二）HACH 2100Q

HACH 2100Q 便携式浑浊度仪见图4-4～图4-5。

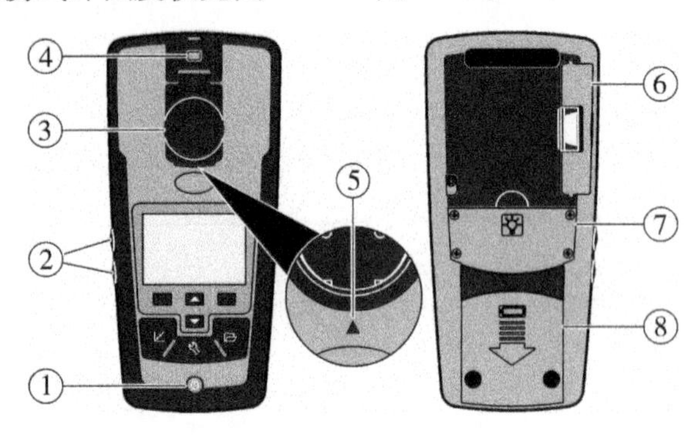

图4-4　HACH 2100Q 便携式浑浊度仪

①开启或关闭键；②背光键（+ 和 -）；③带盖子的试样容器支架；④系索接头；⑤对齐箭头；⑥模块；⑦灯孔；⑧电池盒。

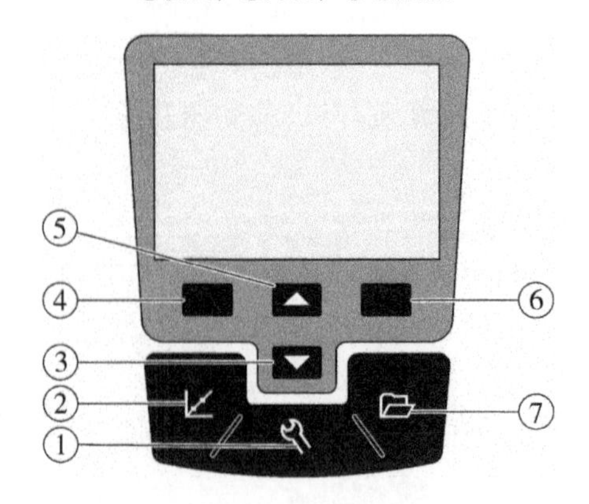

图4-5　HACH 2100Q 便携式浑浊度仪按键示意图

①设置键：选择设置仪表的菜单选项；
②校准键：显示校准屏幕，开始校准，选择校准选项；
③向下（▼）键：滚动菜单，输入数字和字母；
④向左键（上下文选择器）：查看校准验证，取消或退出当前菜单屏幕以返回到上一个菜单屏幕；
⑤向上（▲）键：滚动菜单，输入数字和字母；
⑥向右键（上下文选择器）：读取浑浊度试样，选择或确认选项，打开/跳到子菜单；
⑦数据管理键：查看、删除或传输已保存的数据。

三、操作方法

（一）浑浊度标准

1. 一次浑浊度标准

一次标准（液态），其标称值分别为 <0.1 NTU、10 NTU、20 NTU、100 NTU、800 NTU 等，定值准确。新购置的浑浊度仪一般随机附送 4 个标准（用户可自行选择），可用于对浑浊度仪进行自校准和校准验证（校准验证时一般使用 10 NTU 标准）。一次标准的瓶身上标示了有效期，必须在有效期内使用。

2. 二次浑浊度标准

二次标准（固态，凝胶状），其浑浊度范围分别为 <0.1 NTU（零浑浊度点 S0）、0～10 NTU（S1）、0～100 NTU、0～1000 NTU 等，其定值是一个范围。在浑浊度仪每次计量检定后，立即对各个二次标准进行测定，其测定步骤与检测水样相同，所得结果即为其本次的标称值。将标称值标注于样品瓶身上，用于以后进行期间核查及测定前检查。固态标准长期有效。

（二）检测水样

1. HACH 2100P

（1）仪器必须放置在平整的表面上使用，不要手持仪器进行测量。

（2）检查仪器测量室中是否干燥，如内有水滴，用软布吸干后才能进行以下的开机检测操作。

（3）开机：保持测量室盖好，按[I/O]键开机。

（4）选择量程：按[RANGE]键，至荧屏中下方出现“AUTO RNG”，即选中了常用的自动量程。

（5）测定前检查（仪器能正常使用时一般可不做或每间隔一段时间做一次）：选择一个已标定的二次浑浊度标准（一般选 0～10 NTU）上机读数，得测定值，与其标称值比较，若误差≤5%，表明仪器正常，可进行水样的测定。如误差超过 5%，按照浑浊度仪维护规程进行维护或交由设备员处理。

（6）准备水样瓶：将水样轻轻摇匀（避免产生太多气泡），倒入仪器配套的样品瓶中（水源水与自来水分别专用一只样品瓶，并有区分标识），淌洗一次，液面高过瓶身上的横线，手执瓶颈处，用柔软的布或纸轻轻擦净瓶身（必要时沾取硅油擦净，避免瓶身上留下指纹或刮痕）（图 4－6）。

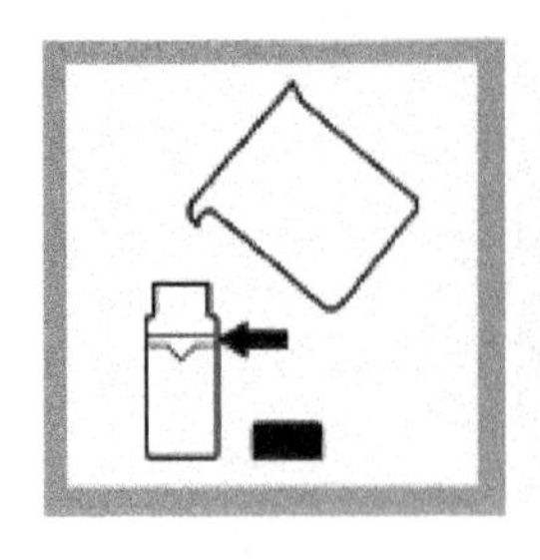

图4-6　浑浊度样品准备操作示意图

(7)测试读数：手执瓶颈处，将样品瓶轻轻放入样品槽中。

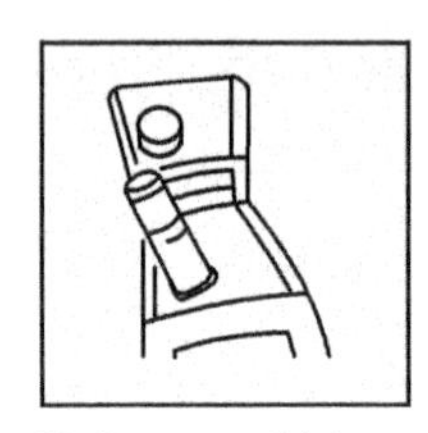

瓶上三角尖对准槽沿上小棱条，按[READ]键。

读取数据并记录。(当读数很不稳定时，按[SIGNAL　AVERAGE]键，至荧屏中下方出现“SIG AVG”。仪器会连续读十次数，最后显示平均数。选择该功能后会增加读数时间和耗电，建议平时不使用。再按[SIGNAL　AVERAGE]键，至“SIG AVG”显示消失，即恢复一次性读数。)

(8)测量完毕后，倒净测量瓶内的待测样品，用纯水冲洗干净测量瓶，用干净软布擦干瓶身放回原位。

(9)按[I/O]键关机。做好仪器使用登记及现场清洁工作。

2. HACH 2100Q

(1)仪器必须放置在平整的表面上使用，不要手持仪器进行测量。

(2)检查仪器测量室中是否干燥，如内有水滴，用软布吸干后才能进行以下的开机检测操作。

(3)开机：保持测量室盖好，按电源键⏻开机。

(4)测定前检查(仪器能正常使用时一般可不做或每间隔一段时间做一次)：选择一个已标定的二次浑浊度标准(一般选0～10 NTU)上机读数，得测定值，与其标称值比较，若误差≤±5%，表明仪器正常，可进行水样的测定。如误差超过±5%，按照浑浊度仪维护规程进行维护或交由设备员处理。

(5)准备水样瓶：将水样轻轻摇匀(避免产生太多气泡)，倒入仪器配套的样品瓶中(水源水与自来水分别专用一只样品瓶，并有区分标识)，淌洗一次，液面高过瓶身上的横线，手执瓶颈处，用柔软的布或纸轻轻擦净瓶身(必要时沾取硅油擦净，避免瓶身上留下指纹或刮痕)(见图4-7)。

(6)测试读数：手执瓶颈处，将样品瓶轻轻放入样品槽中，瓶上三角尖对准槽沿上小棱条，根据屏幕显示“读取”字样，按对应“■”键，读取数据并记录。

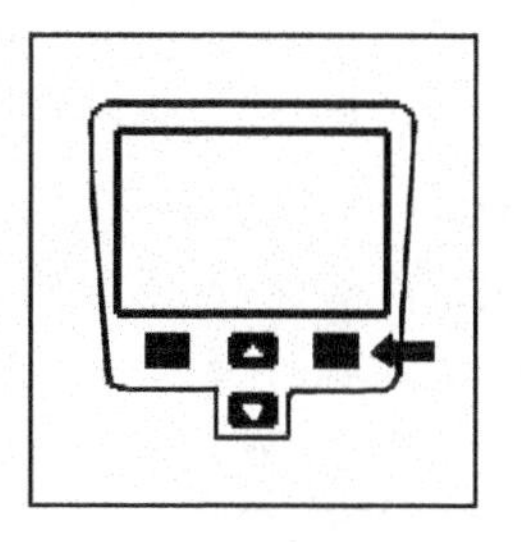

图 4－7　HACH 2100Q 便携式浑浊度仪检测操作示意图

(7)测量完毕后，倒净测量瓶内的待测样品，用纯水冲洗干净测量瓶，用干净软布擦干瓶身放回原位。

(8)按⏻键关机。做好仪器使用登记及现场清洁工作。

四、维护管理

(一)样品瓶维护

1. 样品瓶专用

高、中浑浊度水(如水源水、待滤水)与低浑浊度水(如自来水)样品瓶分别专用。

2. 保持样品瓶清洁

每月对样品瓶做一次彻底清洁，用温和的洗涤剂清洗样品瓶，再用纯水冲洗，晾干，避免在瓶身上留下刮痕。长时间没使用的样品瓶，在使用前，必须进行上述清洗工作。

3. 清洁样品瓶(必要时)

用自来水洗净瓶身，然后将整个瓶身均匀地涂上一层薄薄的硅油，再用配套的绒布裹住瓶身，轻轻擦去多余硅油，使瓶身只留下很薄的一层肉眼看不见的油膜(图 4－8)。

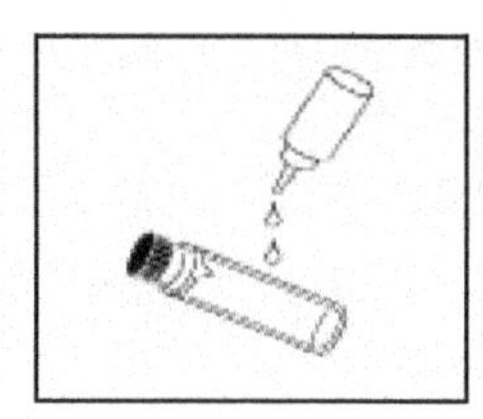

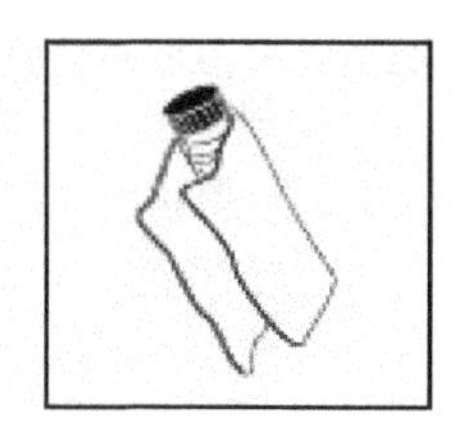

图 4－8　便携式浑浊度仪样品瓶清洁操作示意图

4. 更换样品瓶

对于刮花或染色的样品瓶应及时更换。

(二)注意事项

(1)检测环境要求温度 0～40℃，湿度 30%～90%。现场检测要避免阳光直接照射在仪器上，避免灰尘、雨水落到仪器上。

(2) 检测过程中要避免仪器受到振动，检测瓶放入仪器前应用抹布擦干外壁和底部的水迹，务必保持测量室(即样品槽)的干燥。

(3)仪器面板上的[MODE]或[CAL]键只在校准时使用，正常使用时不用按动。

(三)仪器存放

(1)检测完毕应将样品瓶清洗干净放回仪器盒原位。

(2)仪器应存放在干燥、清洁、阴凉、通风的环境下。

(3)超过一周不使用时，便携式浑浊度仪需取出电池。

(四)验证校准(仅 HACH 2100Q)

开机，根据屏幕显示的“验证校准”字样，按对应按键。插入标称值为 10 NTU 的一次液态标准，根据屏幕显示“读取”字样，按对应按键。显示屏将显示“正在稳定处理”，然后显示结果和容差范围。根据屏幕显示“完成”字样，按对应按键，完成校准验证(图 4－9)。如果验证失败，则重复校准验证。如果重复校准验证仍然失败，请找设备员处理。

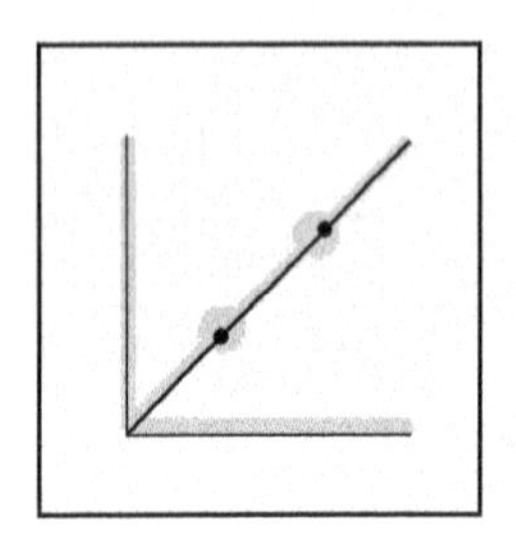

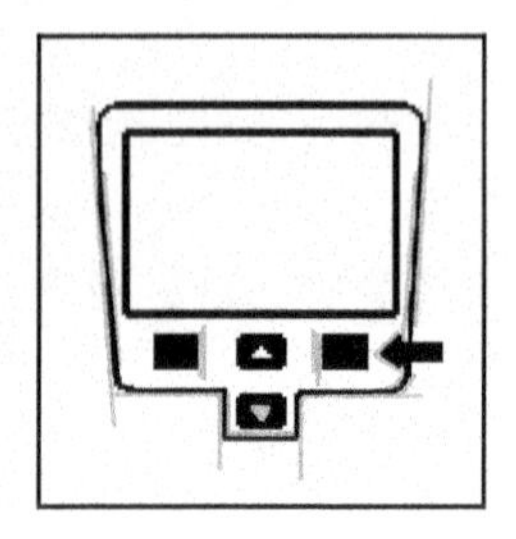

图 4－9　HACH 2100Q 便携式浑浊度仪验证校准操作示意图

(五)常见故障与排除

1. HACH 2100P

HACH 2100P 浑浊度仪常见故障排查如表 4－1 所示。

表 4－1　HACH 2100P 浑浊度仪常见故障排查

错误代码	原因与排除方法
E1	标准液浑浊度值≥0.5 NTU。确认该标准液是否在有效期内，瓶身是否干净。清洁标准样品瓶身或更换质量更好的标准液后再次校准
E2	校准时所用的 2 个标准液的浑浊度值相同或相差在 60 NTU 以内；校准时不必用上所有的标准液；标准液的浑浊度值太低(<10 NTU)。 重新检查标准液，重复校准
E3	检测到的透过光太少。重新读数；或检查灯泡；或光路被阻挡；或水样浑浊度过高需要稀释
E4	电可擦只读存储器故障。重启仪器，如果还出现 E4，请联系 HACH 售后服务；如果出现“CAL?”，请重新校准
E5	超出量程。检查光路是否被阻挡；或联系 HACH 售后服务
E6	低于量程。检查检测室(样品槽)的盖子是否盖好，重新检测；检查光路是否被阻挡；如果问题仍存在，请联系 HACH 售后服务
E7	漏光。读数前将检测室(样品槽)的盖子盖好
E8	钨丝灯线路故障。请联系 HACH 售后服务

2. HACH 2100Q

HACH 2100Q 浑浊度仪常见故障排查如表 4－2 所示。

表 4－2　HACH 2100Q 浑浊度仪常见故障排查

错误代码	说明	解决方案
Close lid and push Read.	盖子打开或盖子检测失败	读数时关好盖子
Low Battery!	电池电量不足	装入新电池。如果使用充电电池，则连接 USB/电源模块
ADC Failure!	硬件(模拟数字置换器)错误导致读数失败	重新读数
Detector signal too low!	180° 探测器上的灯光不足	检查光路是否被阻挡； 请检查灯
Overrange!	浑浊度太高，可能因仅使用 RapidCal™ 校准导致	校准上限 稀释试样
Underrange!	测量的吸光率低于校准范围	重复校准
Please check the lamp!	90°和 180°探测器信号太低	请找设备员检查
Temperature too high! Switch off instrument.	温度已超过仪器限制(>60°C)	关闭仪表并让其冷却
RST: Average value!	颗粒沉淀太慢。此读数模式不适于测量此样品	选择“普通”或者“平均”读数模式
Confidence level is < 95%	“快速稳定浑浊度”读数模式的可信度不能达到≥95% 的要求	将样品颠倒数次使固体摇匀，重新读数；如果样品稳定，没有可沉淀颗粒，切换到“普通”读数模式

如表 4－2 操作后，问题依然存在，请联系厂家维修。

第二节　便携式余氯仪

一、检验原理

余氯显色剂 DPD(N, N－二乙基对苯二胺)与水中的游离余氯迅速反应而产生红色，通过余氯仪检测被测样品与空白样品的吸光度，并与余氯仪内置曲线进行对比从而得出水中余氯的浓度。

在碘化物催化下，一氯胺也能与 DPD 反应显色。在加入 DPD 试剂前加入碘化物，部分三氯胺会与游离余氯一起显色，通过变换试剂的加入顺序可测得三氯胺的浓度。

二、仪器介绍

(一)USF P15 便携式余氯仪

USF P15 便携式余氯仪见图 4－10 ～图 4－11。

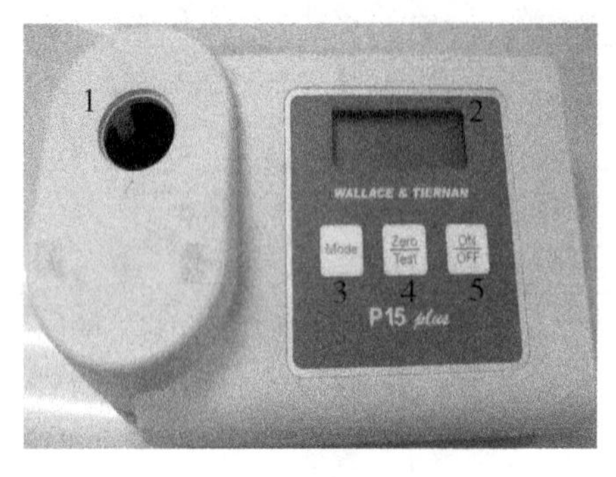

图 4－10　USF P15 便携式余氯仪

1—测量室；2—显示屏；3—校准模式按钮；
4—空白/测定按钮；5—电源键

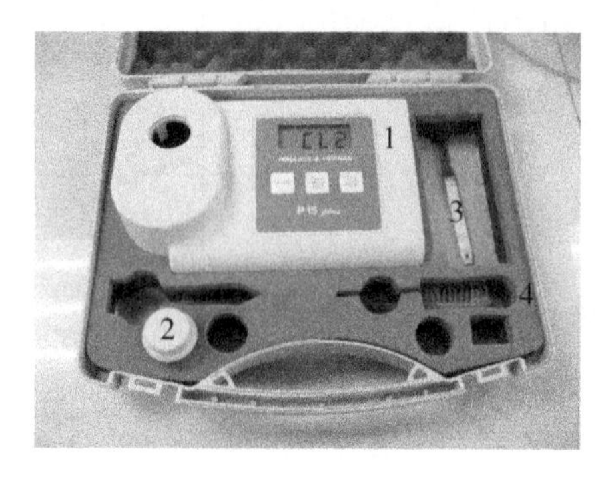

4－11　USF P15 便携式余氯仪便携箱

1—余氯仪；2—样品瓶及盖子；
3—搅拌棒；4—刷子

(二)HACH PCⅡ余氯测定仪

该设备是美国哈希公司推出的 PCⅡ系列袖珍比色计中专用来测定余氯的一款，不仅适用于野外现场水质测试，而且也适用于实验室内水质分析。产品设计时按照国际标准检测方法进行预先编程，将标准曲线存入仪器中，出厂前在标准化实验室内进行了严格的校准验证(图 4－12)。

图 4－12　HACH PCⅡ便携式余氯仪

图 4－13　LaMotte 1200 便携式余氯仪

(三)LaMotte 1200 便携式余氯仪

LaMotte 1200 型水中氯数字分析系统采用符合美国 EPA 标准的测量方法；防水设计；

微处理器使厂家设计的校正程序更好地符合非线性曲线；只需插入空白样品瓶，按归零键，无需输入空白值；样品池上方的翻转盖防止任何杂散光，适合野外作业；大屏幕3位半显示，所测结果直接以浓度表示，并有低电量示警功能(图4－13)。

三、操作方法

(一)USF P15便携式余氯仪

(1)将仪器放置在平整的表面上使用，不要手持仪器进行测量。

(2)检查仪器测量室中是否干燥，如有水滴，用软布吸干后再进行开机检测操作。

(3)开机：按[ON/OFF]键开机，仪器显示CL2字样。

(4)调零：用测量瓶装入被测水样至刻度线(约10 mL)，用软布擦拭干净测量瓶外壁和瓶底，将测量瓶置入测量室(注意测量瓶上的▽符号要与测量室上的△符号对齐)。按[ZERO/TEST]键进行仪器调零，待液晶屏上“0.00”停止闪动，表明调零成功。

(5)测试：在上述被测水样中加入适量的DPD试剂，盖好瓶盖，摇匀。

(6)读数：确认测量瓶里没有气泡后，立即将测量瓶置入测量室中(测量瓶上的▽符号要与测量室上的△符号对齐)。按[ZERO/TEST]键，读数并记录。

(7)测量完毕后，倒净测量瓶内的待测样品，用纯水冲洗干净测量瓶，用干净软布擦干瓶身放回原位。

(二)HACH PC Ⅱ余氯测定仪

1. 开机准备

(1)将仪器放置在平整的表面上使用，不要手持仪器进行测量。

(2)检查仪器测量室中是否干燥，如有水滴，用软布吸干后再进行开机检测操作。

(3)开机：按“”键开机，仪器显示0.0(光标“▲”指向HR高量程)或0.00(光标“▲”指向LR低量程)字样。

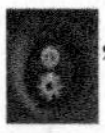

2. 低量程(0～2.00 mg/L，用玻璃比色瓶)检测，光标指向LR

(1)低量程的选择

按“”键，出现SEL字样，按“”键将光标“▲”指向LR，再按“”键确认并退出，此时屏幕上光标指向LR。

(2)测量

①在一个10 mL玻璃样品瓶中加入水样至刻度线，拧上盖(此为空白样)。

②打开仪器样品室盖，将样品瓶放入样品室中，盖上盖。

③按“”键，屏幕将显示0.00。

④取出空白样品瓶，在另一个10 mL样品瓶中加入水样至刻度线，加入1粒(1包)DPD试剂，拧上盖轻摇20 s。

⑤在1 min内将样品瓶放入样品室中，盖上样品室盖。

⑥按“”键，屏幕显示读数“*.**mg/L”。可重复按几次，直至读数不再变化为止。记录此读数。

3. 高量程(0.1～8.0 mg/L，用塑料比色瓶)检测，光标指向HR

(1)高量程的选择

按“ ”键，出现SEL字样，按“ ”键将光标“▲”指向HR，再按“ ”键确认并退出，此时屏幕上光标指向HR。

(2)测量

①在一个5～10 mL塑料样品瓶中加入水样至5 mL刻度线，拧上盖(此为空白样)。

②开仪器样品室盖，将样品瓶放入样品室中，盖上盖。

③按“ ”键，屏幕将显示0.0。

④拿出空白样品瓶，在另一个5～10 mL样品瓶中加入水样至5 mL刻度线，加入1粒(1包)DPD试剂，拧上盖轻摇20 s。

⑤在1 min内将样品瓶放入样品室中，盖上样品室盖。

⑥按“ ”键，屏幕显示读数“＊.＊ mg/L”，重复按几次，直至读数不再变化为止。记录此读数。

4. 测量完毕后，倒净测量瓶内的待测样品，用纯水冲洗干净测量瓶，用干净软布擦干瓶身放回原位。

(三)LaMotte 1200便携式余氯仪

1. 校准

(1)根据仪器使用频率，在两次计量检定之间进行一至两次内部校准，或者在使用过程中出现明显异常时即时进行校准。

(2)用优级纯高锰酸钾配置余氯标准溶液。

(3)按下[READ]键开机。

(4)将余氯标准溶液倒入一个10 mL比色瓶，作为空白对照。擦净，放入样品槽，将瓶身上的直角对准样品槽上标记“▲”，盖上，按下[ZERO]键至显示BLR(约2s)，立即放开键，待显示0.00。调零完成。

(5)取出比色瓶，加入1粒(1包)DPD余氯试剂，轻摇20 s，静置30 s使不溶物沉于底部。立即放入样品槽，按下[READ]键，显示余氯含量，单位为mg/L。若读数不是已知的标准溶液的浓度值，则进行下步。

(6)按下[ZERO]键至显示CAL(约5 s)，立即放开键，数值闪动，用“▲”和“▼”调整显示值为标准溶液已知浓度值。按下[ZERO]键，校准完成。

注：仪器也可进行两点校准，重复步骤(2)～(5)即可。要求低浓度样品含量必须低于0.35 mg/L。

2. 测量

(1)将水样瓶盛满待测水样。

(2)按下[READ]键，通电。

(3)将水样倒入一个10 mL比色瓶，作为空白对照。擦净，放入样品槽，将瓶身上的直角对准样品槽上标记“▲”，盖上，按下[ZERO]键至显示BLR(约2 s)，立即放开键，待显示0.00。调零完成。

(4)取出比色瓶，加入1粒(1包)DPD总氯试剂，轻摇20 s，静置30 s使不溶物沉于底部。立即放入样品槽，按下[READ]键，显示水样总氯含量，单位为mg/L。

(四)操作注意事项

(1)DPD试剂包括总氯试剂及游离余氯(余氯)试剂，使用时要仔细看好盒子上所标识的名称；总氯试剂加入含氯水样中时立刻显色，而游离余氯试剂则要稍后才显色，且颜色明显比加入总氯试剂的要浅。

(2)DPD试剂为粉剂时，若试剂小包中药剂量明显较少，应弃去，重取一包。待样品瓶中白色小晶体完全溶解时才能进行读数。

(3)DPD试剂为片剂时，若片剂发黑，应弃去，重取一片。加入片剂后会产生很多气泡，应耐心等待气泡完全消失。加快片剂溶解和去除气泡的方法：用纯水清洗仪器自带的搅拌棒，并擦干，利用搅拌棒的小圆头碾碎片剂，轻轻搅拌溶液，加快气泡逸出。在保证样品瓶不漏水的情况下，也可以将瓶子横着拿，旋转瓶子，加快气泡破裂。

四、维护管理

(一)样品瓶清洁维护

(1)每次使用前清洗样品瓶和瓶盖，同时用棉签擦拭内壁，保证内壁光亮。

(2)每周用少量乙醚(70%)和酒精(30%)混合液沾湿布擦拭。

(3)每三个月用重铬酸钾洗液浸泡，用大量清水冲洗，再用纯水清洗。

(4)对于刮花或染黑的样品瓶应及时更换。

(二)操作环境要求

(1)检测环境要求温度0～40℃，湿度30%～90%，要避免阳光直接照射在仪器上，避免灰尘、雨水落到仪器上。

(2)仪器不能放在潮湿或腐蚀性的环境中使用，养成良好的操作习惯，当有液体滴在仪器表面时应立即擦干。

(3)检测过程中要避免仪器受到振动，检测瓶放入仪器前应用抹布擦干外壁和底部的水迹，务必保持测量室(即样品槽)的干燥、清洁。

(三)日常维护

(1)仪器应存放在干燥、清洁、阴凉、通风的环境下。

(2)试剂应存储在干燥阴暗处。使用前注意试剂有效期。

(3)仪器面板上的[MODE]键只在校准时使用，正常使用时不要按动。

(4)每次检测完毕应把检测瓶从仪器中取出，清洗完毕后放回仪器盒原位。

(5)仪器携带出外使用时应随机配备备用电池。超过一周不使用仪器时，应取出电池。

(四)常见故障与解决方法

1. HACH PCⅡ

HACH PCⅡ余氯仪常见故障排查如表4-3所示。

表 4-3　HACH PC Ⅱ 余氯仪常见故障排查

屏幕显示的出错码	出错原因	解决方法
E-0	没有进行空白调零即开始测量	使用相似空白进行调零
E-1	杂光太多	将盖子重新盖好，与插槽对齐
E-2	屏幕光源不足	换电池
E-6	吸光值无效	重新测量
E-9	仪器不能存储数据	重开机
underrange	读数低于设定的测量范围	确定所选量程是否合适； 将盖子重新盖好，与插槽对齐； 重新调零
overrange	读数高于设定的测量范围	确定所选量程是否合适； 将盖子重新盖好，与插槽对齐； 重新调零 必要时稀释重做

2. LaMotte 1200

LaMotte 1200 余氯仪常见故障排查如表 4-4 所示。

表 4-4　LaMotte 1200 余氯仪常见故障排查

故障现象	检查提示	解决方法
比色计无法开启	电池	换上新电池
	交流整流器	插上电源
	交流电源插座	检查电源
	联系 LaMotte 要求返还认可	返还 LaMotte 维修
校准不确定有疑虑	用标准液检查校准	使用新的标准液
	检查标准液浓度	用其他无色试剂试验
	用另外的比色计检验	检查其他比色计的校准
	检查试管是否对齐	对齐试管
	检查样品试管是否有污垢或刮痕	检查，清洁，必要时重新装入试管
	检查比色计内部零件是否潮湿	在放入之前总保持试管干燥，检查比色计舱内是否有可见的湿气，如有，用硅胶除去
	比色计重启	关闭仪器，按住▼和[READ]
	联系 LaMotte 要求返还认可	返还 LaMotte 维修
ER1	电量低	更换电池
ER2	超量程	稀释样品
ER3	灯泡烧坏	致电 LaMotte
BAT	电源漏电	更换电池

若以上的解决方法不起作用，则需通过仪器供应商联系仪器维修中心。

第三节　便携式 pH 计

一、检测原理

酸度计采用电极电位法对样品 pH 值进行检测。

pH 计由三个部件构成：参比电极、玻璃电极以及电流计。

参比电极的基本功能是维持一个恒定的电位，作为测量各种偏离电位的对照。银 - 氧化银电极是目前 pH 计中最常用的参比电极。

玻璃电极的功能是建立一个对所测量溶液的氢离子活度发生变化做出反应的电位差。把对 pH 敏感的电极和参比电极放在同一溶液中，组成一个原电池，该电池的电位是玻璃电极和参比电极电位的代数和。$E_{电池} = E_{参比} + E_{玻璃}$，如果温度恒定，这个电池的电位随待测溶液的 pH 变化而变化，而测量酸度计中的电池产生的电位是困难的，因其电动势非常小，且电路的阻抗又非常大(1 ～ 100MΩ)，因此，必须把信号放大，使其足以推动标准毫伏表或毫安表。

电流计的功能就是将原电池的电位放大若干倍，放大了的信号通过电表显示出，电表指针偏转的程度表示其推动的信号的强度。为了使用上的需要，pH 电流表的表盘刻有相应的 pH 数值；而数字式 pH 计则直接以数字显出 pH 值。

二、仪器介绍

(一) METTLER TOLEDO SG2

METTLER TOLEDO SG2 型 pH 计(图 4 - 14 ～图 4 - 15)有以下特点：

易于操作；人体工学设计；机身(包括仪表、传感器和连接器)达到 IP67 级防水标准。

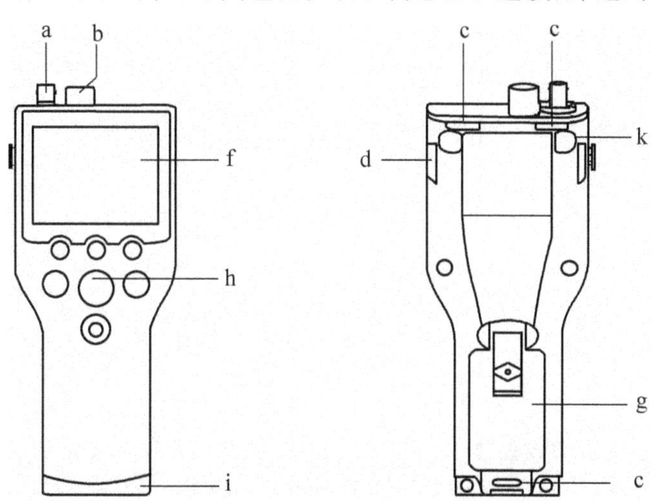

图 4 - 14　METTLER TOLEDO SG2 型便携式 pH 计

a—BNC 信号输入插孔；b—Cinch 温度输入插孔；c—腕带安装槽；d—SevenGo™ 电极夹安装位(仪表两侧)；f—显示屏；g—电池盖 (51302328)；h—橡胶按键；i—蓝色底盖(51302324)及野外助手安装位；k—橡皮垫安装位

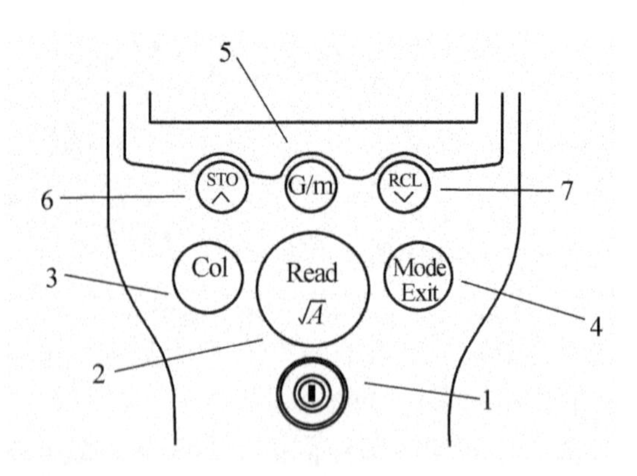

图 4－15　METTLER TOLEDO SG2 型便携式 pH 计按键示意图

1—仪表开/关；2—开始测量、返回测量模式；3—开始校准；4—在 pH 和 mV 测量模式间切换；
5—设置 MTC 温度值；6—将当前结果存储到存储器中；7—检索存储的数据；2 和 3 同时按下：启动仪表自检

（二）METTLER TOLEDO MP120

仪器特点：全自动校准和温度补偿，自动终点判断，微处理器控制可储存 10 个结果，符合 CE 国际标准，IP67 防水保护，提供长达 10m 的远程测量。见图 4－16。

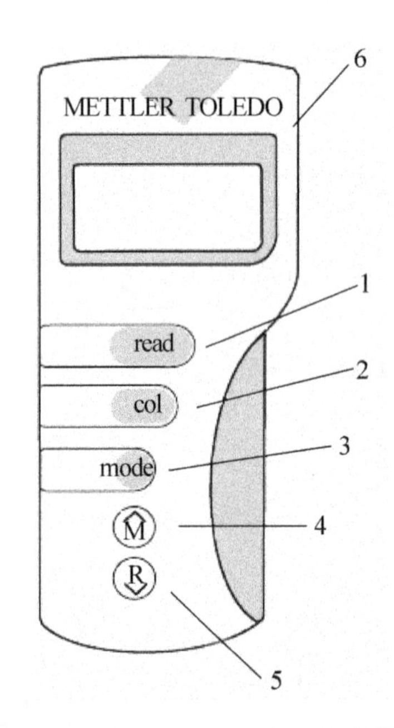

图 4－16　METTLER TOLEDO MP120 便携式 pH 计

1—开始测量；2—开始校准；3—pH 和 mV 测量模式间切换；4—将当前结果存储到存储器中；
5—检索存储的数据；6—显示屏

三、操作方法

（一）开机

检查仪器的连接头、温度传感器，都正确接好，电极膜没有干涸，按开机键。

SG2 型 pH 计按①键开机；

MP120 型 pH 计按任意键开机。

（二）校正

（选择合适的校准程序进行校正，每周至少一次。日常外出测量自来水时可跳过以下步骤(2)、(3)。）

(1)把电极放入 pH 为 7.00 标准液中，轻轻搅动，按一下[CAL]键，显示“cal 1”，待显示屏左上角出现$\sqrt{A}$，取出电极用蒸馏水冲洗，并用滤纸吸干电极上的水。

(2)如果待测水样为酸性，把电极放入 pH 为 4.01 标准液中，按一下[CAL]键，显示“cal 2”，待屏幕显示$\sqrt{A}$(SG2 出现在中行右下角，MP120 出现在左上角)，随即显示“% slope ××”。如果显示结果在 95%～105% 范围，可正常进行检测。否则参考“电极维护保养”部分。

(3)如果待测水样为碱性，把电极放入 pH 为 9.21 标准液中，按两下[CAL]键，显示“cal 3”，待屏幕显示$\sqrt{A}$，随即显示“% slope ××”。如果显示结果在 95%～105% 范围，可正常进行检测。

(4)按[READ]键，返还测量状态。

（三）检测

把电极放入待测水样中轻轻搅动，待屏幕显示$\sqrt{A}$，记录读数。

注：如测量不同水样，每次测量后必须用蒸馏水冲洗电极并用滤纸吸干水。

（四）关机

(1)SG2 按①键关机，MP120 先按[READ]键，再按两次[mode]关机。

(2)将电极用蒸馏水冲洗干净，盖上保护帽。向电极保护帽的海绵中加入适量 4 mol/L 的 KCl，保持电极湿润。

(3)做好仪器使用登记和清洁工作。

(4)超过一周不使用时需取出电池。

四、维护管理

（一）机壳维护

使用时如有液体滴在仪器表面应立即擦净。每 6 个月检查并用所提供的润滑油润滑插座密封处、插头和电池的 O 形圈。如 O 形圈损坏应更换。

（二）电极维护保养

1. 使用前准备

在使用前检查连接头、温度传感器，都正确接好。电极保护帽内海绵湿润，电极膜没有干涸。

测定前应检查复合电极玻璃敏感膜内腔(内参比电解液)中是否有空气泡，如发现有空气泡，应通过垂直方向的甩动(如甩体温计那样)将气泡去掉。

2. 电极膜干涸的处理办法

将电极浸入0.1 mol/L HCl溶液中，放置一夜。

3. 电极上有污物的清洗方法

油脂类污垢：用蘸有丙酮或乙醇或肥皂水的原棉除去。

隔膜中有蛋白质积聚：将电极浸入HCl/胃蛋白酶溶液中除去。

硫化银污染：将电极浸入硫脲溶液中除去。

4. 使用和存储注意事项

切勿以强酸(如盐酸)清洗电极。

每次清洁冲洗电极后应重新校准。

冲洗电极后勿摩擦玻璃敏感膜，否则会增长响应时间。

切勿将电极存储在蒸馏水中。

保持电极保护帽有适量4 mol/L氯化钾溶液使海绵湿润，防止电极膜干涸。

(三)定期进行多点校正

仪器使用人根据仪器的使用频率，自行确定进行多点校正的周期。建议1月1次。

(1)将电极放入pH为7.00标准液中，轻轻搅动，按一下[CAL]键，显示“cal 1”，待显示屏左上角出现$\sqrt{A}$，取出电极用蒸馏水冲洗，并用滤纸吸干电极上的水。

(2)将电极放入pH为4.01标准液中，按一下[CAL]键，显示“cal 2”，待显示屏左上角(SG2为中行右下角)出现$\sqrt{A}$，随即显示“% slope ××”，如果数字在95%～105%范围，可正常进行检测，否则参考“(二)电极维护保养”。

(3)重复第一步，再将电极放入pH为9.21标准液中，按两下[CAL]键，显示“cal 3”，待显示屏左上角出现$\sqrt{A}$，随即显示“% slope ××”，如果数字在95%～105%范围，可正常进行检测，否则参考“(二)电极维护保养”。

(四)常见故障与排除

1. SG2

SG2型pH计常见故障排查如表4-5所示。

表4-5　SG2型pH计常见故障排查

错误代码	原因与排除方法
Err 1	自检失败。关机重启
Err 2	超出检测范围。检查电极帽是否取下，电极连接是否正确，并放入待测溶液
Err 3	测定缓冲液温度超出范围。确保缓冲液温度保持在5～50℃之间
Err 4、Err 5	确认缓冲液正确并新鲜。参考“(二)3 清洁电极”
Err 6	电极斜率超出范围。确认缓冲液正确并新鲜。参考“(二)3 清洁电极”。检查在两点校正时是否使用了同一种缓冲液

2. MP120

MP120型pH计常见故障排查如表4-6所示。

表 4－6　MP120 型 pH 计常见故障排查

错误代码	原因与排除方法
Err 1	零电位点偏差 E0 超范围。确认缓冲液正确并新鲜。检查 mV 读数是否为 0 ± 30mV，若不是，参考“(二)3 清洁电极”
Err 2	显示为 1 格，斜率小于 85%，或计算不出。确认缓冲液正确并新鲜，参考“(二)3 清洁电极”； 显示为 3 格，斜率大于 105%。确认缓冲液正确并新鲜
Err 3	测定缓冲液温度超出范围。确保缓冲液温度保持在 5 ～ 50℃之间
	检查电极是否接好并插入样品中。检查保护帽是否去掉
显示或控制无效	电池安装不当，取出电池并改正，或低电量，更换新电池

第四节　便携式水质实验室

一、DREL2800 便携式水质实验室简介

DREL2800 便携式水质实验室是美国哈希公司推出的以 DREL2800 分光光度计为支撑的产品，既可用于实验室测试，又可用于生产现场和野外水质测试。其 DREL2800 具有优良的光学稳定性，能自动测定试剂空白，有自动读取数据功能，大大简化了实验操作过程，使测试方法更加简便、快捷。

该水质实验室由 2 个便携箱组成，一个箱主要装载 DR2800 分光光度计、电导率仪、电源连接线、电极等，一个箱主要装载试剂、样品试管、移液管、三角瓶等配件。可检测部分金属项目、常规理化项目和毒理学项目等。

DREL2800 分光光度计外观见图 4－17，DREL2800 便携式水质实验室便携箱见图 4－18～图 4－19。

图 4－17　DREL2800 分光光度计

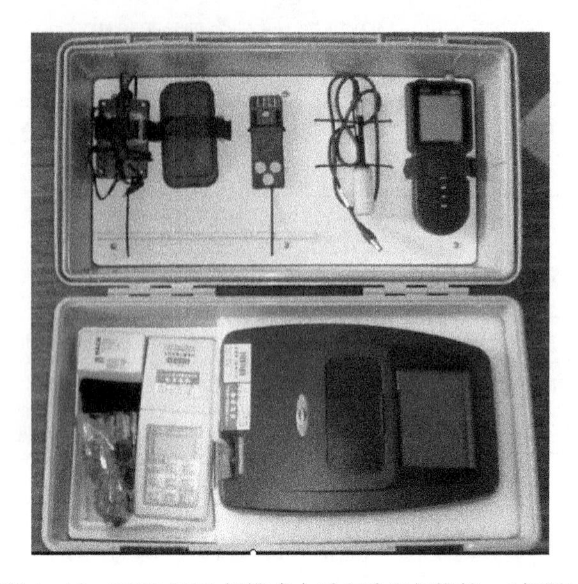

图 4－18　DREL2800 便携式水质实验室便携箱一(仪器)

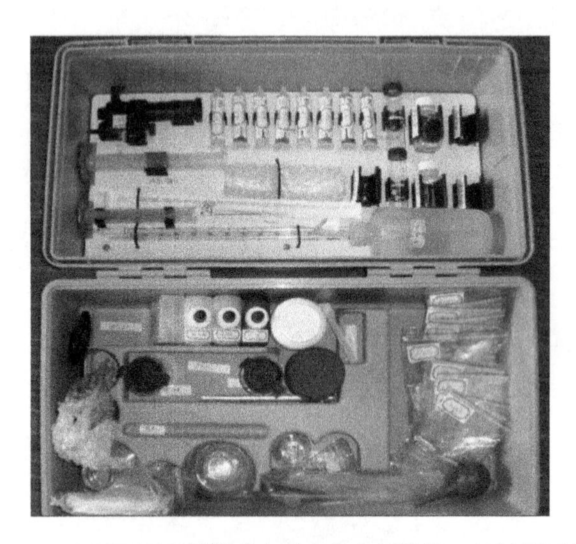

图 4－19　DREL2800 便携式水质实验室便携箱二(试剂及配件)

二、操作步骤

(本教材仅列出 DREL2800 便携式水质实验室在一般供水企业最常应用的 11 个项目的检测步骤细则，其他项目的具体检测方法请参照该仪器说明书和技术手册。)

(一)氨氮

测量范围：0.01 ～0.50 mg/L

准备物品：

试剂 1－1：2 包(水杨酸氨试剂粉包，cat. 26532—99)；

试剂 1－2：2 包(氰尿酸氨试剂粉包，cat. 26531—99)；

样品试管(1 英寸，方型，10 mL)：2 个配对(cat. 24954—02)；

去离子水：可自备(cat. 272 -56)。

操作步骤：

(1)按存储程序：Stored Programs；

(2)选择测试：385　N，Ammonia，Salic；

(3)样品准备：在一个方型样品试管中灌装样品到 10 mL 标度；

(4)空白值准备：在第二个方型样品试管中灌装去离子水到 10 mL 标度；

(5)各试管中添加试剂 1 -1，塞盖并晃动到溶解；

(6)按定时器[>好]，3 min 反应开始；

(7)定时器结束，各试管中添加试剂 1 -2，塞盖并晃动到溶解；

(8)按定时器[>好]，15min 反应开始，如有氨氮会显绿色；

(9)定时器结束，将空白试管插入试管固定架，灌装线朝右，按零归零，显示屏显示：0.00 mg/L 浓度的NH_3 -N；

(10)擦干样品试管，放入试管架中，灌装线朝右，按[识读]，结果以 mg/L 浓度的 NH_3 -N 为单位。

(二)亚硝酸盐氮

测量范围：0.002～0.300 mg/L

准备物品：

试剂 2 -1：1 包(NitriVer® 3 亚硝酸盐试剂粉包，cat. 21071—69)；

圆形样品瓶(10 mL)：2 个配对(cat. 24276—06)。

操作步骤：

(1)开机进入 DR2800 界面，点击"Hach Program"，选择"371 N，Nitrite LR"，按[Start]；

(2)样品准备：把 10 mL 样品灌入圆形样品瓶中，加入试剂 2 -1，盖紧摇晃至完全溶解，如有亚硝酸盐存在显品红色；

(3)点击定时器，按[OK]，反应 20 min；

(4)空白值准备：把 10 mL 样品灌入另一个圆形样品瓶中，定时器结束，擦干表面，置入适配器，点击"Zero"，显示："0.00 mg/L　NO_2^- -N"；

(5)擦干待测样品瓶，置入适配器，按[Read]读数。

(三)硫化物

测量范围：5～800 μg/L

准备物品：

试剂溶液 3 -1：1 瓶(Sulfide1 试剂溶液，cat. 1816—32)；

试剂溶液 3 -2：1 瓶(Sulfide2 试剂溶液，cat. 1817—32)；

圆形样品瓶(25 mL)：2 个(cat. 26126—02)；

去离子水：可自备(cat. 272—56)；

25 mL 移液管：1 支。

操作步骤：

（1）开机进入 DR2800 界面，点击“Hach Program”，选择“690　Sulfide”，按[Start]（立即分析，勿过度搅动样品，否则造成硫化物损失）；

（2）样品准备：用移液管移取 25 mL 样品到圆形样品瓶中；

（3）空白准备：取 25 mL 去离子水到另一圆形样品瓶中；

（4）分别往上述两瓶中加入 1.0 mL 试剂溶液 3－1 混合，再分别加入 1.0 mL 试剂溶液 3－2 立即混合，如有硫化物呈粉红色后变蓝色；

（5）点击定时器，按[OK]，反应 5min，定时器结束，擦干空白管表面，置入适配器，点击“Zero”，显示：“0μg/L　S^{2-}”；

（6）擦干待测样品瓶置入适配器，按[Read]读数，屏幕显示硫化物含量，单位为 μg/L。

（四）氟化物

测量范围：0.02～2.00 mg/L

准备物品：

试剂溶液 4－1：4 mL（SPADNS 试剂溶液，cat. 444—49）；

吸管（用于容积测定，2 mL）：1 支（cat. 14515—36）；

吸管（用于容积测定，10 mL）：1 支（cat. 14515—38）；

吸管注入球：1 个（cat. 14651—00）；

样品试管（1 英寸，方型，10 mL）：2 个配对（cat. 24954—02）；

去离子水：可自备（cat. 272—56）。

操作步骤：

（1）按存储程序：Stored　Programs；

（2）选择测试 190　Fluoide；

（3）样品准备：用吸管将 10.0 mL 样品加入一干燥方形样品试管中；

（4）空白准备：用吸管将 10.0 mL 去离子水加入另一方型样品试管中；

（5）小心用吸管将 2.0 mL 试剂溶液 4－1 分别添加到以上两试管中并充分摇晃混合，按定时器[>好]，1min 反应周期开始；

（6）定时器结束，将空白样品试管插入试管固定架，灌装线朝右，按零归零，显示屏显示“0.00 mg/L 的 F^-”；

（7）将样品管插入试管固定架，灌装线朝右，按[识读]，结果以 mg/L 浓度的 F^- 为单位。

注意事项：

（1）样品和去离子水应处于相同温度（±1℃）。

（2）试剂溶液 4－1 有毒及腐蚀性，要小心使用。

（五）氰化物

测量范围：0.002～0.240 mg/L

准备物品：

试剂 5－1：1 包（CyaniVer® 3 氰化物试剂粉包，cat. 21068—69）；

试剂 5－2：1 包（CyaniVer® 4 氰化物试剂粉包，cat. 21069—69）；

试剂 5 -3：1 包(CyaniVer® 5 氰化物试剂粉包，cat. 21070—69)；

量筒(带刻度，10 mL)：1 个(cat. 508—38)；

样品试管(1 英寸，方型，10 mL)：2 个配对(cat. 24954—02)。

操作步骤：

(1)按存储程序：Stored　Programs；

(2)选择测试：160　Cyanide；

(3)样品准备：用量筒量取 10 mL 样品灌装到方形样品试管中，加入试剂 5 -1，盖上盖子晃动 30 s，然后静止 30 s，再加入试剂 5 -2 并盖上晃动 10 s，立即加入试剂 5 -3 并盖上用力晃动试管(若延缓添加试剂 5 -3 使结果偏低)，如有氰化物显粉红色；

(4)按定时器 >好，30 min 反应周期开始，溶液从粉红变蓝；

(5)空白准备：量取 10 mL 样品灌装到第二个方型样品试管中；

(6)定时器结束，将空白试管擦干然后插入试管固定架，灌装线朝右，按零归零，显示屏显示“0. 000 mg/L 浓度的 CN^-”；

(7)擦干样品试管后插入固定架，灌装线朝右，按[识读]，结果以 mg/L 浓度的 CN^- 为单位。

注意事项：

(1)尽量使测试过程保持 25℃(<25℃反映时间需时长，>25℃结果偏低)。

(2)步骤(3)时间要求非常严格，开始前可开启有关试剂。

(六)六价铬

测量范围：0. 01 ～0. 70 mg/L

准备物品：

试剂 6 -1：1 包(ChromaVer3 试剂粉包，cat. 12710—99)；

圆形样品瓶(10 mL)：2 个(cat. 24276—06)。

操作步骤：

(1)开机进入 DR2800 界面，点击“Hach Program”，选择“90　Chromium Hex”，按[Start]；

(2)样品准备：把 10 mL 水样灌入圆形样品瓶中，添加试剂 6 -1，盖上盖子摇匀溶解，如有六价铬呈紫色；

(3)点击定时器，按[OK]，反应 5min；

(4)空白准备：把 10 mL 样品加入另一个圆形样品瓶中，定时器结束，擦干表面，置入适配器，点击“Zero”，显示：“0. 00 mg/L Cr^{6+}”；

(5)将已添加试剂的待测样品瓶擦干，置入适配器中，按[Read]读数。

(七)铁

测量范围：0. 02 ～3. 00 mg/L

准备物品：

试剂 7 -1：1 包(FerroVer 试剂粉包，cat. 21057—69)；

圆形样品瓶(10 mL)：2 个(cat. 24276—06)。

操作步骤：

(1)开机进入 DR2800 界面，点击“Hach Program”，选择“265 Iron FerroVer”，按[Start]；

(2)样品准备：将 10 mL 水样灌入圆形样品瓶中，添加试剂 7－1，混合；

(3)点击定时器，按[OK]，反应 3 min，如有铁呈橙色；

(4)空白准备：在另一个圆形样品瓶中加入 10 mL 样品，定时器结束，擦干表面，置入适配器，点击“Zero”，显示：“0.00 mg/L Fe”；

(5)擦干已添加试剂的待测样品瓶，置入适配器中，按[Read]读数。

(八)锰

测量范围：0.02～0.70 mg/L

准备物品：

试剂 8－1：1 包(柠檬酸盐型缓冲粉包，cat. 14577—99)；

试剂 8－2：1 瓶(碱性氰化物，cat. 21223—26)；

试剂 8－3：1 瓶(PAN 指示剂，cat. 21224—26)；

圆形样品瓶(10 mL)：2 个(cat. 24276—06)。

操作步骤：

(1)开机进入 DR2800 界面，点击“Hach Program”，选择“290 锰 LR PAN”，按[Start]；

(2)样品准备：把 10 mL 水样灌入圆形样品瓶中；

(3)空白准备：把 10 mL 去离子水灌入另一圆形样品瓶中；

(4)分别往上述两瓶中加入 1 包试剂 8－1 混合，再分别加入 15 滴 8－2 溶液立即混合，然后再分别加入 21 滴 8－3 溶液混合，混合过程切勿大力摇晃；

(5)点击定时器，按[OK]，反应 2 min，定时器结束，擦干空白管表面，置入适配器，点击“Zero”，显示：“0.00 mg/L Mn”；

(6)擦干待测样品瓶，置入适配器，按[Read]读数，屏幕显示锰含量，单位为 mg/L。

(九)砷

测量范围：0～500 μg/L

收集下列物品：

试剂 9－1：1 包(Arsenic Reagent#1 试剂粉包，cat. 27978—99)；

试剂 9－2：1 包(Arsenic Reagent#2 试剂粉包，cat. 27977—99)；

试剂 9－3：1 包(Arsenic Reagent#3 试剂粉包，cat. 27979—99)；

试剂 9－4：1 瓶(Arsenic Reagent#4 试剂粉包，cat. 454—29)；

试剂 9－5：1 包(Arsenic Reagent#5 试剂粉包，cat. 27981—99)；

测试条 9－6：1 条(Arsenic Test Strips，cat. 28001—00)；

圆形反应瓶(50 mL)：1 个(cat. 28002—00)。

操作步骤：

(1)把 50 mL 圆形反应瓶盖子打开，插入一根测试条 9－6；

(2)将 50 mL 样品灌入反应瓶，添加试剂 9－1 摇匀，再添加试剂 9－2 摇匀，等待 3 min；

(3)往上述溶液中添加试剂9－3摇匀(试剂不一定完全溶解)，等待2 min后再次摇匀溶解试剂；

(4)用塑料勺把一平勺试剂9－4加入溶液并摇匀，此时大部分试剂应能溶解；

(5)加入试剂9－5，立即盖上盖子摇匀，注意溶液不能碰到测试条；

(6)反应30 min但不能超过35min，反应期间再次摇匀溶液；

(7)反应完毕立即取出测试条9－6与测试条瓶子上的比色卡比色(注意避开阳光直射否则会改变颜色)。

(十)总硬度

测量范围：10～4000 mg/L

准备物品：

试剂10－1：1包(ManVer2 Hardness Indicator粉末试剂，cat. 851—99)；

试剂10－5：1包(CalVer2 Calcium Indicator粉末试剂，cat. 852—99)；

试剂溶液10－2：1瓶(Hardness 1 Buffer Solution，cat. 424—32)；

试剂溶液10－6：1瓶(Potassium Hydroxide Solution，cat. 282—32)；

试剂溶液10－7：1瓶(Sulfuric Acid Standard Solution，cat. 2449—32)；

试剂溶液10－8：1瓶(CDTA Magnesium Salt，cat. 1408099)；

枪筒溶液10－3：1个(EDTA Titration，0. 0800M，cat. 14364—01)；

枪筒溶液10－4：1个(EDTA Titration，0. 800M，cat. 14399—01)；

枪式滴定器：1个(PATENT NO. 4. 086. 062)；

输液管：1个(cat. 17205—00)；

三角烧瓶(250 mL)：1个，可自备(cat. 50546)；

量筒：按所需量程选择；

去离子水：可自备(cat. 272—56)。

操作步骤：

(1)估计大概硬度范围(以$CaCO_3$计，mg/L)，根据表4－7选择样品体积及EDTA枪筒溶液的浓度。

表4－7　DR2800硬度滴定检测计算关系表

$CaCO_3$浓度范围 /($mg \cdot L^{-1}$)(以$CaCO_3$计)	样品体积 /mL	枪筒溶液浓度 /M(EDTA)	枪筒溶液代码	系数
10～40	100	0. 0800	10－3	0. 1
40～160	25	0. 0800	10－3	0. 4
100～400	100	0. 800	10－4	1. 0
200～800	50	0. 800	10－4	2. 0
500～2000	20	0. 800	10－4	5. 0
1000～4000	10	0. 800	10－4	10. 0

(2)把输液管插入枪筒溶液10－3或枪筒溶液10－4的一端，再把枪筒固定于滴定器上；

(3)滴定器向上，旋转调节器使枪筒气体排尽至有液体滴出，把滴定器读数清零并擦干表面液体；

(4)选择适当量程量筒按表4－7量取一定体积样品倒入250 mL三角烧瓶中，必要时用去离子水稀释至100 mL；

(5)往三角烧瓶中加入2 mL试剂溶液10－6并摇匀(如样品≤50 mL则加1 mL即可)，再加入试剂10－5并摇匀；

(6)把连接滴定器的输液管插进溶液中，旋转滴定器进行反应使溶液由红变纯蓝色(接近终点时慢滴快摇)，记录读数(切勿把计数器归零)；

(7)计算：读数×表中对应系数＝钙硬度(mg/L)(以 $CaCO_3$ 计)；

(8)再加入1 mL试剂溶液10－7并摇匀(逐滴加使溶液纯蓝→紫灰→蓝→红，使 $Mg(OH)_2$ 沉淀重新溶解)；

(9)加入2 mL试剂溶液10－2并摇匀，再加入试剂10－1；

(10)继续用枪筒试剂滴定使溶液由红变纯蓝色(接近终点时慢滴快摇)，记录总读数；

(11)计算：总读数×表中对应系数＝总硬度(mg/L)(以 $CaCO_3$ 计)。

注释：第一次滴定结果为钙硬度，第二次滴定结果为总硬度(mg/L)(以 $CaCO_3$ 计)。

镁硬度(mg/L)(以 $CaCO_3$ 计)＝总硬度(mg/L)(以 $CaCO_3$ 计)－钙硬度(mg/L)(以 $CaCO_3$ 计)

镁硬度(mg/L)(以 $CaCO_3$ 计)＝镁硬度(mg/L)(以 $CaCO_3$ 计)×0.842

镁(mg/L)＝镁硬度(mg/L)(以 $CaCO_3$ 计)×0.29

【例】 取50 mL的某样品进行硬度测定，使用0.800mol/L的EDTA滴定试剂管(10－4枪筒溶液)，到达滴定终点时计数器上显示的总读数为250，则此样品总硬度为250×2.0＝500(mg/L)(以 $CaCO_3$ 计)。如果使用0.0800mol/L的EDTA滴定试剂管(10－3枪筒溶液)，到达滴定终点时计数器上显示的数值应为2500，总硬度为2500×0.2＝500(mg/L)(以 $CaCO_3$ 计)。

注意事项：若水样中存在金属离子干扰，可加入试剂溶液10－8进行处理。

(十一)氯化物

测量范围：10～4000 mg/L

准备物品：

试剂11－1：1包(Chloride2 indicator试剂，cat. 1057—66)；

枪筒溶液11－2：1个(Silver Nitrate 0.2256N，cat. 14396—01)；

枪筒溶液11－3：1个(Silver Nitrate 1.128N，cat. 14397—01)；

枪式滴定器：1个(PATENT NO. 4.086.062)；

输液管：1个(cat. 17205—00)；

三角烧瓶(250 mL)：1个，可自备(cat. 50546)；

量筒：按所需量程选择；

去离子水：可自备(cat. 272—56)。

操作步骤：

(1)根据估计的大约浓度范围参照表4－8选择样品体积及枪筒溶液的浓度。

表4-8　DR2800氯化物滴定检测计算关系表

Cl^-浓度范围/(mg·L^{-1})	样品体积/mL	枪筒溶液浓度/(mol·L^{-1})($AgNO_3$)	枪筒溶液代码	系数
10～40	100	0.2256	11-2	0.1
25～100	40	0.2256	11-2	0.25
100～400	50	1.128	11-3	1.0
250～1000	20	1.128	11-3	2.5
1000～4000	5	1.128	11-3	10.0
2500～10000	2	1.128	11-3	25.0

(2)将输液管插入枪筒溶液11-2或枪筒溶液11-3的一端，再把枪筒固定于滴定器上；

(3)滴定器向上，旋转调节器使枪筒气体排尽至有液体滴出，把滴定器读数清零并擦干表面液体；

(4)选择适当量程量筒按上表量取一定体积样品倒入250 mL三角烧瓶中，必要时用去离子水稀释至100 mL；

(5)往三角烧瓶中加入试剂11-1并摇匀(试剂应尽量溶解)；

(6)把连接滴定器的输液管插进溶液中，旋转滴定器进行反应直至溶液由黄变褐红，记录读数；

(7)计算：读数×表中对应系数=氯化物浓度(mg/L，Cl^-)，

$$NaCl(mg/L) = Cl^-(mg/L) \times 1.65$$

注意事项：可用10.5 mol/L的硫酸溶液或5.0 mol/L的氢氧化钠溶液将强酸性或强碱性样品中和至pH值为2～7。若使用pH计调节，首先取部分样品确定应加入的酸或碱的量，再调节所测样品的pH值。

举例：估计样品氯化物浓度在10～40 mg/L范围，取100 mL样品进行检测，使用11-2枪筒溶液(0.2256 mol/L硝酸银)，滴定至终点后计数器上显示250单位，则样品实际氯化物浓度为250×0.1=25(mg/L)，以Cl^-计。

三、加标试验与空白试验

(一)加标试验

1. 方法说明

加标试验又称为标准溶液添加试验或已知浓度加入法试验，是检查测试结果的通用技术。通过该方法能判断干扰的存在与否、试剂是否失效、仪器是否工作正常、操作是否正确。

加标试验是在样品中加入已知量的标准溶液进行测试。如果得到80%～120%之间的回收率，表明试验正确，结果可信。否则提示分析过程存在一些问题，需要通过进一步的工作查找原因。可以用去离子水作为样品进行重复加标试验。

2. 试验操作

选择仪器中“准确度检查”菜单下的标准溶液添加功能，按照仪器操作说明书进行操作。

3. 加标试验不合格原因检查

建议按下列各项逐步检查：

（1）检查操作流程：

①使用的试剂和加入顺序是否正确；

②是否达到显色必需的时间；

③是否使用正确的玻璃器皿；

④玻璃器皿是否干净；

⑤测试对样品温度有无特殊要求；

⑥样品的 pH 值是否在合适的范围；

⑦是否严格按照操作规程进行操作。

（2）检查仪器：按照仪器操作说明书中的指引检查仪器性能。

（3）检查试剂：使用新的试剂重复加标试验，如果得到的结果很好，那么就表明原来的试剂是不合格的。

（4）如果没有别的错误，也可能是标准溶液有问题。用一个新配标样重复加标试验。

4. 加标试验示例

以 DR2800 检测铁为例：

使用有证标物——铁标准物质或者铁（分析纯）试剂用去离子水配制成含铁 0.3 mg/L 浓度的样品，按照铁检测方法进行检测，测得结果在 0.24 ～ 0.36 mg/L 之间（回收率 80%～120%），就表明加标试验结果正常。

（二）空白试验

为了测试结果更加准确，每批新的试剂都应该测定试剂空白值。试剂空白的测定同样按照测试步骤进行，只是把样品换成去离子水进行测试。从最后的测试结果中将试剂空白扣除，或者调整仪器的试剂空白。

四、维护管理

（一）操作环境要求

（1）将仪器稳固地放在一个平坦的桌面上。不要在仪器下放任何物品。

（2）保持 10 ～ 40℃的环境温度，以便仪器正常操作。

（3）相对湿度应小于 80%；仪器上不应出现水汽冷凝现象。

（4）在顶部和各侧面至少留出 15 cm（6 英寸）间隙，供空气流通，以防电气元器件过热。

（5）不要在灰尘太多、过分潮湿的区域操作或存放仪器。

（6）随时保持仪器表面、试管室和所有附件清洁干燥。如出现泼溅或溢出到仪器外部或内部的液体应立刻清洁 。

（7）防止仪器处于极端温度条件下，包括加热器、直接日照和其他热源。

（二）仪器清洁要求

1. 分光光度计的清洁

用柔软的湿布清洁外壳、试管室和所有附件。清洁时也可使用柔和的肥皂溶液。试管室内不要有水滴。不要将刷子或尖锐物品插入试管室，以避免损坏机器元件。用柔软的棉布仔细擦干清洁后的零部件。

2. 显示屏的清洁

任何情况下都不应用溶剂（例如石油馏出物、丙酮等）清洁。应用柔软、无棉绒和无油脂的棉布清洁显示屏。也可使用稀释的玻璃清洁剂。

小心清洁不要划到显示屏，不要用圆珠笔、钢笔笔尖或类似尖锐的物体接触屏幕。

3. 玻璃试管的清洁

对常规玻璃试管用自来水清洗后再用纯水冲洗 2～3 次。

避免用刷子或其他清洁设备划伤光学仪器表面。

（三）使用电池注意事项

（1）仪器及电池（内置）勿近火源。

（2）不要将电池置于60℃以上的温度下（例如，在阳光下曝晒或直接置于阳光照射下的汽车内，可达到此类温度）。电池性能将随温度上升而降低。

（3）确保电池不被打湿。

（4）不要撞击、敲打电池等。

（5）不要取出内置电池或以任何方式改动它。

（四）使用试剂注意事项

（1）试剂应放置在干燥的室温环境下。

（2）应使用有效期内的试剂进行试验，并留意试剂颜色是否改变，如已变色（即使在有效期内）不能使用。

（3）部分试剂化学成分可能有毒或有腐蚀性，应当戴手套进行操作并仔细阅读操作说明。

（五）常见故障与排除

DR2800 常见故障排查如表 4－9 所示。

表 4－9 DR2800 常见故障排查

故障/显示屏	可能的原因	措 施
吸光率 >3.5!	测量的吸光率大于 3.5	请稀释样本并再次测量
错误 清洁试管	试管被污染或试管中有未溶解颗粒	清洁试管；让颗粒沉淀
错误 自检停止，请检查灯 请关上盖	启动仪器时停止自检测试	检查灯，必要时更换； 关上盖并按[再次开始]
错误 自检停止，请取出试管	启动仪器时停止自检测试	取出试管并按[好]

续表 4－9

故障/显示屏	可能的原因	措　施
建议执行全系统检查 请取出试管，请关上盖	仪器需要再执行一次全系统检查	取出试管；请关上盖并按［开始］
超出测量范围上限	测量的吸光率超过测试的校准范围上限	请稀释样本并再次测量
周围环境灯光太亮！将仪器移到阴暗处或关上盖！	仪器传感器检测到周围环境灯光太亮	请关上盖，将仪器移到阴凉处，或将保护罩盖在样本试管室上
照明条件不稳定！	测量期间周围环境灯光晃动	请关上盖或将保护罩盖在样本试管室上，重测

第五节　军用检水检毒箱

一、仪器简介

军用检水检毒箱是由军事医学科学院卫生学环境医学研究所研制的一套快速检测设备，主要采用试纸、试剂管、检测管等简易剂型，单元式组装，一次性使用，进行定量、半定量或定性检测。一般用于侦查饮水和军粮是否染毒，供师、团两级卫生人员平时、战时进行水源选择、评价水质时用。

该设备能检测的项目有一般理化指标、常见毒物指标和军用毒剂指标共 29 项。主要参考标准为《生活饮用水卫生标准》及战时饮用水卫生要求。

二、操作步骤

（本教材仅列出了 7 个检测项目的检测细则。其他项目的具体检测请按照《军用检水检毒箱使用说明书》要求进行。）

（一）挥发酚

本法挥发酚最低检测限为 0.002 mg/L。

（1）检测准备：将浓缩管先抽 1 mL 原水，接着抽 2 mL 丙酮弃去。

水样预浓缩：用水样杯采集 100 mL 以上水样，取一支 10 mL 注射器（见图 4－20）接于浓缩管的一端，浓缩管的另一端插入被测水样中。用注射器抽吸水样 10 mL，抽后弃去，共抽吸 10 次，水样量共 100 mL。再将树脂吸附管细端的脱脂棉更换后移入丙酮试剂瓶中，用注射器缓缓抽吸 1.8 mL 丙酮溶液（1 ～ 2 min，抽吸太快效果不好）。见图 4－21。

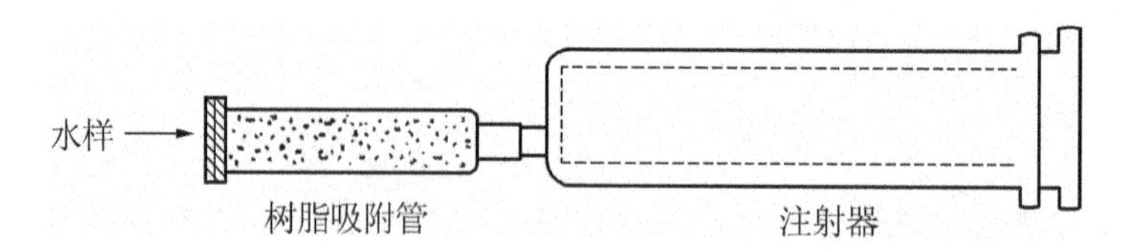

图 4－20　军用检水检毒箱酚检测水样抽吸示意图

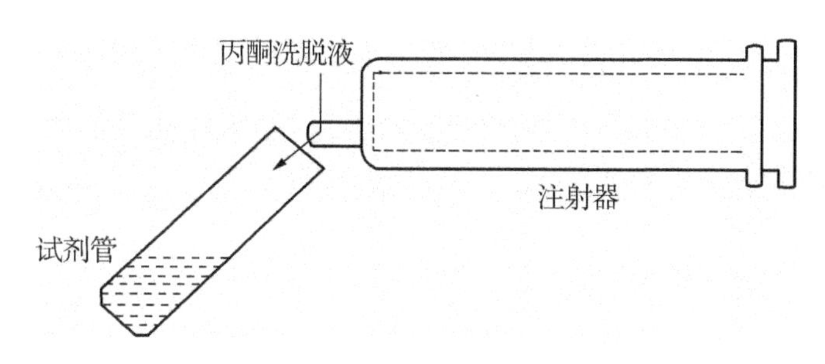

图 4－21　军用检水检毒箱酚检测洗脱液注入试剂管示意图

(2)取酚试剂管 1 支，压碎塑料管内的毛细玻璃管，去帽加一滴被测水样，用手指捏塑料管内试剂使水浸透，最后将注射器内的丙酮洗脱液注入试剂管内，盖帽充分摇匀，3 min 后，去帽从管上口向下看与标准色板比色定量。见图 4－22。

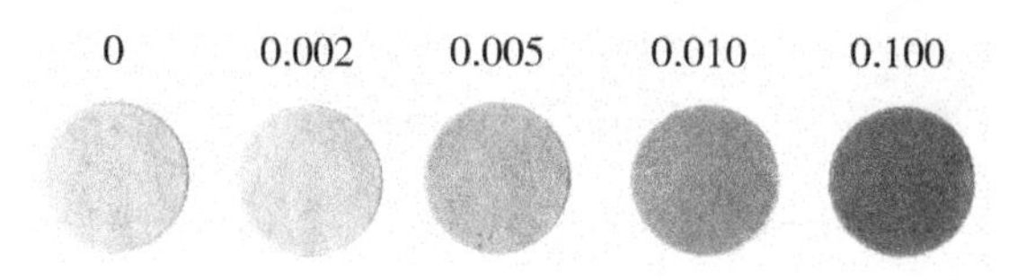

图 4－22　军用检水检毒箱酚类比色板(mg/L)(彩图见书后附录)

注意事项：

(1)原配的玻璃注射器如果使用起来不方便，可以换成一次性的塑料注射器。

(2)更换树脂吸附管进口脱脂棉时，棉花不能塞入太多，不能塞得太紧，否则会影响抽吸洗脱液。

(3)抽取丙酮时，抽吸速度一定不能太快，以 0.9 mL/min 为佳。

(4) 压碎塑料管内的毛细玻璃管时应该用镊子中部用力压碎，要将里面的毛细玻璃管全部压碎。尽量不要用手指直接捏压以免意外受伤。

(二)铅

本法铅最低检测限为 0.05 mg/L。

(1)取吸附管，塞入 0.1 g 巯基棉，将细端与 10 mL 注射器相连，分 5 次吸取水样 50 mL，弃去水液。

(2)用注射器连通吸附管，吸取洗脱液(0.1 mol/L HCl)2 mL。

(3)取试剂管一支，用镊子捏碎毛细管，而后将巯基棉吸附管掉头，将洗脱液注入试剂管内 1.5 mL，摇匀后与标准色板比色定量(见图 4－23)。

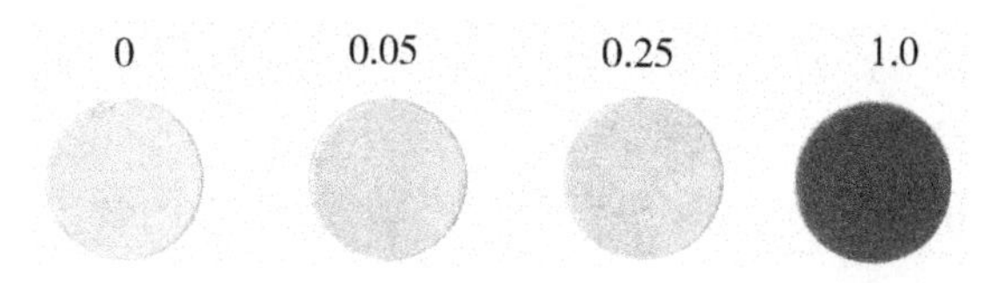

图 4－23　军用检水检毒箱铅比色板(mg/L)(彩图见书后附录)

注意事项：

(1)在向吸附管内填装巯基棉时，应将每份棉花(0.1 g)完全填入。

(2)装填时，先将棉花撕碎，然后将撕碎的棉花慢慢填入管内，注意不要装填过多过紧，否则会影响抽取水样，甚至无法抽取水样。

(三)镉

本法镉最低检测限为0.01 mg/L。

(1)取吸附管，塞入0.1 g巯基棉，切勿过紧，将细端与10 mL注射器相连，分2次吸取水样20 mL，弃去水液。

(2)用注射器连通吸附管，吸取洗脱液(0.01 mol/L HCl)2 mL;

(3)取试剂管一支，用镊子捏碎毛细管，然后将巯基棉吸附管掉头，将洗脱液注入试剂管内，摇匀后5～10 min内与标准色板比色定量(见图4-24)。

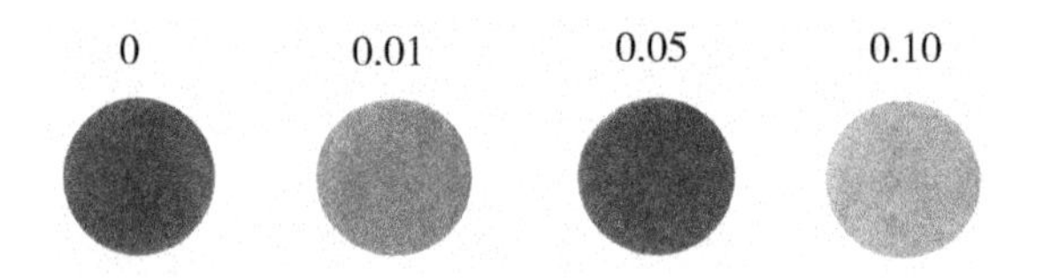

图4-24 军用检水检毒箱镉比色板(mg/L)(彩图见书后)

注意事项：

(1)在向吸附管内填装巯基棉时，应将每份棉花(0.1 g)完全填入。

(2)装填时，先将棉花撕碎，然后将撕碎的棉花慢慢填入管内，注意不要装填过多过紧，否则会影响抽取水样，甚至无法抽取水样。

(四)六价铬

本法铬(六价)最低检测限为0.05 mg/L。

(1)取检测试剂管一支(内装毛细管两支)，用镊子捏碎毛细管。

(2)去帽后再用手指压紧挤出塑料管内空气，将管口浸入被测水样中，放松手指吸取水样半管以上，盖好帽后充分摇匀。

(3)5～10 min内与标准色板比色定量(见图4-25)。

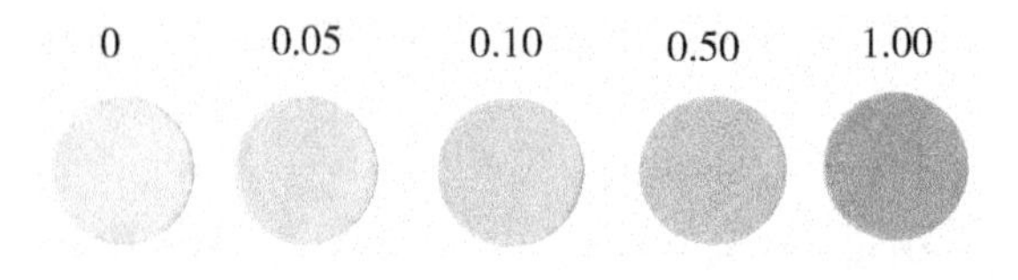

图4-25 军用检水检毒箱六价铬比色板(mg/L)(彩图见书后)

注意事项：

(1)吸取水样应该达到试剂管的刻度线。

(2)压碎塑料管内的毛细玻璃管时应该用镊子中部用力全部压碎。

(五)砷

本法砷最低检测限为0.01 mg/L。

(1)取检测管一支，剪断两端密封头，将有棉花的一头插入密封橡皮管中。

(2)取产气管(下管)，加入固体酸一份，装入水样 20 mL、砷产气片一片，立即与装好检测管的橡皮塞相连，塞紧防止漏气(此反应最好在25～30℃条件下进行，否则用手或温水稍许升温)。

(3)待产气停止(约 10 min)，取下检测管，用尺子量出变色长度，由下面定量尺求出砷含量(见图 4－26)。

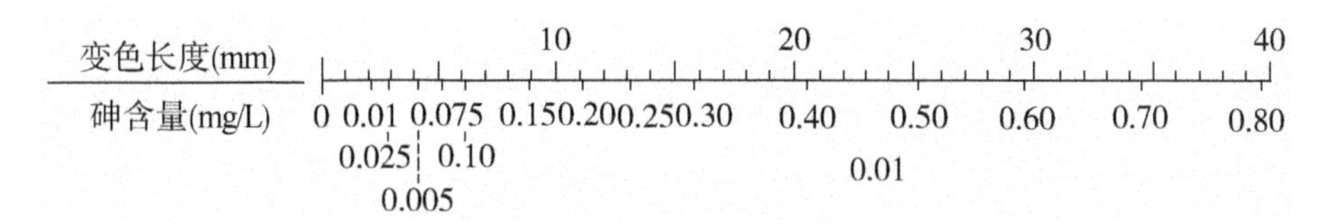

图 4－26　军用检水检毒箱砷定量尺

注意事项：

(1)砷与汞的产气管应该分别专用，注意不要混用。

(2)橡皮塞使用次数多了，塞上的检测管插孔容易扩大或变形，所以插检测管时注意观察橡皮塞是否漏气。

(3)砷产气片与汞产气片容易混淆，使用时注意不要拿错。

(六)汞

本法汞最低检测限为 0. 001 mg/L。

(1)取检测管一支，剪断两端密封头，将一端套于橡皮塞的注射针头上。

(2)取产气管(上、下管相连)，装入水样 50 mL(检查是否漏气)，加入固体酸一份，汞产气片一片，立即与装好检测管的橡皮塞相连，塞紧防止漏气。

(3)待产气停止(约 7min)，取下检测管，用尺子量出变色长度，1 mm 相当于 0. 001 mg/L汞。

注意事项：

(1)当水中含汞量高时，可用不含汞的水样按倍数稀释后再行测定。

(2)砷与汞的产气管应该分别专用，注意不要混用。

(3)砷产气片与汞产气片容易混淆，使用时注意不要拿错。

(七)氰化物

本法氰化物最低检测限为 0. 05 mg/L。

(1)取试剂管一支(内装毛细管两支)，用镊子捏碎毛细管。

(2)吸取水样 3/4 管，混合均匀。

(3)5～10 min 内与标准色板比色定量(见图 4－27)。

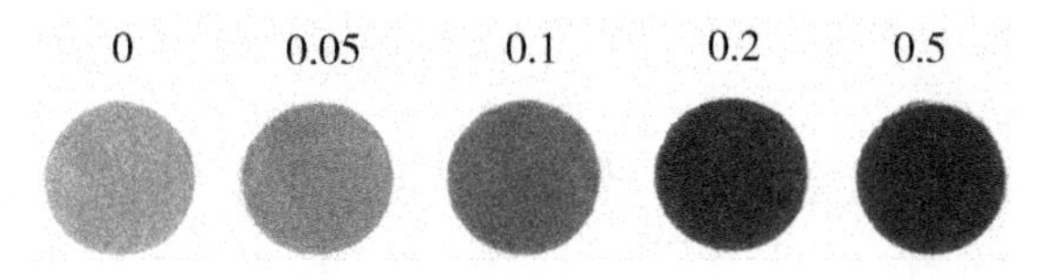

图 4－27　军用检水检毒箱氰化物比色板(mg/L)(彩图见书后)

注意事项：

(1)吸取水样应该达到试剂管的刻度线。

(2)压碎塑料管内的毛细玻璃管时应该用镊子中部用力全部压碎。

三、阳性试验与空白试验

(一)阳性试验与空白试验的意义

检水检毒箱由于操作简易便于携带，在水质快速定性和半定量方面有一定优势。

作为水质事故处理初期水质判断的第一步，准确定性很重要，而定性判断是否准确依赖于药剂的质量是否稳定可靠。

进行阳性试验的目的是防止漏报警，即存在目标污染物时应立即有报警反应。

进行空白试验的目的是防止误报警，即不存在目标污染物时不应有反应显示。

只有阳性试验和空白试验都符合要求，才能说明试剂是有效的，才可以投入使用。

(二)阳性试验

1. 汞、砷

使用汞、砷标准物质或者汞、砷分析纯试剂，用纯水配制以下浓度的样品：

汞：0.001 mg/L 和 0.005 mg/L

砷：0.01 mg/L 和 0.05 mg/L

每个浓度做三支，每根产气管应有变色且长度不超过 5 mm，表明阳性试验符合要求。

2. 挥发酚、铅、镉、六价铬、氰化物

使用相应的标准物质或分析纯试剂用纯水配制以下浓度的溶液：

氰化物、六价铬、铅：0.05 mg/L 和 0.25 mg/L

挥发酚：0.002 mg/L 和 0.010 mg/L

镉：0.01 mg/L 和 0.05 mg/L

每个浓度做三支(毛细管无破损)，每根试剂管均应与标准色板中零浓度颜色有明显区别，表明试剂能有效反映目标物存在的情况，阳性试验符合要求。

(三)空白试验

1. 汞、砷

用纯水替代水样进行检测，观察产气管。若产气管无颜色变化，则表明空白试验符合要求。

2. 挥发酚、铅、镉、六价铬、氰化物

用纯水作为水样进行检测，若试剂管颜色与标准色板中空白浓度颜色比较相吻合，表明空白试验符合要求，否则表示药剂失效。

四、维护管理

(一)日常管理要求

检测箱内药剂、用品应按检测项目分类放入相应的盒中，同类药剂用密封袋装在一起，并在袋子上写上药剂名称，以方便检测时拿取，也防止药剂之间互相影响。

外出执行检测任务出发前，应检查检测箱内所带试剂药品是否足够使用。

外出执行检测任务回来后，应清洗干净当次所有实验用品，干燥后放回原处。

（二）药剂存储与检查

储存备用的药剂必须保存在避光、干燥、常温环境中。建议存放于干燥箱中以防止变质，注意检查干燥箱里面的干燥剂是否有效，失效了要及时更换。

每半年进行空白试验及阳性试验，若发现药剂有失效的情况，马上丢弃并及时补充。

日常使用中，如发现药剂有结块、变色、潮解、明显减少的情况，也应马上丢弃并及时补充。

第六节　快速毒性检测仪

一、检测原理

快速综合毒性检测方法是一种利用发光细菌作为探测手段对样品的综合毒性进行快速判断的检测方法，其检测原理是：

发光细菌在适当条件下培养后，在有氧条件下能发射出肉眼可见的蓝绿色荧光，波长474～505 nm。细菌发光强度与活菌数量及其活力成正比关系。当被测样品含有毒性物质时，这些发光细菌的新陈代谢被压制，导致发光强度变弱。通过光度计对被测样品的细菌发光强度进行测量，并与无毒对照空白实验进行比较，从而判断被测样品毒性的强弱。

发光细菌是一类非致病性的革兰氏阴性兼性厌氧细菌，多属于发光杆菌属和弧菌属，细胞为杆状或弧状，多数海生，也有少数淡水型的。其发光过程是光呼吸进程（呼吸链上的一个侧支），菌体内一种新陈代谢的生理过程，即菌体借助体内的荧光素酶催化荧光素（FMN）的氧化作用，反应如下：

$$FMNH_2 + O_2 + RCOH \xrightarrow{\text{荧光}} FMN + R\text{—}COOH + H_2O + h\nu(\text{光})$$

目前国内常用的发光细菌有3种：明亮发光杆菌（Photobacterium phosphoreum）、费尔希弧菌（Vibrio fischeri）、青海弧菌（Vibrio qinghaiensis）。前两种是海水菌，其中明亮发光杆菌在GB/T 15441—1995《水质急性毒性的测定　发光细菌法》中使用；费尔希弧菌在ISO标准中使用；青海弧菌是在青海湖的鱼体内提取的菌种，属淡水菌。

由于有毒物质仅干扰发光细菌的发光系统，发光强度的变化可以用光度计进行测量，操作简便，耗时较少，灵敏度高且结果准确，所以利用发光细菌法来进行水样的毒性测定在国内外越来越受到重视，在环境监测中的应用也越来越广泛。我国于1995年将该方法列为环境毒性检测的标准方法（GB/T 15441—1995），使用于工业废水、纳污水体及实验室条件下可溶性化学物质的水质急性毒性监测。国际标准化组织（ISO）于1998年将其列为标准方法（ISO 11348：1998），现已更新至第二版（ISO 11348：2007）。

二、仪器介绍

本教材以SDI公司的DeltaTox便携式快速毒性检测仪（见图4－28）为例进行介绍，其利用的发光细菌是费尔希弧菌，参照的方法是ISO标准。

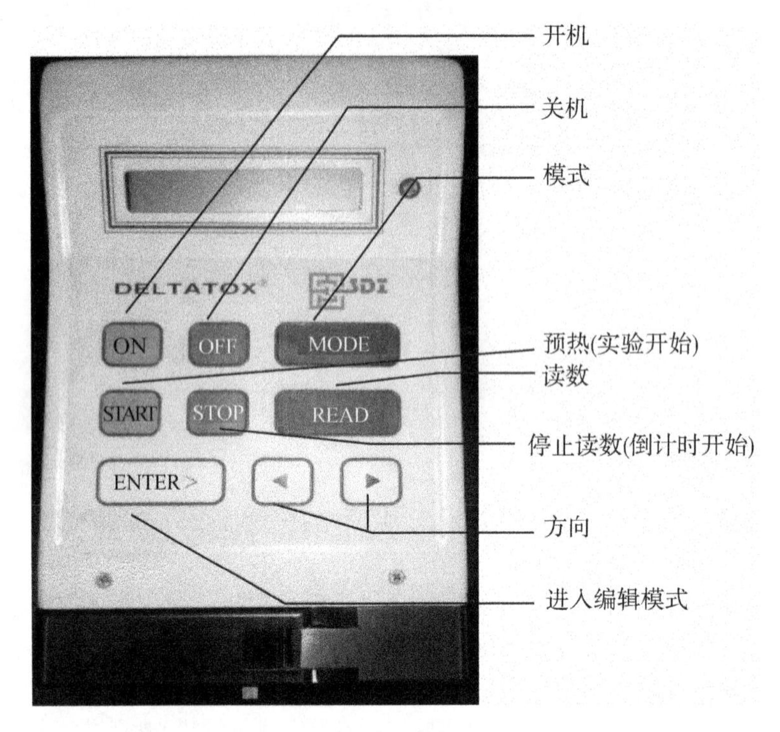

图 4-28　快速毒性检测仪

三、操作方法

本节内容以 SDI 公司 DeltaTox 便携式毒性检测系统为例，参照 ISO 标准方法和仪器制造商提供的操作指南综合编写而成。

(一)实验前准备

采用 DeltaTox 毒性检测系统：

- 光度检测仪。
- MicroTox 发光细菌干粉试剂。
- 渗透调节液。
- 稀释液。
- 采样容器：旋盖硼硅酸盐玻璃瓶(30～50 mL)。
- 辅助器具：移液器 10～100 μL、100～1000 μL 两种和相应规格吸头、试管板。
- 其他试剂：硫代硫酸钠溶液(1%)；

1 mol/L 盐酸(9 mL 盐酸，用纯水稀释至 100 mL)；

1 mol/L 氢氧化钠溶液(4 g 氢氧化钠 +100 mL 纯水)。

(二)实验注意事项

(1)仪器必须在 10～28℃ 环境温度中工作。按[ON]键打开电源。仪器将进行 1min 的自检。自检通过，省缺的开机屏幕显示，在屏幕上确认分析仪的环境温度在 10～28℃ 范围内。如环境温度过高，可用多个冰袋围住仪器，同时在样本室上方隔着滤纸放置一个冰袋(可快速降温并防止水滴湿样本室)。

(2)待测水样 pH 值应在 6～8 之间，否则需用 HCl 或 NaOH 溶液进行调节。

(3)测试水样前先测水样余氯，如有余氯需加硫代硫酸钠脱氯。一般 100 体积水样加入 1 体积 1% 硫代硫酸钠，例如 10 mL 水样加入 100 μL 的 1% 硫代硫酸钠。

(4)浑浊样本可取上清液进行检测。

(5)若水样明显有色(如红、棕或黑色)，应根据肉眼观测的颜色深浅用纯水稀释 50%(纯水 50 mL + 水样 50 mL)或 25%(纯水 75mL + 水样 25 mL)。

(6)SDI 稀释液(用来水合细菌和做空白)、渗透调节液，一次性试管和一次性吸液头不得重复使用。

(三)各种毒性检测模式下的操作方法

在 DeltaTox 毒性检测系统中，B－Tox 模式下可得到更精确的检测结果。基于对水样所做的比较详细的分析调查作为基础背景资料，一般选择 B－Tox 模式。

B－Tox 模式下又分为高毒性、中毒性、低毒性三种不同的测试模式。三种模式适用范围不同，差别在于水合细菌时采用的稀释水量和测定的水样量不同。根据样品类型选择其中一种模式进行测试。

1．81.9% 低毒性模式(适用于出厂水、管网水、较干净的地表水如水源水等)

(1)在试管板 A 行放置小玻璃管作为水样混匀管：在 A1 加入 1 mL 稀释液作空白。在 A2、A3……中分别依次加入 1 mL 相应水样，再加入 100 μL 渗透调节液(OAS)，摇匀。

注：A1 不需加渗透调节液。

(2)在试管板 B 行放置小玻璃管作为检测管：B1 作为空白质控管，B2、B3……作为相应水样数量的实验水样管。

(3)每支细菌干粉加入 300 μL 稀释液进行水合，摇匀。分别吸 100 μL 细菌溶液入 B 行试管中。

注：从细菌干粉加入稀释液开始计时 15 min(菌种恢复)，方可进行读数。

如使用多支细菌干粉，在加稀释液后将多支细菌溶液转移到同一管中。

(4)毒性检测仪插上电源，按[ON]键开机。仪器进行 1 min 自检。按[MODE]键选择模式直至显示 B－Tox。

(5)计时快满 15min 时，按[START]键，当屏幕显示“Insert control cuvette”时将空白质控管 B1 放入样本室，按[READ]键。取出 B1 后，依次将 B2、B3……按以上程序进行操作。

(6)读数完毕，按[STOP]键，仪器自动进行 5min 倒计时。立即从 A 行试管吸取 900 μL 水样至对应的 B 行试管，如 A1 至 B1，A2 至 B2，依此类推。轻轻摇匀。

(7)倒计时停止时，仪器发出蜂鸣声，屏幕显示“Insert control cuvette”，提示将 B 行检测管放入样本室，按[READ]键。

(8)将空白质控管 B1 放入样本室，按[READ]键读数。取出 B1 后，屏幕显示“Insert cuvette”，依次将 B2、B3……放入样本室，按[READ]键进行读数，并记录读数(此读数为水样的毒性值)。

(9)完成所有检测后，按[OFF]关机。

2. 45% 中毒性模式(适用于估计有中毒性的样本如暴雨雨水等)

中毒性模式的实验差别在于水合细菌时采用的稀释水量和测定的水样量不同，在操作步骤中表现为：

步骤(3)每支细菌干粉加入1.5 mL稀释液进行水合，摇匀。分别吸500 μL细菌溶液入B行试管中；

步骤(6)读数完毕，按[STOP]键，仪器自动进行5 min倒计时。立即从A行试管吸取500 μL水样至对应的B行试管，如A1至B1，A2至B2，依此类推。轻轻摇匀。

3. 2% 高毒性模式(适用于估计有高毒性的样本如污水处理厂的进厂水等)

高毒性模式的实验差别也是在于水合细菌时采用的稀释水量和测定的水样量不同，在操作步骤中表现为：

步骤(3)每支细菌干粉加入2.5 mL稀释液进行水合，摇匀。分别吸1 mL细菌溶液入B行试管中；

步骤(6)读数完毕，按[STOP]键，仪器开始自动进行5 min倒计时。立即从A行试管吸取10L水样至对应的B行试管，如A1至B1，A2至B2，依此类推。轻轻摇匀。

(四)质量控制

在实验系统建立初期，实验条件和检测人员的操作水平尚不稳定，为确保实验结果的准确性，可用19.34 mg/L七水合硫酸锌溶液(相当于2.2 mg/L的锌离子浓度)作为参考物进行实验，与水样的接触反应时间在30 min的结果为光抑制，光抑制率在20%～80%之间时，表明整个实验过程是准确可靠的。配制七水合硫酸锌溶液时用20 g/L的氯化钠溶液作为溶剂。

做对照实验时，因仪器的默认反应时间为5 min，因此可以在5 min倒计时满时自行继续计时至30 min再进行读数。

为保证菌种的活性，每次实验用稀释液水合细菌干粉15 min时，在仪器ATP模式下，测定菌液的发光强度，如果大于100万ALU，则可以确认菌种的活性能够满足实验要求。

四、维护管理

针对目前所使用的DeltaTox毒性检测仪，日常的维护管理中要注意以下几点：

(1)室内使用时尽量使用交流电源，用交流电转换器连接设备和电源。

(2)野外现场使用时，在电池箱中安装5节三号电池。用完后需取出电池。

(3)使用时要将分析仪放在一个平稳、干净的平面上。

(4)稀释液和渗透调节液均需存放在4℃环境中，发光细菌干粉需保存在－18～－20℃环境中。如发光细菌干粉过期，可将细菌干粉水合15 min后，在仪器ATP模式下测定菌液的发光强度，如果大于100万ALU，则可以继续使用。

(5)常见故障排查见表4－10。

表 4-10　DeltaTox 毒性检测仪常见故障排查

故障/显示屏	可能的原因	解决措施
Temperature over range	环境温度超出要求温度	调节温度
Dark current limit exceeded	光度计的暗室电流超过了制造商设定的最大操作水平	(1)确认样本室无试管; (2)循环切断/接通设备电源
Close lid and latch … press READ	未关闭样本室门(盖)	插好样本室盖插销并重按[START]，如果设备不能继续工作，请确认样本室盖关闭，循环切断/接通设备电源
Not enough RAM left	内存已满	删除数据
Unable to set PMT level	开机时未关闭样本室盖插销，自检不通过	插好样本室盖插销，关机再重新开机。

注：若采取以上措施仍不能解决故障，请报设备员联系厂家提供技术支持服务。

参考文献

[1] 侯立安，尹洪波．饮用水安全保障应急处理技术研究[J]．中国建筑信息：水工业市场，2010(6)．

[2] 哈希公司．2100P 型便携式浑浊度仪仪器和程序手册．2000.

[3] 哈希公司．2100Q and 2100Qis 用户手册．2010.

[4] 哈希公司．水质分析实用手册．2009.

[5] 梅特勒托利多公司．SevenGo 便携式 pH 计 SG2 使用说明．2010.

[6] 检水检毒箱使用说明书.

[7] GB/T 15441—1995 水质急性毒性的测定　发光细菌法 [S]．北京：中国标准出版社，2000.

[8] ISO 11348：2007. INTERNATIONAL STANDARD. Water quality - Determination of the inhibitory effect of water samples on the light emission of *Vibrio fischeri*(Luminescent bacteria test).

[9] 李素玉．环境微生物分类与检测技术[M]．北京：化学工业出版社，2005.

[10] 张秀君，韩桂春．发光细菌法监测废水综合毒性研究[J]．中国环境监测，1999，15(4)：39-41.

[11] 李劲，房存金，宋献光，等．工业废水与河流水体的急性毒性研究[J]．中国环境监测，2006，22(1)：81-84.

[12] 顾宗濂，马文漪，杨柳燕．环境微生物工程[M]．南京：南京大学出版社，1998.

第五章　水质分析质量控制

第一节　基本概念和名词解释

一、真值和误差

在日常水质分析工作中，检测人员常遇到一种情况，多次重复测定同一个样品，即使选用最准确的分析方法及最精密的仪器，熟练细致地操作，每次检测的数据都不一定完全一致，也不一定和真实值完全一样，这表明误差是客观存在的。所以我们要掌握产生误差的基本规律，以便将误差减小到允许的范围内。

（一）真值

真值是指在某时某刻、某一位置或状态下，某量的效应体现出的客观值或实际值。它客观存在，不可能准确知道。通常，真值包括理论真值、约定真值、相对真值。

水质分析中，真值是指物质中各组分的实际含量，属于相对真值。

（二）误差

误差是指测定结果与真值之差。

任何测定结果都会有误差。了解水质分析过程中产生误差的原因及误差出现的规律，以便采取相应措施减小误差，并对所得的数据进行归纳、取舍等一系列分析处理，使检测结果尽量接近客观真实值。

（三）误差的分类

根据误差产生的原因和性质，将分析工作中的误差分为三类：系统误差、偶然误差、过失误差。

1. 系统误差

系统误差又称为可测误差。它是由于分析过程中的某些固定原因造成的，是一个客观上的恒定值。

系统误差总是以重复固定的形式出现，其正负、大小具有一定规律性，不能通过增加平行测定的次数来消除，而应针对产生系统误差的原因采取相应措施来减小或消除它。

根据产生误差的原因不同，系统误差可分为以下四种：

(1)方法误差。这种误差是由于分析方法本身不够完善而引入的误差。如在日常滴定分析中，由于指示剂的指示终点与理论终点不能完全重合而造成的误差。

(2)仪器误差。这种误差是由于使用仪器本身不够精密所造成的。如使用未经过校正的容量瓶、移液管。

(3)试剂误差。由于所使用的试剂不纯或所用的纯水含有杂质而造成的误差。

(4)主观误差。由于操作人员的固有习惯等主观原因造成的误差。如在滴定分析中，对终点颜色辨别有人偏深，有人偏浅；对仪器刻度标线读数时一贯偏上或偏下等。

2. 偶然误差

偶然误差又称为随机误差。指在测定时由于受到能够影响测量结果但又难以控制、无法避免的各种因素的随机变动而引起的误差。比如环境温/湿度变化、电源电压的微小波动等。检测人员认真操作，外界条件也尽量保持一致，但检测结果仍然有差距。

偶然误差大小、正负不定，可以通过增加平行测定次数来减小。

3. 过失误差

过失误差是指在检测过程中发生了不应有的错误而造成的误差。如加错试剂、溶液溢漏、记录及计算过程失误等。

过失误差是可以避免的，只要操作者养成良好的工作习惯，提高业务素质和工作责任感。

过失误差不是偶然误差。确证含有过失误差的数据，在进行分析统计时应该舍弃。

（四）误差表示方法

1. 绝对误差和相对误差

误差常被用来衡量测定的准确度。误差越小，准确度越高，说明测定值与真实值越接近，反之，误差越大，则准确度越低。相对误差反映的是误差在测定结果中所占的百分比，在使用中更具实际意义。两者表示如下：

$$\text{绝对误差}(E) = \text{测定值}(x) - \text{真实值}(T) \tag{5-1}$$

$$\text{相对误差}(\mathrm{RE}) = \frac{\text{测定值}(x) - \text{真实值}(T)}{\text{真实值}(T)} \times 100\% \tag{5-2}$$

【例1】　氯化物测定值为50.30 mg/L，真实值为50.34mg/L，请计算其绝对误差和相对误差。

$\text{绝对误差}(E) = \text{测定值}(x) - \text{真实值}(T) = 50.30 - 50.34 = -0.04$

$\text{相对误差}(\mathrm{RE}) = \frac{\text{测定值}(x) - \text{真实值}(T)}{\text{真实值}(T)} \times 100\% = -0.04/50.34 \times 100\% = -0.08\%$

实际工作中进行多次测定时，以多次测定结果的算术平均值作为测定值代入公式计算。

【例2】　某试验测定三次结果为：0.121 mg/L，0.125mg/L，0.119mg/L，标准含量为0.118mg/L，请计算其绝对误差和相对误差。

$\text{平均值} = (0.121 + 0.125 + 0.119)/3 = 0.122(\mathrm{mg/L})$

$\text{绝对误差}(E) = \text{测定值}(x) - \text{真实值}(T) = 0.122 - 0.118 = 0.004(\mathrm{mg/L})$

$\text{相对误差}(\mathrm{RE}) = \frac{\text{测定值}(x) - \text{真实值}(T)}{\text{真实值}(T)} \times 100\% = 0.004/0.118 \times 100\% = 3.39\%$

在实际分析工作中，测定值可能大于真实值，也可能小于真实值，所以绝对误差和相对误差都有正负之分。

2. 绝对偏差和相对偏差

偏差常用于表示精密度的大小，偏差越小说明精密度越高。偏差可分为绝对偏差和相对偏差。绝对偏差是指单次测定值与平均值的差；相对偏差是指绝对偏差在平均值中所占的百分率。两者的表达式如下：

$$\text{绝对偏差}(d) = x - \bar{x} \tag{5-3}$$

$$\text{相对偏差} = \frac{x - \bar{x}}{\bar{x}} \times 100\% \tag{5-4}$$

3. 平均偏差和相对平均偏差

平均偏差又称算术平均偏差，是指单次测定值与平均值的偏差(取绝对值)之和，除以测定次数。

$$\text{平均偏差}(\bar{d}) = \frac{\sum |x_i - \bar{x}|}{n} \quad (i = 1,2,\cdots,n) \tag{5-5}$$

$$\text{相对平均偏差} = \frac{\bar{d}}{\bar{x}} \times 100\% \tag{5-6}$$

式中　x_i——单次测定值；

$\bar{x}$——一组测量值的平均值；

n——测定次数。

【例】　一组检测数据为45.51，45.46，45.48，45.50，45.48(mg/L)，计算其平均偏差及相对平均偏差。

平均值 =(45.51 +45.46 +45.48 +45.50 +45.48)/5 = 45.49(mg/L)

平均偏差 =(0.02 +0.03 +0.01 +0.01 +0.01)/5 = 0.016(mg/L)

相对平均偏差 $=\bar{d}/\bar{x} \times 100\%$ = 0.016/45.49 ×100% = 0.04%

4. 标准偏差和相对标准偏差

在数据统计中常用标准偏差来表达测定数据之间的分散程度，其数学表达式为：

$$\text{总体标准偏差}(\sigma) = \sqrt{\frac{\sum (x_i - \mu)^2}{n}} \tag{5-7}$$

由于实际工作中一般测定次数有限，总体均值μ不可求，只能用样本标准偏差表示精密度，其数学表达式为：

$$\text{样本标准偏差}(s) = \sqrt{\frac{\sum (x_i - \bar{x})^2}{n-1}} \tag{5-8}$$

相对标准偏差是指标准偏差在平均值中所占百分率，也叫变异系数或变动系数。数学表达式为：

$$\text{相对标准偏差}(C_V) = \frac{s}{\bar{x}} \times 100\% \tag{5-9}$$

5. 极差

极差也称为“全距”，为一组测量值内最大值与最小值之差，数学表达式为：

$$极差(R) = x_{max} - x_{min} \tag{5-10}$$

$$相对极差 = \frac{R}{\bar{x}} \times 100\% \tag{5-11}$$

式中　x_{max}——一组测量值内最大值；

x_{min}——一组测量值内最小值；

$\bar{x}$——一组测量值的平均值。

二、名词解释

(一)准确度

准确度是指测定值(单次测定值或重复测定值的均值)与真实值的接近程度。准确度的高低常以误差的大小来衡量。误差越小说明准确度越高。

准确度常以绝对误差、相对误差、回收率来表示。

(二)精密度

精密度是指使用特定的分析程序，在受控条件下重复分析测定均一样品所获得测定值之间的一致性程度。精密度的大小用偏差表示，偏差越小说明精密度越高。

精密度常以平均偏差、相对平均偏差、标准偏差、相对标准偏差来表示。

(三)灵敏度

灵敏度：指方法对被测量变化的反应能力。

在分析化学中，灵敏度常以方法的检出限来表征。检出限越小，表明方法的灵敏度越高，检出限越大则表明方法的灵敏度越低。

(四)空白试验

空白试验指在以纯水代替样品，按样品分析规程在同样的操作条件下同时进行的测定。空白试验所得结果为空白试验值。将试样的测定值扣除空白值，得到比较准确的结果。

(五)校准曲线

校准曲线是描述待测物质浓度或量与检测仪器响应值或指示量之间的定量关系曲线，分为“工作曲线”和“标准曲线”两种。工作曲线是指绘制校准曲线的标准溶液和样品的测定步骤完全一样。标准曲线是指绘制校准曲线的标准溶液分析步骤与样品的分析步骤不完全一致，比如省略了预处理过程。

某一方法的校准曲线的直线部分所对应的待测物质的浓度(或量)的变化范围，称为该方法的线性范围。

校准曲线制作及判断要求详见本章第二节的“三”。

(六)检出限

检出限(Detection Limit，DL或Limit of Detection，LOD)是衡量一个分析方法及测试仪

器灵敏度的重要指标，其定义为：某特定分析方法在给定的置信度(通常为95%)内可从样品中检出待测物质的最小浓度或量。所谓“检出”是指定性检出，即判定样品中存在有浓度高于空白的待测物质。检出限受分析的全程序空白试验值及其波动、仪器的灵敏度、稳定性及噪声水平影响。

1. 检出限的估算

(1)根据全程序空白值测试结果估算检出限

①当空白测定次数 $n \geqslant 20$ 时，计算公式为：

$$DL = 4.6\sigma_{wb} \quad (5-12)$$

式中 DL—— 检出限；

σ_{wb}—— 空白平行测定(批内)标准偏差($n \geqslant 20$)

②当空白测定次数 $n < 20$ 时，计算公式为：

$$DL = 2\sqrt{2}t_f S_{wb} \quad (5-13)$$

式中 t_f—— 显著性水平为0.05(单侧)、自由度为 f 的 t 值；

S_{wb}—— 空白平行测定(批内)标准偏差($n < 20$)；

f——批内自由度，等于 $p(n-1)$，p 为批数，n 为每批平行测定次数。

当遇到某些仪器的分析方法空白值测定结果接近于0.000时，可配制接近零浓度的标准溶液来代替纯水进行空白值测定，以获得更有意义的实际数据来进行计算。

(2)不同分析方法的检出限具体规定

① 在某些分光光度法中，以扣除空白值后0.010吸光度相对应的浓度值为检出限。

② 离子选择电极法：当校准曲线的直线部分外延的延长线与通过空白电位且平行于浓度轴的直线相交时，其交点所对应的浓度值即为该离子选择电极法的检出限。

③ 色谱法：检测器恰能产生与基线噪声相区别的响应信号时所需进入色谱柱的物质的最小量为检出限，一般为基线噪声的两倍。最小检测浓度指最小检测量与进样量(体积)之比。

国内外不同标准对检出限确定的计算方法略有差异，如美国EPA SW-846(固体废弃物化学物理分析方法)中规定方法检出限 $MDL = 3.143 \times \delta$($\delta$ 为重复测定7次的标准偏差)，但其计算原理都是在规定的置信水平下，以样品测定值与零浓度样品的测定值有显著性差异为检出限。由于方法和要求不同，得出的检出限也不一样，检出限单位一般用质量浓度(如μg/kg、g/mL)表示。

(七)测定限

测定限为定量范围的两端，分为测定上限与测定下限。

测定下限：在测定误差能满足预定要求的前提下，用特定方法能准确地定量测定待测物质的最小浓度或量，称为方法的测定下限。它反映分析方法能准确地定量测定低浓度水平待测物质的极限值，是痕量或微量分析中定量测定的特征指标。在实际应用中，常用最低检测质量、最低检测质量浓度来代替测定下限。

最低检测质量：指方法能够准确测定的最低质量。

最低检测质量浓度：为最低检测质量对应的质量浓度。

测定上限：在限定误差能满足预定要求的前提下，用特定方法能够准确地定量测定待测物质的最大浓度或量，称为该方法的测定上限。对于待测物含量超过方法测定上限的样品，需要稀释后再进行测定。

（八）最佳测定范围

最佳测定范围也指有效测定范围，指在限定误差能满足预定要求的前提下，特定方法的测定下限至测定上限之间的浓度范围。在此范围内能够准确地定量测定待测物质的浓度或量。

最佳测定范围应小于方法的适应范围。对测量结果的精密度（通常以相对标准偏差表示）要求越高，相应的最佳测定范围越小。

（九）方法适用范围

方法适用范围为某特定方法具有可获得响应的浓度范围，在此范围内可用于定性或定量的目的。

第二节　水质分析质量控制

一、水质分析质量控制分类、目的及意义

实验室水质分析质量控制分为实验室内质量控制和实验室间质量控制。

实验室内质量控制又称内部质量控制。它表现为检测人员对检测质量进行自我控制及质控工作者对检测质量实施质量控制技术管理的过程。通常可以使用标准物质或质量控制样品，按照一定的质量控制程序进行分析测试，以发现和控制分析误差，针对问题查找原因，并做出相应整改。

实验室间质量控制又称外部质量控制。它指由外部具工作经验和技术水平的第三方（如上级部门、兄弟实验室）牵头组织各实验室及其检测人员进行定期或不定期的质量考查的过程。此项工作常采用密码样品以考核或比对的方式进行，以此确定实验人员报出可接受的检测结果的能力以及实验室间数据的可比性。

水质分析质量控制的意义在于对实验室的分析检测过程进行有效的控制，把分析工作中的误差减小到一定的限度，以获得准确可靠的测试结果。

二、常用的实验室内质量控制技术

实验室内质量控制技术有平行样分析、加标回收率分析、标准物质（或质控样）对比分析、人员比对、设备比对、方法比对、质量控制图技术等。这些质量控制技术各有特点和适用范围。以下介绍在日常水质分析工作中最常用的几种。

（一）平行样分析

平行样分析是指将同一样品分为 2 份或以上的子样，在完全相同的操作条件下进行同步分析，实践中多采取平行双样分析。对于某些要求严格的测试分析，例如标准溶液标定、仪器校检等，应同时做 3～5 份平行测定。

检测人员在工作中自行配制的平行样称为明码平行，属于自控方式的质量控制技术；

由专职或兼职的质控人员配制发放的平行样，对于检测人员是未知的，称密码平行，属于他控方式的质量控制技术。平行样分析的结果可以反映批内检测结果的精密度，可以检查同批次样品检测结果的稳定情况。

平行双样分析以相对偏差来衡量，计算公式如下：

$$\eta = \frac{|x_1 - x_2|}{(x_1 + x_2)/2} \times 100\% \tag{5-14}$$

式中 η——相对偏差,%；

x_1，x_2——同一水样两次平行测定的结果。

（二）加标回收率分析

向同一样品的子样中加入一定量的标准物质，与样品同步进行测定，将加标后的测定结果扣除样品的测定值，可计算加标回收率。加标可分为空白（实验用水、纯水）加标和样品加标两种，检测人员可根据实际情况自行选择。

空白加标：在没有被测物质的空白样品基质（如纯水）中加入一定量的标准物质，按样品的处理步骤分析，得到的结果与加入标准的理论值之比即为空白加标回收率。

样品加标：相同的样品取两份，其中一份加入一定量的待测成分标准物质，两份样品同时按相同的分析步骤分析，加标的一份所得的结果减去未加标一份所得的结果，其差值与加入标准的理论值之比即为样品加标回收率。

检测人员在工作中自行配制的加标样称为明码加标，由专职或兼职的质控人员配制发放的加标样，对于检测人员是未知的，称为密码加标。加标回收率分析在一定程度上能反映检测结果的准确度。而平行加标所得结果则既可以反映检测结果的准确度，也可以反映其精密度。

加标回收率计算公式如下：

$$p = \frac{\mu_a - \mu_b}{m} \times 100\% \tag{5-15}$$

式中 p——加标回收率,%；

μ_a——加标水样测定值；

μ_b——原水样测定值；

m——加标量。

注释：

（1）公式里面的测定值根据响应的不同可以用浓度/吸光度/质量等来表示，只要分子分母统一即可。

（2）加标回收率的计算，可以选择采用浓度法或物质的量值法来计算。推荐优先考虑采用物质的量值法计算，将理论公式中各项均理解为量值时，可以避开加标体积加成带来的麻烦，简明易懂、计算方便、实用性强。

（3）在加标体积对测定结果产生的影响可以忽略不计的情况下，可以采用浓度法计算。采用浓度值法计算加标回收率时，若任意加大加标体积，会导致加标回收率测定结果偏低。

【例】　测定六价铬时，样品测定体积一般为50 mL，样品浓度为0.05 mg/L，加入的六价铬标准溶液浓度为1 mg/L。样品中的六价铬含量为0.05 mg/L×0.05 L =0.0025 mg，若加2 mL标液，则加标量为0.002 mg，与样品待测物含量相近。由于加标体积为2 mL，超过原样品体积50 mL的1%，所以加标体积2 mL不能忽略，加标样品只能取48 mL，即样品体积+加标体积=测定体积50 mL，测定吸光度后，用工作曲线计算加标样浓度时样品体积用50 mL计算。则

$$\text{加标回收率}=\frac{\text{加标样浓度}\times 50\ \text{mL}-\text{样品浓度}\times 48\ \text{mL}}{\text{加标体积}\ 2\ \text{mL}\times\text{标准液浓度}\ 1\ \text{mg/L}}\times 100\%$$

假设加标样浓度计算值为0.086mg/L，则

$$\text{加标回收率}=\frac{0.086\times 50-0.05\times 48}{2\times 1}\times 100\%=95\%$$

(三)标准物质(或质控样)分析

标准物质(或质控样)是检测人员常规采用的自行质控手段，一般要求每批待测样品带1个有证标准物质(或已知浓度的质控样)与实际水样同步测定，以检查实验室内(或个人)是否存在系统误差。即要求测定值在标准物质(或质控样)保证值的不确定度范围内，否则应自查原因进行校正。检测结果的绝对误差或相对误差可反映批内样品检测结果的准确度。

例如：在检测水中硫化物时，使用编号为205515的质控样和样品同步进行分析，标准值为0.317 mg/L，扩展不确定度为±0.026 mg/L，检测结果为0.316 mg/L，误差在控制范围内，说明该批样品的所有检测结果是可接受的。

(四)人员比对

实验室内不同检测人员之间的比对，可以是自控方式，也可以是他控方式。由于检测人员不同，实验条件也不尽相同，因而可以避免仪器、试剂以及习惯性操作等因素带来的影响。人员比对通常作为实验室内部质量监督的手段之一，数据没有明显偏离一般可认为检测工作质量是可接受的，可不具体分析数据；或依据检测方法标准中的复现性、允差进行判定。

以上介绍的几种常用的质量控制技术，虽然表面上看形式各异，但是都属于孤立的质量控制技术，因为每次都是按照所选用的特定质控方法来评价和推断该批样品的测定结果，因而都是独立的点估计。与质控图可以连续地判断数据质量的作用是不同的。

此外，建议实验室根据需要不定期开展实验室间比对，并对比对结果进行评判，以便发现系统误差，保证检测结果的精密度和准确度，提高检测质量水平。

三、日常水质分析工作中的质量控制要求

实验室应将水质分析质量控制纳入日常工作的范畴，自觉选取上一节介绍的多种质量控制技术，当发现结果异常或不符合要求时，应立即自查原因，尽快整改，必要时须重新

分析样品。此外，还应注意以下质控要求。

（一）校准曲线

校准曲线贯穿于整个实验，校准曲线的质量与样品测定结果的准确度有着极为密切的关系，因此它的重要性不言而喻，其制作具体有如下要求：

(1)在绘制校准曲线时，应充分考虑待测样品中待测组分的浓度，确保校准曲线浓度范围涵盖广泛。

(2)在测量范围内，配制的标准溶液系列，已知浓度点不得小于 6 个(含空白浓度)，根据已知浓度值与仪器响应值绘制校准曲线，必要时还应考虑基体的影响。

(3)配制校准曲线的标准溶液系列时，如有可能，尽量采用与试样成分相近的标准参考物质，或含有与实际样品类似基体的标准溶液，以减少基体效应。当样品中基体不明或基体浓度很高、变化大，很难配制相类似的标准溶液时，应使用标准加入法。

(4)制作校准曲线用的容器和量器，应经检定合格。如使用比色管应成套，必要时进行容积的校正，每次使用前还应洗涤干净。

(5)校准曲线绘制应与批样测定同时进行。如校准曲线绘制后，当天未能完成批样的检测，下次进行样品检测时，应采用空白试剂和中等浓度的标准样品来确定校准曲线的适用性。当空白试剂未能检出待测物质，中等浓度标准样品测试结果与校准曲线上相应点浓度相对差值为5%～10%时，认为该校准曲线符合要求。

(6)校准曲线的相关系数(γ)绝对值一般应大于或等于 0.999，否则需从分析方法、仪器、量器及操作等方面查找原因，改进后重新制作。

(7)使用校准曲线时，应选用曲线的直线部分和最佳测量范围，不得任意外延。

（二）空白试验

空白试验可消除由于试剂不纯或试剂干扰等造成的系统误差，从而达到减小实验误差的目的。比如在铬天青 S 法测定铝的实验中，以实验室纯水代替待测样品，其他条件不变，即为空白实验，如在采样现场以纯水作样品，按照测定项目的采样方法和要求，与样品相同条件下装瓶、保存、运输直至送交实验室分析即为现场空白。

空白实验值的大小及重现性在一定程度上反映一个实验室及其分析人员的质控水平，它与纯水质量、试剂纯度、仪器性能、玻璃器皿的洁净度及允许差、环境条件、分析人员的操作等多方面原因有关，每次分析样品的同时应做空白实验并注意控制上述影响因素，使分析过程受控。通常，一个实验室在严格的操作条件下，对某个分析方法的空白值应在很小的范围内波动并趋近于0，若空白测定值远超长期检测的空白值波动范围，则表明本次测定过程有问题，其测定结果不可取，应从上述影响因素查找原因，改进后重新取样测定。

（三）精密度控制

平行样分析是日常工作中最常用最易实现的精密度控制方法，实施时有以下要求：

(1)根据样品的复杂程度、检测方法、仪器的精密度和操作技术水平等因素安排平行样的数量，一般每批样品应随机抽取 10%～20% 的样品进行平行双样分析，若样品总数不足 10 个时，每批样品应至少做一份样品的平行双样。

(2)平行双样分析以相对偏差来衡量，使用已经过验证的检测方法进行平行样测定时，其结果的相对偏差在规定的允许值范围之内为合格，否则应查找原因，重新分析。表5-1列出了不同浓度平行双样分析结果的相对偏差最大允许参考数值（摘自GB/T 5750.3—2006）

表5-1　平行双样分析相对偏差允许值

分析结果的质量浓度水平/($mg \cdot L^{-1}$)	100	10	1	0.1	0.01	0.001	0.0001
相对偏差最大允许值/%	1	2.5	5	10	20	30	50

（3）当每批样品平行双样分析合格率≥95%时，该批检测结果有效，取平行双样均值报出；当平行双样分析合格率<95%时，除对超允差样重新测定外，再增加10%～20%的测定率，如此累进至总合格率≥95%为止；当平行双样分析合格率<50%时，该批检测结果不能接受，需要重新取样测定。

（四）准确度控制

准确度控制一般通过质控样和加标样分析来实现，实施时有以下要求：

（1）每批待测样品带1个有证标准物质（或已知浓度的质控样）与实际水样同步测定。

（2）选用标准物质（或质控样）时，应注意其基体、待测物形态和浓度水平尽量与待测样品相近。

（3）每批相同基体的水样随机抽取10%～20%的样品进行加标回收率分析，若样品总数不足10个时，应保证每批样品中至少安排一份加标回收率分析。

（4）当每批样品加标回收率分析的合格率<95%时，除对不合格者重新测定外，再增加10%～20%的测定率，如此累进至总合格率≥95%为止。

（5）加标回收率应符合方法规定的要求。如果方法中没有给定回收率范围，一般控制在95%～105%之间，必要时域限也可适当放宽至80%～120%。

进行加标回收率测定时，具体注意事项如下：

（1）加标物质的形态应与待测物的形态相同。

（2）加标量的大小应适宜，加入过多或过少均不能达到预期的效果。一般情况下规定：

①加标量应尽量与样品中待测物含量相等或相近，一般情况下样品的加标量应为样品中待测物含量的0.5～2倍，在任何情况下加标量均不得大于待测物含量的3倍。

②加标量应注意对样品容积的影响，故加入标准的浓度宜高，体积宜小，一般不超过原样品体积的1%为宜。比如采用异烟酸-吡唑酮分光光度法分析水中的氰化物（GB/T 5750.5—2006 4.1）时，样品体积为250 mL，而加标体积若为1.0 mL，此时加标体积引起的误差可以忽略不计。

③加标后的总浓度不能超出方法的测定上限浓度值或校准曲线上限浓度值的90%。若分析方法为分光光度法，加标样的吸光度过高，也会造成仪器本身的误差。

④当样品中待测物含量在方法检出限附近时（如纯水加标），加标量过小，测定值较差、误差较大，加标量过大则会改变待测物在样品中的测定背景，故加标量应明显高于方法检出限，同时须控制在校准曲线的低浓度范围。文献一般建议按方法检出限浓度的3～

5 倍加标或方法测定上限浓度的 0.2～0.3 倍(也有文献提出 0.4～0.6 倍)加标。

(3)由于加标样与样品的分析条件完全相同，其中干扰物质和不正确操作等因素所致的效果相等。若以其测定结果的减差计算加标回收率，不能确切反映样品测定结果的实际差错。

在实际测定过程中，有的检测人员将标准溶液加入到经过处理后的待测水样中，这是不合理的，尤其是测定有机污染成分而试样须经净化处理时，或者测定氨氮、硫化物、挥发性酚等需要蒸馏预处理的污染成分时，不能反映预处理过程中的沾污或损失情况，虽然回收率较好，但不能完全说明数据准确。

第三节　水质分析数据处理

一、有效数字

(一)有效数字概念

有效数字用于表示测量数字的有效意义，在水质分析工作中指实际能测得的数字。有效数字除末位数是可疑的(不确定的)，其倒数第二位以上的数字应是可靠的(确定的)。

数字“0”，当它用于指小数点的位置，而与测量的准确度无关时，不是有效数字；当它用于表示与测量的准确度有关的数值大小时，即为有效数字，这与“0”在数值中的位置有关。

(二)有效数字修约

有效数字修约即通过省略原数值的最后若干位数字，使最后所得到的值最接近原数值的过程。修约过程应遵循“四舍六入五成双”规则，规则解释如下：

(1)当拟修约的数字小于等于 4 时舍去；

(2)当拟修约的数字大于等于 6 时进一，即保留数字的末位数字加 1；

(3)当拟修约的数字等于 5 且其后无数字或数字全为 0 时，视 5 前面被保留的末位数字的奇偶性决定取舍，末尾数字为奇数时进一，末尾数字为偶数则舍去。

(4)当拟修约的数字等于 5 且其后有非 0 数字时，不论被保留末位数的奇偶，一律进一。

【例 1】　将 10.5002 修约到个数位，得 11。

拟修约数字等于 5 且其后有非 0 数，不论被保留末位数的奇偶，一律进一，得 11。

【例 2】　将 11.5000 修约到个数位，得 12。

拟修约数字等于 5 且其后数字皆为 0，被保留数字的末尾数为奇数“1”，进一，得 12。

【例 3】　将 12.5000 修约到个数位，得 12。

拟修约数字等于 5 且其后数字皆为 0，被保留数字的末尾数为偶数“2”，舍去，得 12。

(三)有效数字运算规则

在数值计算中，当有效数字位数确定后，其余数字应按修约规则进行取舍。

1. 加减法

先按小数点后位数最少的数据修约其他数据的位数，再进行加减计算，计算结果也和小数点后位数最少的数据保留相同的位数。

【例 1】 计算 50. 1 +1. 45 +0. 5812 = ?

修约后计算：50. 1 +1. 4 +0. 6 =52. 1

【例 2】 计算 12. 43 +5. 765 +132. 812 = ?

修约后计算：12. 43 +5. 76 +132. 81 =151. 00

2. 乘除法

先按有效数字最少的数据修约其他数据，再进行乘除运算，计算结果仍保留相同有效数字位数。

【例 1】 计算 0. 0121 ×25. 64 ×1. 05782 = ?

修约为：0. 0121 ×25. 6 ×1. 06 = ?

计算结果为：0. 3283456，保留三位有效数字为 0. 328。

记录为：0. 0121 ×25. 6 ×1. 06 =0. 328

【例 2】 计算 2. 5046 ×2. 005 ×1. 52 = ?

修约为：2. 50 ×2. 00 ×1. 52 = ?

记录为：2. 50 ×2. 00 ×1. 52 =7. 60

需要提出注意的是，利用电子计算器进行计算时，不能生硬照抄计算器上显示的结果数字，应按照以上的修约和计算法则来记录计算结果的最终有效数字位数。

（四）在水质分析中正确应用有效数字

做过分析检测的人员都知道，分析检验其实是一个不停在与有效数字打交道的过程，由于有效数字表示测量数字的有效意义，因此其位数不能任意增删。如何正确应用有效数字，报出准确合理的分析结果，作为分析检测人员应掌握以下一些基本知识。

(1) 对检定合格的计量器具，记录读数时，有效位数可以记录到最小分度值，最多保留一位不确定数字。例：用最小分度值为 0. 0001 g 的天平进行称量时，有效数字可以记录到最小分度值，即小数点后面第四位；使用最小分度为 0. 1 的 25 mL 酸式滴定管时，其读数的有效数字可达到其最小分度后一位，即可保留多一位不确定数字，也就是到小数点后面第二位。

(2) 在一系列操作中，使用多种计量仪器时，最终结果有效数字以最少的一种计量仪器的位数表示。

(3) 表示精密度的有效数字根据分析方法和待测物的浓度不同，一般只取 1 ～2 位有效数字。

(4) 校准曲线的相关系数只舍不入，保留到小数点后出现非 9 的一位数，如小数点后都是 9 时，最多保留小数点后 4 位；校准曲线斜率 b 的有效数字，应与自变量 x 的有效数字位数相等，或最多比 x 多保留一位；截距 a 的最后一位数，则和因变量 y 数值的最后一位取齐，或最多比 y 多保留一位。

(5) 分析结果有效数字所能达到的位数不能超过方法最低检测质量浓度的有效位数所能达到的位数。例如，一个方法的最低检测质量浓度为 0. 02 mg/L，则分析结果报 0. 088 mg/L就不合理，应报 0. 09 mg/L。

二、离群数据

(一)离群数据定义

离群数据：样本中的一个或几个观测值，它们离开其他观测值很远，暗示它们可能来自不同的分布总体。离群值按显著性程度分为歧离值和统计离群值。

歧离值：在检出水平下显著，但在剔除水平下统计检验不显著的离群值。

统计离群值：在剔除水平下统计检验显著的离群值。

检出水平：为检出离群值而指定的统计检验的显著性水平。除有特殊规定，一般 α 为0.05。

剔除水平：为检出离群值是否高度离群而指定的统计检验的显著性水平。除有特殊规定，一般 α 为0.01。

(二)离群数据产生

一组正常的数据应来自具有一定分布的总体。离群数据产生的原因比较复杂，可能是由于随机误差引起的测定值极端波动产生的极值，或者是由于试验条件改变、系统误差等因素造成的异常值，也可能是尚未认知的新现象的突然出现。

(三)离群数据类型

离群值的类型分为：

(1)上侧情形：离群值都为高端值。

(2)下侧情形：离群值都为低端值。

(3)双侧情形：离群值既有高端值，也有低端值。

上侧情形和下侧情形属单侧情形，若无法认定为单侧情形，按双侧情形进行。

(四)离群数据取舍原则

实验中，不可避免地存在离群数据，剔除离群数据，会使测量结果更符合实际。

正常的数据具有一定的分散性，如果为了得到精密度好的测量结果而人为地去掉一些误差较大但并非离群的测量数据，则违背了客观实际。

因此，离群数据的取舍应遵循两原则：

(1)物理判别：实验中因读错、记错，或其他异常情况引起的离群值，应随时剔除。

(2)统计学判别：当出现未知原因的离群值时，应对该离群值进行统计检验，从统计上判断其是否离群。取舍原则是：

①若计算的统计量≤显著水平 $\alpha=0.05$ 时的临界值，则可疑数据为正常数据。

②若计算的统计量>显著水平 $\alpha=0.05$ 时的临界值且同时≤$\alpha=0.01$ 时的临界值，则可疑数据为偏离数据。

③若计算的统计量>$\alpha=0.01$ 时的临界值，则可疑数据为离群数据，应予剔除。

④对偏离数据的处理要慎重，只有能找到原因的偏离数据才可作为离群数据来处理，否则按正常数据处理。

⑤一组数据中剔除离群值后，应对剔除后的剩余数据继续检验，直到其中不再有离群数据。

（五）离群数据的统计检验方法

离群值检验方法有格拉布斯（Grubbs）检验法、狄克逊（Dixon）检验法、奈尔检验法和偏度峰度检验法。水质分析检验中较常使用的是 Grubbs 检验法和 Dixon 检验法。

Grubbs 检验法可用于检验多组测量均值的一致性和剔除多组测量均值中的异常值，亦可用于检出一组测定值中只有一个离群值时的检验；Dixon 检验法用于一组测量值的一致性检验和剔除一组测量值中的异常值，适用于检出一个或多个异常值。两种检验法都有单侧和双侧检验两种方式，由于单侧检验只是双侧检验过程的一部分，以下仅介绍双侧检验过程。

1. Grubbs 检验法（双侧情形）

（a）计算统计量 G_n 和 G'_n，其中

$$G_n = (x_n - \bar{x})/s \quad (5-16)$$

$$G'_n = (\bar{x} - x_1)/s \quad (5-17)$$

式中　x_n——一组检验数据中的最大值；

x_1——一组检验数据中的最小值；

s——标准差。

（b）确定显著性水平 α，水质分析检验中通常选择 α 为 0.05 或 0.01，在表 5-2 中查出对应的临界值 $G_{1-\alpha/2}(n)$。

（c）当 $G_n > G'_n$ 且 $G_n > G_{1-\alpha/2}(n)$，判断 x_n 为离群值；当 $G'_n > G_n$ 且 $G'_n > G_{1-\alpha/2}(n)$，判断 x_1 为离群值；否则判未发现离群值。当 $G'_n = G_n$ 时，应重新考虑限定检出离群值的个数。

表 5-2　双侧 Grubbs 检验法的临界值

n		3	4	5	6	7	8	9	10	11	12	13	14
显著性水平	97.5%	1.155	1.481	1.715	1.887	2.020	2.126	2.215	2.290	2.355	2.412	2.462	2.507
$(1-\alpha/2)$	99.5%	1.155	1.496	1.764	1.973	2.139	2.274	2.387	2.482	2.546	2.636	2.699	2.755
n		15	16	17	18	19	20	21	22	23	24	25	
显著性水平	97.5%	2.549	2.585	2.620	2.651	2.681	2.709	2.733	2.758	2.781	2.802	2.822	
$(1-\alpha/2)$	99.5%	2.806	2.852	2.894	2.932	2.968	3.001	3.031	3.060	3.087	3.112	3.135	

【例】　现有一组测量数据按从小到大顺序排列如下：4.41，4.49，4.50，4.51，4.64，4.75，4.81，4.95，5.01，5.39。检查是否有离群值。

步骤一：计算

已知：$x_1 = 4.41$，$x_n = 5.39$，$\bar{x} = 4.746$，$s = 0.305$

$G_n = (x_n - \bar{x})/s = 2.111$，$G'_n = (\bar{x} - x_1)/s = 1.102$

步骤二：查临界值

确定显著性水平 α 为 0.05，查表 5-2：$n = 10$ 时，$G_{1-\alpha/2}(n) = 2.290$

步骤三：判断异常值

由于 $G_n > G'_n$ 且 $G_n < G_{1-\alpha/2}(n)$，判断没有异常值。

2. Dixon 检验法(双侧情形)

(a)按表 5－3 选择公式计算统计量 D_n 和 D_n'

表 5－3　Dixon 检验法计算公式

样本量(n)	检验高端离群值(x_n)	检验低端离群值(x_1)
n：3～7	$D_n = r_{10} = \frac{x_n - x_{n-1}}{x_n - x_1}$	$D'_n = r'_{10} = \frac{x_2 - x_1}{x_n - x_1}$
n：8～10	$D_n = r_{11} = \frac{x_n - x_{n-1}}{x_n - x_2}$	$D'_n = r'_{11} = \frac{x_2 - x_1}{x_{n-1} - x_1}$
n：11～13	$D_n = r_{21} = \frac{x_n - x_{n-2}}{x_n - x_2}$	$D'_n = r'_{21} = \frac{x_3 - x_1}{x_{n-1} - x_1}$
1n：14～30	$D_n = r_{22} = \frac{x_n - x_{n-2}}{x_n - x_3}$	$D'_n = r'_{22} = \frac{x_3 - x_1}{x_{n-2} - x_1}$

表中　x_n—— 一组检验数据中的最大值；

　　　x_1—— 一组检验数据中的最小值。

(b)确定显著性水平 α，水质分析检验中通常选择 α 为 0.05 或 0.01，在表 5－4 中查出对应的临界值 $D_{1-\alpha/2}(n)$。

(c)当 $D_n > D'_n$ 且 $D_n > D_{1-\alpha/2}(n)$，判断 x_n 为离群值；当 $D'_n > D_n$ 且 $D'_n > D_{1-\alpha/2}(n)$，判断 x_1 为离群值；否则判未发现离群值。

表 5－4　双侧 Dixon 检验法的临界值

n	统计量	95%	99%	n	统计量	95%	99%
3		0.970	0.994	17		0.527	0.614
4		0.829	0.926	18		0.513	0.602
5	r_{10}和 r'_{10}中较大者	0.710	0.821	19		0.500	0.582
6		0.628	0.740	20		0.488	0.570
7		0.569	0.680	21		0.479	0.560
8		0.608	0.717	22		0.469	0.548
9	r_{11}和 r'_{11}中较大者	0.564	0.672	23	r_{11}和 r'_{11}中较大者	0.460	0.537
10		0.530	0.635	24		0.449	0.522
11		0.619	0.709	25		0.441	0.518
12	r_{21}和 r'_{21}中较大者	0.583	0.660	26		0.436	0.509
13		0.557	0.638	27		0.427	0.504
14		0.587	0.669	28		0.420	0.497
15	r_{22}和 r'_{22}中较大者	0.565	0.646	29		0.415	0.489
16		0.547	0.629	30		0.409	0.480

【例】 有一组测定值按从小到大顺序排列如下：20.30，20.39，20.39，20.40，20.40，20.40，20.41，20.41，20.42，20.42，20.42，20.43，20.43，20.43，20.43。检验是否有离群值。

步骤一：确定计算公式

查表5-3，$n=15$ 时，D_n 检验公式为：$D_n=r_{22}=\frac{x_n-x_{n-2}}{x_n-x_3}$

D'_n 检验公式为：$D'_n=r'_{22}=\frac{x_3-x_1}{x_{n-2}-x_1}$

步骤二：计算

$D_n=0$

$D'_n=0.692$

步骤三：根据显著水平查临界值

确定显著性水平 α 为0.05，查表5-4，当 $n=15$ 时，$D_{1-\alpha/2}(n)=0.565$

步骤四：根据统计值进行判断

由于 $D'_n>D_n$ 且 $D'_n>D_{1-\alpha/2}(n)$，判断 x_1，即20.30为离群值，应予剔除。

步骤五：继续检验余下的14个数据，方法同上。

计算：$D_n=0$

$D'_n=0.25$

显著性水平 α 为0.05，查表5-4，当 $n=14$ 时，$D_{1-\alpha/2}(n)=0.587$

由于 $D'_n>D_n$ 且 $D'_n<D_{1-\alpha/2}(n)$，判断没有异常值。

参考文献

[1] 华东理工大学分析化学教研组，成都科学技术大学分析化学教研组．分析化学[M]．第四版．北京：高等教育出版社，1982.

[2] 刘珍．化验员读本：化学分析(上册)[M]．北京：化学工业出版社，1993.

[3] 中国环境监测总站．环境水质监测质量保证手册[M]．第二版．北京：化学工业出版社，1994.

[4] 岳舜琳．水质检验工[M]．北京：中国建筑工业出版社，1997.

[5] GB/T 5750.3—2006　生活饮用水标准检验方法：水质分析质量控制[S]．北京：中国标准出版社，2007.

[6] GB/T 4883—2008　处理和解释正态样本离群值的判断和处理[S]．北京：中国标准出版社，2008.

[7] 张立伟．数理统计的方法处理试验数据的异常值[J]．电线电缆，2005(4).

[8] 何平．剔除测量数据中异常值的若干方法[J]．航空计测技术，1995，15(1).

[9] 国家环境保护局．环境监测机构计量认证和创建优质实验室指南[M]．北京：中国环境科学出版社，1994.

第六章　水质分析实验室管理

为确保水质检测数据的质量，使实验室管理的工作系统化、经常化、有章可循、有据可依，建立一套规章制度很有必要。以下是检测实验室常用的一些管理要求。

第一节　人员管理

(1)实验室应根据工作需要配置足够的管理、监督、检测人员。

(2)实验室应安排经过培训并具有相关资质人员实施采抽样及检测工作。

(3)实验室应对新入员工或在培训员工开展检测工作安排质量监督。

(4)实验人员应确保对所有样品均能公正、准确地实施检测，严禁伪造数据。

(5)实验人员应熟悉所承担项目的方法原理，具有独立完成检测过程的实操能力。测试前认真做好准备，按标准要求开展检测工作。

(6)实验室负责人员应熟悉各项实验室管理要求并具备一定的数据分析和审核能力。

第二节　仪器设备管理

(1)实验室仪器设备应实行专人管理。非实验室工作人员禁止擅自操作各种实验仪器。

(2)计量仪器必须按规定经计量检定合格后才能投入使用。不需计量的辅助设备也应在技术规范许可的正常状态下使用。

(3)操作人员必须经过专门的技术训练，熟悉仪器性能、用途和使用方法，严格按照使用说明书的要求操作，遵守操作规程。

(4)实验结束，应及时清理废弃物，按要求关好、收好仪器，如实准确填写使用记录，及时切断电源、水源、气源，以免发生事故。

(5)仪器使用过程中，应注意仪器性能和工作状态，如发生故障，应立即停止使用，严禁仪器带病运行，同时应及时汇报，申请专业维修人员进行维修。严禁擅自拆卸仪器设备。

(6)经过修复的仪器设备在重新投入使用之前应进行必要的检查。对检测数据有影响的关键部件维修后还应安排检定或校准。

(7)日常运行中应定期对仪器设备进行必要的维护，每次维护都应有记录。

(8)实验室仪器设备必须按要求逐台建立技术档案。各种资料应完整保存，归档资料包括：订货合同、说明书、安装调试验收报告、检定/校准证书、仪器零配件登记表、仪器维修维护记录等。

第三节　样品管理

(1)实验室应根据检测分析的需求选择适宜的容器用于盛装样品。

(2)需要时按检验方法或相关标准规定在样品瓶中加入保存剂或固定剂。

(3)采集后的样品在运输过程中应严格避免损失、沾污和变质并在规定的时间内送交实验室。

(4)实验室应对接收的样品进行检查，包括样品的包装情况、标签和采样记录，核对样品的名称、数量、性状，对样品进行登记。如发现有标签缺损、字迹不清难以辨认、包装破损、数量/规格不符、样品量不足、采样不合要求等情况时，应敦促送样人现场整改，无法整改时应重采样品。

(5)实验室应有专门及适宜的样品贮存场所或区域，需要时应配备低温设备用于存放样品。

(6)检验人员应在规定时间内对样品进行分析测试。

(7)样品检测完毕并经数据审核确认后，方可按程序对样品进行清理。

(8)需要留样时，应保持包装完整，按规定的保管条件存放在指定区域。留样若用于仲裁检测使用，需要按规定做好封口确认。

第四节　实验室试剂仓库管理

一、试剂入库

(1)新购试剂应验收合格再办理入库。验收至少包括对试剂品名、数量、包装、生产日期、外观检查等内容。对检测质量影响至关重要的关键试剂，或试剂质量不太稳定的试剂还应进行质量验收。

(2)已入库的试剂应做到账、物、卡三者相符。

(3)试剂入库后应分类分项存放并做好相应标识。

(4)遇热、遇潮易引起燃烧或爆炸的危险试剂，存放时应当采取隔热、防潮措施。

(5)易燃、易爆的试剂不得混放；化学性质或防护、灭火方法相抵触的化学试剂，不得在同一仓库和同一储存室存放。

(6)剧毒试剂应存放在有锁的试剂柜中。

二、试剂发放

(1)发放试剂时应注意试剂的生产日期，一般应遵循先进先出的原则。

(2)剧毒品的收发应实行“双人保管、双人收发、双人领料、双本账、双锁”的五双管理规定。

三、仓库管理

(1)应设专职人员(或指定的兼职人员)管理试剂仓库。

(2)仓库管理人员应具有高度责任心，积极做好仓库的防火、防盗、防水、防高温等工作。

(3)仓库管理人员应搞好仓库卫生，不在库内存放堆积杂物，保持仓库过道畅通无阻。

(4)仓库管理人员对库存试剂应定期进行盘点并清理过期试剂。

第五节　检验工作管理

实验室应对检验工作进行管理控制，包括但不仅限于以下几个方面：

一、检测流程管理

(1)实验人员收到检测样品后应及时开展检测工作，发现超标或异常数据应慎重复核，必要时采取双人双平行复核制度，确认无误后再正式报出检测数据。

(2)实验人员在测试样品时应采取合适的质控措施确保检测数据准确可靠。

(3)可能时，实验室应尽量参加由外单位或上级部门组织实施的质量控制考核工作，以便发现实验室可能存在的系统误差。

二、检测方法管理

(1)实验室应优先使用国家、行业、地方或国际(区域)发布的标准方法，并确保使用最新有效版本。在没有标准方法时，可使用技术权威机构、有关教科书、杂志上发表或设备制造商制定的公认方法。

(2)所有方法启用或更改时，应经过确认。方法的确认可采用以下方法：使用标准物质或与权威方法进行比对试验以确认其可靠性；采用精密度、准确度、线性范围、检测限、回收率指标等。

三、检测数据管理

(1)检测数据报出应按《生活饮用水标准检验方法　水质分析质量控制要求》(GB/T 5750.3—2006)以及检测方法标准要求规定，做到计量单位使用规范，数据格式正确。

(2)涉及检测数据的报告和统计表等应经实验室负责人审核无误后才正式对外报出。

(3)实验人员不得将检测数据据为已有，未经批准不得随意对外泄露检测数据。

第六节　原始记录管理

(1)应根据检测、抽样项目的不同要求设计不同格式的原始记录表格。表格设计应满足信息足够、能够追溯的原则。一般情况下，应包括但不限于以下内容：检测时环境条件信息、仪器设备条件信息、标准溶液配制信息、检测原始数据以及质控情况等信息。设计后表格应经相关人员如部门负责人审核后投入使用。

(2)原始记录应有检测、复核人员的签名，必要时还应有抽样人员签名。

(3)原始记录填写应及时、工整、清楚、真实、准确、完整和规范。

(4)原始记录修改应采用杠改法，同时将正确值填写在旁边，不可擦涂，以免字迹模糊或消失。对记录的所有改动应有改动人的签名。

(5)原始记录的保存、查阅、借阅和销毁按照《技术档案资料管理制度》实施。

(6)对以电子形式储存的原始记录其修订和保存也应参照上述原则处理。

第七节　技术档案资料管理

(1)实验室应根据自身工作特点，建立技术资料档案并设专人(或兼职人员)管理。

(2)技术档案资料包括但不限于以下几个方面：

①产品质量标准、检验方法标准；

②仪器设备资料；

③原始记录以及相关报表；

④技术培训资料；

⑤人员档案资料；

⑥试剂采购验收资料；

⑦各类实验室管理文件；

⑧其他资料。

(3)所有技术档案资料应分类编目，加贴标识以利取阅，不要随意捆扎堆放。

(4)保存技术档案资料应注意通风、干燥、防火、防蛀、防盗等，最大限度延长技术档案资料的使用寿命，避免发生损坏、变质和丢失现象。

(5)实验室应建立技术档案资料的查阅、借阅和复印制度。严禁借阅人员对档案资料进行剪贴、抽取、勾划、涂抹，归还时档案资料管理人员应对资料进行检查，确保资料完好无损。

(6)为防止原始记录信息被修订，一般情况下原始记录只可查阅，借阅仅提供复印件。

(7)实验室应规定技术档案资料的保存期限，保存期限的设置可根据资料性质以及实验室自身运行情况而定。

(8)超过保存期的记录需销毁时应经过审查批准以免造成无可挽回的损失。

(9)档案资料管理人员应忠于职守、不失密、不泄密。工作变动时，应严格履行移交手续，移交双方对资料进行核对，无误后双方签字确认。

第八节　实验室环境和安全管理

一、实验室环境管理

(1)实验室的建造、布局应符合相关标准要求。

(2)实验室应严格控制其内部和外部环境条件以保证检测结果的准确性。这些控制包括(但不限于)：光照、温度、湿度、震动等方面。

(3)对有交叉影响的检测工作应采取适当的隔离措施避免交叉污染。

(4)对特殊工作场所如微生物检验工作区域应有正确、显著标识，防止非检测人员随意进出。

(5)做好内务管理以保持良好的检测工作环境。

二、实验室安全管理

实验室安全管理包括消防、用电、日常检测操作、废物处理以及应急处理等方面，实验室应配备各种必需的安全设施并制定相应的安全制度以确保安全工作落实到实处。

1. 消防安全

实验室应建立安全员责任制度，负责定期检查各类消防器材是否过期、数量是否足够以保证出现险情时可随时取用。应经常组织对全体员工进行消防安全知识培训，以确保人人都能正确使用所配备的消防器材，具有应急逃生常识。

2. 用电安全

实验室应注意安全用电，防止触电、短路以及违章使用设备引起的火灾等安全事故。详细的安全用电要求详见本节附录“一”。

3. 检测操作安全

实验人员应严格按规范开展检测操作。使用气瓶、玻璃仪器以及易燃、易爆试剂和剧毒品时应确保人身以及实验室安全。实验室日常检测操作安全制度详见本节附录“二”。

4. 废物处理

实验室应配备储存废固、废液的有盖容器，产生的废固和废液分类倒入指定容器储存。一般的酸碱等试验废液，实验室可自行中和后排入下水道，对有毒有害的特殊实验废弃物，实验室应定期请有资质的废弃物处置单位进行收集处理。

5. 应急处理

实验室应建立紧急情况下的应急处理措施，以便出现险情和意外事故时，实验室能第一时间做出反应，采取有效措施及时处理并向相关部门报告。常用的医疗应急救护知识详见本节附录“三”。

附　录

一、用电安全制度

(1)实验室不得私自拉接临时供电线路。

(2)实验室内不得有裸露的电线，同时应保持电线干燥。

(3)实验室应经常检查漏电保护器以确保其功能正常。

(4)电源或电器的保险丝烧断时，应先查明原因，排除故障后再按原负荷换上适宜的保险丝，不得用铜丝替代。

(5)正确操作闸刀开关。应使闸刀处于完全合上或完全断开的位置，不能若即若离，以防接触不良打火花。禁止将电线头直接插入插座内使用。

(6)使用高压电源工作时要穿绝缘鞋，戴绝缘手套并站在绝缘垫上。

(7)实验室不得使用不合格的电器设备。

(8)新购的电器作业前必须全面检查，防止因运输震动使电线连接松动，确认没问题并接好地线后方可使用。

(9)应建立用电安全定期检查制度。发现电器设备漏电要立即修理，绝缘损坏或线路老化要及时更换。

二、实验室日常检测操作安全制度

(1)检验人员工作时应穿工作服，将长发及松散的衣服妥善固定。进行有危险性的工作要穿戴防护用具，如防护口罩、防护手套、防护眼镜等。

(2)实验室内禁止吸烟、进食，不能用实验室器皿处理食物，不能在储存化学药品的冰箱内存放食物。

(3)检验中途操作人员不得离开岗位，必须离开时，要委托能负责任者看管。

(4)操作、倾倒易燃液体时应远离火源。

(5)蒸馏易燃液体严禁用明火。

(6)加热易燃溶剂必须在水浴或严密的电热板上缓慢进行，严禁用火焰或电炉直接加热。

(7)身上或手上沾有易燃物时，应立即清洗干净，不得靠近明火，以防着火。

(8)实验室内所有试剂必须贴有明显的与内容物相符的标签。严禁将用完的原装试剂空瓶不更换标签而装入其他试剂。

(9)打开浓盐酸、浓硝酸、浓氨水及易挥发溶剂试剂瓶塞应在通风柜中进行，瓶口不能对人。

(10)通常应在试验台备有湿抹布，以便当有毒或有腐蚀性的溶液滴溅在台面上时，立即擦去。如溅在手上或身上应马上用大量流动水冲洗，必要时送医处理。

(11)稀释浓硫酸的容器(如烧杯)通常要放在盛有冷水的盆中，以便稀释过程中溶液散热。注意：只能将浓硫酸慢慢倒入水中，不能相反!

(12)易燃液体的废液应设置专用储器收集，不得倒入下水道，以免引起燃爆事故。

(13)玻璃管与胶管拆装时，应先用水润湿，手上垫棉布，以防玻璃管折断时扎伤手。

(14)使用烘箱和高温炉时，必须确认自动控温装置可靠。不得把含有易燃、易爆溶剂的物品送入烘箱和高温炉加热。

(15)搬运气瓶时用手或借助手推车，直立移动，不能横卧滚运，防止摔掷和剧烈振动，搬前要戴上安全帽并旋紧，以防不慎摔断瓶嘴发生事故。

(16)高压气瓶的减压阀要专用，安装时螺口要上紧。开启气瓶时应站在气压表的一侧，不要将头对着气瓶总阀，防止阀门或气压表冲出伤人。瓶内气体不得用尽，剩余残压不应小于0.5MPa。

(17)气瓶必须存放在阴凉、干燥、远离热源的气瓶间，直立固定放置，并且要严禁明火，防暴晒。

(18)实验人员应做好日常安全检查工作。每次实验前要检查电路、电器、水管、多媒体设备等各类硬件设施，及时发现安全隐患，并做到及时处理，及时报告。每天下班前应关闭所有的仪器设备以及水、电、通风等系统。

三、实验室应急救护知识

(一)灼伤救护

(1)酸：先用抹布尽量擦拭干净，紧接着用大量水冲洗，以免深度受伤，再用5% $NaHCO_3$溶液或稀氨水浸洗，最后用水洗。

氢氟酸：先用大量水冲洗20 min以上，再用冰冷的饱和硫酸镁溶液或70%酒精浸洗30 min以上，或用大量水冲洗后，用肥皂水或5% $NaHCO_3$ 溶液冲洗，用5% $NaHCO_3$ 溶液湿敷。局部外用可的松软膏或紫草油软膏。

(2)碱：先用大量水冲洗，再用1% 硼酸或2% HAc溶液浸洗，最后用水洗。

(3)酚：先用大量水冲，再以4∶1的70% 乙醇和0.3 mol/L氯化铁混合液洗。

(4)氯化锌、硝酸银：先用水冲，再用50 g/L $NaHCO_3$ 漂洗，涂油膏剂磺胺粉。

(5)高锰酸钾：先用水冲洗，再用肥皂彻底洗涤。

(6)过氧化氢：应立即用水冲洗，也可以用2%碳酸钠溶液冲洗。

(7)眼睛灼伤：立即用大量水或生理盐水缓缓彻底冲洗，分开眼敛充分冲洗结膜囊，洗眼时要保持眼皮张开，可由他人帮助翻开眼睑，持续冲洗15 min。包上消毒纱布后就医。

(8)皮肤灼伤：脱去污染衣物，用大量流动清水冲洗灼伤创面20～30 min。碱性物质灼伤冲洗应延长。严重时就医。

(二)中毒急救

(1)吸入有毒气体或蒸汽：迅速脱离现场至空气新鲜处，解开衣领和钮扣，呼吸新鲜空气。对休克者应施以人工呼吸(勿用口对口，可用俯卧压背法)，必要时实施胸外心脏按压术。立即送医院急救。

(2)碱：先饮大量水再喝些牛奶，就医。

氢氧化钠：用水充分漱口，用牛奶或鸡蛋清灌胃或饮水约250 mL。如呕吐自然发生，使患者身体前倾并重复给水。

(3)酸(硫酸、硝酸、盐酸、磷酸)：将患者移离现场至空气新鲜处，有呼吸道刺激症状者应吸氧。先喝水，再服 $Mg(OH)_2$ 乳剂，最后饮些牛奶。不要用催吐药，也不要服用碳酸盐或碳酸氢盐。就医。

(4)重金属盐：喝一杯含有几克 $MgSO_4$ 的水溶液，立即就医。不要服催吐药，以免引起危险或使病情复杂化。

(5)水银：可食入蛋白(如1升牛奶加三个鸡蛋清)或蓖麻油解毒并使之呕吐，立即送医院急救。

(6)氰化钾、氰化钠、氰化氢：如吸入蒸气，迅速脱离现场至空气新鲜处。保持呼吸道通畅。如呼吸困难，给输氧。呼吸心跳停止时，立即进行人工呼吸(勿用口对口)和胸外心脏按压术。催吐。就医。

(7)氯气：吸入后迅速脱离现场至空气新鲜处。呼吸心跳停止时，立即进行人工呼吸和胸外心脏按压术，就医。

(8)三氧化二砷、氯化汞：催吐。给饮牛奶或蛋清。就医。

(9)氨气：将患者移到空气新鲜处，呼吸困难应输氧，用大量水冲洗患处，但不能冲洗冻伤处，脱掉污染的衣服，误服者给饮牛奶，就医。

(10)氧气：吸入过量氧气时，要迅速脱离现场至空气新鲜处，保持呼吸道通畅。若呼吸停止，立即进行人工呼吸，必要时就医。

(11)丙酮、硫化钠、氧化钙：用水充分漱口，不可催吐，饮水约250 mL。就医。

(12)二氯甲烷、三氯甲烷、四氯甲烷、碘：误服立即漱口，温水催吐，紧急就医。

(13)苯酚：如患者意识清楚，立即口服植物油15～30mL，催吐并急送医院救治。

(14)高锰酸钾：使吸入粉尘的患者脱离污染区，安置休息并保暖。就医。

(15)重铬酸钾：迅速转移到空气新鲜处，保持呼吸道畅通，给氧。服用牛奶和蛋清保护胃粘膜。紧急就医。

(三)外伤急救

(1)割伤：取出伤口处的玻璃碎屑等异物，用水洗净伤口，挤出一点血，医用酒精消毒后用消毒纱布包扎。也可在洗净伤口上贴“创口贴”。若伤口较大或过深而大量出血，应迅速在伤口上部和下部扎紧血管止血，立即就医。

若严重割伤大量出血时，应先止血，让伤者平卧，抬高出血部位，压住附近动脉，或用绷带盖住伤口直接施压，若绷带被血浸透，不要换掉，再盖上一块施压，立即送医院治疗。

(2)烫伤：立即将伤处用大量水冲淋或浸泡。用医用酒精消毒后，如果伤处红痛或红肿(一级灼伤)，可擦烫伤膏或万花油敷盖伤处；若皮肤起泡(二级灼伤)，不要弄破水泡，防止感染；若伤处皮肤呈棕色或黑色(三级灼伤)，应用干燥而无菌的消毒纱布轻轻包扎好，急送医院治疗。

(3)烧伤：

①对于小面积轻度烧伤，可用冷水及时冲洗局部，以降低温度，减轻痛感与肿胀。如果烧伤的局部很脏，可用肥皂水冲洗，但不可用力擦洗；蘸干水后，再涂上万花油或烫伤膏等。

②如果烧伤后有水泡形成，最好不要刺破水泡，以免感染，如水泡较大需要到医院请医生处理。

③如果烧伤后，水泡已破，且局部被脏物污染，则应用生理盐水冲洗，周围也应清洁消毒，然后在创面盖无菌纱布包扎，就医。

④如果烧伤的部位是头和颈部，则不用包扎，应采用暴露疗法，只在创面涂以烧伤药膏即可，但不可让鼻涕、眼泪、唾液污染创面。一旦创面遭到严重污染，必要时，应到医院注射破伤风抗毒素和抗生素，以控制感染。

(四)火灾急救

(1)汽油、乙醚、甲苯等有机溶剂：立刻拿开着火区域内的一切可燃物质，关闭通风器，防止扩大燃烧。若着火面积较小，可用细沙或用灭火毯扑灭。也可用泡沫、干粉灭火器灭火。

(2)酒精及其他可溶于水的液体：可用水灭火。

(3)衣物着火：化纤织物立即脱除。一般小火可用湿抹布、灭火毯等包裹使火熄灭。

若火势较大，可就近用水龙头浇灭。必要时可就地卧倒打滚，一方面防止火焰烧向头部，另外在地上压住着火处，使其熄火。

(4)反应体系着火：因冲料、渗漏、油浴着火等引起。用几层灭火毯包住着火部位，隔绝空气使其熄灭，必要时在灭火毯上撒些细沙。若仍不奏效，必须使用灭火器，由火场的周围逐渐向中心处扑灭。

(5)导线着火：不能用水及 CO_2 灭火，应切断电源并用干粉、二氧化碳灭火器灭火。

(五)触电急救

(1)关闭电源：立即切断电源，用绝缘物如干燥木棍、竹棒或干布等物使伤员尽快脱离电源。急救者切勿直接接触伤员，以防止自身触电而影响抢救工作的进行。

(2)当伤员脱离电源后，应立即检查伤员全身情况，特别是呼吸和心跳，发现呼吸、心跳停止时，应立即就地抢救(根据受伤程度不同分别按以下方法处理)，同时拨打 120 急救电话。

①轻症：神志清醒，呼吸心跳均自主者，伤员就地平卧，严密观察，暂时不要站立或走动，防止继发休克或心衰。

②呼吸停止、心搏存在者，就地平卧解松衣扣，立即施以人工呼吸。

③心搏停止，呼吸存在者，应立即做胸外心脏按压。

④呼吸心跳均停止者，则应在人工呼吸的同时施行胸外心脏按压。现场抢救最好能两人分别施行人工呼吸及胸外心脏按压，以 1∶5 的比例进行，即人工呼吸 1 次，心脏按压 5 次。如现场抢救仅有 1 人，用 15∶2 的比例进行胸外心脏按压和人工呼吸，即先做胸外心脏按压 15 次，再人工呼吸 2 次，如此交替进行，抢救一定要坚持到底。

⑤现场抢救中，不要随意移动伤员，若确需移动时，抢救中断时间不应超过 30s。移动伤员或将其送医院，除应使伤员平躺在担架上并在背部垫以平硬阔木板外，应继续抢救，心跳呼吸停止者要继续人工呼吸和胸外心脏按压，在医院医务人员未接替前救治不能中止。

(六)生物实验室事故处理

(1)衣物污染：

①尽快脱掉实验服，洗手并更换实验服。

②将已污染的实验服放入高压灭菌器处理。

③清理发生污染的地方及放置实验服的地方。

④如果个人衣物被污染，应立即将污染处浸入消毒剂，并更换干净的衣物或一次性衣物。

(2)吸入病原菌菌液：应立即吐入容器内消毒，并用 1∶1000 高锰酸钾溶液漱口；可根据菌种不同，服用抗菌药物予以预防。

(3)菌液流洒桌面：应倾倒适量消毒酒精或其他消毒液于污染面，让其浸泡半小时后抹去；若手上沾有活菌，亦应浸泡于上述消毒液 10 min 后，再以肥皂及水洗刷。

(4)菌液流洒地面：用经消毒剂浸泡的吸水物质(如纱布、毛巾等)覆盖，消毒剂起作用 10～15min 后，用消毒剂冲洗清理该地方，并以可行的方法移走吸水性物质。

参考文献

[1] 中国环境监测总站．环境水质监测质量保证手册[M]．第二版．北京：化学工业出版社，1994.
[2] 国家环境保护总局．水和废水监测分析方法[M]．第四版．北京：中国环境科学出版社，2002.
[3] 岳茂兴，陈冀胜，王莹，等．危险化学品事故急救[M]．北京：化学工业出版社，2005.
[4] 雷质文．食品微生物实验室质量管理手册[M]．北京：中国标准出版社，2006.
[5] 中国城镇供水排水协会．城镇供水排水水质监测管理[M]．北京：中国建筑工业出版社，2009.

项目索引

彩　图

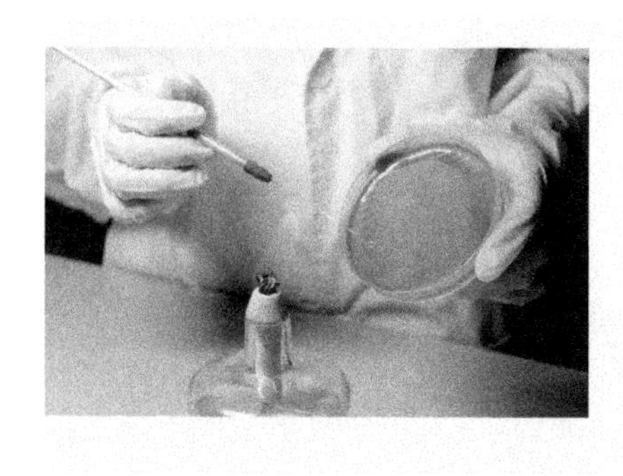

图 1－32　连续划线法示例

（a）菌液连续划线生长效果(品红亚硫酸钠琼脂)

（b）划线后菌落分散生长效果(R2A琼脂)

图 1－33　连续划线法平皿效果图

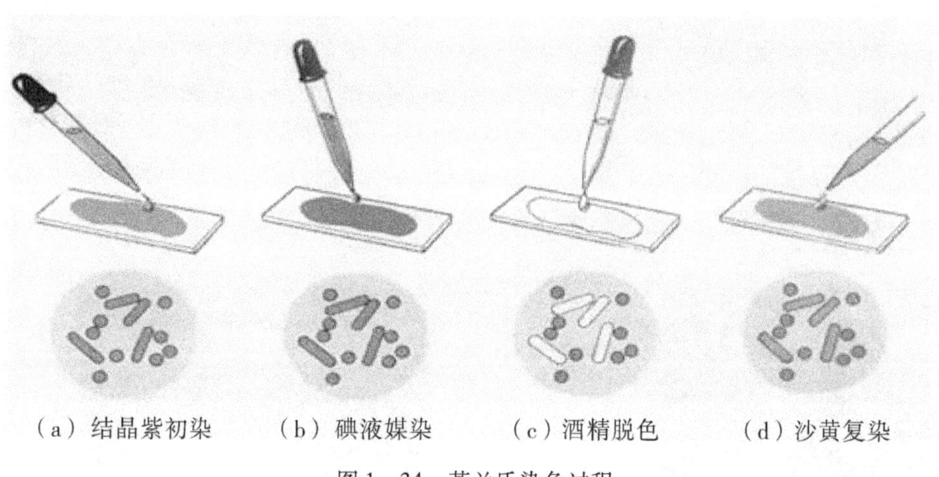

（a）结晶紫初染　（b）碘液媒染　（c）酒精脱色　（d）沙黄复染

图 1－34　革兰氏染色过程

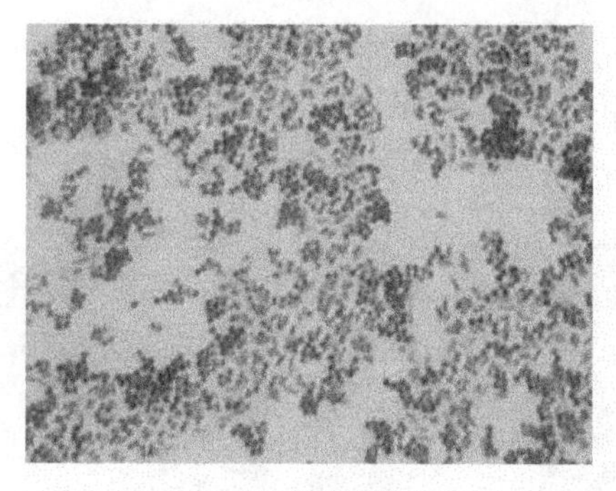

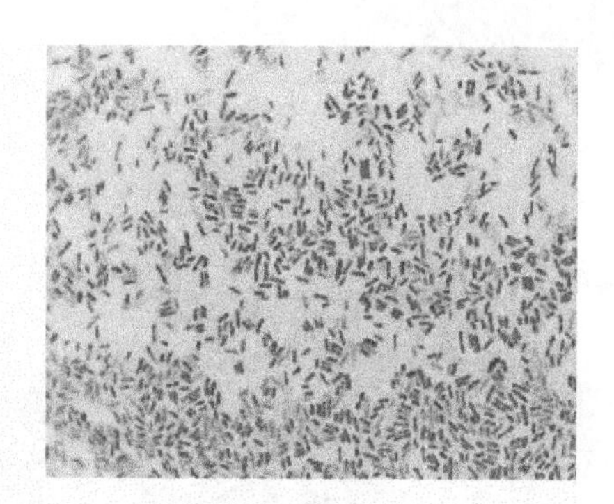

（a）革兰氏阳性菌（G^+）　（b）革兰氏阴性菌（G^-）

图 1－35　革兰氏染色菌落显微图片

灭菌前：

灭菌后：

图 2－17　压力蒸汽灭菌化学指示卡灭菌前后对比

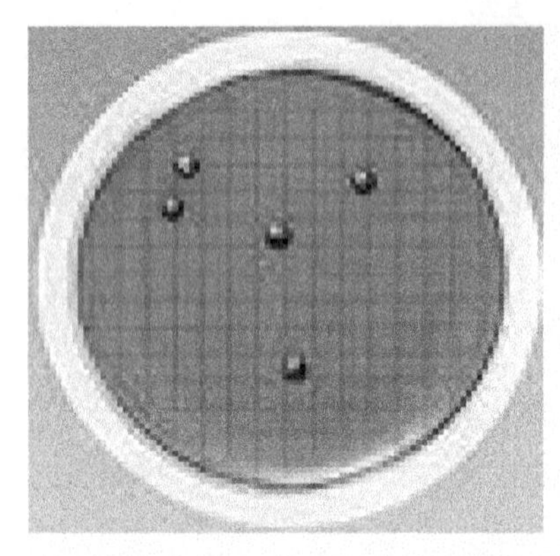

（a）品红培养基上的总大肠菌群

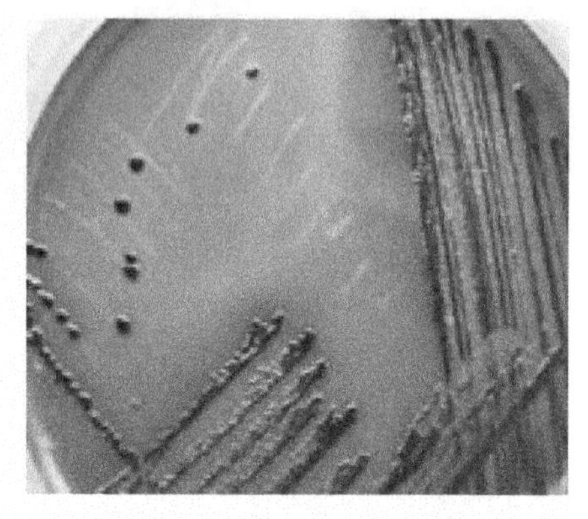

（b）伊红美蓝培养基上的总大肠菌群

图 2－18　总大肠菌群特征菌落

（a）加入试剂

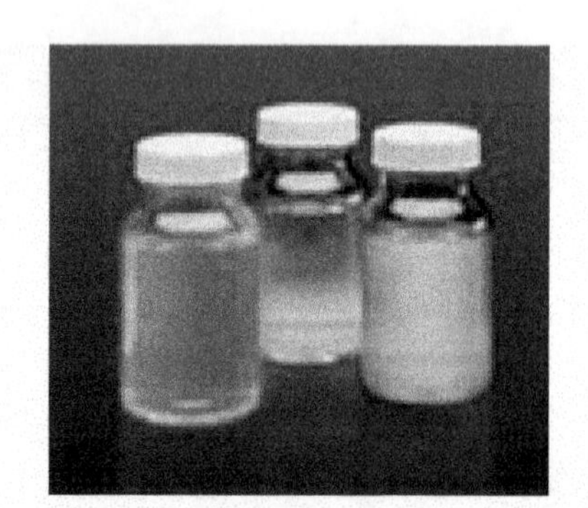

（b）培养结果（蓝色和透明色均为阴性，黄色为阳性）

图 2－19　酶底物法合成试剂定性检测

（a）加入试剂

（b）倒入定量盘

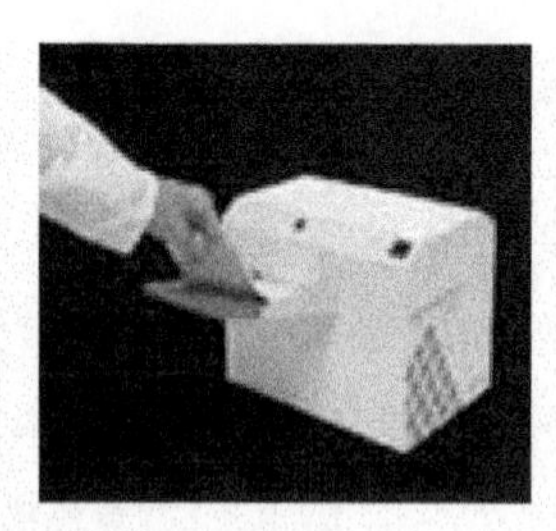

（c）封口

（d）查MPN表查得数值

图 2－20　酶底物法合成试剂定量检测

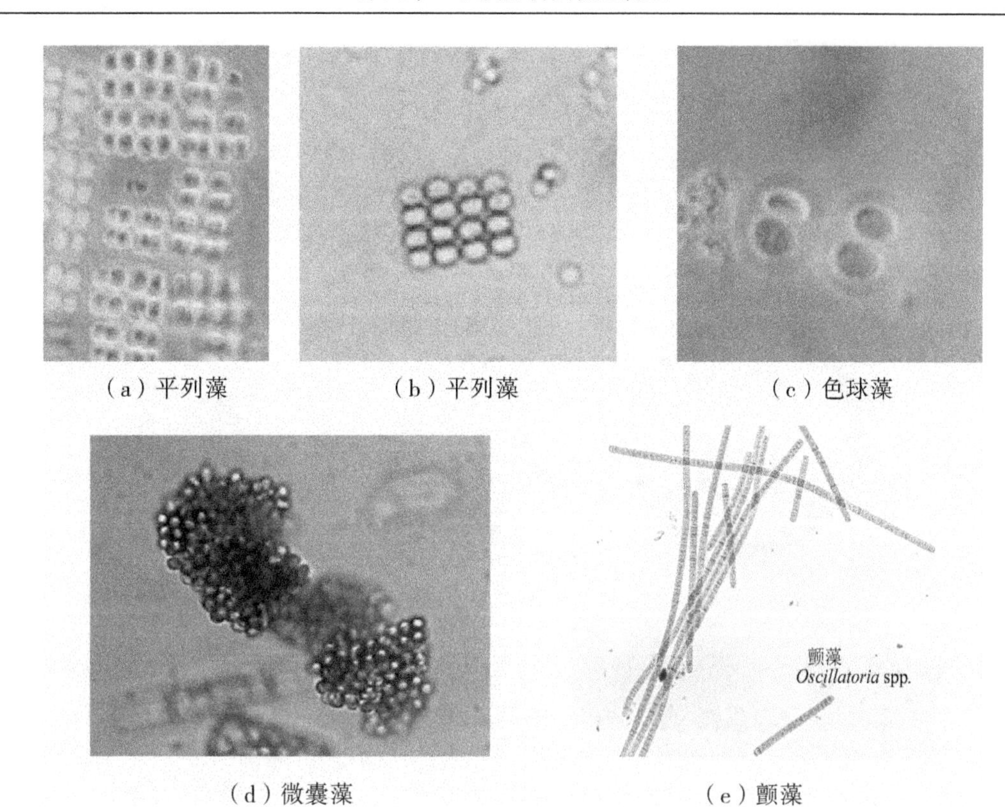

（a）平列藻　（b）平列藻　（c）色球藻

（d）微囊藻　（e）颤藻

图 2－21　蓝藻图谱

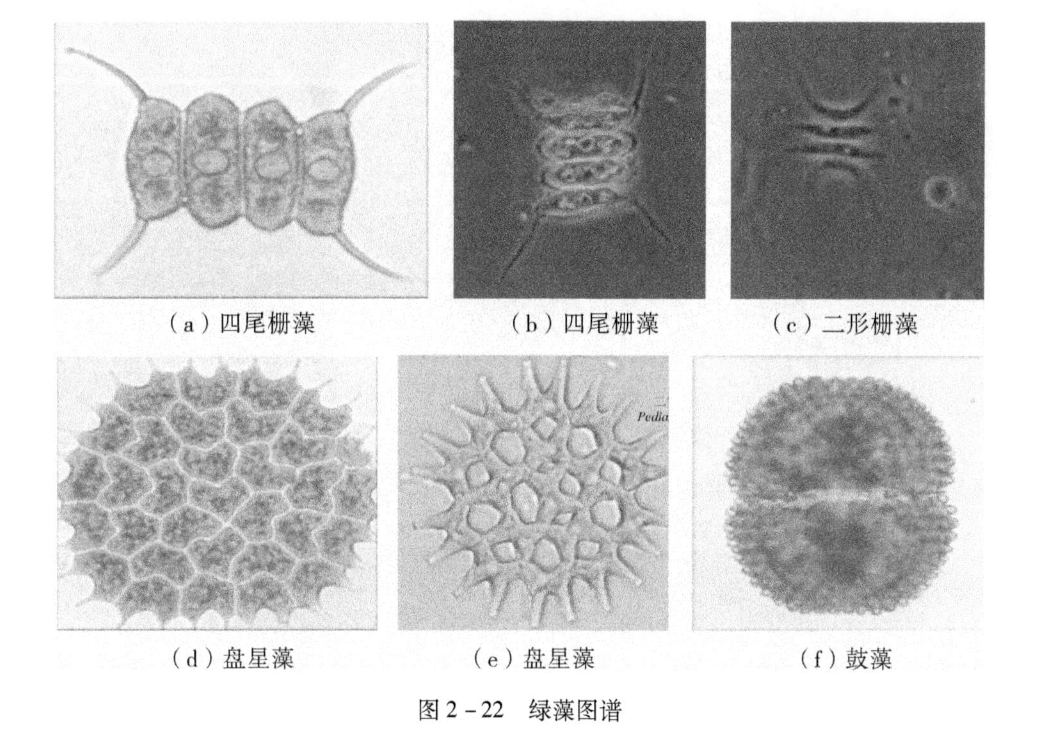

（a）四尾栅藻　（b）四尾栅藻　（c）二形栅藻

（d）盘星藻　（e）盘星藻　（f）鼓藻

图 2－22　绿藻图谱

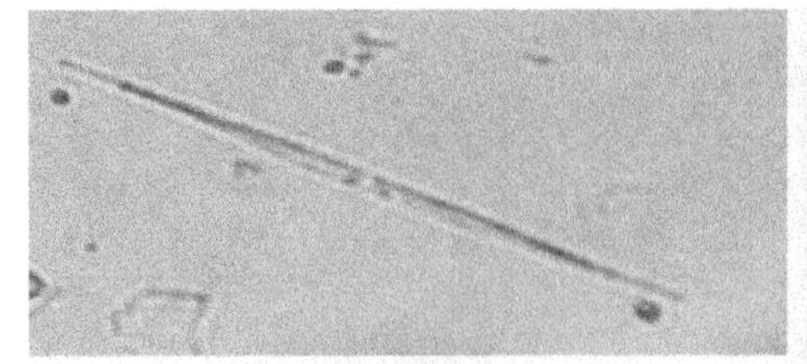

（a）针杆藻　　（b）针杆藻

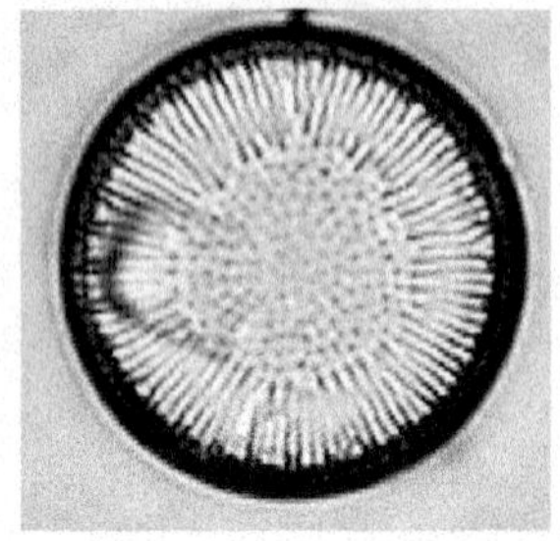

（c）小环藻（壳面观）　　（d）小环藻

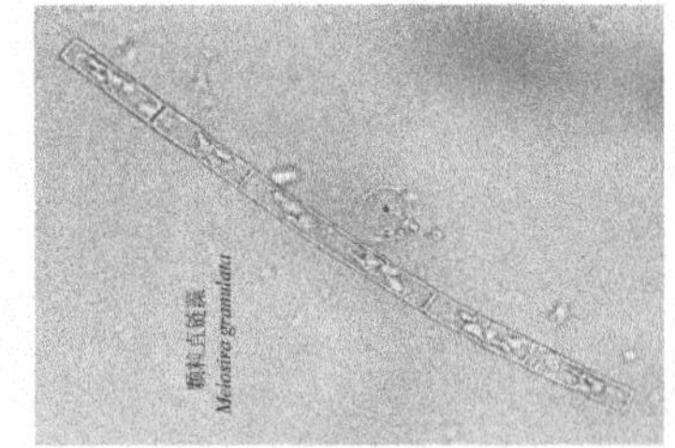

（e）颗粒直链藻　　（f）颗粒直链藻

图 2－23　硅藻图谱

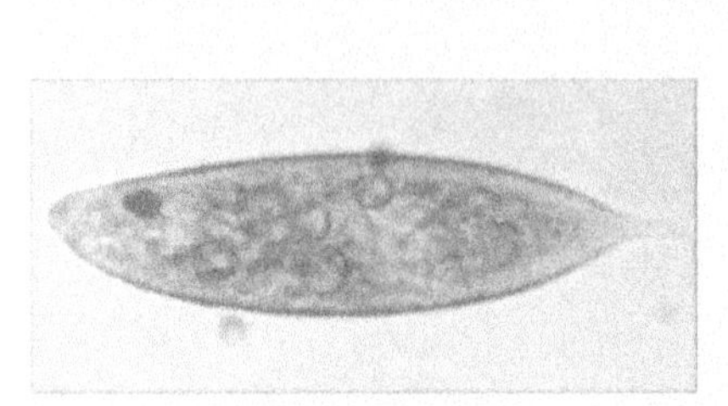

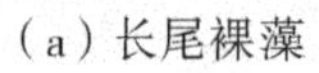

（a）长尾裸藻　　（b）扁裸藻

图 2－24　裸藻图谱

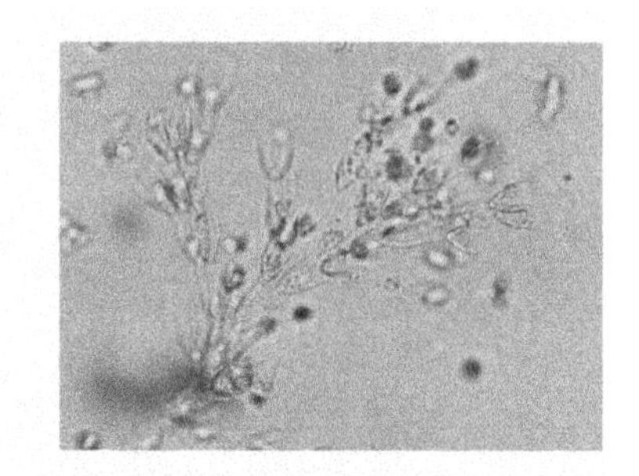

分歧锥囊藻

图 2－25　金藻图谱

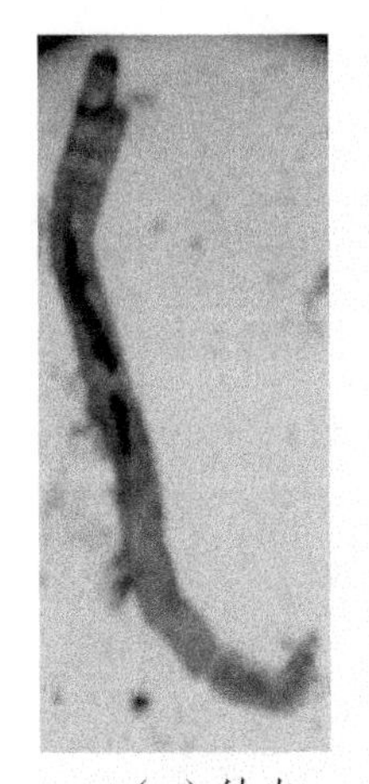

（a）幼虫

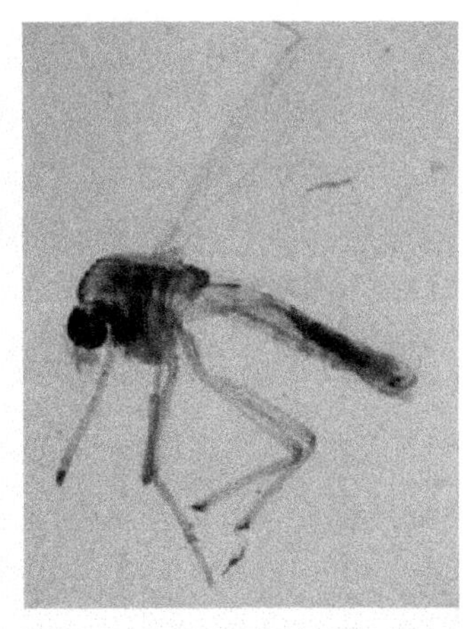

（b）成虫

图 2－26　摇蚊幼虫

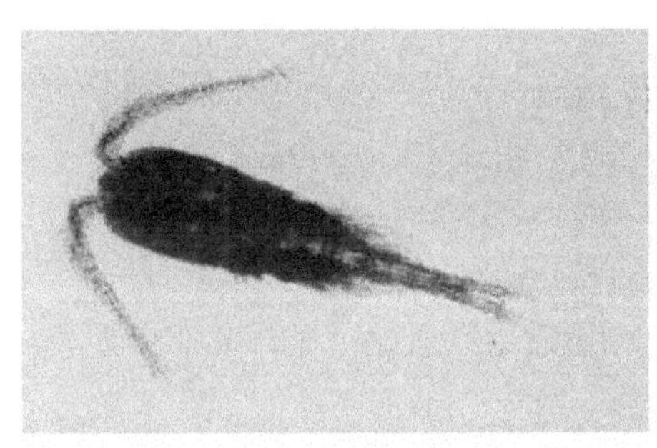

（a）剑水蚤

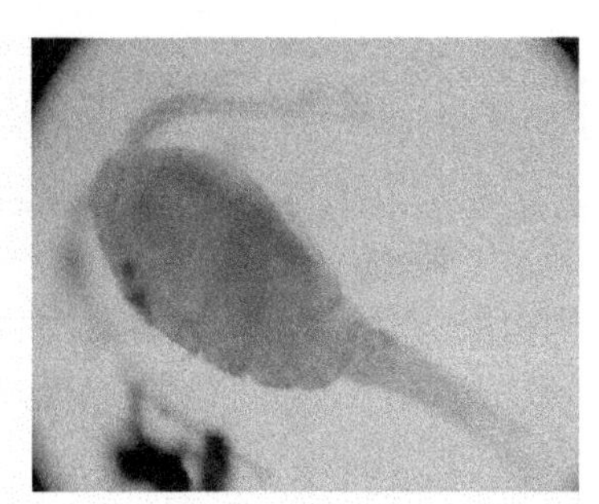

（b）剑水蚤

图 2－27　剑水蚤

0　　0.002　　0.005　　0.010　　0.100

酚类比色板（mg/L）

图 4－22　军用检水检毒箱酚类比色板

0　　0.05　　0.25　　1.0

铅比色板（mg/L）

图 4－23　军用检水检毒箱铅比色板

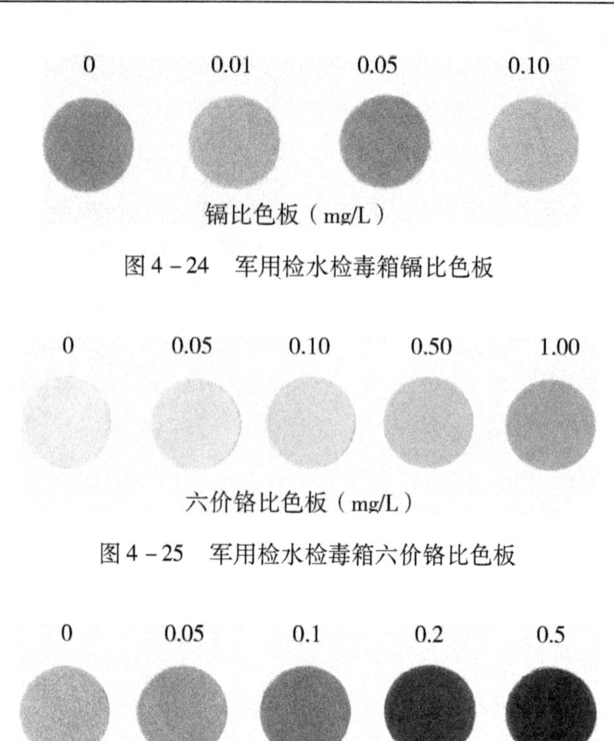

图4－24　军用检水检毒箱镉比色板

图4－25　军用检水检毒箱六价铬比色板

图4－27　军用检水检毒箱氰化物比色板